기초 이동현상론

吉川 史郎 지음
정민철 · 고영수 공역

도서출판 동화기술

ベーシック
移動現象論

머리말

이 책의 제목인 이동현상론은 유체의 흐름을 운동량의 이동현상으로 보고, 열, 물질의 이동과 함께 체계적으로 연구하는 학문 분야이다. 화학 플랜트를 설계·조작하는데 있어서는 각종 장치의 위 세 가지 물리량 이동현상에 관한 문제에 직면하는 경우가 많기 때문에, 화학 공학 중에서도 주요 부분을 차지하고 있으며, 대학의 공학부 화학계 각 학과에서 학습하는 학생, 기업의 화학 기술자에게 있어서 중요한 학문 분야의 하나이다.

플랜트를 구성하는 장치 내에서는 유동, 반응 등에 동반하는 열과 물질이동이 발생한다. 그러한 장치를 설계·조작할 때에는 이동현상의 결과로써 발생하는 유체의 속도, 온도, 물질 농도의 공간과 시간에 대한 변화를 명확하게 할 것이 요구된다. 이를 위해서는 물리량 수지를 기술하는 미분 방정식, 편미분 방정식을 풀 필요가 있다. 또는 그 방정식들을 해석적으로 풀 수 없는 경우에는 대상이 되는 이동현상의 특징을 고려한 모델, 컴퓨터에 의한 수치 해석 등을 바탕으로 장치 내 물리량 이동 속도를 예측해야 한다. 이와 같은 목적을 달성하기 위해서는 많은 수식을 다룰 필요가 있다. 단, 그것들을 단순하게 기능적으로 다룰 수 있게 되는 것뿐만 아니라, 물리적 배경을 바탕으로 수식의 의미를 이해하고, 대상이 되는 이동현상과 밀접하게 관련지어 학습하는 것이 중요하다.

이 책은 이동현상에 대하여 그러한 학습에 일조하는 것을 목표로 집필되었다. 독자는 수식이 매우 많다는 인상을 받을지도 모른다. 그러나 잘 읽어보면 단순한 수식의 나열이 아니라, 수식의 물리적 의미, 현상과의 관계에 대한 설명이 더해져 있는 것을 이해할 수 있을 거라고 생각한다. 또한 예제와 연습 문제를 통해 본문 내용에 대하여 보다 깊이 이해할 수 있도록 고려하였다. 식의 전개, 유도에 대해서는 가능한 한 이 책만으로 이해할 수 있도록 기술했다. 분량 관계상, 혹은 논리 흐름의 방해가 되기 때문에 본문 중에 상세한 설명을 할 수 없는 경우에는 책 마지막의 부록에서 해석했는데, 필요한 사항이 기재되어 있는 참고 도서의 해당 부분을 인용했다.

이 책은 저자가 20년 가까이 도쿄 공업 대학 공학부 화학 공학과에서 담당해온 2학년을 대상으로 한 “이동론 1”이라는 운동량 이동, 즉 유체 흐름에 관한 수업 내용에 열이동 및 물질이동 내용을 추가한 구성으로, 전체 4부로 이루어져 있다. 제I부 서문에서는 물리량 이동 속도를 나타내는 유속(flux)을 정의함과 동시에, 운동량, 열, 물질이동의 구성에 대하여 해설하고 그들 이동 기구, 속도를 나타내는 식 사이에 유사성이 있다는 것에 대하여 설명하였다. 제II, III, IV부에서는 운동량, 열, 물질수지식을 바탕으로 속도, 온도, 물질 농도의 공간, 시간에 대한 변화를 유도하는 방법을 나타냈다. 또한 각 부에서 운동량, 열, 물질이동 각각에 특징적인 아래의 항목을 다루었다.

제II부에서는 여러 가지 유체의 점성과 변형 성질을 나타내는 리올로지, 난류, 충진층 등 고체 입자 주변의 흐름, 2차원 흐름을 해석할 때 이용되는 흐름 함수와 속도 퍼텐셜, 고체 표면 부근의 열, 물질이동을 다룰 때, 기본이 되는 경계측 내 운동량 이동, 또한 배관 내 유체 수송 등에 대하여 설명하였다.

제III부에서는 열이동에 특징적인 기구인 열복사, 경계층 이론을 바탕으로 한 장치 내 대류 열이동, 또한 비정상 열이동을 포함한 여러 가지 열이동 현상 등에 대하여 설명하였다.

제IV부에서는 물질이동이 질량 이동인 점에서 운동량, 열이동과 다르다는 점, 열이동과 동일하게 경계층 이론을 바탕으로 한 대류 물질이동 등에 대하여 설명하였다.

이와 같이 이동현상론 전반을 거의 망라한 내용으로 구성되어 있으며, 공학부의 화학계 학과에서 화학 공학을 공부하는 학생들이 활용하는 것을 상정하였다. 또한 그 뿐만 아니라 대학에서 화학 공학과는 다른 분야를 전공한 프로세스 산업 관련 기업의 기술자가 기초부터 자습할 때의 교재로써도 이용할 수 있을 것이라 생각한다. 또한 화학 공학을 전공한 기술자가 다시 기초부터 이동현상론에 대하여 확인할 때에도 도움이 될 거라고 생각된다. 그러한 목적으로 많은 학생, 기술자, 연구자들이 이 책을 이용해 준다면 기쁠 것이다.

이 책을 집필할 기회를 준 (주)화학동인 및 간행에 있어서 많은 지원을 해주신 편집부의 가토 타카히로(加藤貴廣)씨, 사쿠마 준코(佐久間純子)씨에게 깊은 감사를 드린다.

마지막으로 이 책 내용의 바탕이 된 수업을 실시하는데 있어 여러 가지 형태로 지도, 지원해주신 동경공업대학 화학공학 전공 교직원 여러분에게 깊이 감사드린다.

2014년 12월

요시카와 시로

목 차

제 I 부

서 문

제 1 장

이동현상이란?

이 단원의 목표

화학 플랜트를 구성하는 각종 장치의 설계 조작에는 여러 가지 문제가 있는데, 그 중에는 이 책의 대상이 되는 이동현상과 관련된 것도 매우 많이 포함된다. 예를 들어 고온 유체가 흐르는 원통관 바깥 측에 저온 유체를 흘려보내 가열하는 열교환기의 열이동 속도를 크게 하기 위해서는 어떻게 하면 되는가? 또는 혼합 기체에 포함되는 유해 물질을 액체에 흡수시켜 분리하는 가스 흡수 장치의 높은 효율로 운전하기 위해서는 어떻게 하면 되는가? 등과 같은 문제가 생긴다. 이들 문제를 해결하는데 있어서 운동량, 열, 물질이동 현상을 물리, 화학 법칙을 바탕으로 수식에 따라 기술하여 유체의 속도, 온도, 물질 농도의 시간, 공간에 대한 변화를 명확하게 하는 것이 중요하다.

이 책에서는 그것을 위한 기초로써, 앞서 언급한 세 가지 물리량, 운동량, 열, 물질이동 속도를 나타내는 유속의 정의를 이해함과 동시에, 그들 물리량이 이동할 때의 공통 원리인 분자 효과에 의한 이동과, 흐름에 동반하는 대류에 의한 이동에 대하여 공부하게 된다.

1.1 운동량·열·물질의 이동 유속

금속 막대의 한쪽 끝을 가열하면 점차 열이 전해져 막대 전체의 온도가 높아진다. 또한 물이 채워져 있는 컵에 잉크를 떨어뜨리면 저어서 섞지 않더라도 시간 경과에 따라 전체로 널리 퍼져 마지막에는 균일한 농도가 된다. 이들은 모두 원자 또는 분자의 열운동에 의해 발생하는 이동현상으로 열의 이동은 **전도**(conduction), 잉크와 같은 물질이동은 **확산**(diffusion)이라고 한다. 열, 물질은 전도, 확산에 의해 온도, 농도가 높은 곳에서 낮은 곳을 향해 이동한다. 그 속도는 이동하는 방향에 수직인 단위 면적을 단위 시간에 통과하는 열, 물질의 양인 **유속**(flux)이라고 하는 양을 통해 나타낼 수 있다.

열, 물질의 유속은 다음과 같은 이동하는 방향의 온도, 농도 구배에 비례한다.

열 : $q_x = -k\dfrac{\mathrm{d}T}{\mathrm{d}x}$ $[\mathrm{J \cdot m^{-2} \cdot s^{-1}}]$

푸리에의 법칙(Fourier's law of heat conduction) (1.1)

물질 : 질량기준 $J_{\mathrm{A}x} = -\rho D_{\mathrm{AB}}\dfrac{\mathrm{d}\omega_{\mathrm{A}}}{\mathrm{d}x}$ $[\mathrm{kg \cdot m^{-2} \cdot s^{-1}}]$

몰기준 $J_{\mathrm{A}x}{}^{*} = -CD_{\mathrm{AB}}\dfrac{\mathrm{d}x_{\mathrm{A}}}{\mathrm{d}x}$ $[\mathrm{mol \cdot m^{-2} \cdot s^{-1}}]$

픽의 법칙(Fick's law of diffusion) (1.2)

비례상수인 $k[\mathrm{J \cdot m^{-1} \cdot s^{-1} \cdot K^{-1}}]([\mathrm{W \cdot m^{-1} \cdot K^{-1}}])$는 **열전도도**(thermal conductivity), $D_{\mathrm{AB}}[\mathrm{m^2 \cdot s^{-1}}]$는 성분 B로 이루어진 유체 내를 확산하는 성분 A의 **확산 계수**(diffusion coefficient, diffusivity)라고 한다. ρ, C는 A, B로 이루어진 혼합 유체의 밀도, 두 성분의 몰농도의 합이다. ω_{A}, x_{A}는 각각 성분 A의 질량분율, 몰분율이다. 또한 유속은 크기와 방향을 가지는 벡터이며, 위 식의 첨자 x는 모두 그들 벡터의 x방향 성분인 것을 나타낸다. 그림 1.1과 같은 온도, 농도 구배가 마이너스인 경우에는 열, 물질은 x 방향 양의 방향으로 이동하므로 유속은 양수가 된다. 이렇듯 구배와 유속의 부호가 반대가 되기 때문에 위 식의 우변에는 마이너스 부호가 붙어 있다.

열, 물질의 이동과 나란히 이동현상론에서 중요한 것이 유체의 **운동량**(momentum)의 이동이다. 유체의 특징은 힘을 받으면 변형된다는 점이다. 고체는 변형되지 않고 한 몸으로 운동하여, 회전 운동이 없는 한 내부 속도는 모두 같다. 반면 유체는 받는 힘에

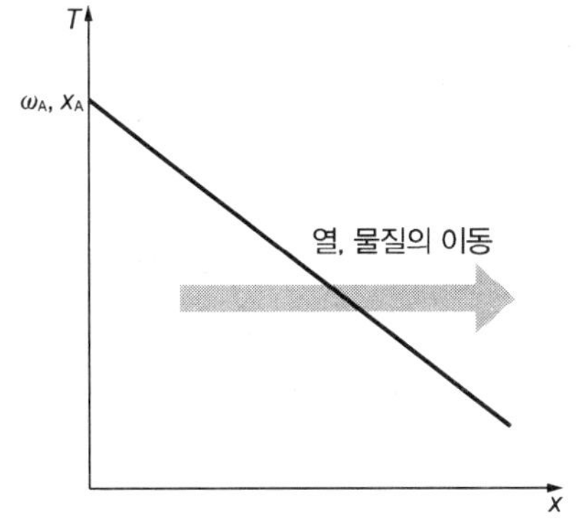

그림 1.1 유속과 구배의 관계

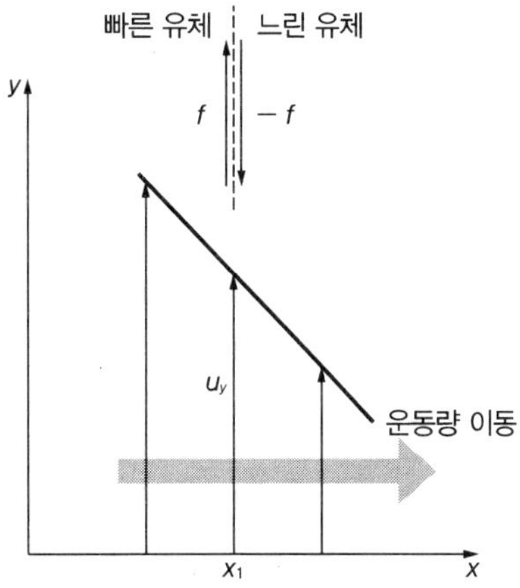

그림 1.2 유체의 속도 분포

따라 형태가 변하면서 흐르기 때문에 속도가 유체 내 위치에 따라 다른 경우가 많다. 그러한 경우의 속도와 위치의 관계를 **속도 분포**(velocity distribution)라고 한다. 그림 1.2는 속도의 y방향 성분 u_y가 x방향으로 감소하는 분포를 나타낸다. 속도가 서로 다른 유체가 접하고 있을 경우, 분자 운동 효과에 의해 속도차를 해소하는 방향으로 서로 힘을 가한다. 이 성질을 점성이라고 한다. 그림 1.2에서 $x = x_1$의 위치에 주목하면, 왼쪽의 빠른 유체가 오른쪽의 느린 유체에 대해 가속하는 양의 방향으로, 오른쪽의 느린 유체는 빠른 유체에 대해 감속하는 음의 방향으로 힘을 가한다. 두 개의 힘은 작용 반작용 관계에 있기 때문에 크기는 같다. 이들 힘은 접하는 면에 따라 유체를 밀치는 방향에 가해지는 것을 말하며 이를 전단력이라고 한다. 또한 전단력을 접촉면적으로 나눈 것을 **전단응력**(shear stress)이라고 한다. 전단응력은 속도 구배에 비례하고, 아래의 식으로 나타낼 수 있다.

$$\frac{f}{A} = \tau_{xy} = -\mu\frac{\mathrm{d}u_y}{\mathrm{d}x} \quad [\mathrm{Pa}]$$

뉴턴의 점성 법칙(Newton's law of viscosity) (1.3)

여기에서 τ_{xy}는 좌표에서 원점에 가까운 왼쪽의 빠른 유체가 미치는 전단응력 τ_{xy}를 나타낸다. 마이너스 부호가 붙는 것은 그림으로 알 수 있듯이, 전단응력과 속도 구배의 부호가 반대가 되기 때문이다. 응력은 단위 면적당 힘이기 때문에 단위는 압력과 같은 [Pa]이다. 첨자인 xy는 x축에 수직인 면에 가해지는 y방향의 응력인 것을 의미한다. 비례 계수 μ[Pa·s]는 유체의 종류에 따라 고유의 값을 가지는 물성치로, **점도** 또는 **점성 계수**(viscosity)라고 한다. 온도, 압력이 일정할 때 점도가 전단응력에 의해 변화하지 않는 유체를 총칭하여 **뉴턴 유체**(Newtonian fluid)라고 한다. 뉴턴 유체의 예로, 기체와 비교적 분자량이 작은 물질로 이루어진 액체인 물, 글리세린 등을 들 수 있다. 대표적인 뉴턴 유체의 점도가 표 1.1과 같다. 글리세린의 점도가 물에 비해 몹시 큰 것을 알 수 있다. 식(1.3)은 점도가 클수록 전단응력의 절대치가 커지는 것을 나타낸다. 물과 글리세린을 두 손바닥에 끼어 밀쳤을 때에, 감촉이 글리세린이 더 끈적거리는 것을 느낄 수 있다. 이것은 밀쳤을 때 가해지는 힘, 전단응력이 글리세린이 더 크다는 것을 의미한다. 이에 따라 식(1.3)의 계수 μ가 점성의 정도를 나타낸다는 것을 의미한다. 또한 표 1.1에 따라, 공기의 점도는 물의 거의 1/50로, 기체의 점도가 몹시 작다는 것을 알 수 있다. 또한 20.2 ℃와 25 ℃의 물의 점도를 비교하면 10 % 이상 다르며, 점도의 온도 의존성을 무시할 수 없다.

≫ 표 1.1 뉴턴 유체의 점도

물질	점도(Pa·s)
물(20.2℃)	1.00×10^{-3}
물(25℃)	8.94×10^{-4}
글리세린(25℃)	1.41×10^{0}
공기(25℃)	1.82×10^{-5}

그림 1.2에서 전단력을 받고 있는 유체의 질량을 m이라고 하면, 빠른 유체, 느린 유체 각각의 운동 방정식은 다음과 같아진다.

$$\text{빠른 유체 : } -f = m\frac{\mathrm{d}u_y}{\mathrm{d}x} = \frac{\mathrm{d}(m\mu_y)}{\mathrm{d}t} \tag{1.4}$$

$$\text{느린 유체 : } f = m\frac{\mathrm{d}u_y}{\mathrm{d}t} = \frac{\mathrm{d}(m\mu_y)}{\mathrm{d}t} \tag{1.5}$$

우변의 $\mathrm{d}(\mu_y)/\mathrm{d}t$는 각각 유체 운동량의 시간에 대한 변화율을 나타낸다. 이것은 힘 f가 운동량의 시간 변화율에 해당하는 것을 의미한다. 즉 빠른 유체의 운동량은 단위 시간에 f만큼 감소하고, 느린 유체의 운동량은 동일한 크기만큼 증가한다. 이에 따라 그림 1.2의 속도 분포의 경우, 단위 시간당 크기 f의 운동량이 회색 화살표 방향으로 이동한다고 볼 수 있다. 또한 f를 유체 경계의 면적으로 나눈 전단응력 τ_{xy}는 점성에 의한 **운동량 유속**(momentum flux)을 나타내는 것을 알 수 있다. 전단응력 τ_{xy}의 첨자 xy 중 x는 위에 설명한 것과 같이 응력이 가해지는 면에 수직인 방향으로, 운동량은 그 방향으로 이동한다. 또한 y는 이동하는 운동량 성분을 나타낸다. 또한 전단응력의 단위 [Pa]를 변환하면 $[(\mathrm{kg\cdot m\cdot s^{-1}})\cdot \mathrm{m^{-2}\cdot s^{-1}}]$이 되어 단위 면적을 단위 시간에 통과하는 운동량 단위와 일치하는 것을 알 수 있다. 식(1.3)에서 원점에 가까운 쪽 유체가 미치는 응력에 주목한 것은 운동량 유속과 방향을 포함하여 일치시키기 위함이다. 또한 주목하고 있는 위치의 좌표가 음의 영역인 경우도 포함하여 일반적으로는 원점에 가까운 측이 아니라, 그 위치의 마이너스 측의 유체가 미치는 응력이 운동량 유속과 일치한다.

이와 같이 운동량, 열, 물질의 분자 효과에 의한 이동 유속(flux)은 물리량 구배에 비례한다는 것과, 구배와 유속의 부호가 반대가 된다는 공통점이 있다. 그들 유속을 나타내는 각 식 우변의 구배를 운동량, 열, 물질의 유체 단위 질량당 양인 유속 u_y, 정압 비열 용량과 온도의 곱 $C_\mathrm{p}T$, 이동하는 물질의 질량분율 ω_A의 구배로 정리하면 아래와 같이 변환할 수 있다.

$$운동량 : \tau_{xy} = -\mu\frac{\mathrm{d}u_y}{\mathrm{d}x} = -\rho\frac{\mu}{\rho}\frac{\mathrm{d}u_y}{\mathrm{d}x} = -\rho\nu\frac{\mathrm{d}u_y}{\mathrm{d}x} \tag{1.6}$$

$$열 : q_x = -k\frac{\mathrm{d}T}{\mathrm{d}x} = -\rho\frac{k}{\rho C_\mathrm{p}}\frac{\mathrm{d}C_\mathrm{p}T}{\mathrm{d}x} = -\rho\alpha\frac{\mathrm{d}C_\mathrm{p}T}{\mathrm{d}x} \tag{1.7}$$

$$물질 : J_{\mathrm{A}\,x} = -\rho D_{\mathrm{AB}}\frac{\mathrm{d}\omega_\mathrm{A}}{\mathrm{d}x} \tag{1.8}$$

ν, α는 각각 **동점도**(kinematic viscosity), **열확산율**(thermal diffusivity)로 단위는 모두 [$\mathrm{m^2 \cdot s^{-1}}$]이 되어 확산 계수 D_{AB}의 단위와 일치한다. 이렇듯 분자 효과에 의한 이동 유속은 어느 물리량에 대해서도 밀도, [$\mathrm{L^2 \cdot T^{-1}}$]의 차원을 가지는 계수와 물리량 단위 질량당 양의 구배의 곱으로 나타내는 것을 알 수 있다. 이에 따라 각 물리량의 이동현상 간에는 유사성이 있다는 것을 알 수 있다. 이 유사성에 대해서는 세 가지 물리량에 공통된 또 하나의 이동 원리인 흐름에 동반하는 대류와 함께 1.3절에서 설명하겠다.

1.2 유체의 유속(flux) · 유량과 질량 보존의 법칙

유체의 **속도**(velocity), 즉 유속은 고체 운동의 경우와 같이 단위 시간에 이동하는 거리로 정의된다. 그림 1.3의 안지름(지름) d의 원통관 내 흐름에서 단면 1을 시간 $t = 0$에 통과한 유체가 1초 후에 단면 2에 도달할 경우, 두 개 단면간의 거리 u가 유속이 된다. 단위 시간에 이동하는 거리이므로, 단위는 [$\mathrm{m \cdot s^{-1}}$]이다. 유체의 속도를 나타내는 양으로는 유속 외에 **유량**(flow rate)이 있다. 유량은 계(system)의 단면을 단위 시간에 법선 방향으로 통과한 유체의 부피 또는 질량이다. 그림 1.3의 경우, 단면 1을 1초간 통과한 유체는 회색으로 나타낸 원통관 실린더 부분을 채우고 있다. 이 원통관 실린더의 부피가 **부피 유량**(volume flow rate)으로, 아래의 식으로 나타낼 수 있다.

$$Q = uA = u\frac{\pi d^2}{4} \tag{1.9}$$

단위는 [$\mathrm{m^3 \cdot s^{-1}}$]이다. 이 부피의 유체의 질량은 위 식에 밀도 ρ를 곱하여

$$w = \rho Q \ [\mathrm{kg \cdot s^{-1}}]$$

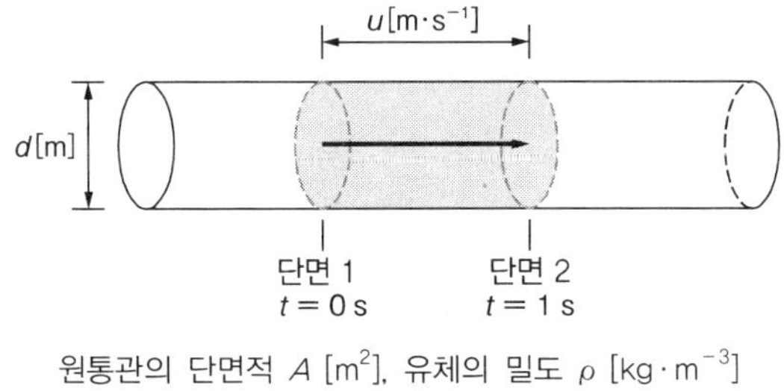

그림 1.3 유속과 유량

로 나타낼 수 있다. 이것을 **질량 유량**(mass flow rate)이라고 한다. 또한 그림 1.3은 간단하게 하기 위해 원통관 단면 내에서 유속이 일정치 u가 되는 경우를 그리고 있는데, 실제로는 속도는 일정하지 않다. 식(1.9)에 따라 구해지는 유속 u는 단면에 걸친 평균 유속 u_{a}와 일치한다는 점에서 **관 단면 평균 유속**(cross sectional average velocity)이라고 한다. 이에 대해서는 제4장에서 다시 설명하겠다.

위에서 정의한 유량은 다음과 같은 제약을 만족시켜야 한다. 그림 1.3과 같은 원통관 내 흐름이 정상 상태 흐름(제3장 3.2절 참조)일 경우, 단위 시간에 단면 1에서 회색 부분의 영역에 유입하는 질량과 단면 2에서 유출되는 질량은 같아진다. 이것은 원통관의 임의 단면의 질량 유량이 같다는 것을 의미한다. 위에 나타낸 유속과 유량의 관계에 따라

$$w = \rho u A$$

이므로, 아래의 조건을 만족해야 한다는 것을 알 수 있다.

$$\rho u A = (\text{일정}) \tag{1.10}$$

이 식은 **질량 보존의 법칙**(mass conservation law)을 나타내며, 또한 유체가 끊이지 않고 연속하여 흐르는 것을 나타낸다는 점에서 **연속 방정식**(equation of continuity)이라고 한다. 밀도가 일정하다고 볼 수 있는 **비압축성 유체**(incompressible fluid)의 경우, 유속은 단면적에 반비례한다. 따라서 관 단면적이 변화하지 않을 때 유속은 흐름 방향으로 변화하지 않는다. 단면적이 변화할 경우는 관이 가는 부분은 빠르고, 관이 굵은 부분에서는 느리게 흐른다. 기체가 긴 원통관 내를 흐르는 경우 등은 압력 변화에 동반되는 밀도 변화를 함께 고려할 필요가 있다. 또한 제5장에서 미세 부피에 대한 질량 보존 법칙에 해당하는 연속 방정식을 유도하는데, 특히 그 식과 구별할 경우에는 식(1.10)을 거시적 연속 방정식이라고 한다.

예제 1.1

안지름 5.00 cm의 원통관을 물의 질량 유량 $2.50\times10^{-1}\ \mathrm{kg\cdot s^{-1}}$으로 흐를 때, 부피 유량($\mathrm{m^3/s}$)과, 관 단면 평균 유속(m/s)을 구하라. 물의 밀도는 $\rho=1.00\times10^3\ \mathrm{kg\cdot m^{-3}}$이다.

풀이

질량 유량과 부피 유량의 관계 $w=\rho Q$에 따라, 부피 유량은

$$Q=\frac{w}{\rho}=\frac{2.50\times10^{-1}}{1.00\times10^{3}}=2.50\times10^{-4}\ \mathrm{m^3/s}$$

가 된다. 또한 식(1.9)에 따라 관 단면 평균 유속은 다음과 같아진다. 또한 안지름은 cm로 주어져 있는데, 다른 양과 단위를 통일하기 위하여, $5.00\ \mathrm{cm}=5.00\times10^{-2}\ \mathrm{m}$으로 계산한다.

$$u_{\mathrm{a}}=\frac{4Q}{\pi d^2}=\frac{4\times2.50\times10^{-4}}{\pi\times(5.00\times10^{-2})^2}=1.27\times10^{-1}\ \mathrm{m/s}$$

예제 1.2

안지름이 점점 작아지는 원통관 내에 물이 흐른다. 안지름 12.0 cm 위치에서 관 단면 평균 유속이 8.50×10^{-2} m/s이었다. 이 경우의 질량 유량(kg/s)과 부피 유량($\mathrm{m^3/s}$), 안지름이 8.00 cm인 위치에서 관 단면 평균 유속(m/s)을 구하라. 물의 밀도는 예제 1.1과 같다.

풀이

질량 유량, 부피 유량은 아래와 같아진다.

$$Q=u_{\mathrm{a}}\frac{\pi d^2}{4}=8.50\times10^{-2}\times\frac{\pi(1.20\times10^{-1})^2}{4}=9.61\times10^{-4}\ \mathrm{m^3/s}$$
$$w=\rho Q=1.00\times10^{3}\times9.61\times10^{-4}=9.61\times10^{-1}\ \mathrm{kg/s}$$

안지름 d_1, d_2의 관 단면 평균 유속이 u_{a1}, u_{a2}이면, 연속 방정식(1.10)에 따라 아래의 관계가 성립한다.

$$\rho u_{\mathrm{a1}}\frac{\pi d_1^2}{4}=\rho u_{\mathrm{a2}}\frac{\pi d_2^2}{4}\longrightarrow u_{\mathrm{a2}}=\frac{d_1^{\ 2}}{d_2^{\ 2}}u_{\mathrm{a1}}$$

따라서 안지름이 8.00 cm의 위치의 관 단면 평균 유속은 다음과 같아진다.

$$u_{\mathrm{a2}}=\frac{d_1^{\ 2}}{d_2^{\ 2}}u_{\mathrm{a1}}=\frac{(1.20\times10^{-1})^2}{(8.00\times10^{-2})^2}\times8.50\times10^{-2}=1.91\times10^{-1}\ \mathrm{m/s}$$

이것은 유속이 단면적에 반비례하고, 안지름이 작은 위치에서는 유속이 커지는 것을 의미한다.

예제 1.3

안지름 10.0 cm의 원통관 내에 공기가 흐르고 있다. 임의의 위치에서 관 단면 평균 유속이 1.15 m/s이었다. 압력이 1/2이 되는 하류 위치의 부피 유량(m^3/s)과 관 단면 평균 유속(m/s)을 구하라.

풀이

원통관과 같은 장치에 유체가 흐를 경우, 마찰로 인해 하류를 향해 압력이 저하한다. 액체의 경우는 흐름에 동반하는 압력 변화에 의한 밀도 변화는 무시할 수 있는 경우가 많지만, 기체의 경우는 무시할 수 없는 경우가 있기 때문에 주의해야 한다. 이상 기체는 압력이 1/2이 되면 밀도도 1/2이 되기 때문에 변화를 무시할 수 없다.

아래에는 상류, 하류의 양에 첨자 1, 2를 붙여서 표기한다. 관 단면적은 변화하지 않기 때문에 연속 방정식에 따라 아래의 관계가 성립한다.

$$\rho_1 u_{a1} = \rho_2 u_{a2} \longrightarrow u_{a2} = \frac{\rho_1}{\rho_2} u_{a1}$$

$\rho_1/\rho_2 = 2$이므로 하류의 관 단면 평균 유속, 부피 유량은 아래와 같이 구할 수 있다.

$$u_a = \frac{\rho_1}{\rho_2} u_{a1} = 2 \times 1.15 = 2.30\ \mathrm{m \cdot s^{-1}}$$

$$Q_2 = u_{a2} \frac{\pi d^2}{4} = 2.30 \times \frac{\pi(1.00 \times 10^{-1})^2}{4} = 1.81 \times 10^{-2}\ \mathrm{m^3 \cdot s^{-1}}$$

압력 저하에 동반하여 밀도가 작아진다. 연속 방정식에 따라 질량 유량은 변화하지 않기 때문에 밀도가 작아지면 부피 유량, 관 단면 평균 유속은 증가한다.

1.3 물리량이 이동하는 원리

유체 내 운동량, 열, 물질이동에 공통된 원리에는 분자 효과에 의한 전도, 확산 등에 의한 이동과 흐름에 의한 **대류**(convection)라는 이동이 있다.

분자 효과에 의한 이동 유속은 1.1절의 식(1.6)~(1.8)과 같이 유체 단위 질량당 양의 구배에 비례한다. 그 관계를 임의의 물리량에 관하여 일반적으로 나타내면 아래와 같아진다.

$$\Phi_x = -\rho\kappa\frac{\mathrm{d}a}{\mathrm{d}x} \tag{1.11}$$

유속은 벡터양이며, Φ_x는 그 x방향 성분이다. 또한 a는 단위 질량당 물리량의 양, κ는 이동하기 쉬운 정도를 나타내는 차원$[\mathrm{L}^2 \cdot \mathrm{T}^{-1}]$의 계수이다.

대류에 의한 이동 유속은 아래와 같이 유도할 수 있다. 흐름 중에 그림 1.4와 같은 가상의 부피를 설정한다. 이러한 부피를 **대상부피**(control volume)이라고 한다. 흐름과 함께 이 대상부피에 단위 시간에 유입되는 운동량 등의 물리량이 어떻게 되는지 생각해보자.

대상부피의 x축에 수직인 경계면을 통과하여 내부에 유입된 유체는 1초 후에 경계면에서 유속 u_x에 해당하는 거리만큼 떨어진 위치까지 이동한다. 따라서 1초간 유입된 유체는 그림 1.4의 회색으로 표시된 길이 u_x의 직육면체 부분을 차지한다. 이 부피는 경계면의 면적을 A라 하면 u_xA로, 또한 질량은 ρu_xA로 나타낼 수 있다. 이 유체 내 물리량의 양은 a와 질량의 곱이므로 ρau_xA가 된다. 따라서 대류에 의한 유속 벡터의 x방향 성분은 이것을 면적으로 나누어

$$\rho au_x \tag{1.12}$$

가 된다.

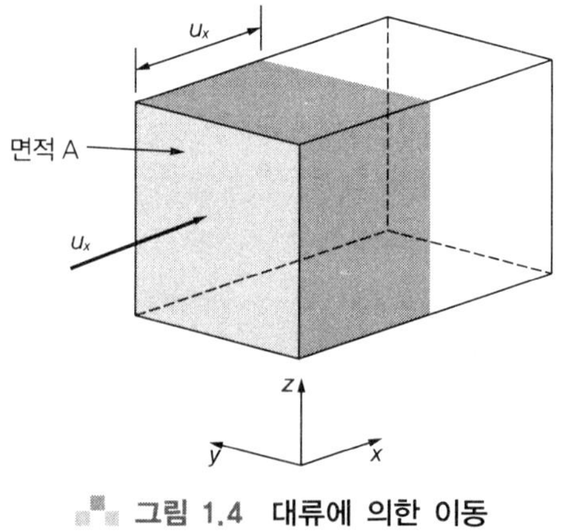

그림 1.4 대류에 의한 이동

분자 효과, 대류에 의한 이동만 발생했을 경우, 전체 이동 유속 벡터의 x방향 성분 Ψ_x는 아래와 같이 나타낼 수 있다.

$$\Psi_x = \Phi_x + \rho a u_x = -\rho\kappa\frac{\mathrm{d}a}{\mathrm{d}x} + \rho a u_x \tag{1.13}$$

표 1.2는 각 물리량의 유속의 x방향 성분을 정리한 것이다. 표의 x를 y, z로 변환하면 유속 벡터의 y, z방향 성분이 된다. 다른 물리량이 스칼라 양인 것에 비해 운동량은 벡터양이다. 따라서 표에 나타낸 운동량의 y방향 성분뿐만 아니라, x, z방향의 운동량 성분에 대해서도 각각 3방향의 유속 성분을 정의할 수 있기 때문에, 전부 9성분으로 이루어진다는 점에 유의할 필요가 있다. 또한 표 1.2의 2번째 행의 유체 질량은 이동현상이 발생하고 있는 유체 전체의 질량을 의미한다. 따라서 물리량의 단위 질량 유체당 양 a는 이 경우 1이 된다. 밀도가 균일하다면 유체 전체의 질량이 분자 효과에 의해 이동하지는 않지만 유동은 질량의 이동 그 자체이기 때문에 대류에 의한 유체 자신의 유속로써 추가하였다. 표 1.2에서

$$G_x = \rho u_x \tag{1.14}$$

로 나타내는 질량의 유속은 **질량 속도**(mass velocity)라고 한다. 또한 질량 속도를 밀도 ρ로 나눈 양은 유체 부피의 유속이 되는데, 이것은 유속 u_x와 일치한다.

≫ 표 1.2 물리량의 유속

	단위 질량당 양	유속(x방향 성분)
임의 물리량	a	$\Phi_x + \rho a u_x = -\rho\kappa\frac{\mathrm{d}a}{\mathrm{d}x} + \rho a u_x$
유체의 질량	1	$G_x = \rho u_x$
운동량 (y방향 성분)	u_y	$\tau_{xy} + \rho u_y u_x = -\rho\upsilon\frac{\mathrm{d}u_y}{\mathrm{d}x} + \rho u_y u_x$
열	$C_\mathrm{p} T$	$q_x + \rho C_\mathrm{p} T u_x = -\rho\alpha\frac{\mathrm{d}C_\mathrm{p}T}{\mathrm{d}x} + \rho C_\mathrm{p} T u_x$
물질	ω_A	$J_{\mathrm{A}x} + \rho\omega_\mathrm{A} u_x = -\rho D_\mathrm{AB}\frac{\mathrm{d}\omega_\mathrm{A}}{\mathrm{d}x} + \rho\omega_\mathrm{A} u_x$

학습의 키워드

ㅁ전도 ㅁ확산 ㅁ유속 ㅁ푸리에의 법칙 ㅁ픽의 법칙 ㅁ열전도도 ㅁ확산 계수 ㅁ운동량 ㅁ속도 분포 ㅁ전단응력 ㅁ뉴턴의 점성 법칙 ㅁ점도(점성 계수) ㅁ뉴턴 유체 ㅁ운동량 유속 ㅁ동점도 ㅁ열확산율 ㅁ속도 ㅁ유량 ㅁ부피 유량 ㅁ질량 유량 ㅁ관 단면 평균 유속 ㅁ질량 보존의 법칙 ㅁ비압축성 유체 ㅁ연속 방정식 ㅁ대류 ㅁ대상부피 ㅁ질량 속도

제1장 연습문제

1.1 점도가 2.50×10^{-2} Pa · s의 유체가 흐르고 있는 곳에서 $x = 1.50\times10^{-2}$ m, 5.00×10^{-2} m의 u_y가 각각 4.50×10^{-1} m/s, 2.00×10^{-1} m/s이었다. 속도 분포가 직선일 때, τ_{xy}를 구하라.

1.2 깊이 10.0 cm의 비커에 어떤 수용액이 채워져 있다. 그 물질의 몰분율이 바닥과 액면에서 각각 1.00×10^{-2}, 0일 때, 그 물질의 이동 유속이 2.00×10^{-5} mol · m^2/s이었다. 농도 분포가 직선이라고 보고 확산 계수를 구하라. 혼합 유체 전체의 몰 농도는 5.56×10^4 mol/m^{3}이다. 또한 비커 바닥에서 위쪽으로 x축을 잡는다.

1.3 두께 2 cm인 평판의 표면, 뒷면 온도가 각각 30 ℃, 25 ℃이다. 평판 재료가 구리, 석영유리일 경우의 각 열 유속을 구하라. 단, 온도 분포는 직선이고, 표면에서 뒷면을 향해 x축을 잡는다. 구리, 석영 유리의 열전도도는 각각 3.98×10^2 W · m^{-1} · K^{-1}, 1.36 W · m^{-1} · K^{-1}이다.

1.4 위의 문제 1.3에서 구리, 석영 유리의 평판 내 열 유속이 모두 8.00×10^2 J · m^{-2} · s^{-1}일 경우, 각 평판 내 온도 구배와 표면과 뒷면의 온도차를 구하라.

1.5 안지름 15 cm의 원통관 내를 질량 유량 7.85×10^{-1} kg · s^{-1}로 물이 흐를 경우의 부피 유량, 관 단면 평균 유속을 구하라. 물의 밀도는 $\rho = 1.00\times10^3$ kg · m^{-3}이다.

1.6 안지름 8 cm의 원통관 내를 관 단면 평균 유속 2.00×10^{-1} m · s^{-1}로 글리세린이 흐를 경우의 부피 유량, 질량 유량을 구하라. 단, 글리세린의 밀도는 $\rho = 1.26\times10^3$ kg · m^{-3}이다.

1.7 원통관의 안지름이 커지는 관내에 물이 흐른다. 안지름 2 cm 위치의 관 단면 평균 유속이 $30.0\ \mathrm{cm \cdot s^{-1}}$이었다. 부피 유량과 안지름이 5 cm 위치의 관 단면 평균 유속을 구하라.

1.8 안지름 12.0 cm의 원통관 내를 질량 유량 $4.50 \times 10^{-2}\ \mathrm{kg \cdot s^{-1}}$로 공기가 흐른다. 압력 1.50 atm일 경우의 부피 유량과 관 단면 평균 유속을 구하라. 공기의 온도는 20 ℃로 일정, 분자량이 $M = 29$, $1\ \mathrm{atm} = 1.01 \times 10^5\ \mathrm{Pa}$이다.

1.9 위의 문제 1.8에서 부피 유량이 $3.15 \times 10^{-2}\ \mathrm{m^3 \cdot s^{-1}}$인 경우의 압력을 구하라.

1.10 안지름 15.0 cm의 원통관 내에 공기가 흐른다. 임의의 단면에서 압력이 2.00 atm일 때 관 단면 평균 유속이 $2.00\ \mathrm{m \cdot s^{-1}}$이었다. 질량 속도, 질량 유량과 이 위치의 부피 유량을 구하라. 또한 하류로 갈수록 압력이 저하하여 1.40 atm이 된 위치에서의 관 단면 평균 유속과 부피 유량을 구하라. 공기의 온도는 25 ℃로 일정, 분자량 $M = 29$, $1\ \mathrm{atm} = 1.01 \times 10^5\ \mathrm{Pa}$이다.

제 II 부

운동량 이동

제 2 장

유체의 점성

-리올로지(Rheology)-

이 단원의 목표

제1장에서 설명했듯이 유체는 힘을 받으면 변형하면서 흐르는 성질을 가지고 있다. 기체와 액체는 모두 이 성질을 가지고 있기 때문에 유체라고 총칭된다. 액체에 가해지는 힘과 변형하는 속도 관계에 관한 학문을 리올로지라고 한다. 그 관계 자체를 리올로지라고 하는 경우도 있다. 이 단원에서는 유체가 변형하는 속도란 무엇인지를 이해하고 여러 가지 유체의 리올로지에 대하여 학습하겠다.

2.1 유체의 변형과 전단 속도

그림 2.1과 같이 일정 거리 Y만큼 떨어져 평행으로 설치된 면적이 큰 평판 사이에 채워진 유체의 흐름을 예로 유체의 **점성**(viscosity)과 **전단응력**(shear stress), **유체의 변형**(deformation of fluid)의 관계를 생각해보자. (a)와 같이, 위의 평판을 정지(靜止) 시킨 상태에서, 아래의 평판을 어느 순간에 일정 속도 U로 x방향으로 움직이게 한다. 점성이 있기 때문에, 고체인 평판 표면과 접촉하는 유체는 평판과 동일한 속도 U로 움직이기 시작한다. 이 후에 $y=0$일 때 속도 U인 유체가 그 위의 정지하고 있는 유체에 양의 방향의 전단응력을 가하여 가속한다. 또한 그 가속한 유체가 그 위에 있는 유체를 가속시킨다. 이러한 연쇄적인 가속 결과, (b-1)과 같은 속도 분포가 된다. 유체가 가속하는 동안 아래의 평판은 유체로부터 음의 방향의 전단응력을 받는다. 따라서 평판을 일정 속도로 계속 움직이게 하기 위해서는 평판에 양의 힘을 가하여 유체에 동일한 크기의 양의 전단력을 계속 가해야 한다. 이에 따라 유체가 계속 가속하는 현상

은, 평판을 사이에 두고 유체에 전단응력을 가함으로써, 1.1절에서 설명한 점성의 효과에 따라 아래의 유체에서 위의 유체를 향해 운동량이 이동한 결과로써 이해할 수 있다. 또한 (b-2)와 같이 $t=0$일 때, 평판에 수직인 2개의 점선 사이에 있는 유체가 조금의 시간 경과 후에 곡선에 따른 형태로 변형되었다고 볼 수도 있다. 이것은 유체 내 점성에 의한 운동량 이동이 발생하여, 그 결과 유체가 변형되어 가는 것을 나타낸다. 이 변형은 전단응력에 의한 것이기에 **전단변형**(shear deformation)이라고 한다. 또한 평판을 계속 움직이게 하면 속도 분포는 다음과 같이 변화해 간다.

(b-3)은 (b-1)의 속도 분포의 일부를 추출한 것이다. 그림의 점선 사이에 있는 유체는 $y=y_1$에서 아래측의 빠른 유체로부터 양의 방향의 전단응력 τ_{xy1}을 받고, $y=y_2$에서 위쪽의 느린 유체로부터 음의 방향의 전단응력 τ_{xy2}를 받는다. 1.1절에서 설명했듯이 전단응력은 **속도 구배**(velocity gradient)에 비례한다. (b-3)의 속도 분포에서는 $y=y_1$에 있어 속도 분포 접선의 구배, 즉, 속도 구배가 더 크기 때문에 τ_{xy1}의 절댓값이 τ_{xy2}에 비해 더 커진다. 따라서 점선 사이에 있는 유체는 가속한다. 이것은 평판 간 어느 위치에서도 성립하므로, 모든 위치에서 계속 가속하는 게 된다. 단 $y=0$, $y=Y$

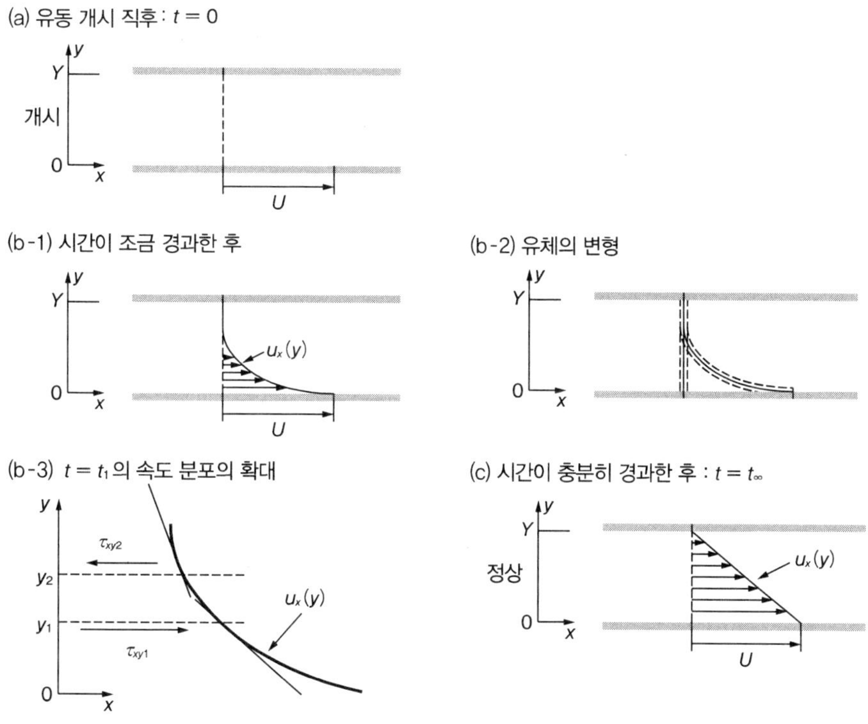

그림 2.1 평행 평판 사이의 흐름

에서는 $u_x = U$, $u_x = 0$으로 계속 일정하다. 가속하여 충분히 시간이 경과하면 x방향으로 압력 변화가 없는 경우는 (c)와 같이 속도 분포가 직선이 된다. 이 분포에서는 속도 구배가 일정하므로 모든 위치에서 위쪽 아래쪽 유체로부터 받는 전단응력은 서로 반대 방향으로 절대치가 같으므로 그 이상 가속하지 않는다. 즉 시간에 대해 속도 분포가 변화하지 않는 정상 상태가 된다. 이 경우의 전단응력은 **뉴턴의 점성 법칙**(Newton's law of viscosity)에 따라 다음과 같아진다.

$$\tau_{yx} = -\mu\frac{\mathrm{d}u_x}{\mathrm{d}y} = -\mu\frac{0-U}{Y-0} = -\mu\left(-\frac{U}{Y}\right) = \mu\frac{U}{Y} \tag{2.1}$$

속도가 y방향으로 감소하여 속도 구배 $\mathrm{d}u_x/\mathrm{d}y$가 $-U/Y$로 마이너스이기 때문에, 전단응력, 즉 **운동량 유속**(momentum flux)이 되었다. 또한 이 관계에 따라 동일한 속도 U로 평판을 움직일 경우, 점도가 클수록 전단응력이 커지는 것을 알 수 있다. 또한 여기에서 설명한 평행 평판간 흐름은 **쿠에트 흐름**(Couette flow)이라고 한다.

그림 2.2는 정상 상태의 쿠에트 흐름에서, 아래 평판의 속도 크기에 의한 속도 구배의 차이를 비교한 것이다. U가 큰 오른쪽 속도 분포의 구배가 더 크다. 시간 $t=0$일 때 그림과 같이 직사각형이었던 유체는 그 1초 후에는 속도 분포에 따라 각각 y좌표상 위치의 속도 $u_x(y)$에 해당하는 거리만큼 x방향으로 이동한다. 그 결과, 전단 변형이 발생하여 그림과 같은 평행 사변형이 된다. 그림 2.2의 좌우 두 경우를 비교하면,

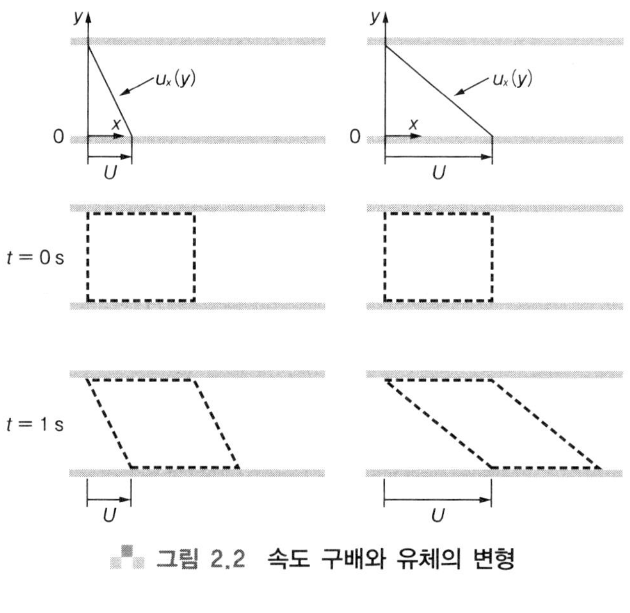

그림 2.2 속도 구배와 유체의 변형

속도 구배가 큰 오른쪽이 변형 정도가 더 크다는 것을 알 수 있다. 이것은 속도 구배의 크기가 전단 변형 정도와 대응하고 있다는 것을 나타낸다. 여기에서, 속도 구배를 아래와 같이 표기하여 **전단 속도**(shear rate)라고 하는 경우가 있다.

$$\dot{\gamma} = \frac{\mathrm{d}u_x}{\mathrm{d}y} \tag{2.2}$$

예제 2.1

점도가 다른 서로 녹지 않는 2종류의 유체가 접촉하고 있을 경우, 정상 상태에서 그림 2.3과 같은 속도 분포가 될 수 있는지 없는지 이유와 함께 설명하라.

풀이

점선으로 표시되어 있는 두 가지 유체가 접촉하고 있는 경계 위치에서 유체 1측, 유체 2측의 전단 속도는 그림과 같이 각각 마이너스, 플러스가 되어 부호가 다르다. 따라서 각각의 유체의 점도를 μ_1, μ_2라 하면, 이 위치의 운동량 유속과 그 부호는 다음과 같아진다.

$$\text{유체 1측} : \tau_{yx1} = \mu_1 \dot{\gamma}_1 > 0$$

$$\text{유체 2측} : \tau_{yx2} = -\mu_2 \dot{\gamma}_2 < 0$$

즉 운동량 유속의 방향이 반대가 되어 모든 유속이 경계를 향하게 된다. 그 결과, 경계 부근의 유체 운동량이 증가하여 가속하기 때문에 정상 상태는 되지 않는다. 따라서 그림과 같은 속도 분포가 되는 것은 불가능하다.

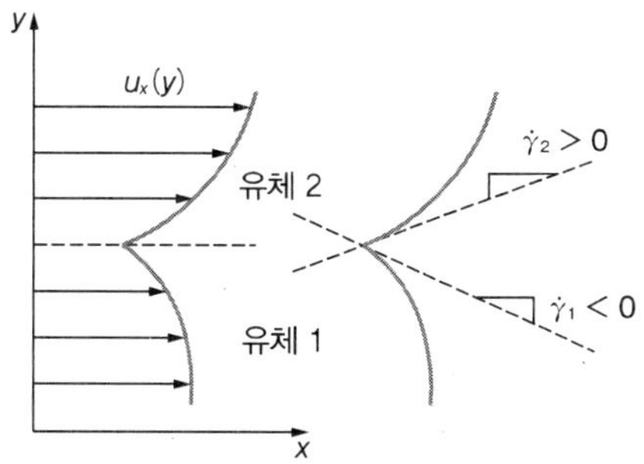

그림 2.3 점도가 다른 두 가지 유체의 접촉

예제 2.2

그림 2.2와 같은 쿠에트 흐름에서, 아래의 평판의 속도가 $2.00\times10^{-1}\ \mathrm{m\cdot s^{-1}}$, 평판간 거리가 $3.00\times10^{-2}\ \mathrm{m}$, 평판 면적이 $2.00\ \mathrm{m^2}$이고, 유체의 점도가 $1.00\times10^{-3}\ \mathrm{Pa\cdot s}$인 경우에 가해지는 전단응력을 구하라.

풀이

쿠에트 흐름의 전단응력은 식(2.1)에 따라

$$\tau_{yx} = \mu\frac{U}{Y} = 1.00\times10^{-3}\times\frac{2.00\times10^{-1}}{3.00\times10^{-2}} = 6.67\times10^{-3}\ \mathrm{Pa}$$

가 된다. 이 응력은 1.1절에서 설명했듯이 원점에 가까운 쪽이 먼 쪽에 미치는 전단응력이다. 따라서 위의 평판은 유체로부터 이 응력을 받는다. 한편, 아래의 판은 유체에 위 식의 양의 응력을 미치고, 판이 유체로부터 받는 응력은 그 반작용으로 $-6.67\times10^{-3}\ \mathrm{Pa}$가 된다. 응력은 단위 면적에 가해지는 힘이므로, 위·아래 평판이 받는 힘은

위의 평판 : $\tau_{yx}A = 6.67\times10^{-3}\times2.00 = 1.33\times10^{-2}\ \mathrm{N}$

아래의 평판 : $-\tau_{yx}A = -1.33\times10^{-2}\ \mathrm{N}$

이 된다. 이와 같이 위의 판을 계속 정지시키기 위해서는 음의 방향으로 동일 크기의 힘을 계속 가해야 한다. 또한 아래의 판을 일정 속도 U로 계속 움직이게 하기 위해서는 양의 방향으로 힘을 계속 가해야 한다. 그림 2.4에 평판의 면적이 A일 경우 유체가 평판에 미치는 힘을 실선으로 나타내고, 위의 평판을 정지시키고 아래의 평판의 속도 U로 계속 움직이게 하는데 필요한 외력을 점선의 화살표로 나타냈다.

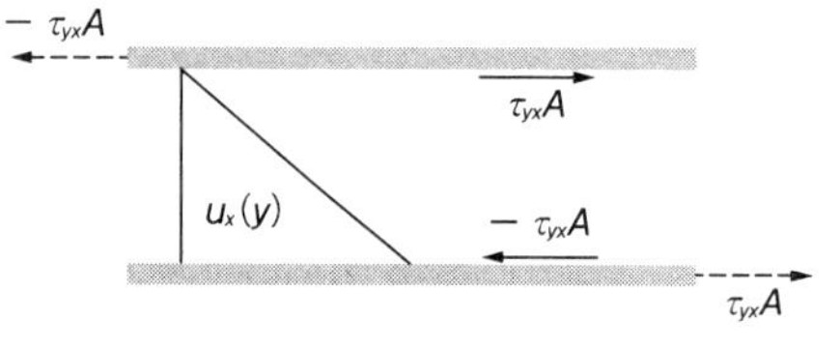

그림 2.4 평판에 가해지는 힘

2.2 유동 특성에 따른 유체의 분류

유체에 가해지는 전단응력과 전단 속도의 관계를 그림 2.5와 같은 그래프로 나타낸 것을 **유동 곡선**(flow curve)이라고 한다. 또한, 유동 곡선을 통해 나타내는 각종 유체의 특징을 유동 특성, 또는 **리올로지**(rheology)라고 한다. 제1장의 1.1절에서 설명했듯이, 전단응력의 부호를 운동량 유속과 일치하도록 한 경우는 전단 속도와 반대 부호가 되기 때문에, 그림에서는 가로축을 $-\dot{\gamma}$로 했다.

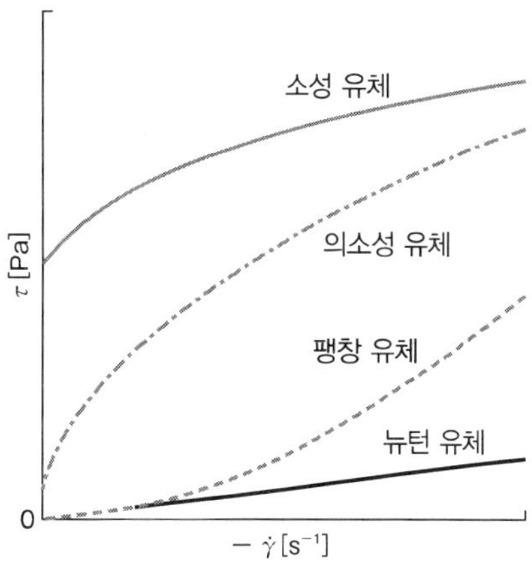

그림 2.5 각종 유체의 유동 곡선

뉴턴 유체의 전단응력과 전단 속도의 관계는 식(1.3)의 뉴턴의 점성 법칙에 따라 나타낼 수 있기 때문에, 유동 곡선은 그림 2.5와 같이 원점을 지나는 직선이 된다. 뉴턴 유체와 다른 유동 곡선을 나타내는 유체는 **비뉴턴 유체**(non-Newtonian fluid)라고 한다. 비뉴턴 유체는 유동 특성의 차이를 바탕으로 그림 2.5와 같은 **소성 유체**(plastic fluid), **의가소성 유체**(pseudo-plastic fluid), **팽창 유체**(dilatant fluid) 등으로 분류된다. 이들 비뉴턴 유체는 전단응력이 전단 속도에 비례하지 않기 때문에 점도를 일정 값으로 정의할 수 없다. 뉴턴 유체의 점도는 전단응력을 전단 속도로 나눈 값이므로, 비뉴턴 유체에 대해서는 다음 식과 같은 유동 곡선상의 임의의 점에서의 전단응력과 전단 속도의 비를 해당 전단 속도에서의 점도로써 다루는 경우가 있다.

$$\mu_a = \frac{\tau}{-\dot{\gamma}} \tag{2.3}$$

이 식으로 정의되는 μ_a를 **겉보기 점도**(apparent viscosity)라고 한다. 그림 2.5와 같은 각종 비뉴턴 유체의 특징을 겉보기 점도의 전단 속도에 대한 변화와 함께 아래에 설명하겠다.

① 소성 유체

그림 2.6(a)와 같이 유동 곡선이 원점을 지나지 않는 유체를 소성 유체라고 한다. 그

림 2.1과 같은 평판 사이에 소성 유체를 채워서 아래의 평판을 수평 방향으로 당길 경우, 응력 τ가 곡선의 절편인 τ_0보다 작으면 평판, 유체는 모두 정지한 채로 전단 속도는 0이 된다. 이것은 소성 유체가 τ_0보다 작은 응력에 대해서는 유체가 아니라 오히려 고체와 같이 행동하는 것을 의미한다. 전단응력이 τ_0보다 커지면 평판이 움직여 유체는 유동을 개시하여, 전단 속도가 증가해간다. τ_0는 유동을 개시하는 최소 전단응력으로 **항복 응력**(yield stress)이라고 한다. 이와 같은 성질은 조금이라도 응력이 가해지면 전단 속도가 발생함과 동시에 유동을 개시하는 뉴턴 유체 및 그림 2.3의 그 외 비 뉴턴 유체에 비해 두드러지게 다른 특징이다. 일반적으로는 그림 2.6(a)의 곡선과 같은 유동 곡선이 되는데, 일부 유체의 유동 곡선은 다음 식과 같은 절편 τ_0의 직선이 된다.

$$\tau = -\frac{\dot{\gamma}}{|\dot{\gamma}|}(\mu_B|\dot{\gamma}| + \tau_0) = -\dot{\gamma}\left(\mu_B + \frac{\tau_0}{|\dot{\gamma}|}\right) \tag{2.4}$$

이 직선으로 나타나는 유동 특성을 빙햄 모델이라고 하며, μ_B를 빙햄 점도라고 한다. 전단 속도를 그 절대치로 나눈 계수를 곱한 것은 전단응력을 전단 속도와 반대 부호로 하기 위해서이다. 이 모델에 이론적인 근거는 없으나 측정을 통해 구한 유동 특성이 이 함수로 나타나는 경우에 이용된다. 이 모델에 따른 소성 유체를 **빙햄 유체**(Bingham fluid)라고 한다.

그림 2.6(a)에서 $-\dot{\gamma} = -\dot{\gamma}_1$일 때의 전단응력은 $\tau = \tau_1$이므로, 이때의 겉보기 점도는 $\mu_{a1} = \tau_1/(-\dot{\gamma}_1)$으로, 그림의 원점과 점$(-\dot{\gamma}_1,\ \tau_1)$을 이은 직선 구배와 같다. 이에 따라 전단 속도가 큰 유동 곡선상의 점$(-\dot{\gamma}_2,\ \tau_2)$에서의 겉보기 점도 μ_{a2}는, 그림에서 명백하게 μ_{a1}보다 작다. 이렇듯 소성 유체는 전단 속도가 증가하면 겉보기 점도는 감소

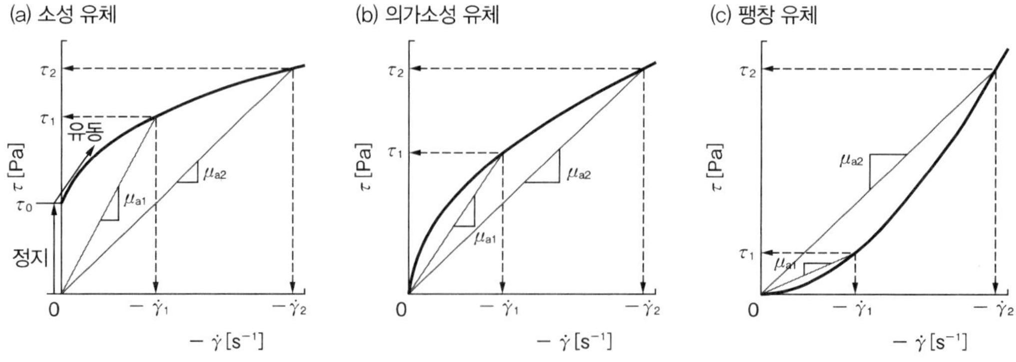

그림 2.6 비뉴턴 유체의 유동 곡선

하고 잘 흐르게 된다. 소성 유체는 고체 입자를 액체에 현탁한 슬러리 등을 예로 들 수 있다.

② 의가소성 유체, 팽창 유체

그림 2.6(b)와 같은 유동 곡선이 되는 유체의 겉보기 점도는 그림의 원점을 지나는 직선 구배 비교에 따라, 전단 속도의 증가와 함께 감소하는 것을 알 수 있다. 이 유체는 항복 응력을 나타내지 않지만 겉보기 점도의 전단 속도에 대한 경향이 소성 유체와 같기 때문에 의가소성 유체라고 한다. 고분자 수용액 등이 이러한 성질을 나타낸다. 그것과 대조적으로 전단 속도가 커짐에 따라 겉보기 점도가 커지는 그림 2.6(c)와 같은 유동 곡선이 되는 유체를 팽창 유체라고 한다. 녹말가루 등을 고농도로 물에 녹인 액 등이 이 성질을 보인다.

의가소성 유체, 팽창 유체의 유동 곡선은 다음 식의 **오스트발트 모델**(Ostwald model)을 통해 나타내는 경우가 많다.

$$\tau = -\frac{\dot{\gamma}}{|\dot{\gamma}|}k|\dot{\gamma}|^n = -k\dot{\gamma}|\dot{\gamma}|^{n-1} \tag{2.5}$$

의가소성 유체는 $n < 1$, 팽창 유체는 $n > 1$이 된다. 빙햄 모델과 마찬가지로 오스트발트 모델로 나타내는 이론적 근거는 없으나 측정을 통해 구한 유동 곡선이 이 함수로 나타나는 경우가 많기 때문에 널리 이용되고 있다. 또한 이 모델로 나타나는 **지수 법칙 유체**(power law fluid)라는 경우도 있다.

이와 같은 각종 유체의 겉보기 점도의 전단 속도에 대한 변화가 그림 2.7과 같다. 소성 유체에 대해서는 빙햄 유체의 겉보기 점도를 나타낸다. 의가소성 유체의 겉보기 점도 변화가 소성 유체인 경우의 변화와 비슷하며, 전단 속도가 작아지면 몹시 큰 값이 되는 것을 알 수 있다. 또한 전단 속도 또는 전단응력의 증가와 함께 겉보기 점도가 감소하는 성질을 **shear thinning**, 반대로 증가하는 성질을 **shear thickening**라고 한다. "shear"란 "전단"이라는 의미이다.

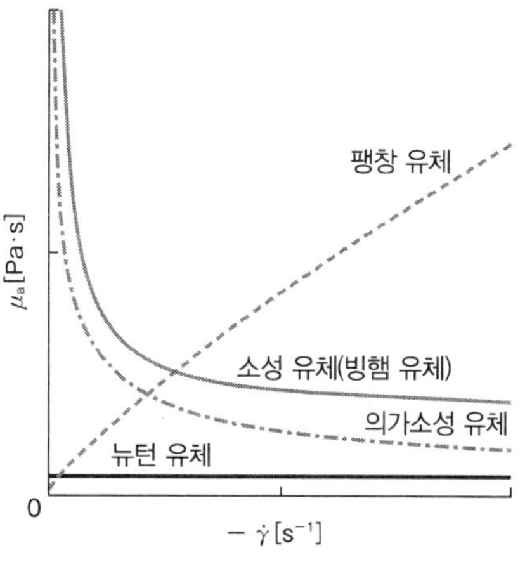

그림 2.7 각종 유체의 겉보기 점도

예제 2.3

유동 곡선을 빙햄 모델로 $\tau_0 = 3.50\times10^{-1}$ Pa, $\mu_B = 5.50\times10^{-1}$ Pa·s로 한 식에 따라 나타낼 수 있는 빙햄 유체에 대하여, 전단 속도가 -5.00×10^{-1} s^{-1}, -8.00 s^{-1}의 경우의 전단응력, 겉보기 점도를 구하라.

풀이

식(2.4)에 따라 전단응력은

$$\dot{\gamma} = 5.00\times10^{-1}\,s^{-1}\text{의 경우 : } \tau = -\frac{\dot{\gamma}}{|\dot{\gamma}|}(\mu_B|\dot{\gamma}| + \tau_0)$$
$$= 5.50\times10^{-1}\times5.00\times10^{-1} + 3.50\times10^{-1}$$
$$= 6.25\times10^{-1}\ \text{Pa}$$

$$\dot{\gamma} = -8.00\,s^{-1}\text{의 경우 : } \tau = -\frac{\dot{\gamma}}{|\dot{\gamma}|}(\mu_B|\dot{\gamma}| + \tau_0)$$
$$= 5.50\times10^{-1}\times8.00 + 3.50\times10^{-1}$$
$$= 4.75\ \text{Pa}$$

가 된다. 겉보기 점도는 식(2.3)에 따라 다음과 같이 구할 수 있다.

$$\dot{\gamma} = -5.00\times10^{-1}\,s^{-1}\text{의 경우 : } \mu_a = \frac{\tau}{-\dot{\gamma}} = \frac{6.25\times10^{-1}}{5.00\times10^{-1}} = 1.25\ \text{Pa}\cdot\text{s}$$

$$\dot{\gamma} = -8.00\,s^{-1}\text{의 경우 : } \mu_a = \frac{\tau}{-\dot{\gamma}} = \frac{4.75}{8.00} = 5.94\times10^{-1}\ \text{Pa}\cdot\text{s}$$

위에 설명했듯이 빙햄 유체는 전단 속도의 절대치가 커지면 겉보기 점도는 작아진다.

예제 2.4

유동 곡선이 오스트발트 모델로 $n = 6.30\times10^{-1}$, $k = 2.80\times10^{-1}$ Pa·s^n과 같은 식에 따라 나타낼 수 있는 의가소성 유체에 대하여, 전단 속도가 1.00×10^{-1} s^{-1}, 6.50 s^{-1}의 경우의 전단응력, 겉보기 점도를 구하라.

풀이

전단응력은 식(2.5)에 따라

$$\dot{\gamma} = 1.00\times10^{-1}\,s^{-1}\text{의 경우 : } \tau = -k\dot{\gamma}|\dot{\gamma}|^{n-1}$$
$$= -2.80\times10^{-1}\times(1.00\times10^{-1})^{6.30\times10^{-1}}$$
$$= -6.56\times10^{-2}\ \text{Pa}$$

$$\dot{\gamma} = 6.50\,\mathrm{s}^{-1}\text{의 경우 : } \tau = -k\dot{\gamma}|\dot{\gamma}|^{n-1} = -2.80 \times 10^{-1} \times (6.50)^{6.30 \times 10^{-1}} = -9.11 \times 10^{-1}\,\mathrm{Pa}$$

가 된다. 전단 속도가 플러스이므로 전단응력은 마이너스가 된다. 또한 겉보기 점도는 식 (2.3)에 따라 다음과 같이 구할 수 있다.

$$\dot{\gamma} = 1.00 \times 10^{-1}\,\mathrm{s}^{-1}\text{의 경우 : } \mu_\mathrm{a} = \frac{\tau}{-\dot{\gamma}} = \frac{-6.56 \times 10^{-2}}{-1.00 \times 10^{-1}} = 6.56 \times 10^{-1}\,\mathrm{Pa \cdot s}$$

$$\dot{\gamma} = 6.50\,\mathrm{s}^{-1}\text{의 경우 : } \mu_\mathrm{a} = \frac{\tau}{-\dot{\gamma}} = \frac{-9.11 \times 10^{-1}}{-6.50} = 1.40 \times 10^{-1}\,\mathrm{Pa \cdot s}$$

의가소성 유체는 전단 유동화 성질이 있기 때문에, 전단 속도가 큰 경우가 겉보기 점도가 더 작다.

2.3 시간 의존성 유체

전단응력을 받은 후의 시간 경과와 함께 점도가 변화하는지 아닌지에 따라 유체를 분류할 수도 있다. 시간에 따라 점도가 변화하는 유체는 그 변화 특징을 바탕으로 아래의 2종류로 분류된다. 전단응력을 받은 후에 시간 경과와 함께 점도가 감소하는 유체를 **틱소트로픽 유체**(thixotropic fluid), 반대로 증가하는 유체를 **레오펙틱 유체**(rheopectic fluid)라고 한다.

2.4 점탄성 유체

대부분의 유체는 힘을 받아 변형한 후에 원래의 형태로 돌아가지는 않는다. 그러나 일부 유체는 힘을 제거하면 완전하지는 않지만 원래대로 돌아가는 거동을 나타내는 것이 있다. 이것은 점성에 더해 탄성을 가지고 있기 때문이다. 이러한 유체를 **점탄성 유체**(viscoelastic fluid)라고 한다. 이 성질을 가지는 유체의 예로 고분자 수용액 등이 있다. 점탄성 유체의 유동은 점성만을 가지는 유체와는 달리 아래와 같은 현상이 관찰

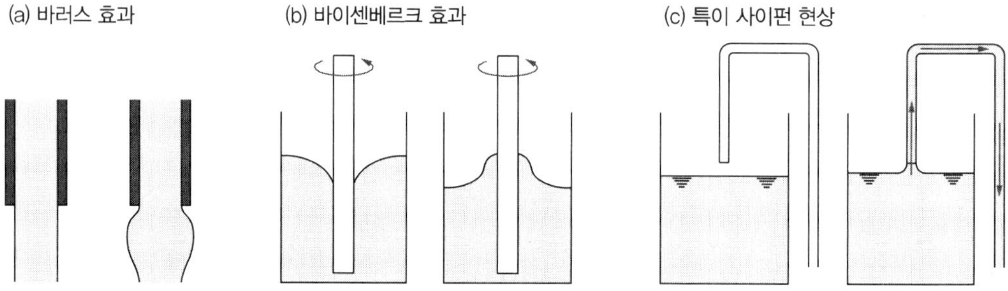

그림 2.8 점탄성 유체의 유동에서 관찰되는 현상(모두 오른쪽이 점탄성 유체)

된다는 사실이 알려져 있다.

① **바러스 효과**(Barus effect) : 그림 2.8(a)와 같이 관에서 유출될 때 액주가 부풀어 오르는 현상

② **바이센베르크 효과**(Weissenberg effect) : 그림 2.8(b)과 같은 용기 내 액체에 삽입한 원통관 실린더를 회전시켰을 경우 뉴턴 유체에서는 원심력에 의해 유체가 바깥 측으로 이동하고 중심 부근이 움푹패이는 것에 비해, 그와 반대로 원통관 실린더를 향해 유체가 이동하고 액면이 부풀어 오르는 현상

③ **특이 사이펀 현상** : 그림 2.8(c)와 같이 관의 입구를 액면에서 떨어뜨려도 사이펀 효과에 따라 액이 빨아올려지는 현상

④ **톰의 효과**(Tom's effect) : 물에 고분자를 조금 용해시키는 것만으로, 관내를 난류 상태로 흐를 때의 마찰 저항이 저감되는 현상

2.5 점도의 온도에 의한 변화

뉴턴, 비뉴턴과 상관없이 점성은 유체의 온도에 의존한다. 액체의 경우는 온도 상승과 함께 분자간 힘이 약해져 상호 작용이 저하하기 때문에 점도는 저하한다. 한편, 기체의 경우는 온도 상승에 따라 분자 운동 속도가 증가하여 그와 함께 충돌 빈도가 증가하기 때문에 분자 상호 작용에 의해 점도가 증가한다.

학습의 키워드

ㅁ점성 ㅁ전단응력 ㅁ유체의 변형 ㅁ전단 변형 ㅁ속도 구배 ㅁ뉴턴의 점성 법칙 ㅁ운동량 유속 ㅁ쿠에트 흐름 ㅁ전단 속도 ㅁ유동 곡선 ㅁ리올로지 ㅁ비뉴턴 유체 ㅁ소성 유체 ㅁ의가소성 유체 ㅁ팽창 유체 ㅁ겉보기 점노 ㅁ항복 응력 ㅁ빙햄 유체 ㅁ오스트발트 모델 ㅁ지수 법칙 유체 ㅁ전단 유동화 ㅁ점조화 ㅁ틱소트로픽 유체 ㅁ레오펙틱 유체 ㅁ점탄성 유체 ㅁ바러스 효과 ㅁ바이센베르크 효과 ㅁ톰의 효과

제2장 연습문제

2.1 그림 ❶은 점도가 μ_1, μ_2인 서로 녹지 않는 유체 1, 2가 접촉하고 있는 경우의 속도 분포이다. 이 경우의 접촉 경계면의 각각 유체측 전단 속도 관계와 어느 유체의 점도가 더 큰지를 나타내라.

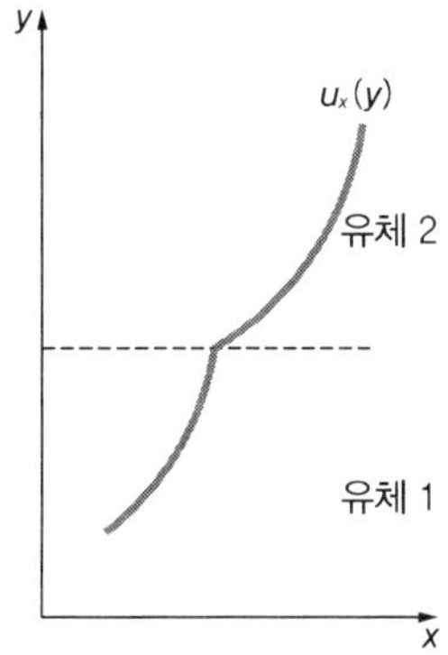

그림 ❶ 접촉하는 두 유체의 속도 분포

2.2 그림 2.1과 같은 쿠에트 흐름에서 평판 면적이 2.00 m^2, 평판간 거리가 5.00 cm, 아래 평판을 당기는 힘이 1.20×10^{-2} N, 평판간의 유체는 점도 3.60×10^{-3} Pa · s의 뉴턴 유체이다. 정상 상태의 아래의 평판의 속도를 구하라.

2.3 평판간 쿠에트 흐름에서 평판간 거리가 8.00×10^{-2} m, 한쪽을 정지시키고 다른 쪽 평판의 속도를 6.00×10^{-2} m · s^{-1}로 한다. 유체가 점도 5.50×10^{-2} Pa · s의 뉴턴 유체인 경우의 평판에 가해지는 전단응력을 구하라.

2.4 평판간 거리가 2.00 cm인 쿠에트 흐름에서 위 평판을 정지시키고 아래의 평판을 1.00×10^{-1} m · s^{-1}로 움직이자 전단응력이 8.80×10^{-3} Pa가 되었다. 이 경우의 유체(뉴턴 유체로 한다)의 점도를 구하라.

2.5 면적 5.00×10^{-1} m^2이고, 1.50 cm 떨어진 평행 평판 사이에 임의의 유체를 채워 쿠에트 흐름을 발생시켜, 정상 상태에서 평판을 당기는 힘을 여러 가지 평판 속도에 대해서 측정하자, 아래의 표와 같은 결과가 얻어졌다. 유체가 2.2절의 ①, ②의 비뉴턴 유체의 분류 중 어느 분류에 속하는지를 추정하라. 또한 유동 곡선을 나타내는

식을 구하라.

U [m·s^{-1}]	1.50×10^{-3}	4.50×10^{-2}	7.50×10^{-2}	1.20×10^{-1}	1.50×10^{-1}	2.25×10^{-1}
F [N]	5.80×10^{-1}	7.95×10^{-1}	9.40×10^{-1}	1.23	1.35	1.80

2.6 면적 2.00×10^{-1} m^{2}이고 5.00×10^{-3} m 떨어진 평행 평판간에 임의의 유체를 채워, 위의 2.5와 동일한 방법으로 실험을 하자, 다음 표의 데이터를 얻었다. 이 유체가 어느 분류에 속하는지 추정하여 유동 곡선을 나타내는 식을 구하라.

U [m·s^{-1}]	1.00×10^{-3}	7.50×10^{-3}	3.25×10^{-2}	5.50×10^{-2}	7.50×10^{-2}	9.50×10^{-2}	1.10×10^{-1}	1.30×10^{-1}
F [N]	6.40×10^{-2}	2.10×10^{-1}	3.70×10^{-1}	4.64×10^{-1}	5.12×10^{-1}	5.36×10^{-1}	5.98×10^{-1}	6.16×10^{-1}

2.7 항복 응력이 3.45 Pa, 빙햄 점도가 2.56×10^{-1} Pa·s인 빙햄 모델로 유동 곡선이 나타나는 유체에 대하여, 전단응력의 절대치가 6.87 Pa, 2.46×10^{1} Pa일 때의 전단 속도의 절대치, 겉보기 점도를 구하라.

2.8 오스트발트 모델을 적용할 수 있다는 것을 알고 있는 유체의 평행 평판간 쿠에트 흐름에서 판의 속도를 2배로 하자, 판에 가해지는 힘이 2.53배가 되었다. 이 유체는 의가소성 유체, 팽창 유체 중 무엇인지 답하라. 또한 속도를 5배로 했을 때의 힘은 몇 배가 되는가?

제 3 장

흐름 상태의 표현·분류

이 단원의 목표

유체의 물성, 유량, 장치의 사이즈, 형상, 조작 형식 등에 따라 여러 가지 상태의 흐름이 발생한다. 이번 단원에서는 이들 분류법, 관찰법과 어떻게 흐름 상태가 표현되는지에 대하여 학습하겠다.

3.1 흐름 상태의 표현

흐름 상태를 시각적으로 표현할 때에는 아래에 설명하는 유선, 유적선, 유맥선이 이용된다.

① 유선(流線, stream line)

그림 3.1과 같은 곡선은 선상의 모든 위치에서 유속 벡터가 $\boldsymbol{u}$에 접하고 있다. 이러한 유속 벡터의 포물선을 **유선**(stream line)이라고 한다. $x-y$평면상의 2차원 흐름의 유선인 경우, 접선의 기울기는 dy/dx로 나타낼 수 있다. 유속 벡터 $\boldsymbol{u}(u_x, u_y)$는 유선에 접하고 있기 때문에 아래의 관계를 만족한다.

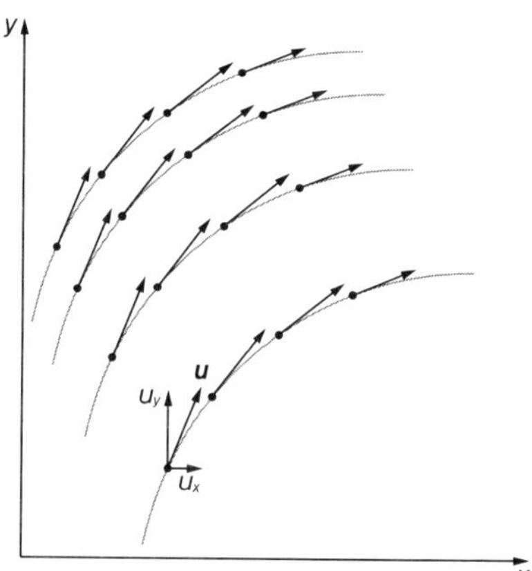

그림 3.1 유선과 유속 벡터

$$\frac{dy}{dx} = \frac{u_y}{u_x} \longrightarrow \frac{dx}{u_x} = \frac{dy}{u_y} \tag{3.1}$$

$$u_y dx - u_x dy = 0 \tag{3.2}$$

식(3.2)는 제10장에서 설명할 흐름 함수의 값이 유선 상에서 같아지는 조건을 나타낸다. 각 유선의 흐름 함수 값의 차이는 유선간 유량과 같으므로, 유선이 조밀한 곳은 유속이 크고, 엉성한 곳은 작은 것을 의미한다.

3차원 공간의 유선과 벡터 사이에도 마찬가지로 아래의 관계가 성립한다.

$$\frac{dx}{u_x} = \frac{dy}{u_y} = \frac{dz}{u_z} \tag{3.3}$$

② 유적선(流跡線, path line)

흐름 중의 미세한 유체 요소에 주목하여, 그 요소의 궤적을 선으로 이은 것이 **유적선**(path line)이다. 그림 3.2는 세 개의 미세 유체 요소의 시간 t_0에서 t_5까지의 궤적을 이어 그은 유적선이다. 유체 요소는 유속 벡터에 따라 이동하므로 유속이 시간에 대해 변화하지 않는 경우, 유적선은 유선과 일치한다. 한편, 유속 벡터가 시간과 함께 변화하는 경우는 유체 요소가 이동한 후에 유선의 위치가 변화하기 때문에 유적선과 유선은 일치하지 않는다.

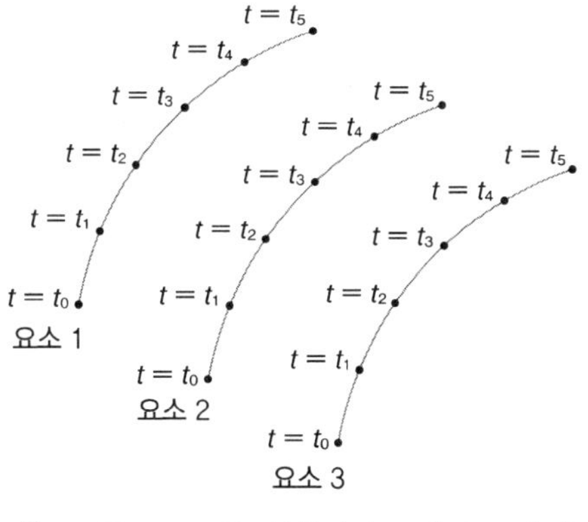

그림 3.2 유적선(시간 t_0에서 t_5까지)

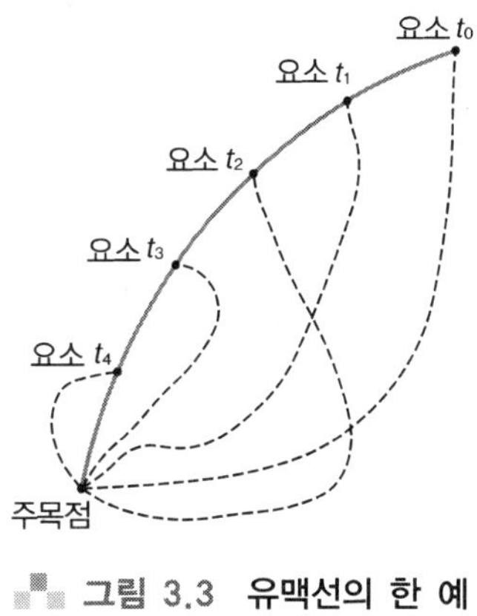

그림 3.3 유맥선의 한 예

③ 유맥선(流脈線, streak line)

흐름 중 임의의 점에 주목하여, 그 점을 통과한 미세 유체 요소의 통과 후 임의의 시각에서의 존재 위치를 통과한 순서대로 이은 선을 **유맥선**(streak line)이라고 한다. 그림 3.3의 실선은 유맥선의 한 예로, 주목점을 시간 t_0, t_1, t_2, t_3, t_4에 순서대로 통과한 미세 유체 요소의 통과 후 임의의 시간 t에서의 존재 위치를 이은 것이다. 유속 벡터가 시간에 대해 변화하지 않는 경우는 주목점을 통과한 유체 요소는 모두 동일한 궤적을 그리므로, 유맥선은 유적선, 유선과 일치한다. 한편, 유속이 시간과 함께 변화할 경우, 각 요소는 주목점을 통과 후 각각 그림 3.3의 점선으로 표시된 별도의 경로를 따라 이동하여, 시간 t에서 그림과 같은 위치에 도달한다. 이들 점선이 각 유체 요소에 주목한 경우의 유적선에 해당한다. 이에 따라 유맥선과 유적선, 유선은 일치하지 않는 것을 알 수 있다.

3.2 흐름의 분류

흐름 상태는 몇 가지 관점에 따라 분류된다. 아래에 시간에 대한 변화, 공간에 대한 변화 관점에 따른 분류에 대하여 설명하겠다.

① 시간에 대한 변화 : 정상 상태 흐름과 비정상 상태 흐름

2.1절의 평행 평판간의 쿠에트 흐름에서 판을 움직이기 시작해서 정상 상태가 될 때까지, 시간 경과와 함께 평판간 각 위치의 유속은 계속 변화한다. 이렇듯 압력, 유속 등의 물리량이 각각 공간 위치에서 시간에 대해 변화하는 흐름을 **비정상 상태 흐름**(unsteady state flow)라고 하며, 변화하지 않는 흐름을 **정상 상태 흐름**(steady state flow)라고 한다. 정상 상태 흐름에서는 앞 절에서 설명했듯이 유선, 유적선, 유맥선은 일치한다.

일반적으로 원통관 등 유체 수송 장치에서는 유동 개시 직후에는 비정상 상태 흐름이 된다. 시간이 충분히 경과하여, 마찰에 의한 에너지 손실과 펌프 등이 공급하는 에너지의 밸런스가 맞춰진 상태가 된 후에 정상 상태 흐름이 된다. 단, 실제로는 장치 내 상태는 시간에 대해 변화하는 경우가 많기 때문에 대부분의 경우 엄밀하게는 비정상 상태 흐름이다.

② **공간에 대한 변화** : 균일 흐름과 불균일 흐름

임의의 시간에서 유속이 공간 위치에 상관없이 일정해지는 흐름을 **균일 흐름**(uniform flow)이라고 하며, 위치에 따라 다른 흐름을 **불균일 흐름**(nonuniform flow)이라고 한다. 장치 내 흐름은 장치 벽면에서 유속이 0이 되고, 벽면에서 떨어질수록 유속이 커지기 때문에 불균일 흐름이 된다. 한편, 평판 위 흐름 등에서는 평판 벽면 부근에서는 속도 구배가 발생하여 불균일 흐름이 되는데, 벽면에서 충분히 떨어진 영역에서는 속도 구배를 무시할 수 있을 정도로 작아져 거의 균일 흐름으로 볼 수 있게 된다.

3.3 층류와 난류

원통관 내 흐름에서, 그림 3.4와 같이 관 중심에 잉크를 주입했을 경우, 유량이 비교적 작은 경우는 (a)와 같이 잉크는 중심축 위를 반듯하게 흘러 주위로 거의 퍼지지 않는다. 한편, 유량이 큰 경우는 (b)와 같이 바로 관 단면 전체로 퍼진다. 이것은 (a)에서는 유속이 모든 관의 축 방향만으로만 향하고 있어서 시간에 대해 변화하지 않고 유체가 서로 섞이지 않고 흐르는 것에 비해, (b)에서는 관의 반지름 방향, 선회하는 방향의 유속 성분이 있어 각 유속 성분이 시간에 대해 랜덤으로 변동하기 때문에, 잉크가 짧은 시간에 관 단면 전체로 퍼진다. (a), (b)의 흐름 상태를 각각 **층류**(laminar flow), **난류**(turbulent flow)라고 한다. 원통관 내 흐름뿐만 아니라, 일반적으로 흐름 장에서는 층류, 난류가 발생한다. 흐름 상태가 층류와 난류 중 무엇이 되는지는 아래의 식으로 정의되는 **레이놀즈 수**(Reynolds number)에 따라 판별할 수 있다.

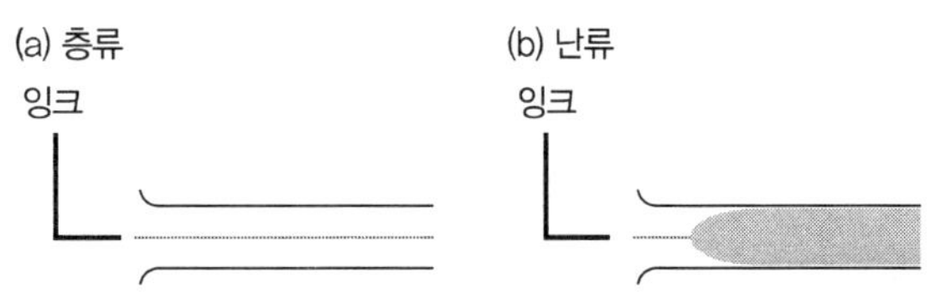

그림 3.4 층류와 난류

$$Re = \frac{\rho UL}{\mu} \tag{3.4}$$

U, L은 대상이 되는 흐름 장의 대표 속도, 대표 길이이다. 레이놀즈 수는 운동 에너지를 발생시키는 힘인 관성력과 흐름을 억제하는 힘인 점성력의 비라고 할 수 있다. 이것은 아래와 같이 설명할 수 있다. 부피 L^3의 유체의 질량은 ρL^3이다. 그 유체가 유속 U로 흐르는 경우의 운동 에너지는 $\rho L^3 U^2/2$가 된다. 이 에너지를 얻기까지 그 유체가 관성력 F를 받아 거리 L만큼 이동한다면, 그 사이에 이루어진 일 FL과 운동 에너지가 같아지므로

$$F = \frac{\rho L^2 U^2}{2}$$

이러한 관계가 성립한다. 한편, 속도 구배의 대푯값이 U/L, 힘이 작용하는 면적의 대푯값이 L^2이면, 점성에 의한 힘은 $\mu(U/L)L^2$이 된다. 따라서 관성력과 점성력의 비는 다음과 같아진다.

$$\frac{\rho L^2 U^2}{2} \frac{1}{\mu(U/L)L^2} = \frac{1}{2} \frac{\rho UL}{\mu} \tag{3.5}$$

레이놀즈 수는 유체의 운동, 즉 관성이 점성에 대해 흐름에 어느 정도 크게 영향을 미치는지 정도를 나타내는 것이므로, 수치의 절대 값보다 서로 다른 흐름 조건의 값의 크기 비교에 의미가 있다. 여기에서 서로 다른 조건 간 크기 관계에 영향을 미치지 않는 위 식의 계수 1/2을 없애면 식(3.4)를 유도할 수 있다. 한편, 다음과 같이 생각할 수도 있다. 대표 속도를 U라고 할 경우, 질량 속도는 ρU가 되므로, 대류에 의한 운동량 유속은 ρU^2이 된다. 또한 분자 효과, 즉 점성에 의한 운동량 유속의 대푯값은 $\mu(U/L)$이 된다. 이들 비를 구하면

$$\frac{\rho U^2}{\mu(U/L)} = \frac{\rho UL}{\mu} \tag{3.6}$$

이 되어서, 레이놀즈 수의 정의와 일치한다. 이렇듯 레이놀즈 수는 대류와 점성에 의한 운동량 유속의 비라고 볼 수도 있다. 레이놀즈 수는 위에 설명했듯이 힘과 힘, 또는 운동량 유속과 운동량 유속 같은 동일한 차원의 양의 비이므로 무차원이 된다. 따라서 어떠한 단위계를 이용하여 계산해도 수치는 같아진다. 또한 기하학적 형상이 유사한 장치 내 흐름이라면 사이즈, 유량, 물성이 다른 유체여도 레이놀즈 수가 동일하면 그들 유동 상태는 동등하다고 생각할 수 있다. 따라서 층류 난류가 되는 조건은 레이놀즈

수의 값에 따라 결정된다. 단, 원통관 내 흐름, 고체구 주변 흐름, 교반 반응기 내 흐름 등 서로 다른 흐름 장에서는 레이놀즈 수의 정의에 이용되는 대표 속도, 대표 길이는 서로 다르며, 층류에서 난류로 전이하는 레이놀즈 수의 값도 서로 다르다는 점에 주의할 필요가 있다. 원통관 내 흐름일 경우에는 부피 유량을 관 단면적으로 나눈 관 단면 평균 유속 u_a, 관안지름 d를 대푯값으로 하여 다음 식으로 레이놀즈 수를 정의할 수 있다.

$$Re = \frac{\rho u_a d}{\mu} \tag{3.7}$$

이 정의에 의한 레이놀즈 수가 2,100보다 작은 범위에서는 층류, 4,000보다 큰 범위에서는 난류가 된다. 그 사이의 값인 경우에는 층류와 난류가 번갈아 불규칙적으로 나타나는 천이 영역이 된다.

예제 3.1

안지름 2.50×10^{-1} m의 원통관 내에 관 단면 평균 유속 3.00×10^{-1} m·s^{-1}의 물이 흐를 경우의 레이놀즈 수를 구하여 층류와 난류 중 어느 상태인지 판정하라. 물의 밀도, 점도를 각각 $\rho = 1.00\times10^{3}$ kg·m^{-3}, $\mu = 1.00\times10^{-3}$ Pa·s로 한다. 또한 모든 양의 단위를 CGS계로 변환하여 레이놀즈 수를 계산하라.

풀이

레이놀즈 수는 그 정의식(3.7)에 따라, 아래와 같이 계산된다.

$$Re = \frac{\rho u_a d}{\mu} = \frac{1.00\times10^{3}\times3.00\times10^{-1}\times2.50\times10^{-1}}{1.00\times10^{-3}}$$
$$= 7.50\times10^{4}$$

$Re > 4{,}000$이므로 난류가 된다.

다음으로 문제에서 MKS계로 주어진 각 양을 CGS단위계로 변환한다. MKS계에서는 m, kg, s를 기본 단위로 하고 있는데 CGS계에서는 cm, g, s를 기본 단위로 하고 있다. 따라서 각 양은 아래와 같이 변환된다.

$$\rho = 1.00\times10^{3}\ \mathrm{kg\cdot m^{-3}} = 1.00\ \mathrm{g\cdot cm^{-3}}$$
$$u_a = 3.00\times10^{-1}\ \mathrm{m\cdot s^{-1}} = 3.00\times10^{1}\ \mathrm{cm\cdot s^{-1}}$$
$$d = 2.50\times10^{-1}\ \mathrm{m} = 2.50\times10^{1}\ \mathrm{cm}$$

또한 점도의 단위는 다음과 같아진다.

$$\begin{aligned}\mathrm{Pa \cdot s} &= \mathrm{N \cdot m^{-2} \cdot s = kg \cdot m \cdot s^{-2} \cdot m^{-2} \cdot s = kg \cdot m^{-1} \cdot s^{-1}} \\ &= 1.00 \times 10^{3}\ \mathrm{g} \cdot 1.00 \times 10^{-2}\ \mathrm{cm^{-1} \cdot s^{-1}} \\ &= 1.00 \times 10^{1}\ \mathrm{g \cdot cm^{-1} \cdot s^{-1}}\end{aligned}$$

따라서

$$1.00 \times 10^{-3}\ \mathrm{Pa \cdot s} = 1.00 \times 10^{-2}\ \mathrm{g \cdot cm^{-1} \cdot s^{-1}}$$

이 되므로 CGS로 레이놀즈 수를 계산하면

$$Re = \frac{\rho u_{\mathrm{a}} d}{\mu} = \frac{1.00 \times 3.00 \times 10^{1} \times 2.50 \times 10^{1}}{1.00 \times 10^{-2}} = 7.50 \times 10^{4}$$

이 되어 MKS계로 계산한 결과와 일치한다. 이렇듯 레이놀즈 수는 어느 단위계로 계산해도 동일한 값이 된다. 단, 계산은 모든 수의 단위계를 통일할 필요가 있다.

예제 3.2

아래의 세 조건의 원통관 내 흐름의 레이놀즈 수를 구하여, 층류와 난류 중 어느 상태인지를 판정하라.

(a) 유체의 밀도 $1.00 \times 10^{3}\ \mathrm{kg \cdot m^{-3}}$, 점도 $1.00 \times 10^{-3}\ \mathrm{Pa \cdot s}$, 원통관의 안지름 $1.00 \times 10^{-1}\ \mathrm{m}$, 관 단면 평균 유속 $4.50 \times 10^{-1}\ \mathrm{m \cdot s^{-1}}$.
(b) 안지름이 2.00 mm인 것 외에는 (a)와 동일한 조건.
(c) 유체의 점도가 $2.30 \times 10^{-2}\ \mathrm{Pa \cdot s}$인 것 외에는 (a)와 동일한 조건.

풀이

주어진 조건을 레이놀즈 수의 정의식(3.7)에 대입하여 계산한다.

(a) $$Re = \frac{\rho u_{\mathrm{a}} d}{\mu} = \frac{1.00 \times 10^{3} \times 4.50 \times 10^{-1} \times 1.00 \times 10^{-1}}{1.00 \times 10^{-3}} = 4.50 \times 10^{4}$$

난류

(b) $$Re = \frac{\rho u_{\mathrm{a}} d}{\mu} = \frac{1.00 \times 10^{3} \times 4.50 \times 10^{-1} \times 2.00 \times 10^{-3}}{1.00 \times 10^{-3}} = 9.00 \times 10^{2}$$

층류

(c) $$Re = \frac{\rho u_{\mathrm{a}} d}{\mu} = \frac{1.00 \times 10^{3} \times 4.50 \times 10^{-1} \times 1.00 \times 10^{-1}}{2.30 \times 10^{-2}} = 1.96 \times 10^{3}$$

층류

이와 같이, 관 단면 평균 유속이 같아도, 관 안지름 또는 유체 점도 등의 조건에 따라 층류가 되는 경우와 난류가 되는 경우가 있다는 것을 알 수 있다.

예제 3.3

단면의 짧은 쪽이 50.0 μm, 긴 쪽이 100 μm인 직사각형 유로를 물이 부피 유량 10.0 μL·min^{-1}로 흐르는 경우의 레이놀즈 수를 구하라. 물의 물성은 예제 3.1의 값을 이용하라.

풀이

단면이 직사각형인 유로는 구형(矩形) 채널 또는 구형관(矩形管)이라고 한다. 직사각형의 짧은 쪽, 긴 쪽이 각각 a, b일 때 구형 채널의 대표 길이는 다음 식으로 정의할 수 있다.

$$d_e = \frac{4ab}{2(a+b)} = \frac{2ab}{a+b} \tag{3.8}$$

이것은 직사각형의 면적을 주위의 길이로 나눈 것의 4배로, 수력학적 상당 지름이라고 한다. 원통관인 경우와 같이 길이를 구하면 안지름 d가 되므로, d_e를 대표 길이로 하는 것이 적당하다는 것을 이해할 수 있다. 주어진 조건의 수력학적 상당 지름, 단면 평균 유속은 각각 아래와 같아진다.

$$d_e = \frac{2 \times 50.0 \times 10^{-6} \times 100 \times 10^{-6}}{50.0 \times 10^{-6} + 100 \times 10^{-6}} = 66.7 \times 10^{-5}\ \mathrm{m}$$

$$u_a = \frac{Q}{ab} = \frac{10.0 \times 10^{-6} \times 10^{-3}/60}{50.0 \times 10^{-6} \times 100 \times 10^{-6}} = 3.33 \times 10^{-2}\ \mathrm{m \cdot s^{-1}}$$

따라서 레이놀즈 수는 다음과 같아진다.

$$Re = \frac{\rho u_a d_e}{\mu} = \frac{1.00 \times 10^{3} \times 3.33 \times 10^{-2} \times 6.67 \times 10^{-5}}{1.00 \times 10^{-3}} = 2.22$$

예제 3.2의 각 조건과 비교하여 레이놀즈 수가 매우 작은 층류가 된다.

예제 3.3과 같이 단면의 사이즈가 μm의 단위의 채널을 마이크로 채널이라고 한다. 또한 마이크로 채널 내에 유체를 흘려보냄으로써 화학 반응에 의한 물질 생산, 또는 혼합물 분리를 하는 장치군으로 이루어진 화학 프로세스는 마이크로 화학 프로세스라고 한다. 마이크로 화학 프로세스의 흐름은 이 예제와 같이 층류가 된다. 최근 층류의 열, 물질이동 현상의 특징을 고려하여 효율이 좋은 반응, 분리 조작을 실현할 수 있는 마이크로 화학 프로세스의 연구 개발이 이루어지고 있다.

예제 3.4

그림 3.5는 화학 반응에 따른 물질 생산을 비롯한 화학 플랜트의 각종 혼합 조작을 하는 대표적

인 장치인 교반 반응기의 대략적인 모습이다. 그림과 같은 임펠러라는 교반 날개를 회전시킴으로써 장치 내 유체를 혼합한다. 그 때, 원통관 실린더 방향 흐름을 억제하고, 반지름 방향, 수직 방향의 흐름을 발생시키기 때문에 방해판을 장치 벽면에 설치하는 경우가 많다. 이 장치에서 임펠러를 10 rpm으로 회전시켜 액체를 교반시킬 때의 레이놀즈 수를 계산하시오. 임펠러의 지름은 1.00 m이고, 액체의 물성은 예제 3.1의 물의 물성 값을 이용하라.

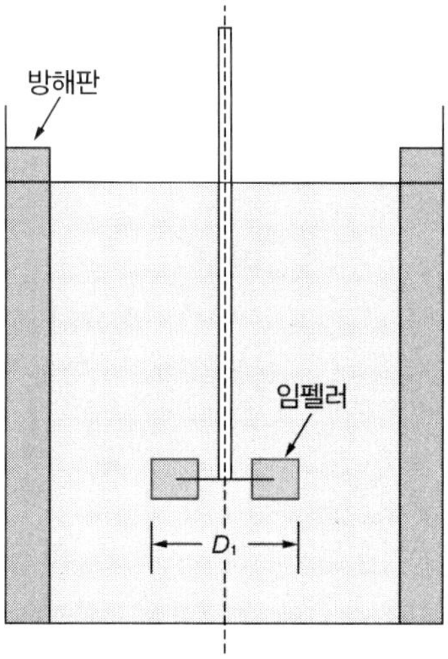

그림 3.5 교반 반응기

풀 이

회전수의 단위 rpm(revolutions per minute)은 1분간에 회전하는 횟수이다. 회전수 N= 10 rpm의 경우, 1초간 회전수는 $n = 1.67 \times 10^{-1}$ s^{-1}가 된다. 임펠러가 1회전하면 그 앞쪽 끝은 지름 D_i의 원통관 실린더 πD_i만큼 움직이는 게 된다. 따라서 앞쪽 끝 속도는 1초간 이동하는 거리

$$\pi n D_i = 5.24 \times 10^{-1}\ \mathrm{m \cdot s^{-1}}$$

이 된다. 교반 반응기내 흐름의 레이놀즈 수는 임펠러 앞쪽 끝 속도를 상수인 π로 나눈 nD_i가 대표 속도, 임펠러 지름 D_i가 대표 길이로 정의된다. 따라서 주어진 조건에서의 레이놀즈 수는

$$\begin{aligned} Re &= \frac{\rho n D_i^{\,2}}{\mu} \\ &= \frac{1.00 \times 10^3 \times 1.67 \times 10^{-1} \times (1.00)^2}{1.00 \times 10^{-3}} \\ &= 1.67 \times 10^5 \end{aligned}$$

가 된다. 교반 반응기 내 흐름은 $Re < 10$으로 층류, $10{,}000 < Re$로 난류, 그 사이의 범위는 천이 영역이 되는 것이 알려져 있다. 따라서 이 문제의 교반 반응기 내 흐름은 난류가 된다.

학습의 키워드

□유선 □유적선 □유맥선 □비정상 상태 흐름 □정상 상태 흐름 □균일 흐름 □불균일 흐름 □층류 □난류 □레이놀즈 수

제3장 연습문제

3.1 다음 흐름의 관찰 실험을 통해 그려진 것은 유선, 유적선, 유맥선 중 무엇인지 답하라.

(a) 물의 흐름에서 임의 위치에 고정한 가는 관의 출구에서 조금씩 잉크를 흐름을 타도록 연속적으로 유출시켰을 때, 잉크에 의해 그려지는 선.

(b) 물의 흐름 속에 물과 밀도가 거의 같은 형광색 미세 입자에 빛을 쐬어, 일정 시간 셔터를 열린 상태에서 촬영한 사진에 찍힌 선.

3.2 안지름 90.0 cm의 관개(灌漑)용 파이프 라인을 통해 물을 질량 유량 8.50×10^{3} kg · s^{-1}로 흘려보낼 경우의 레이놀즈 수를 계산하시오. 물의 밀도, 점도는 각각 $\rho=1.00\times10^{3}$ kg · m^{-3}, $\mu=1.00\times10^{-3}$ Pa · s이다.

3.3 안지름 1.40 m의 파이프 라인을 통해 천연가스를 질량 유량 5.00×10^{2} ton/hr로 수송하는 경우의 레이놀즈 수를 계산하시오. 천연가스의 점도는 $\mu=1.00\times10^{-5}$ Pa · s이다.

3.4 글리세린을 질량 유량 3.10×10^{-1} kg · s^{-1}로 안지름 2.00 cm의 원통관 내를 흐르는 경우, 레이놀즈 수를 계산하시오. 글리세린의 밀도, 점도가 각각 $\rho=1.26\times10^{3}$ kg · m^{-3}, $\mu=1.49$ Pa · s이다.

3.5 안지름 15.0 cm의 원통관 내를 물이 질량 유량 2.50 kg/s로 흐르는 경우의 레이놀즈 수를 구하라. 물의 물성은 문제 3.2의 값을 이용하라. 또한 동일 원통관 내를 밀도, 점도가 각각 $\rho=1.15\times10^{3}$ kg · m^{-3}, $\mu=5.44\times10^{-3}$ Pa · s인 유체가 동일 레이놀즈

수로 흐르는 경우의 관 단면 평균 속도(m/s)와 부피 유량(m^3/s)을 계산하시오.

3.6 밀도, 점도가 각각 $\rho = 1.18\times10^3$ kg · m^{-3}, $\mu = 3.48\times10^{-3}$ Pa · s인 유체를 원통관 내에 흘려보내는 실험을 계획하고 있다. 최대 질량 유량을 4.92×10^{-2} kg/s로 설정했을 경우, 실험 조건 범위에서 흐름이 반드시 층류가 되는 최대 원통관 안지름을 계산하시오.

3.7 변의 길이 25.0 μm의 정사각형 단면의 마이크로 채널 내를 밀도, 점도가 각각 $\rho = 1.20\times10^3$ kg · m^{-3}, $\mu = 2.00\times10^{-3}$ Pa · s인 유체가 부피 유량 6.5 μL/min으로 흐르는 경우의 레이놀즈 수를 계산하시오.

3.8 고분자 물질로 이루어진 중공사막은 배수 처리, 해수 담수화 등의 대규모 시설부터 가정용 정수기, 의료용 혈장 분리, 투석, 인공 폐 등 여러 가지 용도로 이용되고 있다. 막의 재질, 공경 등은 용도에 따라 다르다. 정수, 혈장 분리 등에 이용되는 중공사막은 10^{-1} μm 단위의 공경을 가지고 있어 정밀 여과막으로 분류된다. 안지름 1.50×10^2 μm의 원통관이라 볼 수 있는 중공사 내에 부피 유량 $Q_i = 8.33\times10^{-10}$ m^3/s로 물을 공급한다. 하류로 향할수록 막의 안쪽과 바깥쪽의 압력차에 따라 바깥쪽으로 물이 투과(막을 지나 바깥으로 유출되는 것)하여, 출구 유량이 공급 유량의 60 %가 되었다고 하자. 공급 유량과 출구 유량의 평균을 중공사 내 전체의 평균 유량을 Q_a로 하여 평균 레이놀즈 수를 계산하시오. 물의 물성은 문제 3.2의 값을 이용하라.

3.9 혈액 투석에서는 중공사를 묶어 원통관 모양의 케이스에 넣은 투석기가 이용된다. 부피 유량 300 mL/min으로 투석기에 유입된 혈액이 투석기 내 중공사 전체에 균등한 유량으로 흐르도록 분배된다고 하자. 중공사의 수가 10,000, 안지름이 2.00×10^{-1} mm, 혈액의 밀도, 점도(혈액은 비뉴턴 유체이나, 여기에서는 간단하게 하기 위하여 주어진 점도를 가지는 뉴턴 유체로 간주하기로 한다.)가 각각 $\rho = 1.05\times10^3$ kg · m^{-3}, $\mu = 3.50\times10^{-3}$ Pa · s일 때의 1개의 중공사 내 흐름의 레이놀즈 수를 계산하시오. 막 바깥으로의 투과량은 적고, 무시할 수 있다.

3.10 지름 5.00 cm의 임펠러를 설치한 실험실 스케일의 교반 반응기에서 액체를 회전수 500 rpm으로 교반했을 때의 레이놀즈 수를 계산하시오. 액체의 밀도와 점도가 각각 $\rho = 1.12 \times 10^3\ \mathrm{kg \cdot m^{-3}}$, $\mu = 1.20 \times 10^{-3}\ \mathrm{Pa \cdot s}$이다.

3.11 실험에서 소규모 교반 반응기를 통해 목적하는 조작을 하기 위하여 최적의 임펠러 회전수를 구했을 경우, 그 결과를 바탕으로 실제 기계 스케일의 교반 반응기로 스케일 업 하는 경우에 대하여 생각해보자. 스케일 업 방법 중 하나로 임펠러 회전에 필요한 동력, 이른바 교반 소요 동력을 교반 반응기 내 액체 부피로 나눈 값을 일정하게 하는 방법이 있다. 스케일 업 전후의 교반 반응기 임펠러 지름, 회전수가 각각 D_{i1}, D_{i2}, n_1, n_2일 때, $n_1^3 D_{\mathrm{i1}}^2 = n_2{}^3 D_{\mathrm{i2}}{}^2$ 이렇게 되도록 하면, 이 조건을 만족시키는 것이 명백하다(오가와 코헤이(小川浩平) 편, "액체 전달 해석", 아사쿠라 쇼텐(朝倉書店)(2011), 제4장 참조). 지름 6.00 cm의 임펠러를 설치한 실험실 스케일의 교반 반응기 회전수의 최적치가 200 rpm인 경우, 그 교반 반응기의 레이놀즈 수, 임펠러 지름을 10배로 스케일 업 했을 경우의 회전수와 레이놀즈 수를 각각 계산하시오. 교반하는 유체의 물성은 문제 3.2의 물의 값과 동일한 값을 이용하라.

제 4 장

운동량 수지

-shell momentum balance-

이 단원의 목표

유체가 흐를 때에는 제1장에서 설명한 분자 효과에 의한 점성과 흐름에 의한 대류의 두 가지 원리에 따라 운동량이 끊이지 않고 이동한다. 이번 단원에서는 먼저 흐름 장에 설정된 임의의 대상부피에 대한 운동량 수지식이 유체의 운동 방정식에 해당한다는 것을 이해한다. 또한 몇 가지 흐름의 예를 들어 운동량 수지식을 통해 속도 분포를 유도하는 방법에 대하여 학습하겠다.

4.1 운동량 수지와 운동 방정식

제1장의 목표에서 설명했듯이 각종 장치 내 유체 속도의 공간, 시간에 대한 변화, 즉 **속도 분포**(velocity distribution)를 명백하게 하는 것이 이동현상론의 중요한 목적 중 하나이다. 유체의 속도를 명백하게 하기 위해서는 고체의 운동을 해석하는 경우와 같이 **운동 방정식**(equation of motion)이 이용된다. 고체는 크기에 한계가 있고, 형태를 바꾸지 않고 운동하며, 회전 운동이 없는 경우는 내부 속도가 일정하다. 그 때문에 해석할 때 고체가 이동해도 중심 위치를 쉽게 특정할 수 있고, 그 중심에 가해지는 힘과 가속도의 관계를 바탕으로 해석할 수 있다. 그에 비해 유체는 넓은 범위에서 연속적으로 퍼지고 형태를 바꾸면서 흐르며, 속도는 위치에 따라 다르다. 유체의 운동을 해석할 때에 고체의 운동 해석과 마찬가지로 연속하여 흐르는 유체 중 특정 부분에 주목하여 해석하겠다. 그림 4.1은 강의 흐름을 모식적으로 나타낸 것이다. 시간 $t=0$일 때 상류 측 직사각형으로 둘러싸인 영역에 있는 유체에 주목한다. 이 유체 내 속도는 그림 4.1(왼쪽)의 화살표와 같이 위치에 따라 다르며 전단 속도가 발생했다. 그 결과,

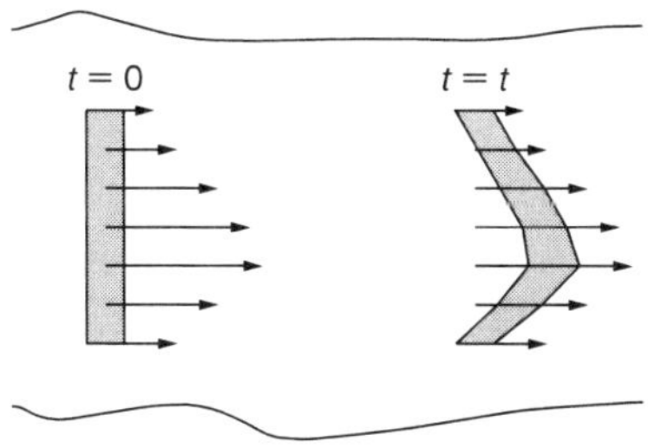

그림 4.1 특정 유체에 주목한 해석

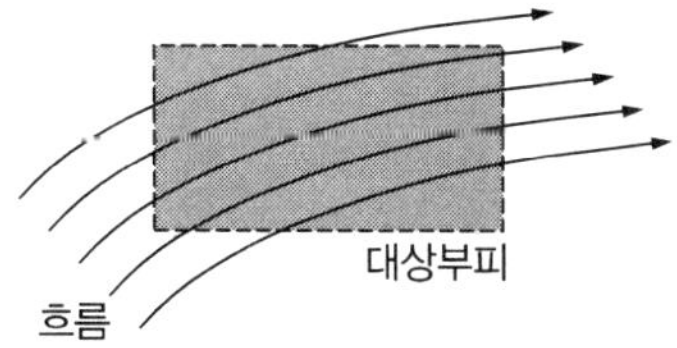

그림 4.2 대상부피에 주목한 해석

아래 흐름으로 이동함과 동시에 변형하여, $t = t$일 때는 그림 4.1(오른쪽)과 같은 형태가 된다. 그 형태는 해석의 목적인 속도 분포를 모르면 확정할 수 없다. 이에 따라 특정 영역의 유체를 추적하여 속도 분포를 구하는 것은 어려워진다. 그리하여 특정 유체에 주목하는 게 아니라, 대상이 되는 흐름 장의 특징을 고려하여 설정한 대상부피라고 하는 영역을 임의 위치에 고정하여, 거기에 단위 시간에 유입, 유출되는 물리량의 변화에 주목한다. 이 변화를 이동현상론에서는 물리량의 **수지**(balance)라고 한다. 운동 방정식은 물체에 가해지는 힘 F, 질량 m, 가속도 a에 따라

$$F = ma \tag{4.1}$$

으로 나타낼 수 있는데 1.1절에서 설명했듯이 이 식에는 힘과 운동량의 시간 변화율이 같다는 의미도 있다. 이에 따라 속도 분포를 구하기 위해서는 그림 4.2와 같은 대상부피에 대한 **운동량 수지식**(momentum balance)을 세우는 것이 효과가 있다고 생각할 수 있다. 아래에 정상 상태 층류의 경우를 대상으로 대상부피 설정 방법과 운동량 수지식이 어떻게 유도되는지를 설명하겠다.

그림 4.3(a)는 유속 성분이 x방향으로만 있고, 그 값이 y방향으로만 변화하는 흐름 장을 모식적으로 나타내고 있다. 대상부피는 임의로 설정할 수 있는데 수지를 쉽게 구하기 위해서 다음 내용을 고려하는 것이 일반적이다.

① 유속 벡터와 평행인 방향으로는 어느 정도 길게 한다.
② 유속 벡터의 크기가 변화하는 방향의 길이는 미세하게 한다.

그림 4.3(a)의 분포에서는 유속 벡터에 따라 x방향의 길이를 어느 정도 큰 X라 한다. 한편, 유속의 크기가 변화하는 y방향의 길이는 미세한 Δy로 한다. 설정하는 위치는 임의적이므로 왼쪽 아래 위치의 좌표를 $(x,\ y)$라 하면, 그 외 꼭짓점의 좌표는 그림 4.3(b)와 같아진다. 이러한 대상부피를 **셸**(shell)이라고도 한다. 셸을 둘러싼 경계에 해당하는 각 변에 그림과 같은 번호를 붙인다. 또한 이 그림에서는 경계가 선으로 되어

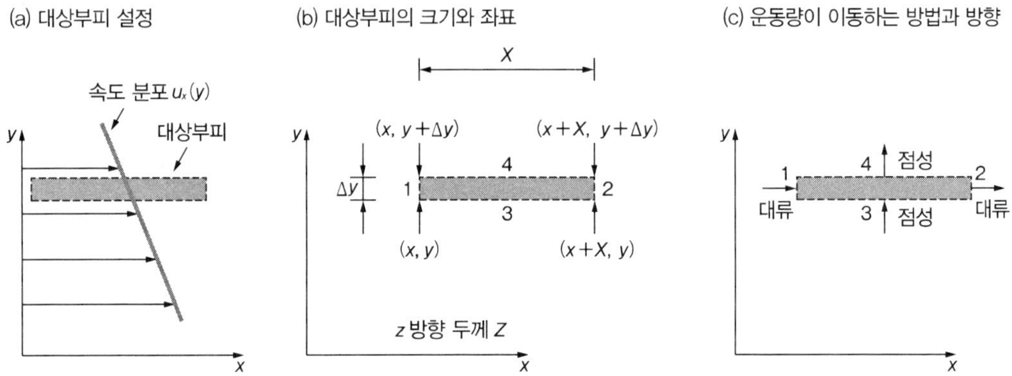

■ 그림 4.3 흐름 장의 대상부피

있는데, 실제로는 종이면에 수직인 z방향으로 두께가 있으므로 대상부피의 경계는 면이 된다. 아래에는 셀의 z방향 두께를 Z로 한다. 이렇게 설정된 셀에 대한 수지식을 유도한다.

일반적으로 물리량 수지식은 다음과 같은 형태가 된다.

$$(\text{물리량 축적 속도}) = (\text{유입 속도}) - (\text{유출 속도}) + (\text{생성 속도}) \tag{4.2}$$

정상 상태에서는 물리량은 시간에 대해 변화하지 않으므로 우변의 축적 속도는 0이 된다. 또한 유속이 x방향 성분만 있으므로 주목해야하는 물리량은 운동량의 x방향 성분이다. 이 경우 수지식의 각 항은 다음과 같아진다.

운동량의 유입, 유출 속도는 x방향, y방향으로의 이동에 의한 것으로 나누어 생각할 수 있다. 아래에 1.3절의 표 1.2와 같은 운동량 유속을 바탕으로 각각 어떻게 나타낼 수 있는지를 설명하겠다.

① 운동량의 유입, 유출 속도 : x방향

표 1.2에 나타낸 것은 운동량의 y방향 성분이 x방향으로 이동할 때의 유속이다. x방향 성분의 x방향으로의 이동 유속은 응력 τ_{xy}의 첨자를 xx로 하여, 단위 질량당 운동량을 u_y에서 u_x로 변환하여, $\tau_{xx} + \rho u_x u_x$로 나타낼 수 있다. τ_{xx}는 x방향으로 수직인 면에 가해지는 x방향의 응력으로, 면에 대해 수직인 방향으로 가해진다는 점에서 전단응력과 달리, 법선 응력이라고 한다. 이 응력은 u_x의 x방향의 구배 du_x/dx에 비례하는데, 그림 4.3의 흐름 장에서는 u_x는 x방향으로는 변화하지 않기 때문에 0이 된다. 따라서 응력도 0이 되어, x 방향의 유속은 다음과 같아진다.

$$\tau_{xx} = \rho u_x u_x = \rho u_x^2 \tag{4.3}$$

즉, 그림 4.3(c)와 같이 x 방향으로의 이동은 대류에 의한 것만 있다. 또한 법선 응력 τ_{xx}와 속도 구배의 관계는 전단응력의 경우와는 다른데, 이것에 대해서는 제5장에서 설명하겠다. 운동량은 그림 4.3(c)와 같이 x방향 양의 방향으로 이동하므로 경계면 1에서 셀 내에 유입하여 2에서 유출하게 된다. 이들 경계면의 면적은 모두 $Z\Delta y$이므로 단위 시간에 유입, 유출하는 운동량은 다음과 같은 식(4.3)의 유속과 면적의 곱이 된다.

$$\text{유입} : \rho u_x^2|_{x=x} Z\Delta y \tag{4.4}$$

$$\text{유출} : \rho u_x^2|_{x=x+X} Z\Delta y \tag{4.5}$$

여기에서, $|_{x=x}$, $|_{x=x+X}$은 각각 경계면 1, 2 위치의 값인 것을 나타내고 있다.

② 운동량의 유입, 유출 속도 : y방향

y방향으로의 이동 유속은 표 1.2와 같은 전단응력 τ_{xy}의 첨자를 yx로 하고, 단위 질량당 운동량을 u_y에서 u_x로, 또한 그 운동량을 x방향으로 이동시키고 있는 유속 u_x를 y방향 성분 u_y로 변환하여 나타낼 수 있다. 대상으로 하는 흐름 장에서 유속은 x 방향 성분만으로 $u_y = 0$이 되므로, y방향으로의 이동은 그림 4.3(c)와 같이 점성에 의한 것만 있고, 유속은 다음과 같이 나타낼 수 있다.

$$\tau_{yx} + \rho u_x u_y = \tau_{yx} \tag{4.6}$$

운동량은 그림과 같이 y축 방향 양의 방향으로 이동한다고 생각하면, 경계면 3에서 셀 내에 유입하여 4에서 유출한다. 이들 경계면의 면적은 모두 XZ이므로 단위 시간에 유입, 유출하는 운동량은 다음과 같이 식(4.6)의 유속과 면적의 곱이 된다.

$$\text{유입} : \tau_{yx}|_{y=y} XZ \tag{4.7}$$

$$\text{유출} : \tau_{yx}|_{y=y+\Delta y} XZ \tag{4.8}$$

또한 그림 4.3의 경우는 실제 이동 방향과 x, y방향 양의 방향이 일치하였는데, 실제 이동 방향이 반대인 경우에도 반드시 설정한 좌표의 양의 방향으로 운동하는 것으로 해야 한다는 점에 유의할 필요가 있다.

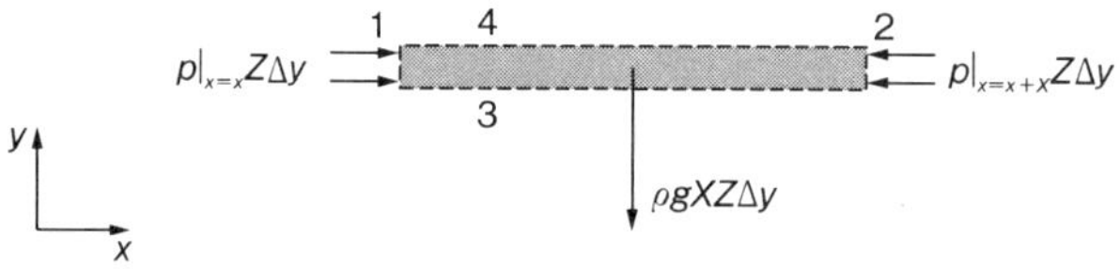

그림 4.4 유체에 가해지는 압력과 동력

③ 운동량 생성 속도

1.1절에서 설명했듯이 운동량 생성 속도는 유체에 가해지는 힘과 같다. 그림 4.4와 같이 셀 내 유체에는 **압력**(pressure)에 의한 힘과 **중력**(gravity force)이 가해진다. 이들은 다음과 같이 나타낼 수 있다. 셀과 같이 닫힌 영역 내의 유체는 경계면에서 압력에 의해 주위의 유체로부터 안쪽방향으로 힘을 받는다. 그 중 운동량의 x방향 성분의 생성에 관여하는 것은 그림 4.4의 경계면 1, 2에 가해지는 x방향의 힘이다. 이들을 정리하여 다음과 같이 나타낼 수 있다.

$$p|_{x=x}Z\Delta y - p|_{x=x+X}Z\Delta y = (p|_{x=x} - p|_{x=x+X})Z\Delta y = \Delta pZ\Delta y \tag{4.9}$$

여기에서 $\Delta p = p|_{x=x} - p|_{x=x+X}$이다. 또한 셀 내 유체의 질량은 $\rho XZ\Delta y$이므로, $\rho XZ\Delta yg$로 나타나는 중력이 수직 아랫방향으로 가해진다. 대상으로 하는 수평 방향의 흐름은 이 힘에 의해 운동량이 생성되는 일은 없다. 일반적으로는 그림 4.5와 같이 수직 아랫방향으로 흐름 방향이 만드는 각도를 α라 하면, 대상부피에 가해지는 중력의 흐름 방향 성분은 $\rho XZ\Delta yg\cos\alpha$가 된다. 그림 4.5의 왼쪽과 같이 각도 α가 예각일 경우는 흐름에 대해 양의 방향이 되어 운동량을 증가시키는 작용을 나타내는데, 오른쪽과 같이 둔각일 경우는 반대로 음의 방향의 힘이 되어 운동량을 감소시킨다는 것에 유의할 필요가 있다. 또한 그림 4.4와 같은 수평 흐름인 경우는 $\alpha = \pi/2$로 $\cos\alpha = 0$이므로 위에 설명했듯이 중력에 의한 생성은 없다. 그림 4.5와 같은 경우도 상정하여, 압력과 중력에 의한 운동량 생성 속도를 정리하여 나타내면 아래와 같아진다.

$$\Delta pZ\Delta y + \rho XZ\Delta yg\cos\alpha \tag{4.10}$$

이와 같이 운동량에 대하여 식(4.1)의 수지식을 세우면 다음과 같아진다.

$$\begin{aligned} 0 = \ & (\rho u_x^2|_{x=x} - \rho u_x^2|_{x=x+X})Z\Delta y + (\tau_{yx}|_{y=y} - \tau_{yx}|_{y=y+\Delta y})XZ \\ & + \Delta pZ\Delta y + \rho XZ\Delta yg\cos\alpha \end{aligned} \tag{4.11}$$

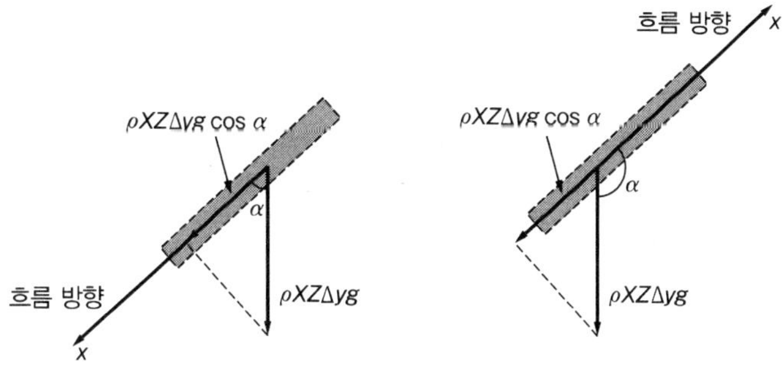

그림 4.5 중력과 흐름 방향의 각도

대상으로 하는 흐름에서는 유속은 y의 함수 $u_x(y)$로 나타낸다. 속도 분포를 구한다는 것은 그 함수를 명확하게 하는 것과 같으므로, 위 식에서 u_x를 미지 함수로 하는 미분 방정식을 유도할 필요가 있다. 그 때문에 식의 양변을 셀의 부피 $XZ\Delta y$로 나눈다.

$$\frac{\rho u_x^2|_{x=x} - \rho u_x^2|_{x=x+X}}{X} + \frac{\tau_{yx}|_{y=y} - \tau_{yx}|_{y=y+\Delta y}}{\Delta y} + \frac{\Delta p}{X} + \rho g \cos\alpha$$
$$= 0 \tag{4.12}$$

u_x는 x방향으로는 변화하지 않으므로 x방향으로 떨어진 경계면 1과 2의 $u_x|_{x=x'}$, $u_x|_{x=x+X}$는 같다. 따라서 제1항목은 0이 된다. 제2항목에서 Δy를 한없이 0에 가깝게 했을 때의 극한값은 다음과 같아진다.

$$\lim_{\Delta y \to 0} \frac{\tau_{yx}|_{y=y} - \tau_{yx}|_{y=y+\Delta y}}{\Delta y} = -\lim_{\Delta y \to o} \frac{\tau_{yx}|_{y=y+\Delta y} - \tau_{yx}|_{y=y}}{\Delta y} = -\frac{\mathrm{d}\tau_{yx}}{\mathrm{d}y} \tag{4.13}$$

또한 압력과 중력의 항에 대하여 아래와 같이 변환한다.

$$\Delta P = \Delta p + \rho g X \cos\alpha \tag{4.14}$$

이에 따라 식(4.12)는 다음과 같아진다.

$$-\frac{\mathrm{d}\tau_{yx}}{\mathrm{d}y} + \frac{\Delta P}{X} = 0 \tag{4.15}$$

전단응력 τ_{yx}를 뉴턴의 점성법칙에 따라 제1장의 표 1.2의 속도 구배를 포함하는 형태로 변환하면, 다음과 같은 u_x에 대한 미분 방정식이 유도된다.

$$\mu \frac{\mathrm{d}^2 u_x}{\mathrm{d}y^2} + \frac{\Delta P}{X} = 0 \tag{4.16}$$

이 식은 운동량 수지식이며, 동시에 운동 방정식이다. 셸이라고 하는 그림 4.3(b)의 대상부피에 대한 운동량 수지는 **셸 운동량 수지식**(shell momentum balance)라고도 한다. 이 수지식을 풀어 속도 분포 $u_x(y)$를 구할 수 있다.

또한 셸을 설정할 때, 유속의 크기가 변화하는 방향의 길이를 짧게 하는 것은 다음과 같은 이유가 있다. 유도된 운동량 수지식은 물리량 공간 방향의 변화율, 즉 미분이 어떻게 되는지를 나타내고 있다. 여기에서 그림 4.3에서 유속이 변화하고 있는 y방향의 길이를 극소량 Δy로 두고, 셸의 전체 곱으로 식을 나눠서 $\Delta y \rightarrow 0$의 극한을 구함으로써 물리량, 이 경우는 전단응력 또는 속도 구배의 변화율인 미분이 나타나도록 되어있다. 일반적으로 이것이 대상부피에 대한 수지를 구할 때의 순서이다.

아래에 몇 가지 구체적인 예를 들어 속도 분포를 구하는 방법에 대하여 설명하겠다.

4.2 셸 운동량 수지식을 바탕으로 한 속도 분포의 유도

예제 4.1

평행 평판 사이 쿠에트 흐름(2.1절 참조)의 정상 상태의 속도 분포를 유도하시오.

풀이

평행 평판 사이 쿠에트 흐름에서 2.1절의 그림 2.1과 같이 좌표를 설정하면 그림 4.6과 같아진다. 유속은 x방향 성분으로만 있고, x방향으로는 변화하지 않고 y방향으로만 변화한다. 이들 점에서 그림 4.3(a)의 흐름과 일치한다. 여기에서 그림 4.6과 같이 그림 4.3(b)와 같은 셸을 설정하면 운동량 수지식으로 식(4.16)이 유도된다. 이 흐름에서는 중력 방향과 흐름 방향이 이루는 각이 $\alpha = \pi/2$로, $\cos\alpha = 0$이 되기 때문에 중력에 의한 운동량 생성은 없고, $\Delta P = \Delta p$가 된다. 또한 $\Delta p/X$는 단위 부피당 유체에 가해지는 힘, 즉 운동량 생성 속도이다. 따라서 값이 x방향으로 변화하면 운동량 생성 속도가 변화하고, 그와 함께 유속도 변화한다. 대상으로 하는 쿠에트 흐름에서는 위에 설명했듯이 유속은 x방향으로는 변화하지 않기 때문

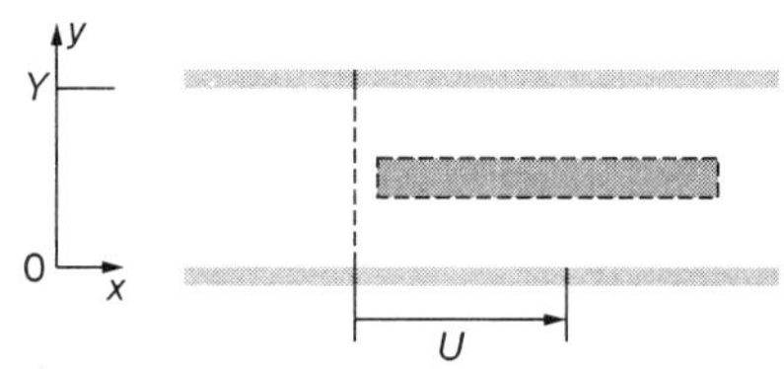

그림 4.6 쿠에트 흐름의 대상부피

에 $\Delta p/X$는 일정해진다. 이에 따라 $\Delta p/X$를 상수로 하여 식(4.16)을 2번 적분하면 다음과 같아진다.

$$u_x = -\frac{\Delta p}{2\mu X}y^2 + C_1 y + C_2 \tag{4.17}$$

C_1, C_2는 적분 상수이다. 이 적분 상수는 다음과 같이 결정된다. 그림 4.6의 평판 사이 쿠에트 흐름에서는 아래 판과 접하고 있는 $y=0$에서 $u_x = U$, 위의 판과 접하고 있는 $y = Y$에서 $u_x = 0$이므로, 속도 분포를 나타내는 함수는 다음 조건을 만족시켜야 한다.

$$U = C_2 \tag{4.18}$$

$$0 = -\frac{\Delta p}{2\mu X}Y^2 + C_1 Y + C_2 \tag{4.19}$$

대상으로 하는 흐름에서 유속 등 물리량 값을 명확하게 알고 있는 위치에서 만족되어야만 하는 이들 조건을 **경계 조건**(boundary condition)이라고 한다. 이 2식을 C_1, C_2에 대한 연립 방정식으로 풀면 아래와 같아진다.

$$C_1 = \frac{\Delta p}{2\mu X}Y - \frac{U}{Y}, \qquad C_2 = U \tag{4.20}$$

따라서 속도 분포는 아래와 같아진다.

$$u_x = \frac{\Delta p Y^2}{2\mu X}\left\{\frac{y}{Y} - \left(\frac{y}{Y}\right)^2\right\} + U\left(1 - \frac{y}{Y}\right) \tag{4.21}$$

이 분포의 유도에 대하여 운동량 수지식이 적절하더라도 위에 설명한 경계 조건이 적절하게 설정되어있지 않으면 올바른 속도 분포를 유도할 수 없다. 따라서 경계 조건에 대해서 충분히 검토하는 것이 중요하다.

식(4.21)과 같은 분포는 Δp의 값에 따라 그림 4.7과 같이 다른 형태가 된다. 2.1절에서 설명한 쿠에트 흐름은 x방향으로 압력 변화가 없는 경우를 상정하고 있기 때문에 $\Delta p = 0$이다. 이 경우는 Ⅰ로 나타낸 직선이 된다. x방향에 압력이 낮아지는 $\Delta p > 0$인 경우, Δp가 가 비교적 작을 때에는 Ⅱ와 같은 곡선이 된다. Δp가 몹시 커지면 Ⅲ과 같이 유속이 평판 사이에서 최대치가 되는 분포가 된다. 반대로 x방향으로 압력이 높아지는 $\Delta p < 0$인 경우, Δp의 절대치가 작을 때에는 Ⅳ의 곡선, 커지면 V와 같이 유속이 평판 사이에서 음의 최솟값이 되는 역류가 발생하는 분포가 된다. 이 속도 분포의 상세에 대해서는 다음 절에서 다시 설명하겠다.

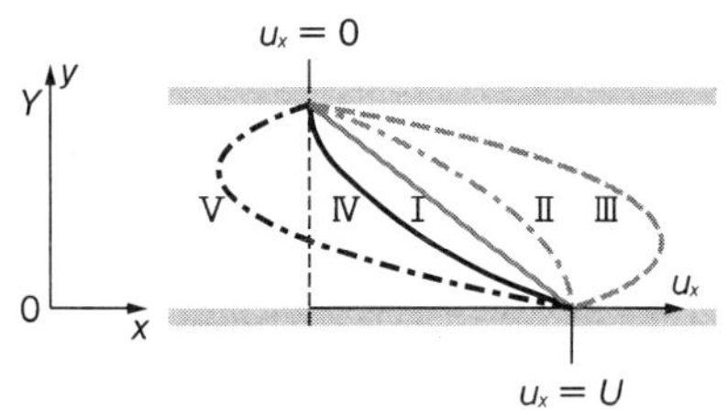

그림 4.7 쿠에트 흐름의 속도 분포

위의 예제에서는 경계 조건은 두 개 모두 고체 표면에 접한 위치의 유속이 고체 속도와 일치한다는 것이었다. 그러나 경계 조건은 서로 다른 위치의 유속과 속도 구배에 관한 것이 되는 경우도 있다. 다음 예제는 그 하나의 예이다.

예제 4.2

경사진 평판 위를 물이 일정 두께 δ의 막 형태로 흐르고 있는 경우의 정상 상태의 속도 분포를 구하라. 흐름 방향으로 유속은 변화하지 않는다.

풀이

그림 4.8과 같이 수면에 좌표의 원점을 두고, 흐름에 따라 z축, 그에 수직으로 평판을 향해 x축을 설정한다. 물은 평판과 평행으로 흐르므로 유속은 z방향 성분 u_z만 있다. 평판에 접하고 있는 위치에서 평판 u_z는 0이 된다. 한편, 액체와 기체가 접촉하고 있는 경계면에서는 액체가 기체로부터 받는 전단응력은 무시할 수 있다. 따라서 수면에서 전단 속도 즉 속도 구배 $\mathrm{d}u_z/\mathrm{d}x$는 0이 되고 유속은 최댓값이 된다. u_z는 수면에서 x방향을 향해 감소하는데, 흐름 방향인 z방향으로는 변화하지 않는다. 이와 같은 것을 고려하여 z방향으로 길이 Z, 유속이 변화하는 x방향으로 미세 길이 Δx를 가지는 셀을 설정한다. 이 셀에 대한 운동량 수지는 아래와 같이 유도된다.

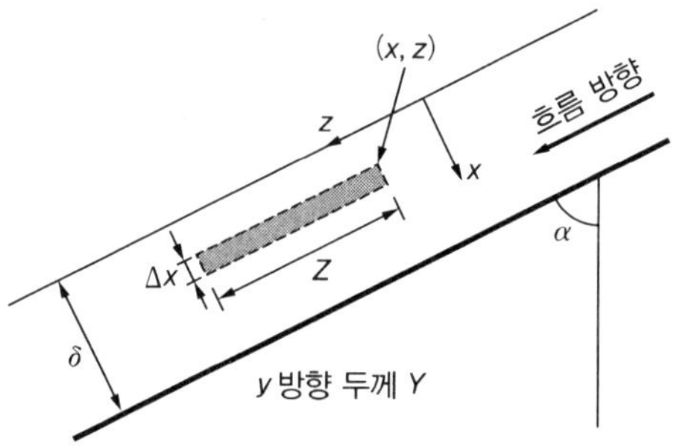

그림 4.8 경사 평판 위 흐름의 대상부피

① **운동량의 유입, 유출 속도 : x방향**

유속의 x방향 성분이 없으므로 대류에 의한 이동은 발생하지 않는다. 한편, 유속은 x방향으로 변화하므로, 점성에 따라 운동량이 이동한다. 그 속도는 유속인 전단응력 τ_{xz}와 셀의 경계면의 면적 YZ의 곱이다. 이것과, 운동량은 x방향 양의 방향으로 이동하는 것을 고려하여, 유입 속도에서 유출 속도를 빼면 다음과 같아진다.

$$\tau_{xz}|_{x=x}YZ-\tau_{xz}|_{x=x+\Delta x}YZ=(\tau_{xz}|_{x=x}-\tau_{xz}|_{x=x+\Delta x})YZ \tag{4.22}$$

② **운동량의 유입, 유출 속도 : z방향**

z방향으로는 대류에 의한 이동만 발생하는데, z방향으로 유속은 변화하지 않기 때문에 유입 속도와 유출 속도의 차이는 다음과 같이 0이 된다.

$$\rho u_z^2|_{z=z} Y\Delta x - \rho u_z^2|_{z=z+Z} Y\Delta x = 0 \tag{4.23}$$

③ **운동량의 생성 속도**

식(4.10)에 따라 운동량 생성 속도는 다음과 같아진다.

$$(p|_{z=z} - p|_{z=z+Z})\, Y\Delta x + \rho\, YZ\Delta x g\cos\alpha \tag{4.24}$$

흐름 장 전체가 대기에 개방되어 있기 때문에 z방향으로 압력은 변화하지 않는다. 따라서 운동량은 중력에 의해서만 생성되기 때문에 그 속도는 $\rho YZ\Delta x g\cos\alpha$가 된다.

이에 따라, 대상이 되는 흐름 장에 대한 운동량 수지식을 식(4.12)에서 (4.16)과 같은 순서에 따라 유도하면 다음과 같아진다.

$$-\frac{\mathrm{d}\tau_{xz}}{\mathrm{d}x} + \rho g\cos\alpha = 0 \quad \longrightarrow \quad \mu\frac{\mathrm{d}^2 u_z}{\mathrm{d}x^2} + \rho g\cos\alpha = 0 \tag{4.25}$$

이 식을 1번, 2번 적분하면 각각 다음 두 식과 같아진다.

$$\frac{\mathrm{d}u_z}{\mathrm{d}x} = -\frac{\rho g\cos\alpha}{\mu}x + C_1 \tag{4.26}$$

$$u_z = -\frac{\rho g\cos\alpha}{\mu}x^2 + C_1 x + C_2 \tag{4.27}$$

예제 4.1과 마찬가지로 적분 상수 C_1, C_2는 경계 조건에 따라 결정된다. 이 경우의 경계 조건은 위에 설명했듯이 $x=0$일 때 $\mathrm{d}u_z/\mathrm{d}x=0$, $x=\delta$일 때 $u_z=0$의 두 가지이다. 쿠에트 흐름의 경우와 달리, 두 가지 중 하나가 속도 구배에 대한 조건이 된다. 이들 조건을 식(4.26), (4.27)에 대입하면 다음과 같아진다.

$$0 = C_1 \tag{4.28}$$

$$0 = -\frac{\rho g\cos\alpha}{2\mu}\delta^2 + C_1\delta + C_2 \tag{4.29}$$

이들 식에 따라

$$C_1 = 0, \qquad C_2 = \frac{\rho g\cos\alpha}{2\mu}\delta^2 \tag{4.30}$$

이 된다. 따라서 속도 분포는 다음과 같아진다.

$$u_z = \frac{\rho g\delta^2\cos\alpha}{2\mu}\left\{1-\left(\frac{x}{\delta}\right)^2\right\} \tag{4.31}$$

이 속도 분포의 대략적인 형태가 그림 4.9와 같다.

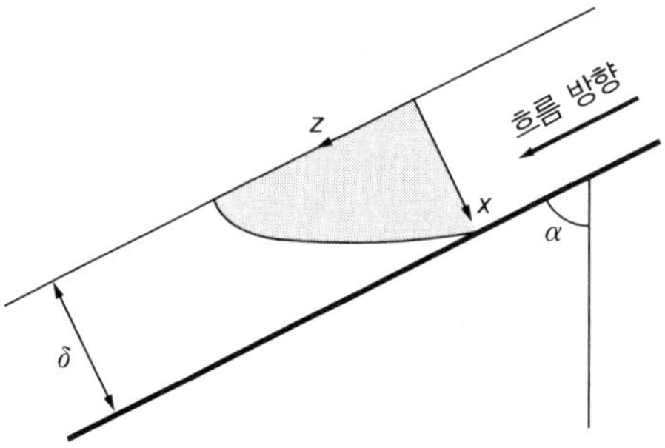

그림 4.9 경사 평판 위 흐름의 속도 분포

여기까지는 **직각 좌표계**(rectangular coordinate)가 적합한 흐름에 대한 예제를 살펴보아왔는데, 다음으로 **원통형 좌표계**(cylindrical coordinate)가 적합한 원통관 내 흐름의 속도 분포를 살펴보자.

예제 4.3

원통관 내를 물이 수직 아래 방향으로 층류로 흐르는 경우의 정상 상태의 속도 분포를 구하라. 단, 유속은 원통관의 축 방향으로 변화하지 않는다.

풀이

원통관 내 층류(laminar flow in a circular pipe)의 장은 원통관 실린더형이므로 그림 4.10과 같이 원통관 중심에 원통관 실린더 좌표의 원점을 잡고, 흐름 방향과 일치하도록 수직 아래 방향으로 z축을 잡는다. 문제 중의 축 방향이란 중심축의 방향, 즉 z축 방향을 말한다. 원통관 내 흐름은 중심축에 대해서 대칭으로, r좌표가 같은 위치에서는 유속도 같아진다. 또한 u_z는 r방향으로만 변화하여 중심에서 최댓값이 되어, 관 벽에 접한 위치

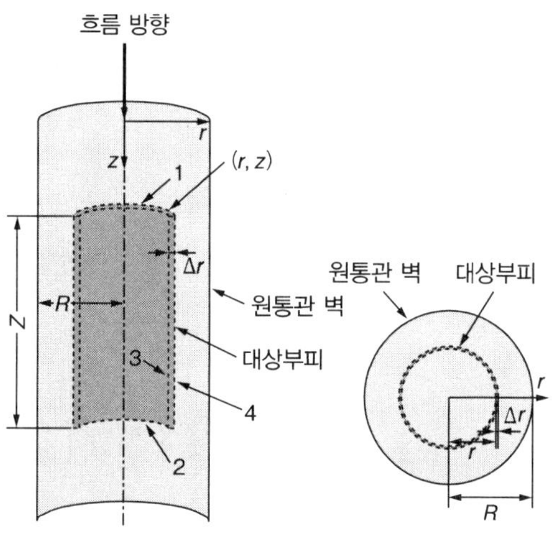

그림 4.10 원통관 내 흐름의 대상부피

에서 0이 된다. 이것들에 대해 고려하여 그림 4.10에 점선으로 나타낸 관 중심에서 r 떨어진 위치에 r방향의 두께 Δr, z방향의 길이 Z의 얇은 원통관 셀을 설정한다. 경계면 1의 원통관 면 안쪽의 점의 좌표를 $(r,\ z)$로 한다. 이 셀에 대한 운동량 수지는 다음과 같이 유도된다.

① 운동량의 유입, 유출 속도 : r방향

유속의 r방향 성분은 없으므로, 운동량은 점성에 의해서만 이동한다. u_z가 r방향으로 변화하고 있으므로 그림 4.10의 r축에 수직인 원통관 경계면 3, 4의 전단응력 τ_{rz}가 r방향의 운동량 유속이다. 경계면은 반지름 r, 길이 Z의 원통관 면이므로 면적은 $2\pi rZ$이다. 따라서 운동량의 r방향의 유입, 유출 속도의 차이는 다음과 같아진다.

$$2\pi Z(r\tau_{rz})|_{r=r} - 2\pi Z(r\tau_{rz})|_{r=r+\Delta r} = \{(r\tau_{rz})|_{r=r} - (r\tau_{rz})|_{r=r+\Delta r}\}2\pi Z \tag{4.32}$$

여기에서 $(r\tau_{rz})|_{r=r+\Delta r}$의 표기는 r에 $r+\Delta r$을 대입하는 것을 의미한다.

② 운동량의 유입, 유출 속도 : z방향

z축에 수직인 셀의 도넛형 경계면 1, 2의 면적은

$$\pi(r+\Delta r)^2 - \pi r^2 = 2\pi r\Delta r + \pi\Delta r^2$$

이 되는데, 최종적으로 $\Delta r \rightarrow 0$의 극한을 구하는 것을 생각하면, Δr보다 고위 무한소인 Δr^2을 무시하고 $2\pi r\Delta r$로 해도 지장이 없다. 운동량은 대류에 의해서만 z방향으로 이동하는데, 유속은 z방향으로 변화하지 않으므로 유입, 유출 속도의 차이는 다음과 같이 0이 된다.

$$2\pi r\Delta r(\rho {u_z}^2)|_{z=z} - 2\pi r\Delta r(\rho {u_z}^2)|_{z=z+Z} = \{(\rho u_z^2)|_{z=z} - (\rho u_z^2)|_{z=z+Z}\}2\pi r\Delta r = 0 \tag{4.33}$$

③ 운동량의 생성 속도

셀 내 유체는 경계면 1, 2에서 압력에 의한 힘을 각각 아래쪽 방향, 위쪽 방향으로 받는다. 이에 따른 운동량 생성 속도는 다음과 같아진다.

$$2\pi r\Delta rp|_{z=z} - 2\pi r\Delta rp|_{z=z+Z} = (p|_{z=z} - p|_{z=z+Z})2\pi r\Delta r = \Delta p2\pi r\Delta r \tag{4.34}$$

한편, 셀의 부피는 $2\pi rZ\Delta r$, 질량은 $2\pi rZ\Delta r\rho$이므로 중력에 따른 생성 속도는 $2\pi r\Delta r\rho g$가 된다. 이에 따라, 운동량 수지는 다음과 같아진다.

$$\{(r\tau_{rz})|_{r=r} - (r\tau_{rz})|_{r=r+\Delta r}\}2\pi Z + \Delta p2\pi r\Delta r + 2\pi rZ\Delta r\rho g = 0 \tag{4.35}$$

셀의 부피로 양변을 나누면

$$\frac{1}{r}\frac{(r\tau_{rz})|_{r=r}-(r\tau_{rz})|_{r=r+\Delta r}}{\Delta r}+\frac{\Delta p}{Z}+\rho g=0 \tag{4.36}$$

이 된다. 여기에서 제1항목 분자의 r중 오른쪽 항의 r은 $r+\Delta r$이기 때문에, 분모의 r과 약분할 수 없다는 점에 유의할 필요가 있다. 또한 $\Delta r \to 0$의 극한에서는 다음과 같아진다.

$$\begin{aligned}\lim_{\Delta r\to 0}\frac{(r\tau_{rz})|_{r=r}-(r\tau_{rz})|_{r=r+\Delta r}}{\Delta r}&=-\lim_{\Delta r\to 0}\frac{(r\tau_{rz})|_{r=r+\Delta r}-(r\tau_{rz})|_{r=r}}{\Delta r}\\&=-\frac{\mathrm{d}(r\tau_{rz})}{\mathrm{d}r}\end{aligned} \tag{4.37}$$

압력과 중력의 항을 식(4.14)와 마찬가지로

$$\Delta P=\Delta p+\rho gZ \tag{4.38}$$

로 정의되는 ΔP에 따라 변환한다. 이에 따라 식(4.36)은 다음과 같아진다.

$$-\frac{1}{r}\frac{\mathrm{d}(r\tau_{rz})}{\mathrm{d}r}+\frac{\Delta P}{Z}=0 \tag{4.39}$$

원통형 좌표계에서 τ_{rz}와 u_z 사이에서는 다음 관계가 있다.

$$\tau_{rz}=-\mu\frac{\mathrm{d}u_z}{\mathrm{d}r} \tag{4.40}$$

이 관계를 식(4.39)에 대입하면

$$\frac{\mu}{r}\frac{\mathrm{d}}{\mathrm{d}r}\left(r\frac{\mathrm{d}u_z}{\mathrm{d}r}\right)+\frac{\Delta P}{Z}=0 \tag{4.41}$$

이 된다. 또한 점도 μ는 일정하므로 미분식 밖으로 뺐다. 이것이 원통관 내 흐름에 있어서 대상부피의 운동량 수지식이다. 이 식에서는 z방향으로 유속은 변화하지 않으므로 예제 4.1과 같이 $\Delta P/Z$는 일정하다. 이 식의 양변에 r/μ를 곱하여 1번 적분하면 다음과 같아진다.

$$r\frac{\mathrm{d}u_z}{\mathrm{d}r}=-\frac{\Delta P}{2\mu Z}r^2+C_1 \longrightarrow \frac{\mathrm{d}u_z}{\mathrm{d}r}=-\frac{\Delta P}{2\mu Z}r+\frac{C_1}{r} \tag{4.42}$$

위에서 설명했듯이 원통관 내 흐름은 축 대칭이므로, 중심축의 속도 구배는 0이 되어야 한다. 즉, 운동량은 중심축을 가로질러 이동하는 일은 없다. 이것이 경계 조건의 하나가 된다. 위 식에 $r=0$을 대입했을 때에 좌변의 속도 구배가 0이 되기 위해서는 $C_1=0$이어야 한다. $C_1=0$일 때 위식을 적분하면 다음 식과 같아진다.

$$u_z=-\frac{\Delta P}{4\mu Z}r^2+C_2 \tag{4.43}$$

관 단면 즉 $r=R$일 때 $u_z=0$이 되는 것이 또 하나의 경계 조건이다. 따라서 C_2는 다음과 같아진다.

$$C_2 = \frac{\Delta P}{4\mu Z}R^2 \tag{4.44}$$

이에 따라 속도 분포는 다음과 같아진다.

$$u_z = \frac{\Delta P R^2}{4\mu Z}\left\{1-\left(\frac{r}{R}\right)^2\right\} \tag{4.45}$$

이 속도 분포의 대략적인 형태는 그림 4.11(a)와 같은 포물선이 된다. 유속은 관 중심에서 최대치 $u_{z\max}$가 된다. $u_{z\max}$는 식(4.45)에 $r=0$을 대입하면 다음과 같아지는 것을 알 수 있다.

$$u_{z\max} = \frac{\Delta P R^2}{4\mu Z} \tag{4.46}$$

또한 이 예제에서는 유속이 z 방향으로 변화하지 않는 것으로 했다. 그러나 원통관 입구 부분에서는 변화하여 어느 정도 아래 흐름에서 변화하지 않게 된다. 이것에 대해서는 제8장에서 설명하겠다.

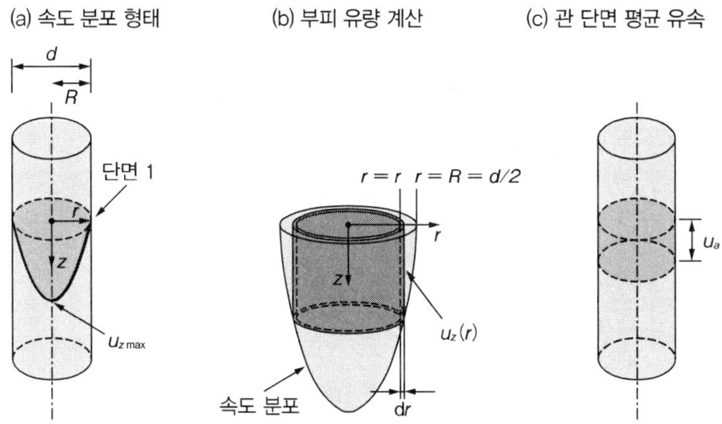

그림 4.11 원통관 내 속도 분포의 대략적인 형태와 관 단면 평균 유속

예제에서 유도한 속도 분포에 따라 원통관 내 흐름의 부피 유량을 계산할 수 있다. 1.2절에서 설명했듯이 부피 유량은 단면적을 단위 시간에 통과한 유체의 부피이다. 그림 4.11(a)의 속도 분포의 경우, 단면 1을 일정 시간에 통과한 유체는 단위 시간이 경과한 후에는 포물선의 위치까지 이동한다. 따라서 단위 시간에 단면 1을 통과한 모든

유체는 (a)의 포물선을, 중심축에 대해 회전시켜서 생기는 (b)와 같은 회전체 내를 차지하고 있다. 원통관 중심에서 거리 r의 위치에 그림에 회색으로 표시한 폭 $\mathrm{d}r$, 높이 $u_z(r)$의 얇은 원통관 영역을 설정한다. 폭 $\mathrm{d}r$의 도넛형 바닥 면적은 $2\pi r\,\mathrm{d}r$이므로 그 영역의 부피는 $2\pi r u_z(r)\mathrm{d}r$이 된다. 따라서 회전체 전체의 부피, 즉 부피 유량 Q는 식(4.45)의 u_z를 대입하여, $r=0$에서 $r=R$까지 적분함으로써 다음과 같이 구할 수 있다.

$$Q = \int_0^R 2\pi r u_z(r)\,\mathrm{d}r = 2\pi \int_0^R r \frac{\Delta P R^2}{4\mu Z}\left\{1-\left(\frac{r}{R}\right)^2\right\}\mathrm{d}r$$

$$= \frac{\pi \Delta P R^4}{8\mu Z} = \frac{\pi \Delta P d^4}{128\mu Z} \tag{4.47}$$

또한 Q를 관 단면적으로 나눈 다음 식의 u_a를 관 단면 평균 유속라고 한다.

$$u_a = \frac{4Q}{\pi d^2} = \frac{\Delta P d^2}{32\mu Z} \tag{4.48}$$

이것은 그림 4.11(b)의 회전체를 관내에서 평탄하게 한 그림 4.11(c)의 원통관 실린더 높이와 같다. 1.2절에서 설명한 유속과 부피 유량의 관계의 유속은 이 관 단면 평균 유속에 해당한다. 식(4.46)과 비교하면 $u_{z\max} = 2u_a$인 것을 알 수 있다. 3.3절에서 설명했듯이 원통관 내 흐름의 레이놀즈 수는 관 단면 평균 유속을 대표 속도로써 정의된다. 위 예제의 속도 분포는 층류인 경우를 대상으로 하고 있으므로 레이놀즈 수가 2100 이하인 경우에 적용할 수 있다.

식(4.47)은 **하겐-포아쥬의 식**(Hagen-Poiseuille equation)이라고 하며, 원통관 내 층류의 부피 유량과 ΔP의 관계를 나타낸다. ΔP는 점성에 의해 발생하는 마찰에 따라 단위 부피의 유체가 잃는 에너지에 해당한다. 이를 포함한 마찰에 따른 손실의 상세 내용에 대해서는 제8장에서 다시 설명하겠다.

4.3 운동량 유속의 분포

유체의 속도 분포에 대응하여 운동량 유속도 위치에 따라 변화한다. 운동량 이동현상을 보다 깊게 이해하기 위해서 4.2절 예제의 몇 가지 속도 분포에 대하여 운동량 유속 분포가 어떻게 되는지를 확인해보자.

① **예제 4.1** : 평판 사이 쿠에트 흐름

평판 사이 쿠에트 흐름의 속도 분포를 나타내는 식(4.21)을 바탕으로 다음의 운동량 유속 분포를 나타내는 식을 유도할 수 있다.

$$\tau_{yx} = -\mu\frac{\mathrm{d}u_x}{\mathrm{d}y} = \frac{\Delta p}{X}y + \mu\frac{U}{Y} - \frac{\Delta p Y}{2X} \tag{4.49}$$

이 식에 따라 운동량 유속의 분포는 직선이 되는 것을 알 수 있다. 그림 4.7의 Ⅰ, Ⅱ, Ⅲ 분포에 대하여 속도 분포와 비교하여 운동량 유속의 분포를 나타낸 것이 그림 4.12이다. $\Delta p = 0$의 Ⅰ에서는 식(4.49)의 우변 제1, 3항목이 0이 되므로, (a)와 같이 운동량 유속은 $\tau_{yx}|_{y=0} = \mu U/Y$로 일정하다. 이것은 압력차에 의한 운동량 생성이 없기 때문에 아래의 판에서 유체로 이동한 운동량이 일정한 유속 값을 유지한 채로 위의 판까지 이동하는 것을 의미한다. 이에 대해 $\Delta p > 0$가 되는 Ⅱ, Ⅲ에서는 y방향으로 증가하는 직선이 된다. Ⅱ, Ⅲ은 Δp가 각각 다음 조건이 되는 경우에 대응한다.

$$\text{Ⅱ} : \mu\frac{U}{Y} - \frac{\Delta p Y}{2X} > 0 \longrightarrow \frac{\Delta p}{X} < \frac{2\mu U}{Y^2} \tag{4.50}$$

$$\text{Ⅲ} : \mu\frac{U}{Y} - \frac{\Delta p Y}{2X} < 0 \longrightarrow \frac{\Delta p}{X} > \frac{2\mu U}{Y^2} \tag{4.51}$$

이들은 각각 $y = 0$일 때의 τ_{yx}가 양수, 음수가 되는 경우에 대응한다. 그림 4.12(b)와 같이 Ⅱ의 경우는, 아래 판에서 y방향으로 이동하는 운동량에 압력차로 인해 생성된 운동량이 계속해서 더해지기 때문에 y방향으로 유속이 증가한다. 또한 $y = 0$일 때의 τ_{yx}가 양수이므로 $0 < y < Y$의 범위 전체에서 유속은 양수, 속도 구배는 음수가 되었다. 한편 Ⅲ에서는 유속이 최대치가 되는 $y = y_{\mathrm{max}}$로 운동량 유속이 0이 되어,

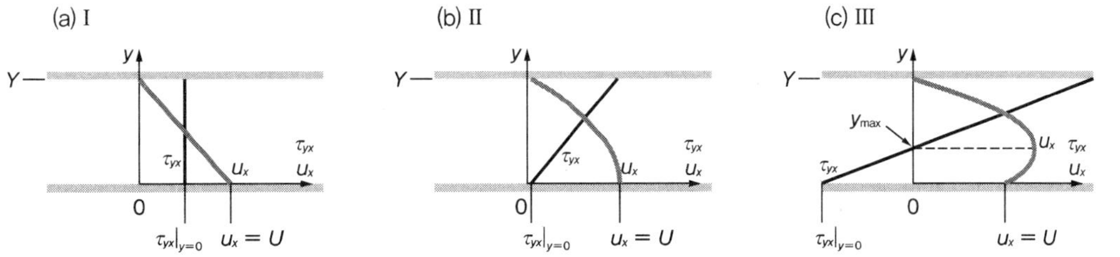

그림 4.12 쿠에트 흐름의 속도 분포와 운동량 유속 분포

그 위치를 경계로 $0 < y < y_{\max}$의 범위에서는 유속은 음수이다. 한편, $y_{\max} < y < Y$에서는 Ⅱ와 같이 유속은 양수로 되어있다. 이에 따라 $y = y_{\max}$의 위치에서 상하 평판을 향해 압력에 의해 생성된 운동량이 이동하고 있는 것을 알 수 있다. 이러한 분포가 되는 것은 **압력 구배**(pressure gradient)에 따라 발생하는 운동량이 몹시 크기 때문이다. 또한 $y = 0$일 때의 속도 구배가 양수인 것에 따라, 아래 평판은 유체로부터 양의 방향으로 전단응력을 받는다. 따라서 속도를 U로 유지하기 위해서는 그 반작용으로 평판에 음의 방향의 외력을 계속 가해야 한다. 이 음의 외력은 압력에 의한 운동량 생성이 몹시 크기 때문에, 보다 빠르게 움직이려하는 유체와 평판에 대해 브레이크를 거는 역할을 하고 있다고 이해할 수 있다.

② **예제 4.3** : 원통관(圓管) 내 층류

원통관 내 흐름의 원통형 좌표계의 속도 분포를 나타내는 식(4.45)를 바탕으로 다음 운동량 유속 분포를 나타내는 식이 유도된다.

$$\tau_{rz} = -\mu\frac{\mathrm{d}u_z}{\mathrm{d}r} = \frac{\Delta P}{2Z}r \tag{4.52}$$

그림 4.13은 이 식에 따라 나타나는 운동량 유속 분포와 속도 분포를 함께 나타낸 것이다. 운동량 유속은 그림과 같이 속도 구배가 0이 되는 원통관 중심에서 벽면을

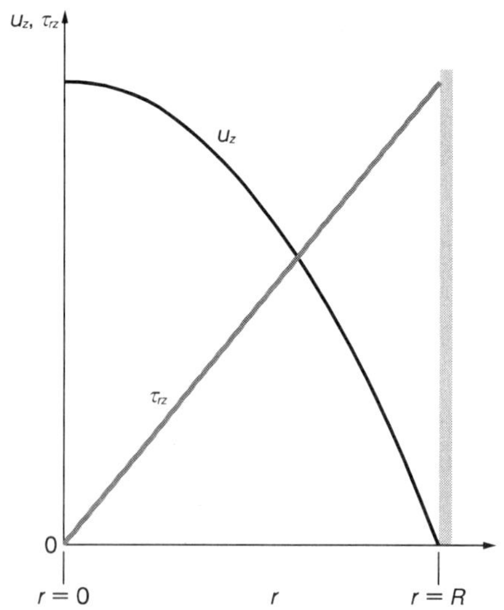

그림 4.13 원통관 내 층류의 속도 분포와 운동량 유속 분포

향해 직선적으로 증가한다. 유속이 증가하는 것은 쿠에트 흐름의 분포 Ⅱ, Ⅲ과 마찬가지로 압력차에 따라 운동량이 생성하기 때문이다.

학습의 키워드

□속도 분포 □운동 방정식 □수지 □운동량 수지식 □셸 □압력 □중력 □셸 운동량 수지식 □경계 조건 □직각 좌표계 □원통형 좌표계 □원통관 내 층류 □하우겐-포아쥬의 식 □압력 구배 □압력 손실

제4장 연습문제

각 문제에서 흐름은 모두 정상 상태의 층류라고 가정한다.

4.1 예제 4.1의 평판 사이 쿠에트 흐름에서 아래의 판이 정지하고, 위의 판이 속도 U로 움직이는 경우의 셸 운동량 수지식의 식을 유도하시오. 또한 그 식을 풀어서 속도 분포를 구하라. 단, 좌표는 예제와 동일하게 아래의 판에 원점을 두고, 위쪽 방향을 y방향 양의 방향으로 하라.

4.2 예제 4.2의 경사 평판 위 흐름에서 좌표의 원점을 평판 위에 두고, 흐름의 방향을 z축 양의 방향, 평판에서 수면을 향해 x축을 설정하고, 셸 운동량 수지식을 바탕으로 속도 분포를 구하라.

4.3 그림 ❶과 같은 경사진 평행 평판 사이에 뉴턴 유체가 흐를 경우의 속도 분포를 셸 운동량 수지식을 바탕으로 계산하라. 속도 성분은 u_x만 있고, 흐름 방향에 속도 분포는 변화하지 않는다. 또한 평판과 함께 정지하고 있다.

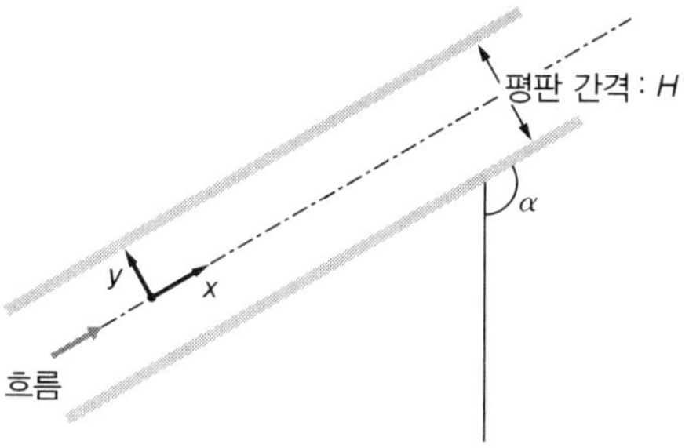

그림 ❶ 경사 평행 평판 사이의 흐름

4.4 위의 4.3과 같은 평행 평판 사이를 역방향으로 흐르는 경우의 중력에 의한 셸 내 운동량 생성 속도를 계산하라. x축 방향도 반대로 한다.

4.5 함께 정지하고 있는 수평 평행 평판 사이를 점도가 다른 뉴턴 유체 A, B가 섞이지 않고 흐른다(그림 ❷). 두 유체의 경계는 $y=\kappa Y$의 위치에서 변화하지 않는다. 이 경우의 평판간의 속도 분포에 대하여 다음 질문에 답하라. A, B의 밀도는 같고, 점도가 μ_A, μ_B, 각각 유체가 흐르는 영역의 속도, 전단응력이 τ_{yxA}, τ_{yxB}이다. 또한 속도 분포는 x방향 성분만 있으며, 평판은 흐름 방향으로 충분히 길고, x방향으로 속도 분포는 변화하지 않는다.

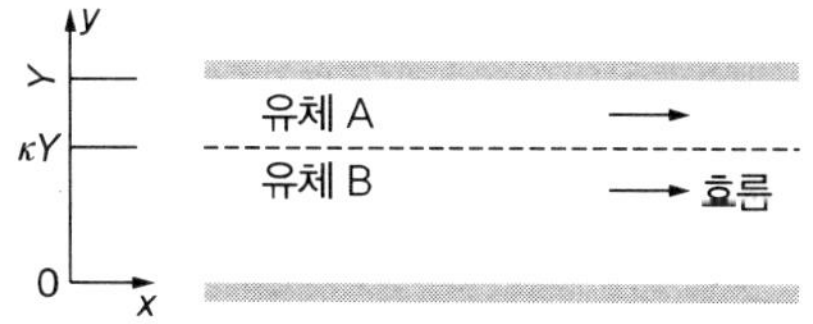

그림 ❷ 평판 사이를 흐르는 2유체

(a) A, B 각각 유체가 흐르는 영역에 대한 셸 운동량 수지식을 유도하시오.

(b) 속도 분포를 구하기 위한 경계 조건을 나타내라.

(c) 셸 운동량 수지식을 풀어, 유체 A, B의 속도 분포를 유도하시오.

(d) A, B 각각의 유체가 흐르는 영역의 운동량 유속 분포를 계산하라.

4.6 그림 ❸의 왼쪽 벽과 거리 H만큼 떨어져 평행으로 놓인 판 사이에 물이 채워져 있다. 판을 수직 위 방향으로 일정 속도 U로 움직이게 하여 수직 방향의 쿠에트 흐름이 발생한다. 이 흐름에 대하여 다음 질문에 답하라.

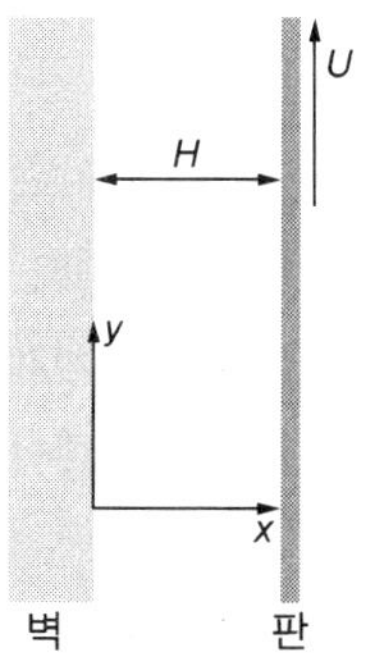

그림 ❸ 수직 방향의 쿠에트 흐름

(a) 벽과 평판 사이의 속도 분포를 셸 운동량 수지식을 바탕으로 구하라. 속도 성분은 u_y만으로 x방향으로만 변화한다. 또한 y방향으로 압력은 변화한다.

(b) y방향으로 거리 Y만큼 떨어진 2점의 압력 차를 $\Delta p = p_{y=y} - p_{y=y+Y}$로 나타내기로 한다. 예제 4.1의 수평 방향의 쿠에트 흐름의 속도 분포를 나타내는

그림 4.7의 곡선 III과 같이 최대치가 되는 경우에 Δp와 중력 사이에 성립하는 관계를 설명하라.

4.7 그림 ❹와 같이 수평으로 놓여진 반지름 R의 원통관 중심을 반지름 κR의 막대가 일정 속도 U로 왼쪽에서 오른쪽으로 수평으로 움직이고 있다. 이때의 막대와 원통관 벽 사이에 있는 뉴턴 유체의 흐름에 대하여 다음 질문에 대답하라.

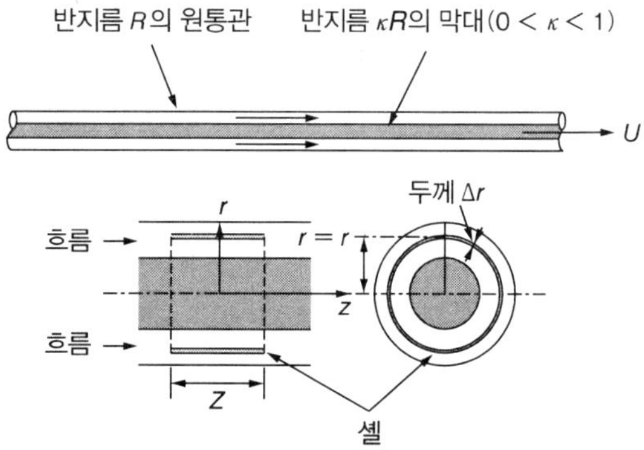

그림 ❹ 움직이는 막대와 원통관 벽 사이의 흐름

(a) 막대와 원통관 벽 사이의 속도 분포를 그림의 $r = r$의 위치에 설정한 두께 Δr, 길이 Z의 원통관 셀의 운동량 수지식을 바탕으로 계산하라. 원통관은 충분히 길고, 속도 성분은 u_z만으로, z방향으로 속도 분포는 변화하지 않는다. 또한 원통관 내 압력은 일정하다.

(b) 속도 분포를 통해 부피 유량을 계산하라.

4.8 내반지름 R의 원통관 벽을 따라 액체를 두께 $\delta(= R - \kappa R)$의 얇은 막 모양으로 수직 아래쪽으로 흘려보내 액체 막 안쪽의 기체와 접촉시키는 장치를 습윤 벽탑이라고 한다(그림 ❺). 이 장치를 통해 기체 내 특정 물질을 액에 흡수시킬 수 있다. 이 장치 내 액체의 속도 분포를 셀 운동량 수지식을 바탕으로 계산하라. 단 속도 성분은 u_z만 있고, 흐름 방향으로 속도 분포는 변화하지 않는다.

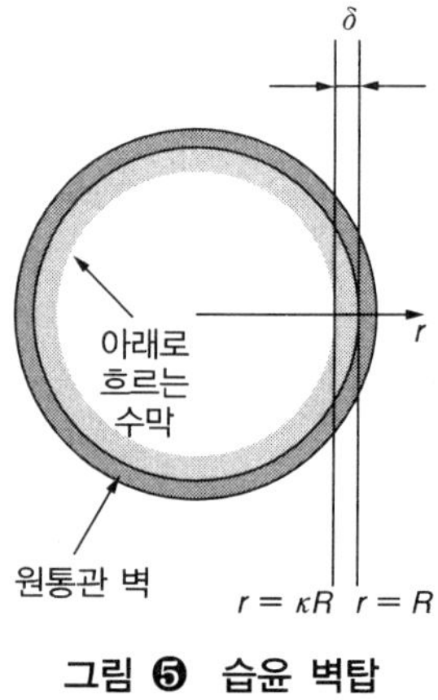

그림 ❺ 습윤 벽탑

4.9 식(4.14)의 ΔP는 **압력 손실**(pressure loss)이라고 한다. 내부지름 5.00 cm의 원통관 내를 물(밀도 $\rho = 1.00\times10^{3}\ \mathrm{kg\cdot m^{-3}}$, 점도 $\mu = 1.00\times10^{-3}\ \mathrm{Pa\cdot s}$)이 질량 유량 5.00 $\mathrm{g\cdot s^{-1}}$로 흐를 때의 레이놀즈 수와 관 단위 길이당 압력 손실 $\Delta P/L$을 계산하라.

4.10 문제 4.9와 동일한 내부지름의 원통관 내를 물보다 고점도의 액체(밀도 $\rho = 1.00\times10^{3}\ \mathrm{kg\cdot m^{-3}}$, 점도 $\mu = 2.40\times10^{-2}\ \mathrm{Pa\cdot s}$)가 동일한 질량 유량으로 흐를 때의 레이놀즈 수와 관 단위 길이당 압력 손실 $\Delta P/L$을 계산하라.

4.11 내부지름 200 μm의 원통관 내를 물(밀도 $\rho = 1.00\times10^{3}\ \mathrm{kg\cdot m^{-3}}$, 점도 $\mu = 1.00\times10^{-3}\ \mathrm{Pa\cdot s}$)이 질량 유량 $2.00\times10^{-2}\ \mathrm{g\cdot s^{-1}}$로 흐를 때의 레이놀즈 수와 관 단위 길이당 압력 손실 $\Delta P/L$을 계산하라.

4.12 내부지름 2.00 cm의 원통관 내를 물(밀도 $\rho = 1.00\times10^{3}\ \mathrm{kg\cdot m^{-3}}$, 점도 $\mu = 1.00\times10^{-3}\ \mathrm{Pa\cdot s}$)이 흐르고 있다. 이때의 관 단위 길이당 압력 손실 $\Delta P/L$을 측정하자, $1.08\times10^{-1}\ \mathrm{Pa\cdot m^{-1}}$이었다. 레이놀즈 수와 부피 유량을 계산하라.

제 5 장

일반적인 물리량 수지식

이 단원의 목표

제4장에서는 유속이 한 방향 성분만으로, 그것이 한 방향으로 변화하는 비교적 단순한 흐름 장을 대상으로 하여, 그 흐름 장에 적합한 대상부피를 설정하여 운동량 수지식, 특히 속도 분포를 유도하는 방법을 학습하였다. 또한 그에 따라 운동량 이동 원리에 대하여 다시 이해하였다.

이번 단원에서는 더욱 복잡한 3차원 모든 방향의 유속 성분이 있고, 그들이 모든 방향 및 시간에 대하여 변화하는 일반적인 경우에 적용할 수 있는 운동량, 열, 물질 등의 물리량 수지식의 유도에 대하여 학습하겠다.

5.1 흐름의 관측법

수지식을 유도하기 앞서, 흐름의 관측법과 물리량의 시간에 대한 변화를 나타내는 식에 대하여 설명하겠다.

제4장에서 설명했듯이 유체는 광범위로 퍼지며, 연속하여 흐르므로 어떠한 시점에서 관측하는지가 중요하다. 대표적인 방법으로 다음 두 가지를 들 수 있다.

① 고정한 시점에 의한 관측 : 오일러의 방법

흐름 속에 고정한 하나의 점에서의 물리량의 시간 경과에 따른 변화를 관측하는 방법을 **오일러**(Euler)**의 방법**이라고 한다. 그림 5.1과 같이 강의 흐름을 관측할 때, 다리 위에서 강의 한 점에 주목하여 물리량 측정을 하는 경우가 이에 해당된다. 오일러의 방법에 따라 임의의 물리량 a의 시간 경과에 따른 변화를 측정한 결과가 그림 5.2와

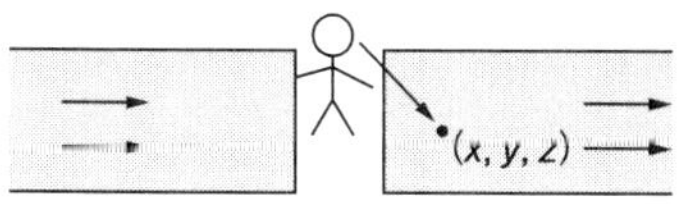

그림 5.1 오일러의 방법

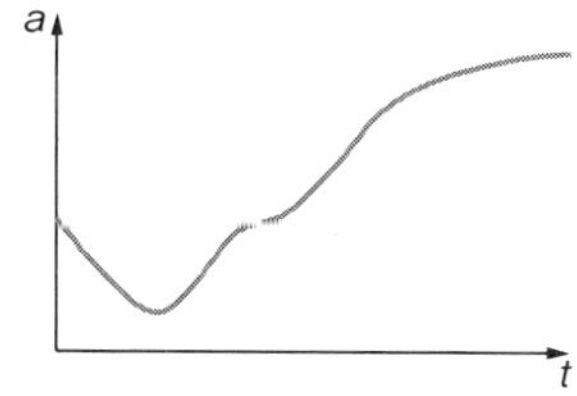

그림 5.2 오일러의 방법에 따른 관측 결과

같아졌다고 하자. 흐름 장에서의 물리량 a는 일반적으로 시간 t와 공간좌표 x, y, z의 함수가 되는데, 이 경우의 측정 결과는 x, y, z가 일정할 때의 t의 변화와 같다. 따라서 이 방법으로 측정된 a시간에 대한 변화율을 나타내는 미분 계수는 t에 대한 편미분 계수

$$\frac{\partial a}{\partial t} \tag{5.1}$$

가 된다.

② **흐름과 함께 움직이는 시점에 의한 관측** : 라그랑쥬의 방법

관측점을 흐름 속의 특정 유체 요소와 동일한 속도로 이동시키면서 계측하는 방법을 **라그랑쥬**(Lagrange)**의 방법**이라고 한다. 그림 5.3과 같이 강의 흐름과 동일한 속도로 움직이는 보트에 타서, 그 끝에 위치한 유체 요소의 물리량 측정을 하는 경우가 이에 해당된다. 일반적으로 그 계측 결과는 동일 흐름 장이어도 오일러의 방법과는 다르며, 예를 들어 그림 5.4 그래프와 같아진다. 이 곡선상의 a의 미세 변화 $\mathrm{d}a$는 시간 t, 공간 좌표 x, y, z 모두 네 개의 독립 변수의 미세 변화 $\mathrm{d}t$, $\mathrm{d}x$, $\mathrm{d}y$, $\mathrm{d}z$에 대한 변화이므로, 전미분으로써 다음과 같이 나타낼 수 있다.

$$\mathrm{d}a = \frac{\partial a}{\partial t}\mathrm{d}t + \frac{\mathrm{d}a}{\mathrm{d}x}\mathrm{d}x + \frac{\partial a}{\partial y}\mathrm{d}y + \frac{\partial a}{\partial z}\mathrm{d}z \tag{5.2}$$

따라서 그림 5.4의 곡선의 미분 계수는 다음과 같아진다.

$$\frac{\mathrm{d}a}{\mathrm{d}t} = \frac{\partial a}{\partial t} + \frac{\partial a}{\partial x}\frac{\mathrm{d}x}{\mathrm{d}t} + \frac{\partial a}{\partial y}\frac{\mathrm{d}y}{\mathrm{d}t} + \frac{\partial a}{\partial z}\frac{\mathrm{d}z}{\mathrm{d}t} \tag{5.3}$$

또한 $\mathrm{d}x/\mathrm{d}t$, $\mathrm{d}y/\mathrm{d}t$, $\mathrm{d}z/\mathrm{d}t$는 시점의 이동 속도에 해당하지만, 시점은 흐름과 동일 속도로 이동하므로 유속 벡터의 x, y, z성분 u_x, u_y, u_z와 같아진다. 따라서 위 식

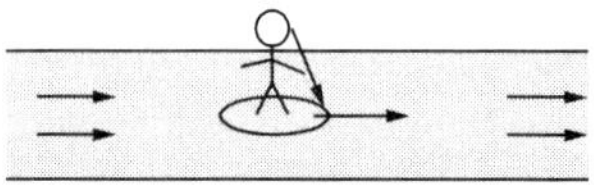

그림 5.3 라그랑쥬의 방법

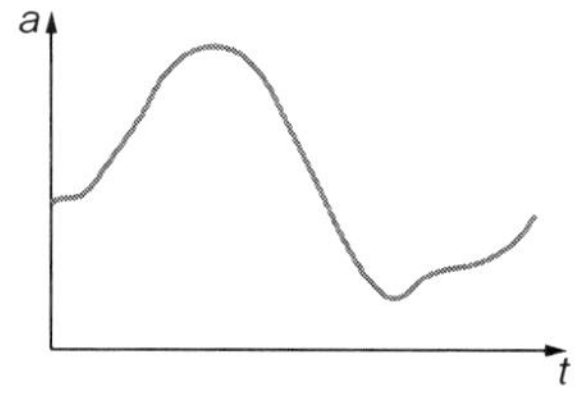

그림 5.4 라그랑쥬의 방법에 따른 관측 결과

은 다음과 같이 변환할 수 있다.

$$\frac{\mathrm{d}a}{\mathrm{d}t} = \frac{\partial a}{\partial t} + u_x \frac{\partial a}{\partial x} + u_y \frac{\partial a}{\partial y} + u_z \frac{\partial a}{\partial z} \tag{5.4}$$

이 식에서 나타나는 흐름과 함께 이동하는 경우의 물리량의 시간 변화율을 **실질 미분**(substantial derivative, material derivative)이라고 한다. 실질 미분은 연산자

$$\frac{\mathrm{D}}{\mathrm{D}t} = \frac{\partial}{\partial t} + u_x \frac{\partial}{\partial x} + u_y \frac{\partial}{\partial y} + u_z \frac{\partial}{\partial z} \tag{5.5}$$

를 이용하여 단순하게 $\mathrm{D}a/\mathrm{D}t$로 나타내기도 한다.

5.2 물리량 수지식

이번 단원에서 대상으로 하는 흐름 장에서는 물리량이 x, y, z 모든 방향으로 변화하고 있다. 여기에서 제4장에서 설명한 대상부피를 설정할 때 고려해야 하는 항목 중 "변화가 있는 방향의 길이는 짧게 한다."에 따라, 그림 5.5와 같이 3 방향의 길이가 Δx, Δy, Δz로 미세한 대상부피를 설정한다. 이것을 미세 대상부피라고 한다. 이번 절에서는 이 부피에 대하여 임의의 물리량 수지식을 유도하겠다.

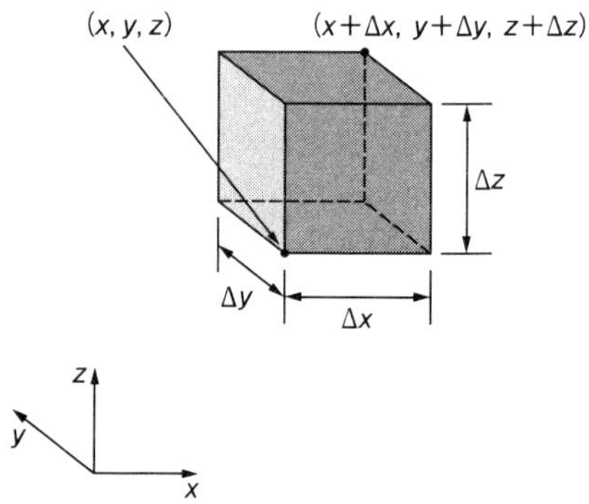

그림 5.5 미세 대상부피

주목하는 물리량의 유체 단위 질량당 양을 제1장의 표 1.2와 동일하게 a라 한다. 수지식은 대상부피가 작아도 제4장의 식(4.1)의 형식이 된다. 아래에 그 각 항이 어떻게 되는지 설명하겠다.

$$(\text{물리량의 축적 속도}) = (\text{유입 속도}) - (\text{유출 속도}) + (\text{생성 속도}) \quad (4.1)$$

① 축적 속도

대상부피는 $\Delta x \Delta y \Delta z$이다. 따라서 유체 밀도를 ρ라 하면, 대상부피 내 물리량은 $\rho a \Delta x \Delta y \Delta z$로 나타낼 수 있다. 축적 속도는 그 시간에 대한 변화율이므로 다음과 같아진다.

$$\frac{\partial \rho a \Delta x \Delta y \Delta z}{\partial t} = \frac{\partial \rho a}{\partial t} \Delta x \Delta y \Delta z \quad (5.6)$$

물리량은 t, x, y, z의 함수이므로 편미분이 된다. 또한 부피는 시간에 대하여 변화하지 않기 때문에 편미분 밖으로 뺄 수 있다.

② 유입 속도와 유출 속도

물리량 유속의 x방향 성분은 표 1.2와 같이 분자 효과와 대류에 의한 유속의 합으로써 다음과 같이 나타낸다.

$$\Phi_x + \rho a u_x \quad (5.7)$$

x방향에 대하여 수직인 경계면의 면적은 $\Delta y \Delta z$이다. 또한 물리량은 $x = x$에서 유입되어 $x = x + \Delta x$에서 유출되므로 유입, 유출 속도는 각각 다음과 같아진다.

$$\text{유입 : } (\Phi_x|_{x=x} + \rho a u_x|_{x=x}) \Delta y \Delta z \quad (5.8)$$

$$\text{유출 : } (\Phi_x|_{x=x+\Delta x} + \rho a u_x|_{x=x+\Delta x}) \Delta y \Delta z \quad (5.9)$$

y, z방향의 이동에 의한 유입, 유출 속도는 위 식에서 x를 y, z로, 각 방향으로 수직인 경계면 면적을 $\Delta z \Delta x$, $\Delta x \Delta y$로 변환하면 된다.

③ 생성 속도

단위 부피당 물리량 생성 속도를 R이라고 하면, 대상부피 내 생성 속도는 $R\Delta x\Delta y\Delta z$가 된다. 운동량의 경우는 압력과 중력에 의한 생성이 이에 해당한다. 또한 열, 물질의 경우는 발열, 반응에 의한 물질 생성 속도 등이 해당한다.

이에 따라 임의 물리량의 수지식은 다음과 같아진다.

$$\begin{aligned}&\frac{\partial\rho a}{\partial t}\Delta x\Delta y\Delta z\\&=(\Phi_x|_{x=x}-\Phi_x|_{x=x+\Delta x})\Delta y\Delta z+(\rho au_x|_{x=x}-\rho au_x|_{x=x+\Delta x})\Delta y\Delta z\\&+(\Phi_y|_{y=y}-\Phi_y|_{y=y+\Delta y})\Delta z\Delta x+(\rho au_y|_{y=y}-\rho au_y|_{y=y+\Delta y})\Delta z\Delta x\\&+(\Phi_z|_{z=z}-\Phi_z|_{z=z+\Delta z})\Delta x\Delta y+(\rho au_z|_{z=z}-\rho au_z|_{z=z+\Delta z})\Delta x\Delta y\\&+R\Delta x\Delta y\Delta z\end{aligned}\tag{5.10}$$

제4장의 운동량 수지식 경우와 같이 이 식의 양변을 부피 $\Delta x\Delta y\Delta z$로 나누면 다음과 같아진다.

$$\begin{aligned}\frac{\partial\rho a}{\partial t}&=\frac{(\Phi_x|_{x=x}-\Phi_x|_{x=x+\Delta x})}{\Delta x}+\frac{\rho au_x|_{x=x}-\rho au_x|_{x=x+\Delta x}}{\Delta x}\\&+\frac{(\Phi_y|_{y=y}-\Phi_y|_{y=y+\Delta y})}{\Delta y}+\frac{\rho au_y|_{y=y}-\rho au_y|_{y=y+\Delta y}}{\Delta y}\\&+\frac{(\Phi_z|_{z=z}-\Phi_z|_{z=z+\Delta z})}{\Delta z}+\frac{\rho au_z|_{z=z}-\rho au_z|_{z=z+\Delta z}}{\Delta z}+R\end{aligned}\tag{5.11}$$

더욱이 $\Delta x\to 0$, $\Delta y\to 0$, $\Delta z\to 0$의 극한을 구하면 분모에 Δ가 있는 항은 모두 분자의 함수의 x, y, z에 대한 편미분이 된다. 이들의 항을 편미분으로 변환하여, 대류에 의한 유입, 유출의 항을 좌변으로 이항하면 다음 식이 유도된다.

$$\frac{\partial\rho a}{\partial}+\frac{\partial\rho au_x}{\partial x}+\frac{\partial\rho au_y}{\partial y}+\frac{\partial\rho au_z}{\partial z}=-\left(\frac{\partial\Phi_x}{\partial x}+\frac{\partial\Phi_y}{\partial y}+\frac{\partial\Phi_z}{\partial z}\right)+R\tag{5.12}$$

이것이 일반적인 수지식이다. 이 식 좌변의 대류, 우변의 분자 효과에 의한 각각 세 가지 항의 합은 유도 과정에 따라 생각하여 주목 물리량의 유체 단위 부피당 유출 속도에서 유입 속도를 뺀 순 유출 속도를 나타내고 있다는 것을 알 수 있다.

5.3 연속 방정식 - 미세 대상부피에 대한 질량 보존의 법칙 -

이동하는 물리량으로 유체의 질량에 주목해 보면 제1장의 표 1.2에 따라 $a = 1$이다. 유체의 질량은 대류에 의해서만 이동하고 또한 생성하는 일은 없기 때문에 식(5.12)는 다음과 같아진다.

$$\frac{\partial \rho}{\partial t} + \frac{\partial \rho u_x}{\partial x} + \frac{\partial \rho u_y}{\partial y} + \frac{\partial \rho u_z}{\partial z} = 0 \tag{5.13}$$

이것은 유체 질량의 수지식으로 질량 보존의 법칙을 나타낸다. 이 식을 제1장의 식(1.10)과 마찬가지로 **연속 방정식**(equation of continuity)[1]이라고 한다. 표 5.1에 원통형 좌표계, 구형 좌표계의 연속의 식과 같이 정리하여 나타냈다.

식(5.13)은 밀도가 시간, 공간에 대해 변화하지 않는 경우는 아래와 같아진다.

$$\frac{\partial u_x}{\partial x} + \frac{\partial u_y}{\partial y} + \frac{\partial u_z}{\partial z} = 0 \tag{5.14}$$

대부분의 유체의 흐름, 압력 변화가 작은 기체의 흐름에서는 밀도 변화를 무시할 수 있으므로 이 연속 방정식을 적용할 수 있다. 이러한 유체를 **비압축성 유체**(incompressible fluid)라고 한다. 또한

$$\nabla = \frac{\partial}{\partial x}\boldsymbol{i} + \frac{\partial}{\partial y}\boldsymbol{j} + \frac{\partial}{\partial z}\boldsymbol{k} \tag{5.15}$$

≫ 표 5.1 각종 좌표계의 연속 방정식

좌표계	연속 방정식		비압축성 유체
직각 좌표계	$\frac{\partial \rho}{\partial t} + \frac{\partial \rho u_x}{\partial x} + \frac{\partial \rho u_y}{\partial y} + \frac{\partial \rho u_z}{\partial z} = 0$	비압축성 유체	$\frac{\partial u_x}{\partial x} + \frac{\partial u_y}{\partial y} + \frac{\partial u_z}{\partial z} = 0$
원통형 좌표계	$\frac{\partial \rho}{\partial t} + \frac{1}{r}\frac{\partial \rho r u_r}{\partial r} + \frac{1}{r}\frac{\partial \rho u_\theta}{\partial \theta} + \frac{\partial \rho u_z}{\partial z} = 0$	비압축성 유체	$\frac{1}{r}\frac{\partial r u_r}{\partial r} + \frac{1}{r}\frac{\partial u_\theta}{\partial \theta} + \frac{\partial u_z}{\partial z} = 0$
구형 좌표계	$\frac{\partial \rho}{\partial t} + \frac{1}{r^2}\frac{\partial \rho r^2 u_r}{\partial r} + \frac{1}{r\sin\theta}\frac{\partial \rho u_\theta \sin\theta}{\partial \theta} + \frac{1}{r\sin\theta}\frac{\partial \rho u_\phi}{\partial \phi} = 0$		
		비압축성 유체	$\frac{1}{r^2}\frac{\partial r^2 u_r}{\partial r} + \frac{1}{r\sin\theta}\frac{\partial u_\theta \sin\theta}{\partial \theta} + \frac{1}{r\sin\theta}\frac{\partial u_\phi}{\partial \phi} = 0$

1) 직각 좌표계(rectangular coordinate), 원통형 좌표계(cylindrical coordinate), 구형 좌표계(spherical coordinate)

에 따라 정의되는 벡터 연산자 ∇(나블라, nabla)를 이용하면, 식(5.14)는 다음과 같이 나타낼 수 있다.

$$\nabla \cdot \boldsymbol{u} = \left(\frac{\partial}{\partial x}\boldsymbol{i} + \frac{\partial}{\partial y}\boldsymbol{j} + \frac{\partial}{\partial z}\boldsymbol{k}\right) \cdot (u_x\boldsymbol{i} + u_y\boldsymbol{j} + u_z\boldsymbol{k})$$

$$= \frac{\partial u_x}{\partial x} + \frac{\partial u_y}{\partial y} + \frac{\partial u_z}{\partial z} = 0 \tag{5.16}$$

여기에서 $\boldsymbol{i}$, $\boldsymbol{j}$, $\boldsymbol{k}$는 각각 x, y, z방향의 기본 벡터이다. 유속 $\boldsymbol{u}$는 제1장 마지막에 설명했듯이 유체 부피의 유속이라고 볼 수도 있다. ∇와 물리량 유속 벡터의 내적은 식(5.12)의 대류, 분자 효과에 의한 이동을 나타내는 항에 대응한다. 위에 설명했듯이 이들 항은 단위 부피당 물리량의 순 유출 속도를 나타낸다. 이에 따라 ∇과 유속 벡터의 내적은 단위 부피로부터의 유체 부피의 유출 속도를 나타낸다. 부피의 유출은 부피 증가 즉 팽창에 대응하므로 $\nabla \cdot \boldsymbol{u}$는 단위 부피당 팽창 속도에 해당한다고 이해할 수 있다. 그 때문에 부피 변화가 없는 비압축성 유체는 식(5.16)과 같이 $\nabla \cdot \boldsymbol{u} = 0$이 된다. $\nabla \cdot \boldsymbol{u}$는 벡터의 **발산**(divergence)이라고 하며, $\mathrm{div}\,\boldsymbol{u}$라고도 표기된다.

연속 방정식을 이용하면 일반적인 물리량 수지식(5.12)는 다음과 같이 변환할 수 있다. 식(5.12)의 좌변 각 항은 다음과 같이 각각 두 개의 항의 합으로 나눌 수 있다.

$$\frac{\partial \rho a}{\partial t} = a\frac{\partial \rho}{\partial t} + \rho\frac{\partial a}{\partial t} \tag{5.17}$$

$$\frac{\partial \rho a u_x}{\partial x} + \frac{\partial \rho a u_y}{\partial y} + \frac{\partial \rho a u_z}{\partial z}$$

$$= a\left(\frac{\partial \rho u_x}{\partial x} + \frac{\partial \rho u_y}{\partial y} + \frac{\partial \rho u_z}{\partial z}\right) + \rho\left(u_x\frac{\partial a}{\partial x} + u_y\frac{\partial a}{\partial y} + u_z\frac{\partial a}{\partial z}\right) \tag{5.18}$$

따라서 식(5.12) 전체로서는 다음과 같아진다.

$$a\left(\frac{\partial \rho}{\partial t} + \frac{\partial \rho u_x}{\partial x} + \frac{\partial \rho u_y}{\partial y} + \frac{\partial \rho u_z}{\partial z}\right) + \rho\left(\frac{\partial a}{\partial t} + u_x\frac{\partial a}{\partial x} + u_y\frac{\partial a}{\partial y} + u_z\frac{\partial a}{\partial z}\right)$$

$$= -\left(\frac{\partial \Phi_x}{\partial x} + \frac{\partial \Phi_y}{\partial y} + \frac{\partial \Phi_z}{\partial z}\right) + R \tag{5.19}$$

좌변의 처음 괄호 안에는 연속 방정식(5.13)에 따라 0이 되므로 수지식은 다음과 같아진다.

$$\rho\left(\frac{\partial a}{\partial t} + u_x\frac{\partial a}{\partial x} + u_y\frac{\partial a}{\partial y} + u_z\frac{\partial a}{\partial z}\right) = -\left(\frac{\partial \Phi_x}{\partial x} + \frac{\partial \Phi_y}{\partial y} + \frac{\partial \Phi_z}{\partial z}\right) + R \tag{5.20}$$

또한 이 식의 좌변을 식(5.5)의 실질 미분에 따라 표기하면 다음과 같아진다.

$$\rho\frac{\mathrm{D}a}{\mathrm{D}t} = -\left(\frac{\partial\Phi_x}{\partial x}+\frac{\partial\Phi_y}{\partial y}+\frac{\partial\Phi_z}{\partial z}\right)+R \tag{5.21}$$

이번 장에서는 이 식을 임의 물질량에 대한 수지식으로써 취급한다. 유속이 제1장의 표 1.2에 있는 a의 구배에 비례하는 형태 $\Phi_x = -\rho\kappa(\partial a/\partial x)$로 나타나는 경우, 식(5.20)은 다음과 같아진다.

$$\rho\left(\frac{\partial a}{\partial t}+u_x\frac{\partial a}{\partial x}+u_y\frac{\partial a}{\partial y}+u_z\frac{\partial a}{\partial z}\right) = \rho\kappa\left(\frac{\partial^2 a}{\partial x^2}+\frac{\partial^2 a}{\partial y^2}+\frac{\partial^2 a}{\partial z^2}\right)+R \tag{5.22}$$

표 5.2에 각종 좌표계의 이동현상을 나타내는 식을 나타냈다.

≫ 표 5.2 각종 좌표계의 이동현상의 기초 방정식

직각 좌표계	$\rho\left(\frac{\partial a}{\partial t}+u_x\frac{\partial a}{\partial x}+u_y\frac{\partial a}{\partial y}+u_z\frac{\partial a}{\partial z}\right)=-\left(\frac{\partial\Phi_x}{\partial x}+\frac{\partial\Phi_y}{\partial y}+\frac{\partial\Phi_z}{\partial z}\right)+R$
원통형 좌표계	$\rho\left(\frac{\partial a}{\partial t}+u_r\frac{\partial a}{\partial x}+\frac{u_\theta}{r}\frac{\partial a}{\partial\theta}+u_z\frac{\partial a}{\partial z}\right)=-\left(\frac{1}{r}\frac{\partial r\Phi_r}{\partial r}+\frac{1}{r}\frac{\partial\Phi_\theta}{\partial\theta}+\frac{\partial\Phi_z}{\partial z}\right)+R$
구형 좌표계	$\rho\left(\frac{\partial a}{\partial t}+u_r\frac{\partial a}{\partial x}+\frac{u_\theta}{r}\frac{\partial a}{\partial\theta}+\frac{u_\phi}{r\sin\theta}\frac{\partial a}{\partial\phi}\right)$ $=-\left(\frac{1}{r^2}\frac{\partial r^2\Phi_r}{\partial r}+\frac{1}{r\sin\theta}\frac{\partial\Phi_\theta\sin\theta}{\partial\theta}+\frac{1}{r\sin\theta}\frac{\partial\Phi_\phi}{\partial z}\right)+R$

[분자 효과에 의한 이동 유속 $\Phi_x = -\rho\kappa(\partial a/\partial x)$를 이용한 식($\rho$, κ가 공간 좌표에 따라 변화하지 않는 경우)]

직각 좌표계	$\rho\left(\frac{\partial a}{\partial t}+u_x\frac{\partial a}{\partial x}+u_y\frac{\partial a}{\partial y}+u_z\frac{\partial a}{\partial z}\right)=\rho\kappa\left(\frac{\partial^2 a}{\partial x^2}+\frac{\partial^2 a}{\partial y^2}+\frac{\partial^2 a}{\partial z^2}\right)+R$
원통형 좌표계	$\rho\left(\frac{\partial a}{\partial t}+u_r\frac{\partial a}{\partial x}+\frac{u_\theta}{r}\frac{\partial a}{\partial\theta}+u_z\frac{\partial a}{\partial z}\right)=\rho\kappa\left\{\frac{1}{r}\frac{\partial}{\partial r}\left(r\frac{\partial a}{\partial r}\right)+\frac{1}{r^2}\frac{\partial^2 a}{\partial\theta^2}+\frac{\partial^2 a}{\partial z^2}\right\}+R$
구형 좌표계	$\rho\left(\frac{\partial a}{\partial t}+u_r\frac{\partial a}{\partial x}+\frac{u_\theta}{r}\frac{\partial a}{\partial\theta}+\frac{u_\phi}{r\sin\theta}\frac{\partial a}{\partial\phi}\right)$ $=\rho\kappa\left\{\frac{1}{r^2}\frac{\partial}{\partial r}\left(r^2\frac{\partial a}{\partial r}\right)+\frac{1}{r^2\sin\theta}\frac{\partial}{\partial\theta}\left(\sin\theta\frac{\partial a}{\partial\theta}\right)+\frac{1}{r^2\sin^2\theta}\frac{\partial^2 a}{\partial\phi^2}\right\}+R$

학습의 키워드

□오일러의 방법 □라그랑쥬의 방법 □실질 미분 □연속 방정식 □비압축성 유체 □발산

제5장 연습문제

5.1 그림 ❶과 같은 원통형 좌표계의 미세 대상부피에 대한 유체 질량의 수지식을 바탕으로 표 5.1의 연속 방정식을 유도하시오.

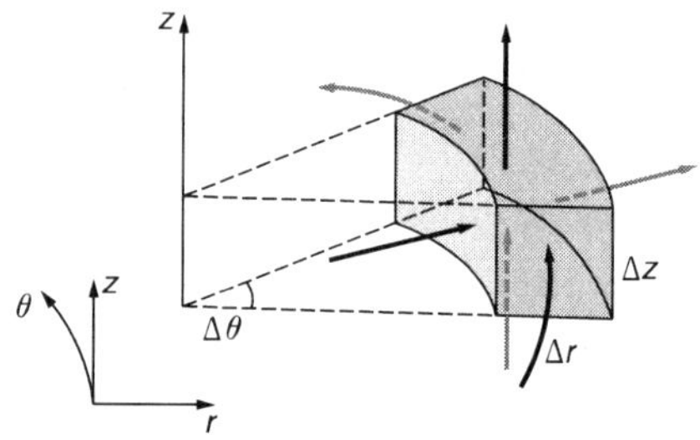

그림 ❶ 원통형 좌표계의 미세 대상부피

5.2 본문의 식(5.10)의 $\Phi_x|_{x=x+\Delta x}$, $\Phi_y|_{y=y+\Delta y}$, $\Phi_z|_{z=z+\Delta z}$, $\rho a u_x|_{x=x+\Delta x}$, $\rho a u_y|_{y=y+\Delta y}$, $\rho a u_z|_{z=z+\Delta z}$를 테일러 전개하여 식(5.12)를 유도하시오.
[힌트 : 함수 $f(x)$의 테일러 전개

$$f(x+\Delta x) = f(x) + \Delta x \frac{\mathrm{d}f(x)}{\mathrm{d}x} + \frac{\Delta x^2}{2!}\frac{\mathrm{d}^2 f(x)}{\mathrm{d}x^2} + \frac{\Delta x^3}{3!}\frac{\mathrm{d}^3 f(x)}{\mathrm{d}x^3} + \cdots$$

이다.]

5.3 제4장의 예제 4.1에서 다룬 평행 평판 사이 쿠에트 흐름과 같이 유속 벡터가 1방향 성분만 있을 경우, 비압축성 유체의 정상 상태 흐름에서는 흐름 방향으로 속도 분포가 변화하지 않는 것을 연속 방정식을 통해 설명하라.

5.4 구형 좌표계에서 유속 벡터가 r성분만 있을 경우, 표 5.1에 따라 연속 방정식은 $\dfrac{\partial \rho}{\partial t} = \dfrac{1}{r^2}\dfrac{\partial \rho r^2 u_r}{\partial r} = 0$이 된다. 이 식을 $r = r$ 위치에 설정한 두께 Δr의 구형셀에 대한 질량 수지식을 통해 유도하시오.

5.5 구형 좌표계에서 유속 벡터가 r성분 u_r만으로 원점에서 방사상(radial)으로 퍼지는 비압축성 유체의 정상 상태 흐름에서, 원점을 중심으로 하는 반지름 r의 구면을 안쪽에서 바깥쪽으로 통과하는 부피 유량이 Q인 경우의 u_r을 나타내는 식을 연속 방정식을 바탕으로 유도하시오.

제 6 장

3차원 흐름 장의 운동량 수지식

이 단원의 목표

제5장에서 유도한 물리량 수지식을 운동량 이동에 적용하여, 3차원 공간에서의 유체의 속도 벡터가 모든 성분을 가지며, 그들이 모든 방향 및 시간에 대하여 변화하는 일반적인 흐름 장의 운동량 수지식을 유도한다. 이 식은 운동 방정식이기도 하다. 또한 이 식을 이용하여 유체의 속도 분포를 구하는 방법에 대해 예제를 통해 학습하겠다.

6.1 운동량 수지에 따른 운동 방정식 유도

이 책에서 대상으로 하고 있는 물리량 중 열, 물질이 크기만 가지는 스칼라인 것에 대해, 운동량은 벡터인 점이 다르다. 운동량은 유체의 질량과 속도의 곱이므로, 제5장에서 유도한 수지식(5.20)의 단위 질량당 물리량 a는 운동량인 경우, 유속 벡터에 해당한다. 직각 좌표계의 유속 벡터는 성분을 이용하면 $\boldsymbol{u}=(u_x,\ u_y,\ u_z)$로 표기된다. 굵은 글씨로 되어 있는 양은 벡터인 것을 의미한다. 원래대로라면 이 벡터 $\boldsymbol{u}$를 수지식(5.20)의 a의 부분에 대입함으로써 운동량 수지식이 유도되는데, 순서가 복잡해진다. 그래서 이번 절에서는 세 가지 성분 중 u_x에만 주목하며 스칼라로써 취급하여, 그 수지식을 유도하기로 한다. 수지식에서 $a=u_x$이면, 다음과 같아진다.

$$\rho\left(\frac{\partial u_x}{\partial t}+u_x\frac{\partial u_x}{\partial x}+u_y\frac{\partial u_x}{\partial y}+u_z\frac{\partial u_x}{\partial z}\right)=-\left(\frac{\partial \Phi_x}{\partial x}+\frac{\partial \Phi_y}{\partial y}+\frac{\partial \Phi_z}{\partial z}\right)+R \tag{6.1}$$

분자 운동 효과에 의한 운동량 유속 Φ_x, Φ_y, Φ_z는 x, y, z방향으로 수직인 면에 가

해지는 응력의 x방향 성분이므로, 각각 τ_{xx}, τ_{yx}, τ_{zx}로 변환할 수 있다. 또한 운동량 생성 속도 R은 미세 대상부피에 가해지는 압력에 의한 힘과 중력의 x방향 성분의 합에 따라 나타낼 수 있다. 제5장에서 수지식을 유도할 때 설정한 미세 대상부피의 모든 경계면에서 주위 유체로부터 안쪽을 향해 압력에 의한 힘이 가해진다. 그중 운동량의 x방향 성분을 생성하는 것은 그림 6.1의 x방향으로 수직인 두 개의 면에 가해지는 힘이다. 한편, 중력은 중력 가속도의 x방향 성분을 g_x라 하면 $\rho\Delta x\Delta y\Delta z g_x$가 된다. 이들의 합이 미세 대상부피의 운동량 생성 속도이다. R은 단위 부피당 운동량의 변화 속도이므로, 상기의 합을 부피 $\Delta x\Delta y\Delta z$로 나눠 아래와 같이 나타낼 수 있다.

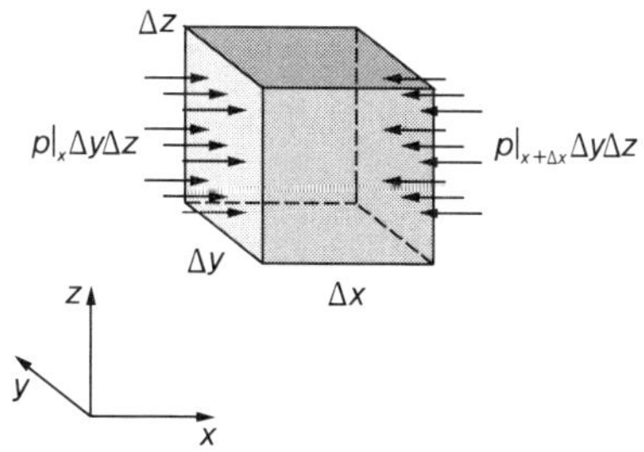

그림 6.1 미세 대상부피에 가해지는 압력

$$R = \frac{p|_{x=x} - p|_{x=x+\Delta x}}{\Delta x} + \rho g_x$$

수지식을 유도할 때와 마찬가지로, 우변 제1항에 대해서 $\Delta x \to 0$의 극한을 구하면

$$R = -\frac{\partial p}{\partial x} + \rho g_x \tag{6.2}$$

가 된다. 압력 p도 속도와 마찬가지로 시간과 공간 좌표의 함수이므로 우변 제1항은 편미분이 된다. 이것을 식(6.1)에 대입하면 다음 식이 유도된다.

$$\rho\left(\frac{\partial u_z}{\partial t} + u_x\frac{\partial u_x}{\partial x} + u_y\frac{\partial u_x}{\partial y} + u_z\frac{\partial u_x}{\partial z}\right)$$
$$= -\frac{\partial p}{\partial x} - \left(\frac{\partial \tau_{xx}}{\partial x} + \frac{\partial \tau_{yx}}{\partial y} + \frac{\partial \tau_{zx}}{\partial z}\right) + \rho g_x \tag{6.3}$$

이 식에서는 우변에 있는 점성에 의한 운동량 이동의 항이 점성과 속도 구배가 아니라, 응력으로 표시되고 있다. 따라서 응력과 속도 구배 관계를 나타내는 유동 특성에 상관없이 비뉴턴 유체를 포함하는 점성을 가지는 모든 유체에 적용할 수 있다. 이 운동량 수지식은 응력 방정식 또는 **코시의 운동 방정식**(Cauchy's equation of motion)이라고 한다. 이와 같은 식을 운동량의 y, z방향 성분에 대해서도 유도할 수 있다. 이들을 원통형 좌표계, 구형 좌표계의 식과 아울러 표 6.1에 나타냈다.

≫ 표 6.1 코시의 운동 방정식

직각 좌표계

x방향

$$\rho\left(\frac{\partial u_x}{\partial t}+u_x\frac{\partial u_x}{\partial x}+u_y\frac{\partial u_x}{\partial y}+u_z\frac{\partial u_x}{\partial z}\right)=-\frac{\partial p}{\partial x}-\left(\frac{\partial \tau_{xx}}{\partial x}+\frac{\partial \tau_{yx}}{\partial y}+\frac{\partial \tau_{zx}}{\partial z}\right)+\rho g_x$$

y방향

$$\rho\left(\frac{\partial u_y}{\partial t}+u_x\frac{\partial u_y}{\partial x}+u_y\frac{\partial u_y}{\partial y}+u_z\frac{\partial u_y}{\partial z}\right)=-\frac{\partial p}{\partial y}-\left(\frac{\partial \tau_{xy}}{\partial x}+\frac{\partial \tau_{yy}}{\partial y}+\frac{\partial \tau_{zy}}{\partial z}\right)+\rho g_y$$

z방향

$$\rho\left(\frac{\partial u_z}{\partial t}+u_x\frac{\partial u_z}{\partial x}+u_y\frac{\partial u_z}{\partial y}+u_z\frac{\partial u_z}{\partial z}\right)=-\frac{\partial p}{\partial z}-\left(\frac{\partial \tau_{xz}}{\partial x}+\frac{\partial \tau_{yz}}{\partial y}+\frac{\partial \tau_{zz}}{\partial z}\right)+\rho g_z$$

원통형 좌표계

r방향

$$\rho\left(\frac{\partial u_r}{\partial t}+u_r\frac{\partial u_r}{\partial r}+\frac{u_\theta}{r}\frac{\partial u_r}{\partial \theta}-\frac{u_\theta^2}{r}+u_z\frac{\partial u_r}{\partial z}\right)=-\frac{\partial p}{\partial r}-\left\{\frac{1}{r}\frac{\partial}{\partial r}(r\tau_{rr})+\frac{1}{r}\frac{\partial \tau_{\theta r}}{\partial \theta}-\frac{\tau_{\theta\theta}}{r}+\frac{\partial \tau_{zr}}{\partial z}\right\}+\rho g_r$$

θ방향

$$\rho\left(\frac{\partial u_\theta}{\partial t}+u_r\frac{\partial u_\theta}{\partial r}+\frac{u_\theta}{r}\frac{\partial u_\theta}{\partial \theta}-\frac{u_r u_\theta}{r}+u_z\frac{\partial u_\theta}{\partial z}\right)=-\frac{1}{r}\frac{\partial p}{\partial r}-\left\{\frac{1}{r^2}\frac{\partial}{\partial r}(r^2\tau_{r\theta})+\frac{1}{r}\frac{\partial \tau_{\theta\theta}}{\partial \theta}+\frac{\partial \tau_{z\theta}}{\partial z}\right\}+\rho g_\theta$$

z방향

$$\rho\left(\frac{\partial u_z}{\partial t}+u_r\frac{\partial u_z}{\partial r}+\frac{u_\theta}{r}\frac{\partial u_z}{\partial \theta}+u_z\frac{\partial u_z}{\partial z}\right)=-\frac{\partial p}{\partial z}-\left\{\frac{1}{r}\frac{\partial}{\partial r}(r\tau_{rz})+\frac{1}{r}\frac{\partial \tau_{\theta z}}{\partial \theta}+\frac{\partial \tau_{zz}}{\partial z}\right\}+\rho g_z$$

구형 좌표계

r방향

$$\rho\left(\frac{\partial u_r}{\partial t}+u_r\frac{\partial u_r}{\partial r}+\frac{u_\theta}{r}\frac{\partial u_r}{\partial \theta}+\frac{u_\phi}{r\sin\theta}\frac{\partial u_r}{\partial \phi}-\frac{u_\theta^2+u_\phi^2}{r}\right)$$
$$=-\frac{\partial p}{\partial r}-\left\{\frac{1}{r^2}\frac{\partial}{\partial r}(r^2\tau_{rr})+\frac{1}{r\sin\theta}\frac{\partial}{\partial \theta}(\tau_{\theta r}\sin\theta)+\frac{1}{r\sin\theta}\frac{\partial \tau_{\phi r}}{\partial \phi}-\frac{\tau_{\theta\theta}+\tau_{\phi\phi}}{r}\right\}+\rho g_r$$

θ방향

$$\rho\left(\frac{\partial u_\theta}{\partial t}+u_r\frac{\partial u_\theta}{\partial r}+\frac{u_\theta}{r}\frac{\partial u_\theta}{\partial \theta}+\frac{u_\phi}{r\sin\theta}\frac{\partial u_\theta}{\partial \phi}+\frac{u_r u_\theta}{r}-\frac{u_\phi^2\cot\theta}{r}\right)$$
$$=-\frac{1}{r}\frac{\partial p}{\partial r}-\left\{\frac{1}{r^2}\frac{\partial}{\partial r}(r^2\tau_{r\theta})+\frac{1}{r\sin\theta}\frac{\partial}{\partial \theta}(\tau_{\theta\theta}\sin\theta)+\frac{1}{r\sin\theta}\frac{\partial \tau_{\phi\theta}}{\partial \phi}+\frac{\tau_{r\theta}}{r}-\frac{\cot\theta}{r}\tau_{\phi\phi}\right\}+\rho g_\theta$$

ϕ방향

$$\rho\left(\frac{\partial u_\phi}{\partial t}+u_r\frac{\partial u_\phi}{\partial r}+\frac{u_\theta}{r}\frac{\partial u_\phi}{\partial \theta}+\frac{u_\phi}{r\sin\theta}\frac{\partial u_\phi}{\partial \phi}+\frac{u_\phi u_r}{r}+\frac{u_\theta u_\phi\cot\theta}{r}\right)$$
$$=-\frac{1}{r\sin\theta}\frac{\partial p}{\partial \phi}-\left\{\frac{1}{r^2}\frac{\partial}{\partial r}(r^2\tau_{r\phi})+\frac{1}{r}\frac{\partial \tau_{\theta\phi}}{\partial \theta}+\frac{1}{r\sin\theta}\frac{\partial \tau_{\phi\phi}}{\partial \phi}+\frac{\tau_{r\phi}}{r}+\frac{2\cot\theta}{r}\tau_{\theta\phi}\right\}+\rho g_\phi$$

제5장에서 유도한 연속 방정식과 표 6.1의 운동량 3성분에 대한 수지식, 모두 네 개의 편미분 방정식을 연립하여 풀어 **속도 분포**(velocity distribution)를 구할 수 있다. 이들 방정식에는 압력, 속도와 점성에 의한 운동량 유속으로써의 응력이 미지 함수로써 포함된다. 이 중 속도는 3성분, 응력은 운동량 3성분이 각각 이동하는 3방향에 대응하는 합계 3×3＝9성분으로 이루어진다. 따라서 네 개의 식에 대해 미지 함수가 13개 포함되는 것이 되어, 이대로는 해를 구할 수 없다. 그래서 응력을 속도 구배와의 관계를 이용하여 소거하는 것을 생각할 수 있다. 위에서 설명한 응력의 9성분은 x, y, z축에 수직인 면 각각을 통과하는 운동량 유속에 해당하는 응력 벡터(τ_{xx}, τ_{xy}, τ_{xz}), (τ_{yx}, τ_{yy} , τ_{yz}), (τ_{zy}, τ_{zy}, τ_{zz})의 각 성분이다. 이 아홉 개 성분으로 이루어진 아래의 행렬 $\boldsymbol{T}_\tau$를 **점성 응력 텐서**(viscous stress tensor)라고 한다.

$$\boldsymbol{T}_\tau = \begin{bmatrix} \tau_{xx} & \tau_{yx} & \tau_{zx} \\ \tau_{xy} & \tau_{yy} & \tau_{zy} \\ \tau_{xz} & \tau_{yz} & \tau_{zz} \end{bmatrix} \tag{6.4}$$

공간 내 임의의 점을 포함하는 평면에 가해지는 응력 벡터는 그 점의 응력 텐서를 평면의 단위 법선 벡터(n_x, n_y, n_z)에 왼쪽부터 가하여 다음과 같이 구할 수 있다.

$$\begin{bmatrix} \tau_{xx} & \tau_{yx} & \tau_{zx} \\ \tau_{xy} & \tau_{yy} & \tau_{zy} \\ \tau_{xz} & \tau_{yz} & \tau_{zz} \end{bmatrix} \begin{bmatrix} n_x \\ n_y \\ n_z \end{bmatrix} = \begin{bmatrix} \tau_{xx}n_x + \tau_{yx}n_y + \tau_{zx}n_z \\ \tau_{xy}n_x + \tau_{yy}n_y + \tau_{zy}n_z \\ \tau_{xz}n_x + \tau_{yz}n_y + \tau_{zz}n_z \end{bmatrix} \tag{6.5}$$

구체적인 예로 x, y, z축에 수직인 면에 가해지는 응력 벡터는 각각 면의 단위 법선 벡터가 (1, 0, 0), (0, 1, 0), (0, 0, 1)이므로 다음과 같이 구할 수 있다.

$$\begin{bmatrix} \tau_{xx} & \tau_{yx} & \tau_{zx} \\ \tau_{xy} & \tau_{yy} & \tau_{zy} \\ \tau_{xz} & \tau_{yz} & \tau_{zz} \end{bmatrix} \begin{bmatrix} 1 \\ 0 \\ 0 \end{bmatrix} = \begin{bmatrix} \tau_{xx} \\ \tau_{xy} \\ \tau_{xz} \end{bmatrix}, \quad \begin{bmatrix} \tau_{xx} & \tau_{yx} & \tau_{zx} \\ \tau_{xy} & \tau_{yy} & \tau_{zy} \\ \tau_{xz} & \tau_{yz} & \tau_{zz} \end{bmatrix} \begin{bmatrix} 0 \\ 1 \\ 0 \end{bmatrix} = \begin{bmatrix} \tau_{yx} \\ \tau_{yy} \\ \tau_{yz} \end{bmatrix},$$

$$\begin{bmatrix} \tau_{xx} & \tau_{yx} & \tau_{zx} \\ \tau_{xy} & \tau_{yy} & \tau_{zy} \\ \tau_{xz} & \tau_{yz} & \tau_{zz} \end{bmatrix} \begin{bmatrix} 0 \\ 0 \\ 1 \end{bmatrix} = \begin{bmatrix} \tau_{zx} \\ \tau_{zy} \\ \tau_{zz} \end{bmatrix} \tag{6.6}$$

연산의 편의상 열 벡터로 나타냈는데, 위에 나타낸 세 개의 면 각각의 응력 벡터(τ_{xx}, τ_{xy}, τ_{xz}), (τ_{yx}, τ_{yy} , τ_{yz}), (τ_{zx}, τ_{zy}, τ_{zz})가 구해져 있는 것을 알 수 있다. 속도 구배도 응력과 같이 세 개의 속도 성분에 대해서 3방향 구배가 있으므로 9개 정의할 수 있다. 이들을 응력과 마찬가지로 행렬로 나타내면, 그것은 식(6.7)과 같이 두 개의 행렬의 합과 같아진다.

$$\begin{bmatrix} \frac{\partial u_x}{\partial x} & \frac{\partial u_x}{\partial y} & \frac{\partial u_x}{\partial z} \\ \frac{\partial u_y}{\partial x} & \frac{\partial u_y}{\partial y} & \frac{\partial u_y}{\partial z} \\ \frac{\partial u_z}{\partial x} & \frac{\partial u_z}{\partial y} & \frac{\partial u_z}{\partial z} \end{bmatrix} = \begin{bmatrix} \frac{\partial u_x}{\partial x} & \frac{1}{2}\left(\frac{\partial u_y}{\partial x}+\frac{\partial u_x}{\partial y}\right) & \frac{1}{2}\left(\frac{\partial u_x}{\partial z}+\frac{\partial u_z}{\partial x}\right) \\ \frac{1}{2}\left(\frac{\partial u_y}{\partial x}+\frac{\partial u_x}{\partial y}\right) & \frac{\partial u_y}{\partial y} & \frac{1}{2}\left(\frac{\partial u_z}{\partial y}+\frac{\partial u_y}{\partial z}\right) \\ \frac{1}{2}\left(\frac{\partial u_x}{\partial z}+\frac{\partial u_z}{\partial x}\right) & \frac{1}{2}\left(\frac{\partial u_z}{\partial y}+\frac{\partial u_y}{\partial z}\right) & \frac{\partial u_z}{\partial z} \end{bmatrix}$$
$$+\begin{bmatrix} 0 & -\frac{1}{2}\left(\frac{\partial u_y}{\partial x}-\frac{\partial u_x}{\partial y}\right) & \frac{1}{2}\left(\frac{\partial u_x}{\partial z}-\frac{\partial u_z}{\partial x}\right) \\ \frac{1}{2}\left(\frac{\partial u_y}{\partial x}-\frac{\partial u_x}{\partial y}\right) & 0 & -\frac{1}{2}\left(\frac{\partial u_z}{\partial y}-\frac{\partial u_y}{\partial z}\right) \\ -\frac{1}{2}\left(\frac{\partial u_x}{\partial z}-\frac{\partial u_z}{\partial x}\right) & \frac{1}{2}\left(\frac{\partial u_z}{\partial y}-\frac{\partial u_y}{\partial z}\right) & 0 \end{bmatrix} \quad (6.7)$$

제2장에서 설명했듯이 속도 구배 중 $\partial u_x/\partial y$와 같이 속도 방향과 구배 방향이 다른 것은, 단위 시간당 전단응력에 의한 변형 정도를 나타낸다. 한편, $\partial u_x/\partial x$와 같이 속도와 구배의 방향이 일치하는 것은 단위 시간당 법선 응력에 의한 신축 변형 정도를 나타낸다. 위 식의 우변 1항목의 행렬은 식(6.4)의 점성 응력이 가해지는 것에 따른 전단 변형과 신축 변형의 속도를 나타내고 있어서 **변형 속도 텐서**(deformation rate tensor)라고 한다.[1] 그에 대해 2항목은 변형을 동반하지 않는 회전 속도를 나타낸다. 위 식으로 알 수 있듯이 변형 속도 텐서는 행과 열을 바꾼 성분이 서로 같아지는데, 응력 텐서에 대해서도 동일하게 다음의 관계가 성립한다.

$$\tau_{xy}=\tau_{yx},\ \tau_{yz}=\tau_{zy},\ \tau_{zx}=\tau_{xz} \quad (6.8)$$

이렇게 행과 열을 교체할 수 있는 행렬을 대칭 행렬이라고 한다. 모두 대칭 행렬인 식(6.4)의 응력 텐서와 변형 속도 텐서의 대응하는 성분 사이에는 일정한 관계가 있다. 그 관계는 유동 특성에 따라 다른데, 뉴턴 유체의 경우는 표 6.2와 같다.

표 6.2의 관계를 코시의 운동 방정식(6.3) 우변의 응력 항에 대입하면 다음과 같아진다.

$$-\left(\frac{\partial \tau_{xx}}{\partial x}+\frac{\partial \tau_{yx}}{\partial y}+\frac{\partial \tau_{zx}}{\partial z}\right)$$
$$=\frac{\partial}{\partial x}\mu\left(2\frac{\partial u_x}{\partial x}-\frac{2}{3}\nabla\cdot\boldsymbol{u}\right)+\frac{\partial}{\partial y}\mu\left(\frac{\partial u_y}{\partial x}+\frac{\partial u_x}{\partial y}\right)+\frac{\partial}{\partial z}\mu\left(\frac{\partial u_x}{\partial z}+\frac{\partial u_z}{\partial x}\right)$$

1) 상세 내용은 오가와 코헤이(小川浩平), 쿠로다 치아키(黑田千秋), 요시카와 시로(吉川史郎) 공저, "화학공학을 위한 수학", 수리학사(2007)의 제3장과 오가와 코헤이 편, "유체 전달 해석", 아사쿠라 쇼텐(朝倉書店)(2011)의 1, 2절을 참조.

$$= \mu\left(2\frac{\partial^2 u_x}{\partial x^2} + \frac{\partial^2 u_x}{\partial y^2} + \frac{\partial^2 u_y}{\partial y \partial x} + \frac{\partial^2 u_x}{\partial z^2} + \frac{\partial^2 u_z}{\partial z \partial x} - \frac{2}{3}\frac{\partial \nabla \cdot \boldsymbol{u}}{\partial x}\right)$$

$$= \mu\left\{\frac{\partial}{\partial x}\left(\frac{\partial u_x}{\partial x} + \frac{\partial u_y}{\partial y} + \frac{\partial u_z}{\partial z}\right) + \frac{\partial^2 u_x}{\partial x^2} + \frac{\partial^2 u_x}{\partial y^2} + \frac{\partial^2 u_x}{\partial z^2} - \frac{2}{3}\frac{\partial \nabla \cdot \boldsymbol{u}}{\partial x}\right\} \tag{6.9}$$

제5장에서 설명했듯이 비압축성 유체는 다음 식을 만족시킨다.

$$\nabla \cdot \boldsymbol{u} = \frac{\partial u_x}{\partial x} + \frac{\partial u_y}{\partial y} + \frac{\partial u_z}{\partial z} = 0 \tag{6.10}$$

≫ 표 6.2 응력과 변형 속도의 관계

직각 좌표계	
$\tau_{xx} = -\mu\left(2\frac{\partial u_x}{\partial x} - \frac{2}{3}\nabla \cdot \boldsymbol{u}\right)$	$\tau_{xy} = \tau_{yx} = -\mu\left(\frac{\partial u_y}{\partial x} + \frac{\partial u_x}{\partial y}\right)$
$\tau_{yy} = -\mu\left(2\frac{\partial u_y}{\partial y} - \frac{2}{3}\nabla \cdot \boldsymbol{u}\right)$	$\tau_{yz} = \tau_{zy} = -\mu\left(\frac{\partial u_z}{\partial y} + \frac{\partial u_y}{\partial z}\right)$
$\tau_{zz} = -\mu\left(2\frac{\partial u_z}{\partial z} - \frac{2}{3}\nabla \cdot \boldsymbol{u}\right)$	$\tau_{zx} = \tau_{xz} = -\mu\left(\frac{\partial u_x}{\partial z} + \frac{\partial u_z}{\partial x}\right)$
$\left(\nabla \cdot \boldsymbol{u} = \frac{\partial u_x}{\partial x} + \frac{\partial u_y}{\partial y} + \frac{\partial u_z}{\partial z}\right)$	
원통형 좌표계	
$\tau_{rr} = -\mu\left(2\frac{\partial u_r}{\partial r} - \frac{2}{3}\nabla \cdot \boldsymbol{u}\right)$	$\tau_{r\theta} = \tau_{\theta r} = -\mu\left\{r\frac{\partial}{\partial r}\left(\frac{u_\theta}{r}\right) + \frac{1}{r}\frac{\partial u_r}{\partial \theta}\right\}$
$\tau_{\theta\theta} = -\mu\left\{2\left(\frac{1}{r}\frac{\partial u_\theta}{\partial \theta} + \frac{u_r}{r}\right) - \frac{2}{3}\nabla \cdot \boldsymbol{u}\right\}$	$\tau_{\theta z} = \tau_{z\theta} = -\mu\left(\frac{1}{r}\frac{\partial u_z}{\partial \theta} + \frac{\partial u_\theta}{\partial z}\right)$
$\tau_{zz} = -\mu\left(2\frac{\partial u_z}{\partial z} - \frac{2}{3}\nabla \cdot \boldsymbol{u}\right)$	$\tau_{zr} = \tau_{rz} = -\mu\left(\frac{\partial u_r}{\partial z} + \frac{\partial u_z}{\partial r}\right)$
$\left(\nabla \cdot \boldsymbol{u} = \frac{1}{r}\frac{\partial r u_r}{\partial x} + \frac{1}{r}\frac{\partial u_\theta}{\partial \theta} + \frac{\partial u_z}{\partial z}\right)$	
구형 좌표계	
$\tau_{rr} = -\mu\left(2\frac{\partial u_r}{\partial r} - \frac{2}{3}\nabla \cdot \boldsymbol{u}\right)$	$\tau_{r\theta} = \tau_{\theta r} = -\mu\left\{r\frac{\partial}{\partial r}\left(\frac{u_\theta}{r}\right) + \frac{1}{r}\frac{\partial u_r}{\partial \theta}\right\}$
$\tau_{\theta\theta} = -\mu\left\{2\left(\frac{1}{r}\frac{\partial u_\theta}{\partial \theta} + \frac{u_r}{r}\right) - \frac{2}{3}\nabla \cdot \boldsymbol{u}\right\}$	$\tau_{\theta\phi} = \tau_{\phi\theta} = -\mu\left\{\frac{\sin\theta}{r}\frac{\partial}{\partial \theta}\left(\frac{u_\phi}{\sin\theta}\right) + \frac{1}{r\sin\theta}\frac{\partial u_\theta}{\partial \phi}\right\}$
$\tau_{\phi\phi} = -\mu\left\{2\left(\frac{1}{r\sin\theta}\frac{\partial u_\phi}{\partial \phi} + \frac{u_r}{r} + \frac{u_\theta \cot\theta}{r}\right) - \frac{2}{3}\nabla \cdot \boldsymbol{u}\right\}$	$\tau_{\phi r} = \tau_{r\phi} = -\mu\left\{\frac{1}{r\sin\theta}\frac{\partial u_r}{\partial \phi} + r\frac{\partial}{\partial r}\left(\frac{u_\phi}{r}\right)\right\}$
$\left(\nabla \cdot \boldsymbol{u} = \frac{1}{r^2}\frac{\partial r^2 u_r}{\partial x} + \frac{1}{r\sin\theta}\frac{\partial u_\theta \sin\theta}{\partial \theta} + \frac{1}{r\sin\theta}\frac{\partial u_\phi}{\partial \phi}\right)$	

≫ 표 6.3 나비에-스토크스의 운동 방정식

직각 좌표계

x방향

$$\rho\left(\frac{\partial u_x}{\partial t}+u_x\frac{\partial u_x}{\partial x}+u_y\frac{\partial u_x}{\partial y}+u_z\frac{\partial u_x}{\partial z}\right)=-\frac{\partial P}{\partial x}+\mu\left(\frac{\partial^2 u_x}{\partial x^2}+\frac{\partial^2 u_x}{\partial y^2}+\frac{\partial^2 u_x}{\partial z^2}\right)+\rho g_x$$

y방향

$$\rho\left(\frac{\partial u_y}{\partial t}+u_x\frac{\partial u_y}{\partial x}+u_y\frac{\partial u_y}{\partial y}+u_z\frac{\partial u_y}{\partial z}\right)=-\frac{\partial P}{\partial y}+\mu\left(\frac{\partial^2 u_y}{\partial x^2}+\frac{\partial^2 u_y}{\partial y^2}+\frac{\partial^2 u_y}{\partial z^2}\right)+\rho g_y$$

z방향

$$\rho\left(\frac{\partial u_z}{\partial t}+u_x\frac{\partial u_z}{\partial x}+u_y\frac{\partial u_z}{\partial y}+u_z\frac{\partial u_z}{\partial z}\right)=-\frac{\partial P}{\partial z}+\mu\left(\frac{\partial^2 u_z}{\partial x^2}+\frac{\partial^2 u_z}{\partial y^2}+\frac{\partial^2 u_z}{\partial z^2}\right)+\rho g_z$$

원통형 좌표계

r방향

$$\rho\left(\frac{\partial u_r}{\partial t}+u_r\frac{\partial u_r}{\partial r}+\frac{u_\theta}{r}\frac{\partial u_r}{\partial \theta}-\frac{u_\theta^2}{r}+u_z\frac{\partial u_r}{\partial z}\right)$$

$$=-\frac{\partial P}{\partial r}+\mu\left\{\frac{\partial}{\partial r}\left(\frac{1}{r}\frac{\partial}{\partial r}(ru_r)\right)+\frac{1}{r^2}\frac{\partial^2 u_r}{\partial \theta^2}-\frac{2}{r^2}\frac{\partial u_\theta}{\partial \theta}+\frac{\partial^2 u_r}{\partial z^2}\right\}+\rho g_r$$

θ방향

$$\rho\left(\frac{\partial u_\theta}{\partial t}+u_r\frac{\partial u_\theta}{\partial r}+\frac{u_\theta}{r}\frac{\partial u_\theta}{\partial \theta}-\frac{u_r u_\theta}{r}+u_z\frac{\partial u_\theta}{\partial z}\right)$$

$$=-\frac{1}{r}\frac{\partial P}{\partial \theta}+\mu\left\{\frac{\partial}{\partial r}\left(\frac{1}{r}\frac{\partial}{\partial r}(ru_\theta)\right)+\frac{1}{r^2}\frac{\partial^2 u_\theta}{\partial \theta^2}+\frac{2}{r^2}\frac{\partial u_r}{\partial \theta}+\frac{\partial^2 u_\theta}{\partial z^2}\right\}+\rho g_\theta$$

z방향

$$\rho\left(\frac{\partial u_z}{\partial t}+u_r\frac{\partial u_z}{\partial r}+\frac{u_\theta}{r}\frac{\partial u_z}{\partial \theta}+u_z\frac{\partial u_z}{\partial z}\right)=-\frac{\partial P}{\partial z}+\mu\left\{\frac{1}{r}\frac{\partial}{\partial r}\left(r\frac{\partial u_z}{\partial r}\right)+\frac{1}{r^2}\frac{\partial^2 u_z}{\partial \theta^2}+\frac{\partial^2 u_z}{\partial z^2}\right\}+\rho g_z$$

구형 좌표계

r방향

$$\rho\left(\frac{\partial u_r}{\partial t}+u_r\frac{\partial u_r}{\partial r}+\frac{u_\theta}{r}\frac{\partial u_r}{\partial \theta}+\frac{u_\theta}{r\sin\theta}\frac{\partial u_r}{\partial \phi}-\frac{u^{2_\theta}+u_\phi^2}{r}\right)$$

$$=-\frac{\partial p}{\partial r}+\mu\left(\nabla^2 u_r-\frac{2}{r^2}u_r-\frac{2}{r^2}\frac{\partial u_\theta}{\partial \theta}-\frac{2}{r}u_\theta\cot\theta-\frac{2}{r^2\sin\theta}\frac{\partial u_\phi}{\partial \phi}\right)+\rho g_r$$

θ방향

$$\rho\left(\frac{\partial u_\theta}{\partial t}+u_r\frac{\partial u_\theta}{\partial r}+\frac{u_\theta}{r}\frac{\partial u_\theta}{\partial \theta}+\frac{u_\theta}{r\sin\theta}\frac{\partial u_\theta}{\partial \phi}+\frac{u_r u_\theta}{r}-\frac{u_\theta^2\cot\theta}{r}\right)$$

$$=-\frac{1}{r}\frac{\partial p}{\partial \theta}+\mu\left(\nabla^2 u_\theta+\frac{2}{r^2}\frac{\partial u_r}{\partial \theta}-\frac{u_\theta}{r^2\sin\theta}-\frac{2\cos\theta}{r^2\sin^2\theta}\frac{\partial u_\phi}{\partial \phi}\right)+\rho g_\theta$$

ϕ방향

$$\rho\left(\frac{\partial u_\phi}{\partial t}+u_r\frac{\partial u_\phi}{\partial r}+\frac{u_\theta}{r}\frac{\partial u_\phi}{\partial \theta}+\frac{u_\phi}{r\sin\theta}\frac{\partial u_\phi}{\partial \phi}+\frac{u_\phi u_r}{r}+\frac{u_\theta u_\phi\cot\theta}{r}\right)$$

$$=-\frac{1}{r\sin\theta}\frac{\partial p}{\partial \theta}+\mu\left(\nabla^2 u_\theta-\frac{u_\phi}{r^2\sin^2\theta}+\frac{2}{r^2\sin^2\theta}\frac{\partial u_r}{\partial \phi}-\frac{2\cos\theta}{r^2\sin^2\theta}\frac{\partial u_\phi}{\partial \phi}\right)+\rho g_\phi$$

$$\nabla^2=\frac{1}{r^2}\frac{\partial}{\partial r}\left(r^2\frac{\partial}{\partial r}\right)+\frac{1}{r^2\sin\theta}\frac{\partial}{\partial \theta}\left(\sin\theta\frac{\partial}{\partial \theta}\right)+\frac{1}{r^2\sin\theta}\left(\frac{\partial^2}{\partial \phi^2}\right)$$

따라서 식(6.3)은 다음과 같아진다.

$$\rho\left(\frac{\partial u_x}{\partial t}+u_x\frac{\partial u_x}{\partial x}+u_y\frac{\partial u_x}{\partial y}+u_z\frac{\partial u_x}{\partial z}\right)$$
$$=-\frac{\partial p}{\partial x}+\mu\left(\frac{\partial^2 u_x}{\partial x^2}+\frac{\partial^2 u_x}{\partial y^2}+\frac{\partial^2 u_x}{\partial z^2}\right)+\rho g_x \tag{6.11}$$

이것은 비압축성을 가정할 수 있는 뉴턴 유체에 적용 가능한 식으로, **나비에-스토크스의 운동 방정식**(Navier-Stokes equation)이라고 한다. 표 6.3에 각 좌표계 식을 정리하여 나타냈다. 이들 식에 포함되는 미지 함수는 압력과 속도 3성분의 네 가지이므로, 연속 방정식과 함께 4개의 식을 연립하여 풀어 속도 분포를 구할 수 있다. 그러나 그들 방정식은 형태가 복잡하여 대부분의 경우 해석적으로 풀 수는 없다. 그러한 경우에는 컴퓨터를 이용한 수치 해석을 통해 속도 분포를 구할 수 있다. 아래에는 해석적으로 풀 수 있는 예제를 통해 속도 분포 유도법을 나타냈다.

6.2 나비에-스토크스의 운동 방정식을 이용한 속도 분포 유도

이번 절에서는 제4장의 예제에서 운동량 수지식에 따라 유도된 속도 분포를 나비에-스토크스 방정식을 통해 구하는 방법을 설명하겠다. 또한 여러 가지 좌표계의 정상 상태, 비정상 상태 문제의 해법을 나타낸다.

예제 6.1

예제 4.1의 평행 평판 사이 쿠에트 흐름(그림 6.2)의 속도 분포를 나비에-스토크스 방정식을 풀어 구하라.

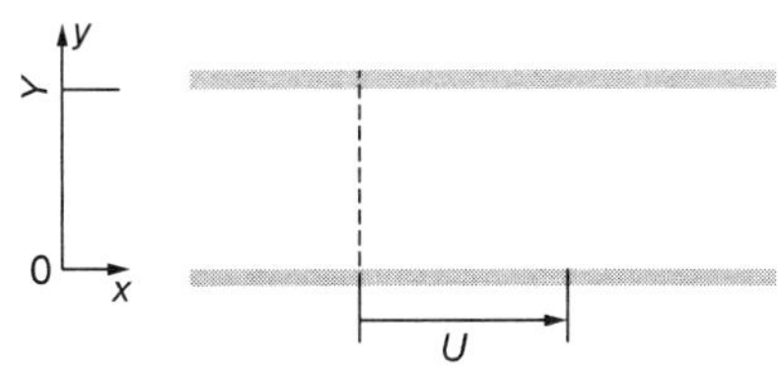

그림 6.2 평판 사이 쿠에트 흐름

풀이

나비에-스토크스 방정식은 3차원 비정상 상태 흐름에 일반적으로 적용할 수 있다. 개별 경우에 적용할 때에는 흐름 장의 특징을 바탕으로, 방정식에서 일부 고려할 필요가 없는 항을 생략한다. 아래에 속도 분포 유도를 위한 순서를 나타냈다.

① 흐름 장의 형상을 고려하여 좌표계를 결정한다.

② 방정식에 불필요한 항을 소거한다.
③ 경계 조건을 설정한다.
④ 방정식을 푼다.

이 순서에 따라 속도 분포를 유도한다.

① 좌표계 결정

평판 사이에 있는 영역이 대상이므로 직각 좌표계가 적합하다.

② 불필요한 항 소거

속도는 x방향 성분만 있으므로 y, z방향 성분의 식은 고려할 필요가 없다. x방향 성분의 식

$$\rho\left(\frac{\partial u_x}{\partial t}+u_x\frac{\partial u_x}{\partial x}+u_y\frac{\partial u_x}{\partial y}+u_z\frac{\partial u_x}{\partial z}\right)=-\frac{\partial p}{\partial x}+\mu\left(\frac{\partial^2 u_x}{\partial x^2}+\frac{\partial^2 u_x}{\partial y^2}+\frac{\partial^2 u_x}{\partial z^2}\right)+\rho g_x \tag{6.11}$$

이 중 아래의 항은 소거할 수 있다.

(i) $\partial u_x/\partial t$: 정상 상태이므로

(ii) $u_y(\partial u_x/\partial y)$, $u_z(\partial u_x/\partial z)$: $u_y=0$, $u_z=0$이고, y, z방향의 대류에 의한 운동량 이동은 발생하지 않기 때문에.

(iii) $u_x(\partial u_x/\partial x)$, $(\partial^2 u_x/\partial x^2)$: 연속 방정식 $\dfrac{\partial u_x}{\partial x}+\dfrac{\partial u_y}{\partial y}+\dfrac{\partial u_z}{\partial z}=0$이고 $u_y=0$, $u_z=0$이므로 $\partial u_x/\partial x=0$이 되므로.

(iv) $\partial^2 u_x/\partial z^2$: z방향(종이면에 수직인 방향)으로 속도 변화가 없고, 점성에 의한 이동이 발생하지 않기 때문

(v) ρg_x : x방향은 수평이고, 중력의 x방향 성분은 없기 때문에.

이에 따라 방정식은 아래와 같아진다.

$$-\frac{\mathrm{d}p}{\mathrm{d}x}+\mu\frac{\mathrm{d}^2 u_x}{\mathrm{d}y}=0 \tag{6.12}$$

p는 x, u_x는 y만의 함수이므로 편미분이 상미분으로 변환되어 있다.

③ 경계 조건(Boundary Condition : B.C.)의 설정

경계 조건은 다음 두 가지이다.

B.C.1 : $y=0$일 때 $u_x=U$

B.C.2 : $y=Y$일 때 $u_x=0$

④ 방정식을 푼다.

u_x에 대한 방정식(6.12)의 좌변 1항목은 x방향의 압력 구배이다. 예제 4.1에서 설명했듯

이 쿠에트 흐름에서는 $\Delta p/X$는 일정한데, 이것은 압력 구배가 일정하다는 것을 의미한다. 따라서 식(6.12)를 2번 적분하면, 다음의 일반 해를 구할 수 있다.

$$u_x = \frac{1}{2\mu}\frac{\mathrm{d}p}{\mathrm{d}x}y^2 + C_1 y + C_2 \tag{6.13}$$

예제 4.1과 마찬가지로 경계 조건을 통해 C_1, C_2를 결정하면 속도 분포는 다음과 같아진다.

$$u_x = -\frac{Y^2}{2\mu}\frac{\mathrm{d}p}{\mathrm{d}x}\left\{\frac{y}{Y} - \left(\frac{y}{Y}\right)^2\right\} + U\left(1 - \frac{y}{Y}\right) \tag{6.14}$$

위에 설명했듯이 압력 구배가 변화하지 않기 때문에 x방향으로 거리 X 떨어진 2곳의 압력차를 거리로 나눈 값 $\Delta p/X$로 압력 구배를 나타낼 수 있다. 위 식의 압력 구배 $\mathrm{d}p/\mathrm{d}x$는 p가 x와 함께 증가하는 경우에 양수가 되도록 정의되고 있다. 이에 대해 Δp는 상류측 압력에서 하류측 압력을 뺀 것이므로 $\mathrm{d}p/\mathrm{d}x$와는 부호가 반대가 되어 다음 관계가 성립한다.

$$\frac{\Delta p}{X} = \frac{p|_{x=x} - p|_{x=x+\Delta x}}{\Delta x} = -\frac{\mathrm{d}p}{\mathrm{d}x} \tag{6.15}$$

이 관계를 식(6.14)에 대입하면, 예제 4.1에서 유도한 식(4.21)과 일치한다는 것을 알 수 있다.

제4장의 "셸(Shell)"이라는 대상부피를 설정하여 유도한 식과 나비에-스토크스 방정식의 해가 동일한 속도 분포를 나타내는 식이 된다는 것을 확인되었다. 이것은 위 예제에서 흐름의 특징을 고려한 불필요한 항 소거라는 순서가, 흐름 상황을 고려하여 셸을 설정한다는 순서에 대응한다는 것을 의미한다.

다음으로 원통형 좌표계에 관한 두 개의 예제를 나타내겠다.

예제 6.2

뉴턴 유체가 그림 6.3과 같이 동심(同心)에 설치된 안쪽 원통관과 바깥쪽 원통관 사이를 수직 아래 방향으로 흐르는 경우의 속도 분포를 구하라. 정상 상태에서 속도는 z방향으로만 있다.

풀이

① 좌표계 결정

흐름 장이 원통관이므로 그림 6.3과 같이 두 개 원통관의 중심을 원점으로 하는 원통형 좌표계를 설정한다. 그림의 κ는 $0 < \kappa < 1$의 범위의 상수이다.

② **불필요한 항의 소거**

속도가 z방향 성분으로만 있으므로 r, θ방향 성분의 식은 고려할 필요가 없다. z방향 성분의 식

$$\rho\left(\frac{\partial u_z}{\partial t}+u_r\frac{\partial u_z}{\partial r}+\frac{u_\theta}{r}\frac{\partial u_z}{\partial \theta}+u_z\frac{\partial u_z}{\partial z}\right)$$
$$=-\frac{\partial p}{\partial z}+\mu\left\{\frac{1}{r}\frac{\partial}{\partial r}\left(r\frac{\partial u_z}{\partial r}\right)+\frac{1}{r^2}\frac{\partial^2 u_z}{\partial \theta^2}+\frac{\partial^2 u_z}{\partial z^2}\right\}+\rho g_z \tag{6.16}$$

이중 다음 항은 소거할 수 있다.

(i) $\partial u_z/\partial t$: 정상 상태이므로.

(ii) $u_r(\partial u_z/\partial r)$, $(u_\theta/r)(\partial u_z/\partial \theta)$: $u_r=0$, $u_\theta=0$이고, r, θ방향의 대류에 의한 운동량 이동은 발생하지 않으므로.

(iii) $u_z(\partial u_z/\partial z)$, $(\partial^2 u_z/\partial z^2)$: 연속 방정식 $\dfrac{1}{r}\dfrac{\partial r u_r}{\partial r}+\dfrac{1}{r}\dfrac{\partial u_\theta}{\partial \theta}+\dfrac{\partial u_z}{\partial z}=0$이고 $u_r=0$, $u_\theta=0$이므로 $\partial u_z/\partial z=0$이므로.

(iv) $\partial^2 u_z/\partial \theta^2$: 속도 분포는 z축에 대해 대칭이며, θ방향으로 속도는 변화하지 않기 때문에.

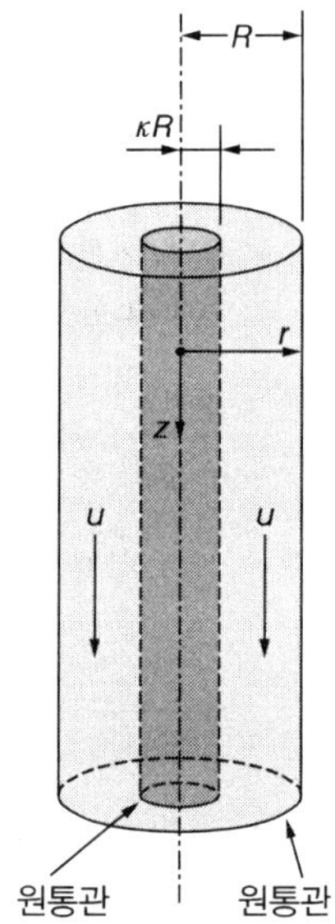

그림 6.3 동심 이중 원통관 사이의 축 방향 흐름

이에 따라 방정식은 아래와 같아진다.

$$-\frac{\mathrm{d}p}{\mathrm{d}z}+\mu\frac{1}{r}\frac{\mathrm{d}}{\mathrm{d}r}\left(r\frac{\mathrm{d}u_z}{\mathrm{r}r}\right)+\rho g_z=0 \tag{6.17}$$

③ **경계 조건 설정**

속도 분포는 유체가 안쪽과 바깥쪽 원통관의 벽면에 접촉하고 있는 2곳에서 다음 경계 조건을 만족시켜야 한다.

B.C.1 : $r=\kappa R$일 때 $u_z=0$

B.C.2 : $r=R$일 때 $u_z=0$

④ **방정식을 푼다.**

이 예제에서도 쿠에트 흐름과 마찬가지로 흐름 방향으로 속도 변화는 없고 압력 구배는 일정하므로, $\mathrm{d}p/\mathrm{d}z$를 일정하게 하고 식(6.17)을 2번 적분하면 아래의 일반 해가 유도된다.

$$u_z = \frac{1}{4\mu}\left(\frac{\mathrm{d}p}{\mathrm{d}z} - \rho g_z\right) r^2 + C_1 \ln r + C_2 \tag{6.18}$$

경계 조건을 이 식에 대입하면 다음 두 식이 된다.

$$\frac{1}{4\mu}\left(\frac{\mathrm{d}p}{\mathrm{d}z} - \rho g_z\right)(\kappa R)^2 + C_1 \ln \kappa R + C_2 = 0 \tag{6.19}$$

$$\frac{1}{4\mu}\left(\frac{\mathrm{d}p}{\mathrm{d}z} - \rho g_z\right) R^2 + C_1 \ln R + C_2 = 0 \tag{6.20}$$

이 두 식을 C_1과 C_2를 미지수 한 연립 방정식으로 풀면 다음 해가 얻어진다.

$$C_1 = -\frac{1}{4\mu}\left(\frac{\mathrm{d}p}{\mathrm{d}z} - \rho g_z\right) R^2 \frac{1-\kappa^2}{\ln 1/\kappa} \tag{6.21}$$

$$C_2 = -\frac{1}{4\mu}\left(\frac{\mathrm{d}p}{\mathrm{d}z} - \rho g_z\right) R^2 \left(1 - \frac{1-\kappa^2}{\ln 1/\kappa} \ln R\right) \tag{6.22}$$

이들을 식(6.18)에 대입하면, 속도 분포는 다음과 같아진다.

$$u_z = -\frac{R^2}{4\mu}\left(\frac{\mathrm{d}p}{\mathrm{d}z} - \rho g_z\right)\left(1 - \frac{r^2}{R^2} - \frac{1-\kappa^2}{\ln 1/\kappa} \ln \frac{R}{r}\right) \tag{6.23}$$

그림 6.3에 설정한 z축은 수직 아래 방향으로 중력 가속도와 방향이 일치함으로 $g_z = g$가 된다. 따라서 제4장의 식(4.38)에서 정의된 ΔP는 다음과 같아진다.

$$\Delta P = p|_{z=0} - p|_{z=Z} + \rho g Z \tag{6.24}$$

여기에서 우변 제1항과 2항은 $z=0$, $z=Z$의 두 단면의 압력차이다. 양변을 Z로 나누면

$$\frac{\Delta P}{Z} = \frac{p|_{z=0} - p|_{z=Z}}{Z} + \rho g \tag{6.25}$$

가 된다. z방향의 압력 구배는 일정하고, 우변 제1항목은 예제 6.1에서 설명했듯이 미분과 부호가 반대가 되므로 다음 관계가 성립한다.

$$-\frac{\mathrm{d}p}{\mathrm{d}z} + \rho g_z = \frac{p|_{z=0} - p|_{z=Z}}{Z} + \rho g = \frac{\Delta P}{Z} \tag{6.26}$$

따라서 식(6.23)은 ΔP를 이용하여 다음과 같이 변환할 수 있다.

$$u_z = \frac{\Delta P R^2}{4\mu Z}\left(1 - \frac{r^2}{R^2} + \frac{1-\kappa^2}{\ln 1/\kappa} \ln \frac{r}{R}\right) \tag{6.27}$$

또한 이 식에 따라 다음 운동량 유속 분포를 구할 수 있다.

$$\tau_{rz} = -\mu \frac{\mathrm{d}u_z}{\mathrm{d}r} = \frac{\Delta P}{2Z}\left(r - \frac{1-\kappa^2}{2\ln 1/\kappa} \frac{R^2}{r}\right) \tag{6.28}$$

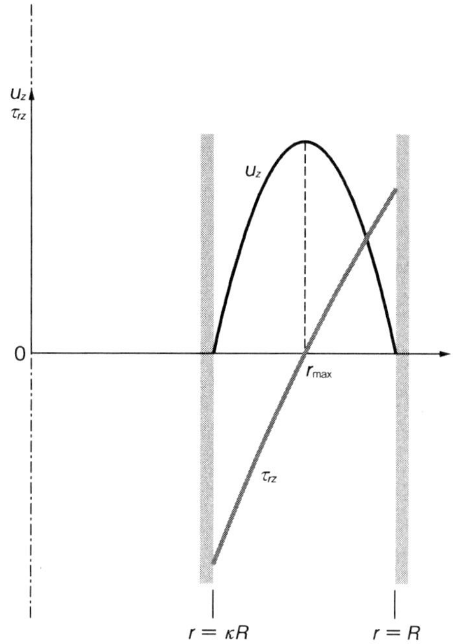

그림 6.4 동심 이중 원통관 사이 흐름의 속도 운동량 유속 분포

이러한 속도 분포와 운동량 유속 분포의 대략적인 형태는 그림 6.4와 같아진다. 그림에서는 보기 쉽게 하기 위하여 상하 역전하여 나타냈다. 속도가 최대가 되는 $r = r_{max}$에서 속도 구배가 0이 되어, 이 위치에서 바깥쪽, 안쪽 원통관 벽을 향해 운동량이 이동한다. 그 때문에 $r_{max} < r < R$의 범위에서 운동량 유속은 플러스로, $\kappa R < r < r_{max}$의 범위에서는 마이너스로 되어 있다.

예제 6.3

그림 6.5와 같이 동심에 설치된 안쪽 원통관 실린더와 바깥쪽 원통관 사이에 유체가 채워져 있다. 안쪽 원통관 실린더를 각속도 Ω_i로 회전시켜, 바깥쪽 원통관을 계속 정지시킨 경우의 원통관 실린더, 원통관 사이의 유체의 속도 분포를 구하라. 정상 상태에서 속도는 θ방향 성분만 있다.

풀이

여기에서 대상이 되는 흐름은 예제 6.1의 평판 사이 흐름과 마찬가지로, 정지하고 있는 고체벽과 움직이는 고체벽 사이의 흐름이다. 이에 따라 그 흐름도 쿠에트 흐름이라고 한다.

① 좌표계 결정

흐름 장이 원통관이므로 그림 6.5와 같이 원통관 실린더, 원통관의 중심을 원점으로 하는 원통형 좌표계를 설정하다. 예제 6.2와 같이, 그림의 κ는 $0 < \kappa < 1$의 범위의 상수이다.

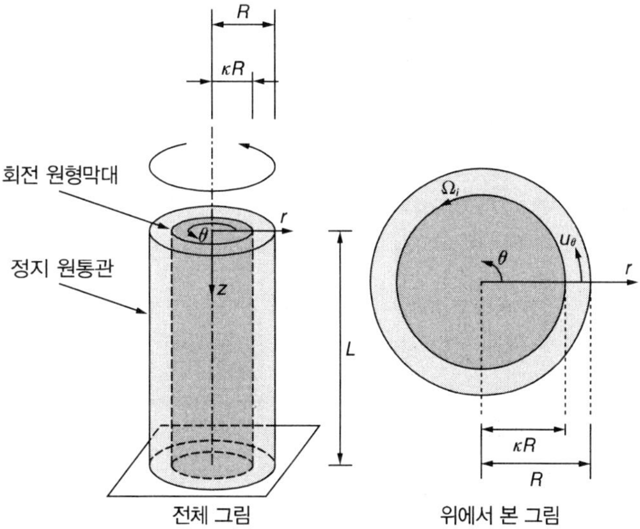

그림 6.5 회전하는 원통관 실린더와 바깥 원통관 사이의 흐름

② **불필요한 항의 소거**

속도가 θ방향 성분만 있으므로 r, z방향 성분의 식은 고려할 필요는 없다. θ방향 성분의 식

$$\rho\left(\frac{\partial u_\theta}{\partial t}+u_r\frac{\partial u_\theta}{\partial r}+\frac{u_\theta}{r}\frac{\partial u_\theta}{\partial \theta}+\frac{u_r u_\theta}{r}+u_z\frac{\partial u_\theta}{\partial z}\right)$$
$$=-\frac{1}{r}\frac{\partial p}{\partial \theta}+\mu\left\{\frac{\partial}{\partial r}\left(\frac{1}{r}\frac{\partial}{\partial r}(ru_\theta)\right)+\frac{1}{r^2}\frac{\partial^2 u_\theta}{\partial \theta^2}+\frac{2}{r^2}\frac{\partial u_r}{\partial \theta}+\frac{\partial^2 u_\theta}{\partial z^2}\right\}+\rho g_\theta \tag{6.29}$$

중 다음 항은 소거할 수 있다.

(i) $\partial u_\theta/\partial t$: 정상 상태이므로.

(ii) $u_r(\partial u_\theta/\partial r)$, $u_r u_\theta/r$, $u_z(\partial u_\theta/\partial z)$: $u_r=0$, $u_z=0$이고 r, z방향의 대류에 의한 운동량 이동은 발생하지 않으므로.

(iii) $(u_\theta/r)(\partial u_\theta/\partial \theta)$, $(1/r^2)(\partial^2 u_\theta/\partial \theta^2)$: 연속 방정식 $\frac{1}{r}\frac{\partial r u_r}{\partial r}+\frac{1}{r}\frac{\partial u_\theta}{\partial \theta}+\frac{\partial u_z}{\partial z}=0$이고, $u_r=0$, $u_z=0$이므로 $\partial u_\theta/\partial \theta=0$가 되므로.

(iv) $(1/r)(\partial p/\partial \theta)$: z축에 대해 대칭인 현상이며, θ방향으로 압력은 변화하지 않으므로.

(v) $(2/r^2)(\partial u_r/\partial \theta)$: $u_r=0$이므로.

(vi) $\partial^2 u_\theta/\partial z^2$: z방향으로 속도 변화가 없고, 점성에 의한 이동이 발생하지 않기 때문에.

(vii) ρg_θ : 중력의 θ방향 성분은 없으므로.

이에 따라, 방정식은 아래와 같아진다.

$$\mu\frac{\mathrm{d}}{\mathrm{d}r}\left(\frac{1}{r}\frac{\mathrm{d}}{\mathrm{d}r}(ru_\theta)\right)=0 \tag{6.30}$$

③ **경계 조건 설정**

원통관 실린더는 각속도 Ω_i로 회전한다. 원통관 실린더의 반지름이 κR이므로, 그 외벽 속도는 $\Omega_\mathrm{i}\kappa R$이다. 유체는 $r=\kappa R$의 위치에서 그 속도로 회전하고 있는 표면에, 또한 $r=R$에서 정지하고 있는 원통관 벽면에 접촉하고 있으므로, 다음 두 가지가 경계 조건이 된다.

B.C.1 : $r=\kappa R$일 때 $u_\theta=\Omega_\mathrm{i}\kappa R$

B.C.2 : $r=R$일 때 u_θ

④ **방정식을 푼다.**

식(6.30)의 일반 해는 다음과 같이 유도된다.

$$\frac{\mathrm{d}}{\mathrm{d}r}\left(\frac{1}{r}\frac{\mathrm{d}}{\mathrm{d}r}(ru_\theta)\right)=0 \longrightarrow \frac{1}{r}\frac{\mathrm{d}}{\mathrm{d}r}(ru_\theta)=C_1$$

$$\longrightarrow \frac{\mathrm{d}}{\mathrm{d}r}(ru_\theta)=C_1r \longrightarrow u_\theta=\frac{C_1}{2}r+\frac{C_2}{r}$$

여기에서 $C_1'=C_1/2$라 하면 다음과 같아진다.

$$u_\theta=C_1'r+\frac{C_2}{r}$$

경계 조건을 이 식을 대입하면 다음 두 식이 된다.

$$\Omega_\mathrm{i}\kappa R=C_1'\kappa R+\frac{C_2}{\kappa R}$$

$$0=C_1'R+\frac{C_2}{R}$$

이것을 풀면

$$C_1'=-\frac{\kappa^2}{1-\kappa^2}\Omega_\mathrm{i},\qquad C_2=\frac{\kappa^2R^2}{1-\kappa^2}\Omega_\mathrm{i}$$

가 되므로 속도 분포는 다음과 같아진다.

$$u_\theta=\frac{\Omega_\mathrm{i}\kappa^2R}{1-\kappa^2}\left(\frac{R}{1}-\frac{r}{R}\right) \tag{6.31}$$

다음으로, 이 속도 분포를 바탕으로 운동량 유속 분포를 구한다. u_θ는 r방향으로 변화하므로 운동량은 점성에 의해 r방향으로 이동한다. 원통형 좌표계의 r축에 수직인 면을 통과하는 운동량의 θ방향 성분의 유속은 표 6.2에 따라 다음과 같아진다.

$$\tau_{r\theta} = -\mu\left\{r\frac{\partial}{\partial r}\left(\frac{u_\theta}{r}\right) + \frac{1}{r}\frac{\partial u_r}{\partial \theta}\right\}$$

대상으로 하는 흐름에서는 $u_r = 0$이므로, 운동량 유속 분포는 나음과 같아진다.

$$\tau_{r\theta} = -\mu r\frac{\mathrm{d}}{\mathrm{d}r}\left(\frac{u_\theta}{r}\right) = 2\mu\Omega_{\mathrm{i}}\frac{R^2}{r^2}\frac{\kappa^2}{1-\kappa^2} \tag{6.32}$$

속도 분포와 운동량 유속 분포의 대략적인 형태는 그림 6.6과 같다. 운동량 유속은 어느 위치에서도 양의 값을 가지며, 회전하고 있는 안쪽 원통관 실린더에서 정지하고 있는 바깥쪽 원통관을 향해 이동한다. 또한 압력 구배가 없고 운동량 생성이 없음에도 불구하고 분포는 직선이 아니라 아래로 볼록한 곡선으로 단조롭게 감소하고 있다. 이 점에서 압력 구배가 없는 조건에서는 운동량 유속이 일정해지는 그림 4.12(a)의 평판 사이 쿠에트 흐름의 분포와 다르다. 그 이유는 아래와 같이 설명할 수 있다. 회전 방향의 흐름에서는 임의의 반지름 위치 $r=r$에서 r축으로 수직인 원통관 면을 통과하는 **각운동량**(angular momentum)이 일정해야 한다. 각운동량은 운동량 모멘트이며, 회전 중심에서 거리 r과 운동량의 곱이다. 따라서 각운동량의 유속은 $r\tau_{r\theta}$가 된다. 또한 $r=r$에서의 원통관 면 면적은 수직 방향의 길이가 L이므로 $2\pi rL$이기에, 그 면을 단위 시간에 통과하는 각운동량은 $2\pi r^2 L\tau_{r\theta}$이다. 이것이 r에 상관없이 일정하므로 식(6.32)와 같이 운동량 유속 $\tau_{r\theta}$는 r^2에

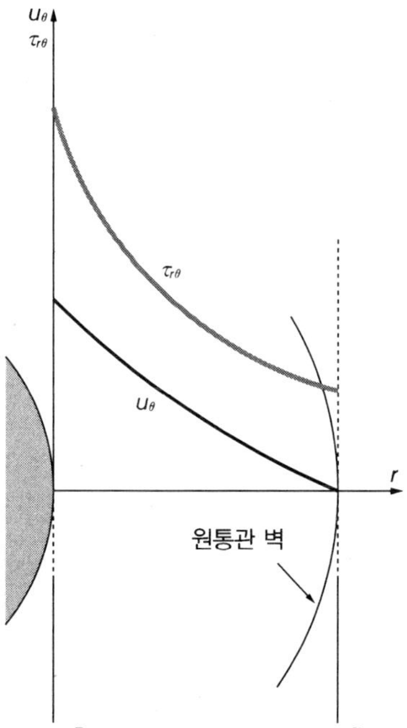

그림 6.6 회전하는 원통관 실린더와 바깥 원통관 사이 흐름의 속도 분포와 운동량 유속 분포

반비례하여, 그림 6.6과 같이 아래로 볼록한 곡선이 된다. 또한 $2\pi r L\tau_{r\theta}$는 $r=r$일 때의 원통관 면에 가해지는 힘이므로 $2\pi r^2 L\tau_{r\theta}$는 그 힘의 모멘트로, **토크**(torque)라고 한다.

위에서 설명했듯이 토크는 r에 상관없이 일정해진다. 이것을 이용하여 점도를 알 수 없는 유체를 그림 6.5의 장치에 채워서 원통관 실린더를 회전시켰을 때의 회전축에 가해지는 토크를 측정하여 점도를 측정할 수 있다. 측정된 토크 T는 원통관 실린더 표면의 토크와 같아진다. 토크를 나타내는 $2\pi r^2 L\tau_{r\theta}$에 식(6.32)와 원통관 실린더 표면의 반지름 위치 $r=\kappa R$을 대입하면 다음 관계가 성립한다.

$$T = 2\pi\kappa^2 R^2 L\tau_{r\theta}|_{r=\kappa R} = 4\pi L\mu\Omega_{\mathrm{i}}\frac{\kappa^2 R^2}{1-\kappa^2} \tag{6.33}$$

측정된 토크의 값을 통해 위 식에 따라 점도를 구할 수 있다. 이러한 원리를 바탕으로 한 측정기를 회전 점도계라고 한다. 실제로는 원통관 실린더와 원통관이 아니라, 그림 6.7과 같은 원추의 정점을 원반에 접촉시켜, 그 사이에 유체를 채운 형식의 **원뿔평판 회전 점도계**(cone-and-plate viscometer)가 많이 사용된다. 이 장치는 원추를 회전시켜서, 그 때 가해지는 토크를 측정하여 점도를 측정한다.

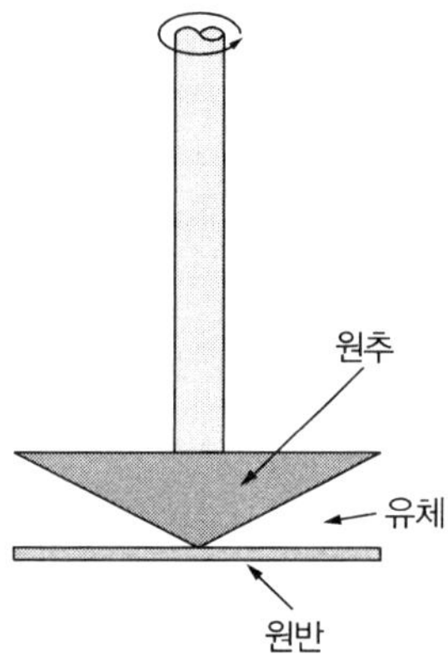

그림 6.7 회전 점도계

예제 6.3에서는 속도 분포를 구하기 위하여 θ방향 성분의 운동 방정식만 이용하였는데, r방향 성분, z방향 성분의 식의 모든 항이 0이 되어 생략되는 것이 아니라, 각각 다음 항이 남는다.

$$r\text{방향}: \frac{\partial p}{\partial r} = \frac{\rho u_\theta^2}{r} \tag{6.34}$$

$$z\text{방향}: \frac{\partial p}{\partial z} = \rho g \tag{6.35}$$

이들 식의 좌변은 단위 부피의 유체에 가해지는 압력에 의한 r방향, z방향의 힘이다. 또한 r방향의 식의 우변은 단위 부피당 **원심력**(centrifugal force), z 방향의 식의 우변은 단위 부피당 중력이다. 따라서 이들 식은 원심력, 중력에 의해 발생하는 r, z방향의 압력 구배를 나타내고 있다.

식(6.34)의 u_θ에 속도 분포 식(6.31)을 대입하여 적분하면 다음과 같다.

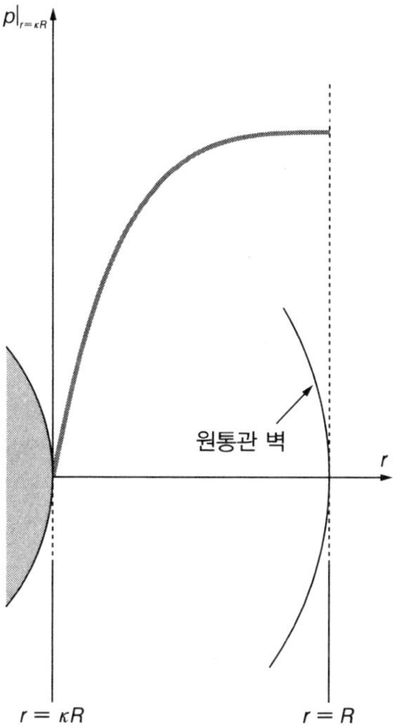

그림 6.8 회전하는 원통관 실린더와 원통관 사이 흐름의 압력의 반지름 방향 분포

$$p-p|_{r=\kappa R} = \frac{\rho\Omega_i^2\kappa^4R^2}{(1-\kappa^2)^2}\left\{\frac{1}{2}\left(\frac{r^2}{R^2}-\frac{R^2}{r^2}+\frac{1}{\kappa^2}-\kappa^2\right)-2\ln\frac{r}{\kappa R}\right\} \tag{6.36}$$

이것은 반지름 방향의 압력 분포를 나타내고 있다. 이 대략적인 형태는 그림 6.8과 같다. 원심력의 영향으로 바깥쪽으로 향할 만큼 압력이 커졌다는 것을 알 수 있다. 한편, 식(6.35)를 적분하면 다음과 같아진다.

$$p-p|_{z=0} = \rho g z \tag{6.37}$$

이 식은 예제의 흐름 장뿐만 아니라 일반적으로 z방향의 유속 성분이 없는 경우의 수면으로부터의 깊이 z와 수압의 관계를 나타낸다. 예를 들어 해수면으로부터의 깊이를 이 식의 z에 대입함으로써 그 깊이의 수압을 계산할 수 있다. 이 경우의 $p|_{z=0}$은 대기압이다. 물의 밀도를 1000 $\text{kg}\cdot\text{m}^{-3}$, 중력 가속도를 9.8 $\text{m}\cdot\text{s}^{-2}$이라고 하면, 수심 10 m인 경우의 수압은 대기압과의 차이인 **게이지압**(gauge pressure)으로 나타내면 9.8×10^4 Pa가 된다. 이 값은 거의 대기압 1.013×10^5 Pa와 같다. 따라서 수심 10 m의 수압이 거의 대기압에 해당하는 것을 알 수 있다.

속도 성분이 1방향만 있고, 그것이 1방향으로만 변화하는 1차원 흐름에 대해서는, 위의 예제와 같은 정상 상태뿐만 아니라 다음 예제와 같은 비정상 상태에 대해서도 나비에-스토크스의 운동 방정식을 해석적으로 풀어 속도 분포를 유도할 수 있다.

예제 6.4

예제 6.1의 평판 사이 쿠에트 흐름에서, 흐름 방향으로 압력 변화가 없는 경우의 평판을 움직여 처음부터 정상 상태가 될 때까지의 속도 분포를 구하라.

풀이

평판을 움직이기 시작한 순간에는 모든 위치에서 $u_x = 0$, 정상 상태에서는 식(6.14)에서 $\mathrm{d}p/\mathrm{d}x = 0$으로 한 직선이 된다. 그 사이, 제2장의 그림 2.1와 같이 속도가 시간과 함께 변화한다. 이 비정상 상태의 속도 분포의 시간에 대한 변화를 나비에-스토크스 방정식을 풀어 유도한다. 비정상에 있어서도 예제 6.1과 같은 순서로 문제를 풀 수 있다.

① 좌표계 결정 및 ② 불필요한 항의 소거

기하학적 형상은 예제 6.1과 같고, 다른 것은 시간에 대한 미분을 생략할 수 없다는 것과 $\mathrm{d}p/\mathrm{d}x = 0$인 것이다. 따라서 풀어야 하는 미분 방정식은 다음과 같아진다.

$$\sigma \frac{\partial u_x}{\partial t} = \mu \frac{\partial^2 u_x}{\partial y^2} \longrightarrow \frac{\partial u_x}{\partial t} = \nu \frac{\partial^2 u_x}{\partial y^2} \tag{6.38}$$

u_x가 두 개의 독립 변수 t, y의 함수이므로 편미분 방정식이 된다. 문제를 다루기 쉽게 하기 위하여 아래의 평판의 속도 U, 평판 사이 거리 Y에 따라 식의 각 변수를 다음과 같이 무차원화 한다.

$$u_x{}^* = \frac{u_x}{U}, \qquad y^* = \frac{y}{Y}, \qquad t^* = \frac{\nu t}{Y^2} \tag{6.39}$$

이들 무차원량을 풀면, 식(6.38)은 다음과 같이 변환할 수 있다.

$$\frac{\partial u_x{}^*}{\partial t^*} = \frac{\partial^2 u_x{}^*}{\partial y^{*2}} \tag{6.40}$$

③ 초기 조건, 경계 조건 설정

비정상 문제에서는 경계 조건에 더불어 **초기 조건**(initial condition ; I. C.)을 설정할 필요가 있다. 그들을 정리하면 다음과 같아진다.

I. C. : $t = 0$일 때 $u_x = 0$, $t^* = 0$일 때 $u_x{}^* = 0$

B.C.1 : $y = 0$일 때, $u_x = U$, $y^* = 0$일 때 $u_x{}^* = 1$

B.C.2 : $y = Y$일 때 $u_x = 0$, $y^* = 1$일 때 $u_x{}^* = 0$

더욱이 충분히 시간이 경과한 후의 조건으로써 속도 분포는 위에 설명한 것과 같이 식(6.14)에서 $\mathrm{d}p/\mathrm{d}x = 0$으로 했을 때의 아래의 식

$$u_{x\infty} = U\left(1 - \frac{y}{Y}\right) \longrightarrow u_{x\infty}{}^* = 1 - y^* \tag{6.41}$$

으로 나타낼 수 있는 직선이 된다.

$$u_x{}^* = u_{x\,\mathrm{us}}{}^* + u_{x\infty}{}^*$$

일 때, 식(6.38)에 대입하면

$$\frac{\partial (u_{x\,\mathrm{us}}{}^* + u_{x\infty}{}^*)}{\partial t^*} = \frac{\partial^2 (u_{x\,\mathrm{us}}{}^* + u_{x\infty}{}^*)}{\partial y^{*2}}$$

$$\longrightarrow \frac{\partial u_{x\,\mathrm{us}}{}^*}{\partial t^*} + \frac{\partial u_{x\infty}{}^*}{\partial t^*} = \frac{\partial^2 u_{x\,\mathrm{us}}{}^*}{\partial y^{*2}} + \frac{\partial^2 u_{x\infty}{}^*}{\partial y^{*2}} \tag{6.42}$$

가 된다. $u_{x\infty}{}^*$는 시간에 대한 변화가 없으므로 좌변의 시간에 대한 편미분은 0이 된다. 또한 1차 함수이므로, 우변의 y에 대한 2계 미분도 0이 된다. 따라서 새롭게 정의한 함수 $u_{x\,\mathrm{us}}{}^*$는 식(6.40)과 동일한 형태의 다음 식을 만족한다.

$$\frac{\partial u_{x\,\mathrm{us}}{}^*}{\partial t^*} = \frac{\partial^2 u_{x\,\mathrm{us}}{}^*}{\partial y^{*2}} \tag{6.43}$$

$u_{x\infty}{}^*$이 식(6.41)에서 나타나므로, 위에 나타낸 $u_x{}^*$의 I.C.와 B.C.에 대응하여 $u_{x\,\mathrm{us}}{}^*$은 다음 조건을 만족시켜야 한다.

I.C. : $t^* = 0$일 때 $u_{x\,\mathrm{us}}{}^* = u_x{}^* - u_{x\infty}{}^* = y^* - 1$

B.C.1 : $y^* = 0$일 때 $u_{x\,\mathrm{us}}{}^* = 0$

B.C.2 : $y^* = 1$일 때 $u_{x\,\mathrm{us}}{}^* = 0$

$u_{x\infty}{}^*$를 이미 알고 있으므로 아래에서는 우선 위의 조건을 만족시키는 $u_{x\,\mathrm{us}}{}^*$을 유도하여 $u_x{}^* = u_{x\,\mathrm{us}}{}^* + u_{x\infty}{}^*$의 관계에 따라 $u_x{}^*$를 나타내는 함수를 구하는 걸로 한다.

④ 방정식을 푼다.

식(6.43)은 **편미분 방정식**(partial differential equation)으로, 예제 6.3까지의 **상미분 방정식**(ordinary differential equation)에 비해 해법이 복잡해진다. 위에 설명했듯이 공간 좌표 y^*의 유한 구간의 함수를 구하는 문제에서, 양 끝에서 함수 값이 0이 되는 경계 조건일 경우 다음 방법에 따라 풀 수 있다. 함수 $u_{x\,\mathrm{us}}{}^*$가 독립 변수 t^*, y^*의 함수의 곱으로써 $u_{x\,\mathrm{us}}{}^* = S(t^*)\phi(y^*)$로 나타낼 수 있다고 하자. 이 관계를 식(6.43)에 대입하여 $S(t^*)$, $\phi(y^*)$가 각각 t^*, y^*만의 함수인 것을 고려하여 정리하면 다음 식을 유도할 수 있다. 이

렇게 하여 두 가지 독립 변수를 양변에 분리하는 방법을 변수 분리법이라고 한다.

$$\frac{\partial S(t^*)\phi(y^*)}{\partial t^*} = \frac{\partial^2 S(t^*)\phi(y^*)}{\partial y^{*2}}$$

$$\longrightarrow \quad \frac{1}{S(t^*)}\frac{\mathrm{d}S(t^*)}{\mathrm{d}t^*} = \frac{1}{\phi(y^*)}\frac{\mathrm{d}^2\phi(y^*)}{\mathrm{d}y^{*2}} \tag{6.44}$$

좌변은 t^*, 우변은 y^*만의 함수이므로 모든 t^*, y^*에 대해 성립하기 위해서는 양변이 같이 있는 상수와 같아야 한다. 그 상수를 C_1이라고 하면, 위 식은 $S(t^*)$, $\phi(y^*)$에 대한 두 개의 상미분 방정식으로 나눌 수 있다.

$$\frac{1}{S(t^*)}\frac{\mathrm{d}S(t^*)}{\mathrm{d}t^*} = C_1 \tag{6.45}$$

$$\frac{1}{\phi(y^*)}\frac{\mathrm{d}^2\phi(y^*)}{\mathrm{d}y^{*2}} = C_1 \tag{6.46}$$

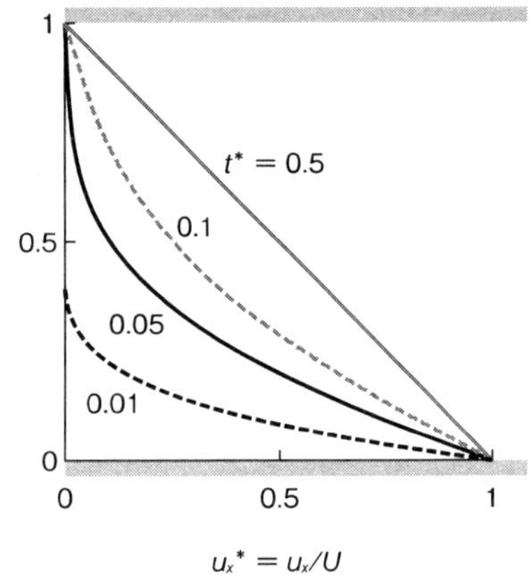

그림 6.9 평판 사이 쿠에트 흐름의 비정상 속도 분포

여기에서 $C_1 = -\lambda^2$일 때 이들 식을 풀면 $u_{x\,\mathrm{us}}{}^* = S(t^*)\phi(y^*)$의 일반 해는 다음과 같다.2)

$$u_{x\,\mathrm{us}}{}^* = S(t^*)\phi(y^*) = \exp(-\lambda^2 t^*)(A\sin\lambda y^* + B\cos\lambda y^*) \tag{6.47}$$

식의 상수 λ, A, B를 초기 조건, 경계 조건을 만족시키도록 결정하면 다음과 같다.

$$u_{x\,\mathrm{us}}{}^* = -\sum_{n=1}^{\infty}\frac{2}{n\pi}\exp\{-(n\pi)^2 t^*\}\sin n\pi y^* \tag{6.48}$$

최종적으로 구해야하는 속도 분포는 다음과 같다.

$$u_x{}^* = u_{x\,\mathrm{us}}{}^* + u_{x\infty}{}^* = -\sum_{n=1}^{\infty}\frac{2}{n\pi}\exp\{-(n\pi)^2 t^*\}\sin n\pi y^* + 1 - y^* \tag{6.49}$$

이 식으로 나타나는 속도 분포의 시간에 대한 변화가 그림 6.9와 같다. 시간 경과와 함께 정상 상태 분포 $u_{x\infty}{}^* = 1 - y^*$에 가까워져가는 모습을 알 수 있다.

2) 부록 A 참조

속도 성분이 1방향만 있고, 그것이 1방향으로만 변화하는 1차원 흐름인 경우는 예제와 같은 정상 상태, 비정상 상태에 대해 나비에-스토크스의 운동 방정식을 해석적으로 풀어 속도 분포를 유도할 수 있다. 그러나 더욱 복잡한 흐름에서는 정상 상태여도 해석적인 해를 유도할 수는 없는 경우가 대부분이다. 그러한 경우는 6.1절에서 설명했듯이 컴퓨터를 통한 수치 해석을 하게 된다. 또는 2차원 흐름에 대해서는 제10장, 제11장에서 설명할 흐름 함수, 속도 퍼텐셜, 경계층 이론과 같은 방법을 응용하는 경우도 있다.

6.3 나비에-스토크스의 운동 방정식의 무차원화와 흐름의 유사성

6.2절에서 설명했듯이 유체의 속도 분포는 나비에-스토크스 방정식을 통해 유도할 수 있다. 화학 플랜트 설계에서는 치수가 다를 뿐이고 형태가 비슷한 장치 내 흐름의 문제를 다루는 경우가 많다. 그 경우에는 치수가 다른 모든 경우에 대해 방정식을 푸는 것보다도 동일한 형상의 장치 내 흐름에 공통으로 사용할 수 있는 해를 이용할 수 있다면 몹시 편리하다. 그 때문에 방정식 내 각 물리량을 무차원화 하는 것을 유력한 방법으로 들 수 있다.

유체의 속도, 공간 좌표, 시간, 압력 등의 물리량을 대표 속도 U, 대표 길이 L을 이용하여 다음과 같이 무차원화 시킨다.

$$u_x{}^* = \frac{u_x}{U}, \quad u_y{}^* = \frac{u_y}{U}, \quad u_z{}^* = \frac{u_z}{U}, \quad p^* = \frac{p - p_0}{\rho U^2}, \quad t^* = \frac{tU}{L},$$

$$x^* = \frac{x}{L}, \quad y^* = \frac{y}{L}, \quad z^* = \frac{z}{L}$$

여기에서 p_0은 예를 들어 대기압 등 그 흐름 장의 기준이 되는 압력이다. 나비에-스토크스(Navier-Stokes)의 방정식은 이들 무차원량에 따라 다음과 같이 변환할 수 있다.

$$\begin{aligned} &\frac{\partial u_x{}^*}{\partial t^*} + u_x{}^* \frac{\partial u_x{}^*}{\partial x^*} + u_y{}^* \frac{\partial u_x{}^*}{\partial y^*} + u_z{}^* \frac{\partial u_x{}^*}{\partial z^*} \\ &= -\frac{\partial p^*}{\partial x^*} + \frac{\mu}{\rho U L}\left(\frac{\partial^2 u_x{}^*}{\partial x^{*2}} + \frac{\partial^2 u_x{}^*}{\partial y^{*2}} + \frac{\partial^2 u_x{}^*}{\partial z^{*2}}\right) + \frac{gL}{U^2} \end{aligned} \tag{6.50}$$

여기에서는 x방향 성분의 식을 예로 들었는데 y, z방향 성분의 식 및 다른 좌표계의 식도 마찬가지로 무차원화 할 수 있다. 또한 간단하기 때문에 x방향과 중력의 방향이 일치한다고 하고 $g_x = g$로 하고 있다. 우변 제2항의 계수와 제3항의 역수는 아래와 같이 정의되는 무차원수이다.

$$Re = \frac{\rho UL}{\mu}, \qquad Fr = \frac{U^2}{gL} \tag{6.51}$$

Re는 제3장에서도 설명한 관성력 $\rho L^2 U^2$과 점성력 $\mu(U/L)L^2$의 비를 나타내는 레이놀즈 수이다. Fr은 관성력과 중력 $\rho L^3 g$의 비를 나타내는 프루드(Froude) 수이다. 대표 길이, 대표 속도, 유체의 물성이 다른 흐름이어도, 이들 무차원수가 같으면 식(6.50)의 해는 일치한다. 이 관계가 성립하는 흐름 장은 유체 역학적으로 서로 유사하다고 한다. 임의의 레이놀즈 수, 프루드 수의 조합에 대해서 식(6.50)의 해가 얻어져 있는 경우, 특정 장치 치수, 대표 길이의 흐름의 속도, 압력은

$$u_x = Uu_x^*, \qquad p = \rho U^2 p^* + p_0 \tag{6.52}$$

에 따라 구할 수 있다. 이렇듯 어떠한 현상에 대하여 무차원수의 관계가 명백하다면 화학 장치의 스케일 업(scale up)에서 몹시 유용하다.

학습의 키워드

□코시의 운동 방정식 □속도 분포 □점성 응력 텐서 □변형 속도 텐서 □나비에-스토크스의 운동 방정식 □각운동량 □토크 □원뿔 평판 회전 점도계 □원심력 □게이지압 □초기 조건 □편미분 방정식 □상미분 방정식

제6장 연습문제

6.1 제4장 연습문제 4.3의 속도 분포를 Navier-Stokes의 운동 방정식을 바탕으로 유도하시오.

6.2 제4장 예제 4.2의 경사 평판 위의 흐름에 대하여 다음 질문에 답하라.

(a) 속도 분포를 나비에-스토크스의 운동 방정식을 통해 유도하시오.

(b) 막 모양에 흐르는 유체의 경사 평판 단위 폭(그림 4.9의 종이면 수직 방향의 폭) 당 부피 유량을 계산하시오.

6.3 제4장 연습문제 4.5의 2종류의 유체 A, B 흐름의 속도 분포를 나비에-스토크스의 운동 방정식을 바탕으로 유도하시오.

6.4 제4장 예제 4.3의 원통관 내 흐름에 대하여 다음 질문에 답하시오.

(a) 속도 분포를 나비에-스토크스의 운동 방정식을 통해 유도하시오.

(b) 관 단위 길이당 압력 손실 $\Delta P/L$과 관 벽면($r = R$)의 운동량 유속(전단응력) τ_{w}의 관계를 유도하시오.

6.5 제4장 연습문제 4.7의 속도 U로 움직이는 막대와 원통관 벽 사이의 흐름에 대하여 다음 질문에 답하시오.

(a) 속도 분포를 나비에-스토크스의 운동 방정식을 통해 유도하시오.

(b) 막대의 길이가 L일 경우, 막대를 속도 U로 움직이게 하기 위해서 필요한 힘을 계산하시오.

6.6 제4장 연습문제 4.8의 습윤 벽탑의 흐름에 대하여 다음 질문에 답하시오.

(a) 속도 분포를 나비에-스토크스의 운동 방정식을 통해 유도하시오.

(b) 속도 분포를 통해 부피 유량을 계산하시오.

6.7 외부 원통관 내부지름 5.00 cm, 원통관 실린더 지름 4.80 cm, 길이 $L = 15.0$ cm의 동심 이중 원통관과 원통관 실린더 사이 흐름을 이용하여 임의 유체의 점도 측정을 시도했다. 원통관 실린더를 20.0 rpm으로 회전시켜서 토크를 측정하자, 1.83×10^{-3} N·m이었다. 유체의 점도를 계산하시오.

6.8 예제 6.3의 외부 원통관과 원통관 실린더관 흐름에서 원통관 실린더를 정지시켜, 외부 원통관을 각속도 Ω_i로 회전시켰을 때의 속도 분포를 구하시오.

6.9 원통형 좌표계에서 유속 벡터가 r방향 성분 u_r만 있고, 원점에서 방사상(放射狀, radial)으로 퍼지는 정상 상태 흐름에 대해서 다음 질문에 답하시오.

(a) 원점을 중심으로 한 반지름 r, 높이 Z의 원통관 면을 통과하는 부피 유량이 Q인 경우의 u_r의 분포를 표 5.1의 원통형 좌표계의 연속 방정식을 바탕으로 유도하시오.

(b) 유체의 점도와 중력의 영향을 무시할 수 있는 경우에 대하여 (a)의 u_r의 분포와 나비에-스토크스의 운동 방정식을 바탕으로 압력의 r방향 분포를 유도하시오. 단, 원점에서 충분히 떨어진 위치의 압력을 p_∞으로 한다.

6.10 그림 ❶과 같이 원통관 탱크에 물이 들어 있다. 이 탱크를 원통관 중심을 축으로 하여 각속도 Ω로 회전시키면 수면은 그림의 곡선과 같아진다. 이 탱크 내 압력에 관한 다음 질문에 답하라. 탱크 내 모든 위치에서 물은 탱크와 동일한 각속도로 운동하고 있으며, r, z방향의 속도 성분은 없는 걸로 한다.

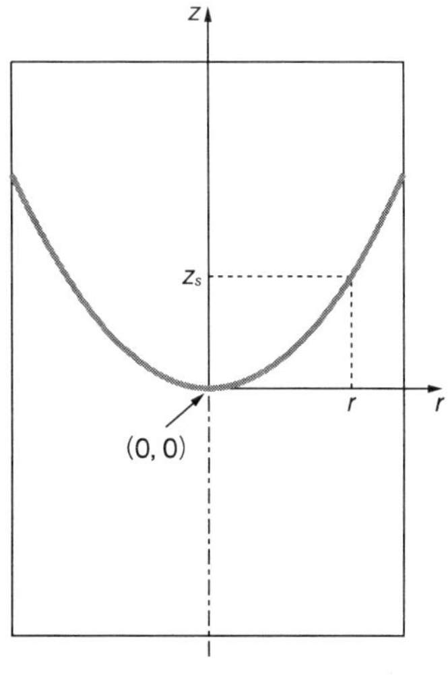

그림 ❶ 회전 원통관 탱크

(a) 수면의 압력은 대기압 p_0이다. 그림의 탱크 중심의 수면 위치를 원점으로 한 좌표에서 $z=0$일 때의 r방향의 압력 분포를 유도하시오.

(b) 그림의 액면이 $z=z_s$가 되는 r좌표 위치에서의 압력의 z방향 분포를 유도하시오.

(c) 그림의 액면의 곡선을 나타내는 r의 함수를 유도하시오.

6.11 제5장 연습문제 5.5의 흐름에서의 압력의 r방향 분포를 유도하시오. 단, 점성과 중력의 영향은 무시할 수 있고, 원점에서 충분히 떨어진 위치의 압력을 p_∞로 한다.

6.12 예제 6.4의 비정상 상태 흐름에서 $t^*=0.05$, $y^*=0.5$일 때 $u_x{}^*=1.14\times10^{-1}$인 것을 알았다. 유체를 물(밀도 $\rho=1.00\times10^3\ \mathrm{kg\cdot m^{-3}}$, 점도 $\mu=1.00\times10^{-3}\ \mathrm{Pa\cdot s}$), 평판간 거리를 $Y=5.00\ \mathrm{cm}$, $U=1.00\ \mathrm{cm\cdot s^{-1}}$일 경우, $y^*=0.5$일 때의 속도 u_x와 평판을 움직여서 그 속도가 될 때까지 필요한 시간을 계산하시오.

6.13 물(밀도 $\rho=1.00\times10^3\ \mathrm{kg\cdot m^{-3}}$, 점도 $\mu=1.00\times10^{-3}\ \mathrm{Pa\cdot s}$)이 내부 지름 4.00 cm인 원통관 안을 질량 유량 $2.5\times10^{-2}\ \mathrm{kg\cdot s^{-1}}$로 흐르고 있다. 같은 원통관을 밀도 $\rho=1.10\times10^3\ \mathrm{kg\cdot m^{-3}}$, 점도 $\mu=5.75\times10^{-3}\ \mathrm{Pa\cdot s}$의 유체가 동일한 레이놀즈 수로 흐를 때의 질량 유량을 계산하시오.

제 7 장

난 류

이 단원의 목표

제6장에서는 층류의 속도 분포를 나비에-스토크스의 운동 방정식을 바탕으로 유도하는 것을 학습하였다. 제3장에서 설명했듯이 레이놀즈 수가 큰 흐름에서는 속도가 시간, 공간에 대해 랜덤으로 변동하는 난류가 된다. 난류에서는 원통관 내 흐름과 같은 단순한 경우에도, 운동 방정식을 해석적으로 풀 수는 없다.

이번 단원에서는 난류의 속도 변동 표시법, 운동 방정식 취급과 속도 변동에 따라 발생하는 운동량 이동 등에 대하여 배운다.

7.1 난류의 속도 변동 표시

난류장에서는 속도, 압력 등의 물리양이 시간과 공간에 대해 랜덤으로 변동한다. 원통관 내 난류의 축 방향 속도 성분 u_z의 시간에 대한 변동이 그림 7.1과 같다. 속도는 불규칙한 주기, 진폭을 통해 증감하는 것을 알 수 있다. 불규칙하기는 하지만 그림의 $\overline{u}_z$로 나타낸 일정 값의 위 아래로 변동하고 있다. 이 값은 **평균 속도**(mean velocity)로, 흐름 조건에 변화가 없다면 시간에 대해 일정해진다. 그 값은 그림 7.1과 같이 개개의 변동 피크 폭에 대해 충분히 큰 시간 간격 T 사이의 연속한 속도의 시간 경과에 따른 변화 데이터의 적분을 통해 계산할 수 있다.

$$\overline{u}_z = \frac{1}{T}\int_t^{t+T} u_z(t)\,\mathrm{d}t \tag{7.1}$$

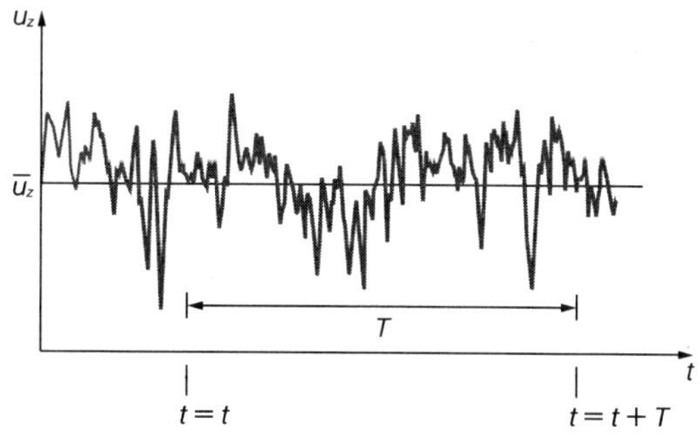

그림 7.1 속도 변동

시간 t에서는 속도 $u_z(t)$는 평균값 $\overline{u}_z$와 그 평균값의 차이를 나타내는 **속도 변동** (velocity fluctuation) $u'_z(t)$의 합계로써, 다음과 같이 나타낼 수 있다.

$$u_z(t) = \overline{u}_z + u'_z(t) \tag{7.2}$$

$u'_z(t)$는 시간에 따라 변동하여 속도가 평균보다 큰 경우는 플러스 값, 작은 경우는 마이너스 값이 된다. 변동하는 속도를 $u_z(t)$ 시간에 대해 평균을 낸 값이 $\overline{u}_z$이므로, $u'_z(t)$의 시간 평균은 0이 된다. 원통관 내 흐름에서는 난류의 경우, 속도의 r, θ방향 성분도 0은 되지 않고, 랜덤으로 변동한다. 단, 시간 평균값은 0이 되므로 그 속도 성분의 시간 t의 값은 변동분과 같고, 다음과 같이 표시된다.

$$u_r(t) = u'_r(t), \qquad u_\theta(t) = u'_\theta(t) \tag{7.3}$$

속도 변동의 특징을 나타내는 통계량으로써 평균값 외에, 변동 폭을 대표하는 표준 편차를 다음과 같이 정의할 수 있다.

$$\sqrt{\frac{1}{T}\int_t^{t+T}\{u_z(t)-\overline{u}_z\}^2 \mathrm{d}t} = \sqrt{\frac{1}{T}\int_t^{t+T} u'^2_z \mathrm{d}t} = \sqrt{\overline{u'^2_z}} \tag{7.4}$$

이 통계량을 난류 강도라고 한다.

난류장에서는 속도뿐만 아니라, 압력, 온도, 농도도 시간, 공간에 대해 변동하는데, 그것들의 평균도 동일하게 정의할 수 있다. 또한 그들 물리량도 평균값과 변동분의 합계로 표시할 수 있다. 또한 이와 같이 난류장의 물리량 평균값은 $\overline{u}_z$와 같이 $^-$를 위에 붙이고, 변동치는 $'$를 붙여 나타낸다.

7.2 난류의 운동 방정식

뉴턴 유체의 유동은 난류에서도 연속 방정식과 나비에-스토크스의 운동 방정식을 만족시킨다. 그들 식에 식(7.2)의 속도 표시를 대입함으로써 속도의 평균값과 변동분을 만족시키는 방정식을 유도할 수 있다. 우선 비압축성 유체의 연속 방정식(5.14)에 속도의 x, y, z성분의 평균과 변동의 합을 대입하면 다음과 같아진다.

$$\frac{\partial(\bar{u}_x + u'_x)}{\partial x} + \frac{\partial(\bar{u}_y + u'_y)}{\partial y} + \frac{\partial(\bar{u}_z + u'_z)}{\partial z} = 0 \tag{7.5}$$

이 식 전체의 시간 평균을 구한다. 그걸 위해 필요한 시간 평균의 규칙을 표 7.1에 정리하여 나타냈다. 이 규칙에 따르면 식(7.5)의 시간 평균은 다음과 같아진다.

$$\frac{\partial \bar{u}_x}{\partial x} + \frac{\partial \bar{u}_y}{\partial y} + \frac{\partial \bar{u}_z}{\partial z} = 0 \tag{7.6}$$

따라서 각 성분의 평균값은 원래의 연속 방정식과 동일한 식을 만족시킨다.

다음으로 운동 방정식의 평균을 구한다. 식이 번잡해지므로 속도의 x, y, z성분에 대한 운동 방정식을 다음과 같은 형식으로 표시한다. 여기에서는 흐름이 중력의 영향을 받지 않는다고 가정한다.

$$\rho\left(\frac{\partial u_i}{\partial t} + u_j \frac{\partial u_i}{\partial x_j}\right) = -\frac{\partial p}{\partial x_i} + \mu \frac{\partial^2 u_i}{\partial x_j^2} \tag{7.7}$$

≫ 표 7.1 변동량 A, B의 시간 평균의 규칙

① $\overline{aA+bB} = \frac{a}{T}\int_t^{t+T} A\mathrm{d}t + \frac{b}{T}\int_t^{t+T} B\mathrm{d}t = a\bar{A} + b\bar{B}$
② $\overline{\bar{A}\bar{B}} = \frac{1}{T}\int_0^T \bar{A}\bar{B}\mathrm{d}t = \bar{A}\bar{B}\frac{1}{T}\int_0^T \mathrm{d}t = \bar{A}\bar{B}$
③ $\overline{A\bar{B}} = \frac{1}{T}\int_t^{t+T} A\bar{B}\mathrm{d}t = \frac{\bar{B}}{T}\int_t^{t+T} A\mathrm{d}t = \bar{A}\bar{B}$
④ $\overline{\frac{\partial A}{\partial x}} = \frac{1}{T}\int_t^{t+T} \frac{\partial A}{\partial x}\mathrm{d}t + \frac{\partial}{\partial x}\frac{1}{T}\int_t^{t+T} A\mathrm{d}t = \frac{\partial \bar{A}}{\partial x}$
⑤ $\overline{A'} = 0,\ \overline{A'\bar{B}} = 0,\ \overline{A'B'} \neq 0$

a, b는 상수

여기에서 u_j, x_j를 포함하는 항은 x방향 성분의 속도에 대한 식을 예로 들 경우, 아래의 합계를 의미한다.

$$u_j \frac{\partial u_i}{\partial x_j} = u_x \frac{\partial u_x}{\partial x} + u_y \frac{\partial u_x}{\partial y} + u_z \frac{\partial u_x}{\partial z}$$

$$\mu \frac{\partial^2 u_i}{\partial x_j^2} = \mu\left(\frac{\partial^2 u_x}{\partial x^2} + \frac{\partial^2 u_x}{\partial y^2} + \frac{\partial^2 u_x}{\partial z^2}\right)$$

식(7.7)에 (7.2)의 표시를 대입하여 양변의 시간 평균을 구하면 다음과 같아진다.

$$\overline{\rho\left\{\frac{\partial(\overline{u_i} + u'_i)}{\partial t} + (\overline{u_j} + u'_j)\frac{\partial(\overline{u_i} + u'_i)}{\partial x_j}\right\}}$$

$$= \overline{-\frac{\partial(\overline{p} + p')}{\partial x_i} + \mu\frac{\partial^2(\overline{u_i} + u'_i)}{\partial x_j^2}} \tag{7.8}$$

표 7.1의 규칙 ①에 따라 합계의 평균은 평균의 합계가 되므로 위 식의 각 항은 다음과 같이 변환할 수 있다.

좌변 1항목

$$\overline{\rho\frac{\partial \overline{u_i} + u'_i}{\partial t}} = \rho\left(\frac{\partial \overline{u_i}}{\partial t} + \frac{\partial \overline{u'_i}}{\partial t}\right) = \rho\frac{\partial \overline{u_i}}{\partial t}$$

좌변 2항목

$$\overline{\rho(\overline{u}_j + u'_j)\frac{\partial(\overline{u_i} + u'_i)}{\partial x_j}}$$

$$= \rho\left\{\overline{u_j}\frac{\partial \overline{u}_i}{\partial x_j} + \overline{u_j}\underbrace{\frac{\partial \overline{u'}_i}{\partial x_j}}_{=0} + \underbrace{\overline{u'_j}}_{=0}\frac{\partial \overline{u}_i}{\partial x_j} + \overline{u'_j\frac{\partial u'_i}{\partial x_j}}\right\}$$

여기에서

$$\overline{u'_j\frac{\partial u'_i}{\partial x_j}} = \frac{\partial \overline{u'_j u'_i}}{\partial x_j} - \overline{u'_j\frac{\partial u'_j}{\partial x_j}} = \frac{\partial \overline{u'_j u'_i}}{\partial x_j} - \overline{u'_i\left(\frac{\partial u'_x}{\partial x} + \frac{\partial u'_y}{\partial y} + \frac{\partial u'_z}{\partial z}\right)}$$

가 된다. 2항목의 괄호 안의 3항의 합은 연속 방정식(7.5), (7.6)에 따라 0이 되므로 다음과 같아진다.

$$\overline{\rho(\overline{u_j}+u'_j)\frac{\partial(\overline{u_i}+u'_i)}{\partial x_j}} = \rho\overline{u_j}\frac{\partial\overline{u_i}}{\partial x_j}+\rho\frac{\partial\overline{u'_i u'_j}}{\partial x_j}$$

우변 1항목

$$\overline{\frac{\partial(\overline{p}+p')}{\partial x_j}} = \frac{\partial\overline{p}}{\partial x_i}+\frac{\partial\overline{p'}}{\partial x_i} = \frac{\partial\overline{p}}{\partial x_i}$$

우변 2항목

$$\overline{\mu\frac{\partial^2(\overline{u_i}+u'_i)}{\partial x_j^2}} = \mu\left(\frac{\partial^2\overline{u_i}}{\partial x_j^2}+\frac{\partial^2\overline{u'_i}}{\partial x_j^2}\right) = \mu\frac{\partial^2\overline{u_i}}{\partial x_j^2}$$

따라서 식(7.8)은 다음과 같아진다.

$$\rho\left(\frac{\partial\overline{u_i}}{\partial t}+\overline{u_j}\frac{\partial\overline{u_i}}{\partial x_j}\right) = -\frac{\partial\overline{p}}{\partial x_i}+\frac{\partial}{\partial x_j}\left(\mu\frac{\partial\overline{u_i}}{\partial x_j}-\rho\overline{u'_i u'_j}\right) \tag{7.9}$$

난류장의 나비에-스토크스 방정식의 시간 평균인 이 식은 **레이놀즈 방정식**(Reynolds equation)이라고 한다. 이 식을 원래의 방정식(7.7)과 비교하면, 우변에 속도 변동을 포함하는 항 $\rho\overline{u'_i u'_j}$가 있다는 점이 다르다. 유도 과정을 통해 알 수 있듯이 이 항은 대류에 의한 운동량 이동의 항에서 발생했다. 제1장 1.3절의 물리량 대류에 의한 유속의 유도 과정을 참조하면, 이 항은 속도 변동 u'_j와 동반하여 j방향으로 이동하는 운동량의 i방향 성분의 유속을 나타내고 있다는 것을 이해할 수 있다. 이렇듯 이 항은 본질적으로는 대류에 의한 이동을 나타내고 있는데, 불규칙한 속도 변동을 불규칙한 분자운동과 대비한다고 보고, 식(7.9)에서는 우변의 점성에 의한 이동 항과 함께 정리되어 있다. 그러한 점도 있어서 점성에 의한 유속이 응력 τ_{ji}인 것에 대비하여, 속도 변동에 의한 운동량 유속 $\rho\overline{u'_i u'_j}$는 **레이놀즈 응력**(Reynolds stress)이라고 한다. 레이놀즈 응력을 τ_{tji}로 하고 τ_{ji}와 함께 식(7.9)에 대입하면 다음과 같아진다.

$$\mu\left(\frac{\partial\overline{u_i}}{\partial t}+\overline{u_j}\frac{\partial\overline{u_i}}{\partial x_j}\right) = -\frac{\partial\overline{p}}{\partial x_i}-\frac{\partial}{\partial x_j}(\tau_{ji}+\tau_{tji}) \tag{7.10}$$

이 식은 난류에서는 점성에 의한 유속인 응력 τ_{ji}에 더하여, 새롭게 속도 변동에 의한 대류 유속을 나타내는 겉보기상 응력인 레이놀즈 응력 τ_{tji}가 발생하는 것을 나타내고 있다. 다음 절에서 이 레이놀즈 응력의 현상론적인 사고를 바탕으로 모델에 대해서 설명하겠다.

7.3 레이놀즈 응력의 현상론적 모델과 난류의 통계적 방법

난류의 연속 방정식(7.6)과 운동량 3성분에 대한 레이놀즈 방정식(7.9)과 함께 네 개의 방정식을 풀면 평균 속도 분포를 구할 수 있다. 그러나 레이놀즈 응력은 랜덤한 속도 변동의 곱의 평균으로, 평균 속도와의 사이에 수학적으로 명확한 관계가 존재하지 않기 때문에, 위에 설명한 네 개의 방정식은 해석적으로도 수치적으로도 풀 수가 없다. 그래서 레이놀즈 응력을 평균 속도와 관련짓는 현상론적 모델을 생각할 수 있다. 아래에서 그들 모델에 대하여 설명하겠다.

① 부시네스크의 난류 점성 모델(Boussinesq model)

점성에 의한 응력과 마찬가지로 레이놀즈 응력이 평균 속도 구배에 비례하여 다음과 같이 나타난다고 간주하는 모델이다.

$$\tau_{tji} = \overline{\rho u'_i u'_j} = -\rho\epsilon_{ji}\left(\frac{\partial \overline{u_i}}{\partial x_j} + \frac{\partial \overline{u_j}}{\partial x_i}\right) \tag{7.11}$$

이 식을 점성에 의한 운동량 유속을 나타내는 1.1절의 식(1.6)과 비교하면 ϵ_{ji}는 동점도 ν에 해당하므로 **난류 동점도**(eddy viscosity), 또는 난류 확산 계수라고 한다. 단 동점도와 같은 유체의 물성이 아니라는 것에 주의할 필요가 있다. 난류 동점도는 이동하는 운동량의 성분, 이동하는 방향에 따라 다른 값이 되므로 ϵ_{ji}와 같이 첨자 ji가 붙어 있다. 또한 흐름의 장 내 위치에 따라서도 다른 값이 된다. 본질적으로는 난류 동점도는 랜덤하게 변동하는 속도 변동의 곱의 평균에 대응하므로, 이 모델만으로는 문제는 해결할 수 없어 ϵ_{ji}에 관한 모델이 더 필요해진다.

② 플란틀의 혼합 거리 이론에 따른 모델(Prandtl mixing length model)

난류장을 서로 다른 속도로 이동하는 미세 유체 덩어리의 집합이라고 간주한다. 각 유체 덩어리는 이동하면서 주위 유체로부터의 영향을 받아 속도가 변화한다. 그 결과 관측되는 속도의 공간, 시간에 대한 변화가 속도 변동이라고 생각되어진다. 여기에서, 임의의 유체 덩어리가 다른 유체 덩어리의 영향을 받지 않고 원래 속도를 유지한 채 이동할 수 있는 거리를 l이라고 하겠다. l만큼 이동하면 다른 유체 덩어리와 혼합하여 속도가 변화하므로 이것을 **혼합 거리**(mixing length)라고 한다. 이 모델은 유체 덩어리의 운동을 기체 분자 운동에 대응시켜 생각되어진 것으로, 혼합 거리 l은 분자 운동의 평균 자유 행정에 해당한다. l만큼 이동하는 것에 따른 속도 변화는 평균 속도 구배와 l의 곱이라고 한다면, 레이놀즈 응력은 다음과 같이 나타낼 수 있다.

$$\tau_{tji} = \rho\overline{u'_i u'_j} = -\rho l^2 \left|\frac{\partial \bar{u}_i}{\partial x_j}\right| \frac{\partial \bar{u}_i}{\partial x_j} \tag{7.12}$$

혼합 거리 l도 난류 동점도와 마찬가지로 위치, 방향 등에 따라 변화하는 양으로 그 값을 결정하는 것은 간단하지 않다.

위에 설명한 현상론 모델은 식의 형태로는 간결하지만, 레이놀즈 응력의 값을 구하는 문제를 새로운 미지 함수인 난류 동점도 또는 혼합 거리로 치환한 것뿐이라고 볼 수도 있다. 그 때문에 모델을 이용했다고 해도, 본질적으로 레이놀즈 방정식(7.9)를 해석적으로 풀 수는 없다. 그래서 속도 변동에 관한 통계량인 속도 변동의 이중 상관 $u'_i u'_j$에 주목하여, 난류 구조를 명확하게 하는 통계적인 해석법이 이용되는 경우가 있다. 그림 7.1과 같이 속도 변동은 짧은 주기, 긴 주기의 여러 가지 규모의 변동에 따라 구성되어 있다는 것을 알 수 있다. 일반적으로 이 변동의 규모를 스케일이라고 한다. 이중 상관의 푸리에 변환에 따라 유도되는 에너지 스펙트럼을 바탕으로 큰 스케일의 변동과 작은 스케일의 변동 사이의 에너지 교환에 관한 식견이 있다.1)

7.4 원통관 내 흐름의 평균 속도 분포

난류장에서도 흐름의 조건이 일정하다면 임의의 위치의 평균 속도는 시간에 대해 변화하지 않는다. 평균 속도 분포를 명확하게 하는 것은 장치 내 유동 상태를 알기 위해서 중요한데, 7.3절까지 설명했듯이 레이놀즈 방정식(7.9)를 해석적으로 풀어 그 속도 분포를 나타내는 식을 유도할 수는 없다. 그래서 과거의 실험 결과 등을 바탕으로 제안된 경험적인 분포식이 이용되고 있다. 이번 절에서는 전형적인 장치인 **원통관 내 난류**(turbulent flow in a circular pipe)의 **평균 속도 분포**(mean velocity distribution)에 대해 설명하겠다.

1) 에너지 스펙트럼에 대해서는 오가와 코헤이(小川浩平), 쿠로다 치아키(黒田千秋), 요시카와 시로(吉川史郎) 공저, "화학 공학을 위한 수학", 수리학사(2007)의 제7장을 참조.

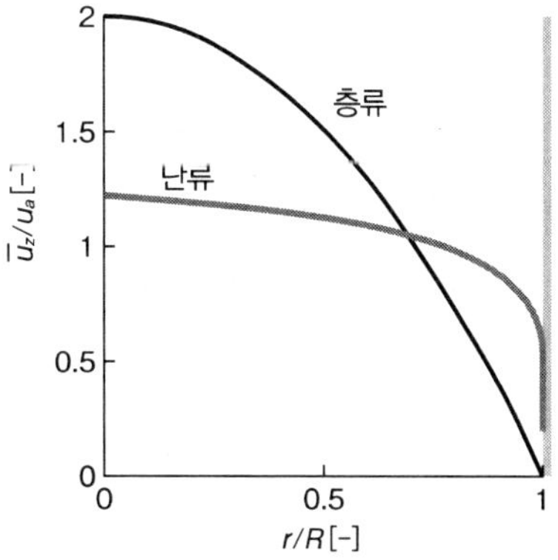

그림 7.2 원통관 내 난류의 평균 속도 분포

난류의 원통관 내 흐름의 평균 속도 분포를 제4장에서 유도한 식(4.45)와 같은 층류의 속도 분포와 비교하여 그림 7.2에 나타냈다. 층류에 비해 전체적으로 평탄한 것을 알 수 있다. 이것은 레이놀즈 응력에 의해 운동량의 z방향 성분이 r방향으로 이동하기 때문이다. 다시 말하면 속도 변동의 r방향 성분에 의해 비교적 빠른 관 중심 부근의 유체와 느린 벽 부근 유체의 혼합이 발생하기 때문이다. 그림 7.2는 국소 부분의 속도의 관 단면 평균 속도에 대한 비를 나타내고 있다. 층류에서는 관 중심에서 그 비가 2가 되는데 비해, 난류에서는 과거 실험 결과에 따라 약 5/4가 되는 것이 알려져 있다. 이 분포를 상관하는 경험적인 식으로 **1/7승칙**(power law velocity distribution)과 **대수법칙**(logarithmic velocity distribution)의 두 개가 제안된다. 아래에 그에 대해 설명하겠다.

① 1/7승칙

과거 실험 결과를 비교적 양호하게 상관할 수 있는 다음 식이 제안되어 있다.

$$\frac{\bar{u}_z}{\bar{u}_{\max}} = \left(1 - \frac{r}{R}\right)^{1/7} \tag{7.13}$$

$\bar{u}_{\max}$는 관 중심의 평균 속도이다. 이 식은 관 중심에서 벽면 사이의 넓은 범위에서 실험 결과를 상관할 수 있지만, 관 중심에서 $\bar{u}_{\max}/u_a$의 값이 60/49가 되어 위에 설명한 과거의 실험 결과와 일치하지 않는 등 불충분한 부분도 있다.

② 대수 법칙

대수 법칙은 7.3절의 혼합 거리를 바탕으로 유도되는 반 이론, 반 경험식이다. 혼합 거리 l이 원통관 벽으로부터의 거리 y에 비례하는 걸로 하여 $l = ky$로 나타내기로 한다. 난류에서는 레이놀즈 응력에 대해 점성 응력이 작고 무시할 수 있다면, 운동량의 z방향 성분의 r방향의 유속은 다음과 같이 나타낼 수 있다.

$$\tau_{rz} = \tau_{trz} = -\rho(ky)^2\left|\frac{\mathrm{d}\overline{u_z}}{\mathrm{d}r}\right|\frac{\mathrm{d}\overline{u_z}}{\mathrm{d}r} \tag{7.14}$$

원통관 내 흐름은 그림 7.2와 같이 r방향으로 평균 속도가 감소하므로 속도 구배는 음수, τ_{rz}는 양수가 되므로,

$$\tau_{rz} = \rho(ky)^2\left(\frac{\mathrm{d}\overline{u_z}}{\mathrm{d}r}\right)^2 \tag{7.15}$$

가 된다. 원통관 벽면 부근에서 τ_{rz}는 벽면의 전단응력 τ_{w}와 거의 같아지므로 위 식의 τ_{rz}를 τ_{w}로 치환하면 다음 식이 유도된다.

$$\frac{\mathrm{d}\overline{u_z}}{\mathrm{d}r} = -\frac{1}{ky}\sqrt{\frac{\tau_{\mathrm{w}}}{\rho}} \tag{7.16}$$

여기에서

$$u^* = \sqrt{\frac{\tau_{\mathrm{w}}}{\rho}} \tag{7.17}$$

은 속도의 차원을 가지고 있어서 **마찰 속도**(friction velocity)라고 한다. u^*를 식(7.16)에 대입하여 r을 벽면으로부터의 거리 $y = R - r$로 치환하면 다음과 같아진다.

$$\frac{\mathrm{d}\overline{u_z}}{\mathrm{d}y}\frac{\mathrm{d}y}{\mathrm{d}r} = -\frac{u^*}{ky} \quad \longrightarrow \quad \frac{\mathrm{d}\overline{u_z}}{\mathrm{d}y} = \frac{u^*}{ky} \tag{7.18}$$

이 식을 y로 적분하면 다음 식이 유도된다.

$$\frac{\overline{u_z}}{u^*} = \frac{1}{k}\ln y + C_1 \tag{7.19}$$

여기에서 $\overline{u_z}$와 y를 다음과 같이 무차원화 한다.

$$u^+ = \frac{\overline{u}_z}{u^*}, \qquad y^+ = \frac{u^* y}{\nu} \tag{7.20}$$

이들은 각각 "유 플러스", "와이 플러스"라고 하며, 무차원 속도, 벽면으로부터의 무차원 거리를 나타내고 있다. 두 개의 무차원수에 따라 식(7.19)는 다음과 같이 변환할 수 있다.

$$u^+ = \frac{1}{k}\ln y^+ + C_2 \tag{7.21}$$

이것이 대수측 속도 분포의 식이다. 상수 $1/k$, C_2의 값은 y^+의 값의 범위에 따라 다르며, 다음과 같아진다.

$$5 \le y^+ < 30 \text{ (천이 영역)} \qquad u^+ = 5.0\ln y^+ - 3.05 \tag{7.22}$$

$$30 \le y^+ \text{ (난류 영역)} \qquad u^+ = 2.5\ln y^+ + 5.5 \tag{7.23}$$

$y^+ < 5$의 영역에서는 이 식을 적용할 수 없다. 이 영역은 벽면과 매우 가까우므로 속도 분포를 직선이라 가정하면 평균 속도가 벽면으로부터의 거리 y에 비례하여 속도 구배를 $\overline{u}_z/y$로 나타낼 수 있다. 따라서

$$\tau_w = \mu\left|\frac{d\overline{u}_z}{dy}\right| = \mu\frac{\overline{u}_z}{y} \tag{7.24}$$

가 된다. τ_w를 마찰 속도에 따라 변환하면 다음 식이 유도된다.

$$u^{*2} = \frac{\mu}{\rho}\frac{\overline{u}_z}{y} \longrightarrow \frac{\overline{u}_z}{u^*} = \frac{u^* y}{\nu} \tag{7.25}$$

따라서 $y^+ < 5$에서는 아래의 식에 따라 속도 분포가 나타난다.

$$y^+ < 5 \qquad u^+ = y^+ \tag{7.26}$$

이 식이 성립하는 벽면 부근의 영역을 **점성 저층**(viscous sublayer)이라고 한다.

그림 7.3은 식(7.22), (7.23), (7.26)과 같은 평균 속도 분포와 실험 결과를 비교한 것이다.

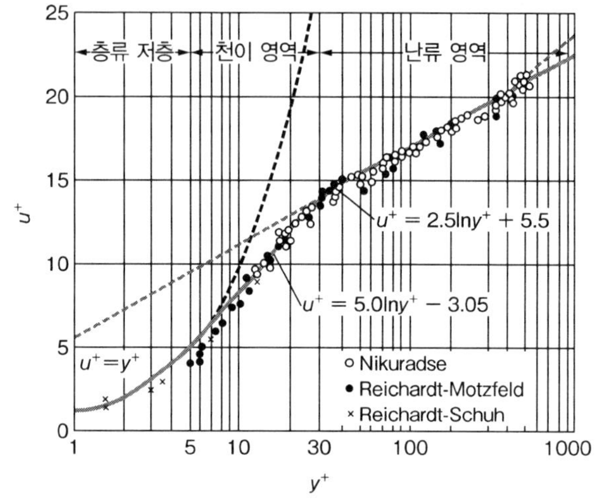

그림 7.3 대수 법칙 속도 분포

(화학 공학회 편, "화학공학편람 개정 7판", 마루젠 출판(2011년), p.138에 따라 연재, 작성)

학습의 키워드

□평균 속도 □속도 변동 □레이놀즈 방정식 □레이놀즈 응력 □부시네스크의 난류 점성 모델 □난류 동점도 □플란틀의 혼합 거리 이론에 따른 모델 □혼합 거리 □원통관 내 난류 □평균 속도 분포 □1/7승칙 □대수 법칙 □마찰 속도 □점성 저층

제7장 연습문제

7.1 내부지름 3.00 cm의 원통관 안에 물(밀도 $\rho = 1.00 \times 10^3\ \mathrm{kg \cdot m^{-3}}$, 점도 $\mu = 1.00 \times 10^{-3}\ \mathrm{Pa \cdot s}$)이 질량 유량 1.80 kg/s로 흐르고 있다. 관 단면 평균 유속, 레이놀즈 수를 구하시오. 또한 관 중심의 평균 속도를 과거의 실험 결과(7.4절 참조)를 바탕으로 계산하시오.

7.2 내부지름 10.0 cm의 원통관 내를 흐르는 물(밀도 $\rho = 1.00 \times 10^3\ \mathrm{kg \cdot m^{-3}}$, 점도 $\mu = 1.00 \times 10^{-3}\ \mathrm{Pa \cdot s}$)의 관 중심 평균 속도를 속도 변동의 측정 결과를 통해 계산해 보면, 6.92×10^{-1} m/s이었다. 이 경우의 레이놀즈 수, 부피 유량을 구하시오. 관 단면 평균 유속과 중심의 속도 관계는 문제 7.1과 동일하다.

7.3 원통관 내 난류의 평균 속도 분포를 식(7.13)의 1/7승칙으로 나타낼 수 있을 때, $\overline{u}_{\mathrm{max}} / u_{\mathrm{a}}$의 값이 60/49가 되는 것을 유도하시오.

7.4 내부지름 5.00 cm의 원통관 안에 흐르는 물(밀도 $\rho = 1.00 \times 10^3\ \mathrm{kg \cdot m^{-3}}$, 점도 $\mu = 1.00 \times 10^{-3}\ \mathrm{Pa \cdot s}$)의 $r/R = 0.75$의 평균 속도가 $3.85 \times 10^{-1}\ \mathrm{m \cdot s^{-1}}$이었다. 평균 속도 분포가 중심 속도를 포함하여 1/7승칙에 따를 경우의 관 단면 평균 유속과 레이놀즈 수, 부피 유량을 구하시오. 관 단면 평균 유속과 관 중심 평균 속도의 관계는 문제 7.3에서 유도한 것을 적용할 수 있다.

7.5 원통관 안에 물(밀도 $\rho = 1.00 \times 10^3\ \mathrm{kg \cdot m^{-3}}$, 점도 $\mu = 1.00 \times 10^{-3}\ \mathrm{Pa \cdot s}$)이 난류 상태로 흐르고 있다. 벽면 전단응력이 $\tau_{\mathrm{w}} = 8.00 \times 10^{-1}$ Pa일 경우, 벽면으로부터의 거리 $y = 6.00 \times 10^{-4}$ m 위치의 평균 속도를 구하시오. 단, 벽면 부근의 평균 속도 분포는 대수 법칙을 따른다.

제 **8** 장

유체의 기계적 에너지 수지와 마찰 손실

이 단원의 목표

유체가 흐를 때에는 속도, 압력의 변화와 위치 에너지 기준으로부터의 높이가 변화한다. 이번 단원에서는 우선 그들 변화에 따른 유체의 기계적 에너지 수지를 나타내는 식을 배운다. 또한 원통관 내 흐름의 에너지 마찰에 의한 손실과 흐름 조건의 관계를 이해한 후 원통관, 각종 부품, 펌프 등으로 이루어진 배관에 의한 유체 수송의 마찰 손실 계산법을 배운다.

8.1 유체의 에너지 수지식

일반적으로 **기계적 에너지**(mechanical energy)는 **운동 에너지**(kinematic energy)와 **위치 에너지**(potential energy)의 합계인데, 유체의 경우는 그것들에 **압력 에너지**(pressure energy)가 더해진다. 이번 절에서는 유체가 흐를 때 그 세 가지 에너지의 관계를 나타내는 식을 유도하겠다.

유체의 단위 질량당 운동 에너지는 속도 벡터 $\boldsymbol{u} = (u_x,\ u_y,\ u_z)$의 성분에 따라 다음과 같이 나타낼 수 있다.

$$\frac{1}{2}|\boldsymbol{u}|^2 = \frac{1}{2}(u_x^2 + u_y^2 + u_z^2) \tag{8.1}$$

제5장에서 유도한 일반적인 물리량 수지식(5.21) 좌변의 단위 질량당 물리량 a에 위 식을 대입하면 다음과 같아진다. 또한 아래에서는 속도 벡터 $\boldsymbol{u}$의 크기를 u라 표기하겠다.

$$\rho\frac{\mathrm{D}}{\mathrm{D}t}\left(\frac{1}{2}u^2\right) = \rho\frac{\mathrm{D}}{\mathrm{D}t}\left\{\frac{1}{2}(u_x^2+u_y^2+u_z^2)\right\} \tag{8.2}$$

일반적으로 함수 f의 제곱의 미분에 대하여 $\mathrm{d}f^2/\mathrm{d}t = 2f(\mathrm{d}f/\mathrm{d}t)$의 관계가 성립하므로 위 식의 우변을 다음과 같이 변환할 수 있다.

$$\begin{aligned}\rho\frac{\mathrm{D}}{\mathrm{D}t}\left\{\frac{1}{2}(u_x^2+u_y^2+u_z^2)\right\} &= \frac{\rho}{2}\left(\frac{\mathrm{D}u_x^2}{\mathrm{D}t}+\frac{\mathrm{D}u_y^2}{\mathrm{D}t}+\frac{\mathrm{D}u_z^2}{\mathrm{D}t}\right)\\ &= \frac{\rho}{2}\cdot 2\left(u_x\frac{\mathrm{D}u_x}{\mathrm{D}t}+u_y\frac{\mathrm{D}u_y}{\mathrm{D}t}+u_z\frac{\mathrm{D}u_z}{\mathrm{D}t}\right)\\ &= u_x\rho\frac{\mathrm{D}u_x}{\mathrm{D}t}+u_y\rho\frac{\mathrm{D}u_y}{\mathrm{D}t}+u_z\rho\frac{\mathrm{D}u_z}{\mathrm{D}t}\end{aligned} \tag{8.3}$$

마지막 세 개의 항은 제6장 표 6.1과 같은 x, y, z성분의 코시의 운동 방정식의 좌변에 각각 u_x, u_y, u_z를 곱한 것을 실질 미분의 형태로 나타낸 것이다. 따라서 이들 세 항의 합은 다음과 같이 각 성분의 코시의 운동 방정식 우변에 대응하는 속도 성분의 곱의 합과 같아진다.

$$\begin{aligned}\rho\frac{\mathrm{D}}{\mathrm{D}t}\left(\frac{1}{2}u^2\right) = &\underbrace{-\left(u_x\frac{\partial p}{\partial x}+u_y\frac{\partial p}{\partial y}+u_z\frac{\partial p}{\partial z}\right)}_{①}\\ &\underbrace{-u_x\left(\frac{\partial\tau_{xx}}{\partial x}+\frac{\partial\tau_{yx}}{\partial y}+\frac{\partial\tau_{zx}}{\partial z}\right)-u_y\left(\frac{\partial\tau_{xy}}{\partial x}+\frac{\partial\tau_{yy}}{\partial y}+\frac{\partial\tau_{zy}}{\partial z}\right)-u_z\left(\frac{\partial\tau_{xz}}{\partial x}+\frac{\partial\tau_{yz}}{\partial y}+\frac{\partial\tau_{zz}}{\partial z}\right)}_{②}\\ &\underbrace{+\rho(u_xg_x+u_yg_y+u_zg_z)}_{③}\end{aligned} \tag{8.4}$$

좌변의 실질 미분은 흐름과 함께 이동하는 시점에서 본 운동 에너지의 변화 속도를 나타낸다. 또한 우변 각 항은 각각 단위 시간당 다음의 일의 합을 나타내고 있다.

① 압력에 의한 일에 따라, 팽창 수축에 의해 **내부 에너지**(internal energy)로 변환되는 만큼을 뺀 것.
② 응력에 의한 일에 따라 마찰로 인해 내부 에너지로 변환되는 만큼을 뺀 것.
③ 중력에 의한 일.

또한, 내부 에너지의 변화 속도를 포함한 상세 에너지 수지식은 제13장에서 설명하겠다.

점성에 의한 마찰의 영향을 무시할 수 있는 경우는 식(8.4)의 응력을 포함하는 ②의 각 항을 생략할 수 있다. 또한 비압축성 유체인 것과 정상 상태를 가정할 수 있을 경우, 식(8.4)는 다음과 같이 변환할 수 있다.

$$u_x \frac{\partial}{\partial x}\left(\frac{1}{2}u^2 + \frac{p}{\rho}\right) + u_y \frac{\partial}{\partial y}\left(\frac{1}{2}u^2 + \frac{p}{\rho}\right) + u_z \frac{\partial}{\partial z}\left(\frac{1}{2}u^2 + \frac{p}{\rho}\right)$$
$$-(u_x g_x + u_y g_y + u_z g_z) = 0 \tag{8.5}$$

여기에서 연직 위 방향으로 z축을 잡으면, $g_x = g_y = 0$이 된다. 또한 $g_z = -g$이므로 단위 질량의 유체에 가해지는 중력 벡터는 다음과 같이 나타낼 수 있다.[1)]

$$\boldsymbol{g} = g_x \boldsymbol{i} + g_y \boldsymbol{j} + g_z \boldsymbol{k}$$
$$= -\left(\frac{\partial gz}{\partial x}\boldsymbol{i} + \frac{\partial gz}{\partial y}\boldsymbol{j} + \frac{\partial gz}{\partial z}\boldsymbol{k}\right) = -\nabla gz \tag{8.6}$$

여기에서 $-\nabla gz = \nabla(-gz)$는 함수 $-gz$의 **구배 벡터**(gradient)이다. 구배 벡터란 일반적으로 함수 f에 연산자 ∇(**나블라**, nabla)를 설정한 것으로, 함수 f가 증가하는 방향을 향하고 있어서 크기는 f의 공간에 대한 변화율을 나타내고 있다. ∇f는 또한 grad f라고도 표기된다. 위 식은 중력 벡터가 스칼라 함수 $-gz$의 구배로 표시되는 것을 나타내고 있다. 이렇듯 임의의 장에서 임의의 벡터가 스칼라 함수의 구배를 통해 나타나는 경우, 그 스칼라 함수를 **퍼텐셜**(potential)이라고 한다. 또한 제5장의 5.3절 식(5.16)에서, 유체의 팽창 속도를 나타내는 벡터의 발산 $\nabla \cdot \boldsymbol{u} = \mathrm{div}\,\boldsymbol{u}$는 ∇와 속도 벡터 $\boldsymbol{u}$의 내적이며, 표기가 구배 벡터와 비슷하지만 의미가 전혀 다르다. 식(8.5)의 중력에 의한 일의 항은 퍼텐셜 구배를 이용하면 다음과 같이 변환할 수 있다.

$$u_x g_x + u_y g_y + u_z g_z = \boldsymbol{u} \cdot g = -\boldsymbol{u} \cdot \nabla gz$$
$$= -\left(u_x \frac{\partial gz}{\partial x} + u_y \frac{\partial gz}{\partial y} + u_z \frac{\partial gz}{\partial z}\right) \tag{8.7}$$

이것을 식(8.5)에 대입하여 정리하면 다음과 같아진다.

$$u_x \frac{\partial}{\partial x}\left(\frac{1}{2}u^2 + \frac{p}{\rho} + gz\right) + u_y \frac{\partial}{\partial y}\left(\frac{1}{2}u^2 + \frac{p}{\rho} + gz\right)$$
$$+ u_z \frac{\partial}{\partial z}\left(\frac{1}{2}u^2 + \frac{p}{\rho} + gz\right) = 0 \tag{8.8}$$

괄호 안의 $u^2/2$, gz는 각각 유체 단위 질량당 운동 에너지와 위치 에너지이다. p/ρ는 단위 질량당 압력 에너지로, 그 물리적 의미는 다음과 같이 생각할 수 있다. 그림 8.1

1) 상세는 오가와 코헤이(小川浩平) 편, "유체 전달 해석", 아사쿠라 쇼텐(朝倉書店)(2011)의 제1장 1.7절을 참조.

과 같은 원통관 내에 유체가 흐를 경우, 면 1, 2 사이에 있는 대상부피 내 유체는 면 1에서 바깥쪽 유체로부터의 압력에 의함 힘 p_1A_1을 받는다. 이 힘을 받으면서 유체는 단위 시간에 속도 u_1과 같은 거리만큼 이동하므로 $p_1u_1A_1$에 해당하는 일을 받아, 그 만큼 에너지가 증가한다. 그 일을 받는 유체의 질량은 질량 유량 w_1과 같다. 또한 $w_1 = \rho u_1 A_1$이므로 $p_1u_1A_1$을 질량 유량 w_1으로 나누면 p_1/ρ_1가 된다. 이에 따라 p/ρ가 유체 단위 질량당 압력에 의한 에너지인 것을 이해할 수 있다. 식(8.8)을 기계적 에너지 합계의 구배 벡터를 이용하여 나타내면 다음과 같아진다.

$$\boldsymbol{u} \cdot \nabla\left(\frac{1}{2}u^2 + \frac{p}{\rho} + gz\right) = 0 \tag{8.9}$$

이 식은 기계적 에너지 합계의 구배 벡터가 속도 벡터와 직교하는 것을 나타내고 있다. 물리량 구배 벡터는 그 물리량 값이 변화하는 방향을 향하고 있다. 따라서 위 식은 기계적 에너지의 합계가 속도 방향, 즉 유선에 따른 방향으로 변화하지 않는 것을 의미한다. 이에 따라 유선 상에서는 다음 관계가 성립한다.

$$\frac{1}{2}u^2 + \frac{p}{\rho} + gz = (\text{일정}) \tag{8.10}$$

이것은 점성의 영향을 무시할 수 있는 비압축성 유체의 정상 상태 흐름에서 성립하는 식으로, **베르누이의 식**(Bernoulli equation)이라고 한다. 또한 이 식이 성립하는 것을 가리켜 **베르누이의 정리**(Bernoulli's theorem)라고 한다. 식의 각 항은 위에 설명했듯이 단위 질량당 에너지의 차원 $[\mathrm{L}^2 \cdot \mathrm{T}^{-2}]$를 가진다. MKS 단위계로 나타내면

$$[\mathrm{m}^2 \cdot \mathrm{s}^{-2}] = [\mathrm{kg} \cdot \mathrm{m}^2 \cdot \mathrm{s}^{-2} \cdot \mathrm{kg}^{-1}] = [\mathrm{J} \cdot \mathrm{kg}^{-1}]$$

이 된다.

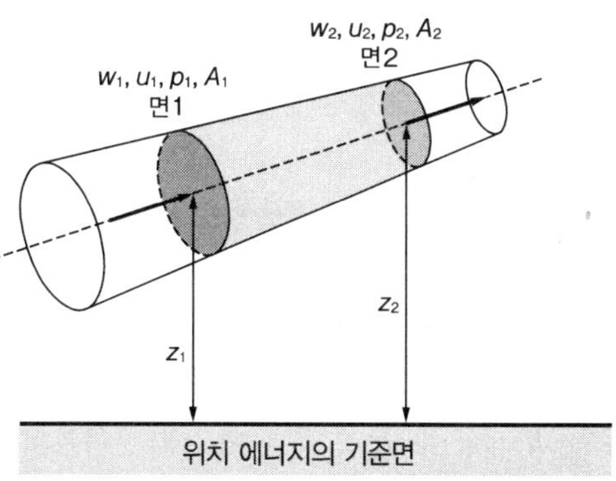

그림 8.1 에너지 수지

베르누이의 식은 그림 8.1의 대상부피(control volume)에 대한 에너지 수지를 통해서도 유도할 수 있다. 단위 시간에 유선에 수직인 대상부피의 경계면 1에 유입, 면 2에서 유출하는 기계적 에너지의 합은 같으므로 다음 식이 성립한다.

$$\frac{1}{2}w_1u_1^2 + p_1u_1A_1 + w_1gz_1 = \frac{1}{2}w_2u_2^2 + p_2u_2A_2 + w_2gz_2 \tag{8.11}$$

단위 시간에 통과하는 에너지이므로, 운동 에너지, 위치 에너지의 질량 부분이 질량 유량 w_1, w_2가 되었다. 정상 상태에서는 $w_1 = w_2$이며, $w_1 = \rho u_1A_1$, $w_2 = \rho u_2A_2$이므로 양 변을 질량 유량으로 나누면 다음 식이 유도된다.

$$\frac{1}{2}u_1^2 + \frac{p_1}{\rho} + gz_1 = \frac{1}{2}u_2^2 + \frac{p_2}{\rho} + gz_2 \tag{8.12}$$

면 1을 지나는 유선은 그대로 면 2도 지난다는 것과, 임의의 두 개의 면에 대해 이 관계가 성립한다는 것을 보아 기계적 에너지의 합계는 유선을 따라 일정해져 식(8.10)이 성립한다.

식(8.10)에 밀도를 곱하면 다음과 같다.

$$\frac{1}{2}\rho u^2 + p + \rho gz = (\text{일정}) \tag{8.13}$$

이 식의 각 항은 압력의 차원을 가진다. 압력의 단위는 [Pa] = [N · m^{-2}]인데, 변환하면

$$[\mathrm{N \cdot m^{-2}}] = [\mathrm{N \cdot m \cdot m^{-3}}] = [\mathrm{J \cdot m^{-3}}]$$

이 된다. 이에 따라 각 항은 단위 부피당 에너지를 나타내고 있다고 볼 수 있다. 압력의 차원으로 나타낸 위 식의 운동 에너지의 항은 **동적 압력**(dynamic pressure)이라고 한다. 그에 대해 유체의 압력 p를 **정적 압력**(static pressure)이라고 한다. 또한 동압과 정압의 합계를 **전체 압력**(total pressure)이라고 한다. 다음으로 식(8.10)을 중력 가속도 g로 나누면 다음과 같아진다.

$$\frac{1}{2g}u^2 + \frac{p}{\rho g} + z = (\text{일정}) \tag{8.14}$$

이 식의 각 항의 차원은 길이이다. 이것들은 각 에너지를 그 길이와 같은 연직 방향 높이에서의 위치 에너지 해당의 에너지로써 나타내고 있다. 이 형태로 나타내는 각 에너지를 **수두**(hydraulic head)라고 하며, 제1항목부터 **속도 수두**(velocity head), **압력 수두**(pressure head), **위치 수두**(elevation head)라고 한다.

베르누이의 식에서는 점성에 의한 에너지 손실을 무시한다. 실제로는 그러한 이상적인 흐름은 존재하지 않지만 에너지 손실은 작은 경우에 이 정리가 응용되는 경우가 있다. 아래에 그 예를 설명하겠다.

예제 8.1 탱크에서 유출되는 물의 속도

그림 8.2의 탱크 밑의 출구에서 유출되는 물의 속도를 구하시오.

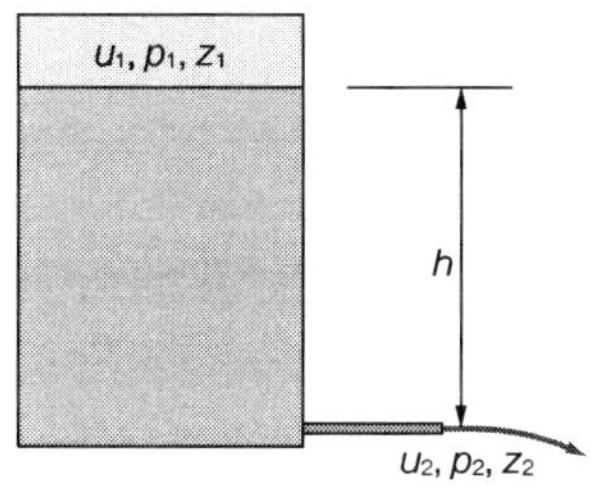

그림 8.2 탱크에서 유출되는 물

풀이

베르누이의 식을 이용하여 흐름의 장에 임의로 설정한 2곳의 에너지 수지를 구할 수 있다. 이 문제에서 대상으로 하는 흐름에서는 탱크의 액면 위치와 출구 부분의 2곳에 주목한다. 그 이유는 2곳 모두 대기에 개방되어 있어 압력이 대기압과 같기 때문이다. 탱크 액면에 번호 1, 출구에 번호 2를 붙인다. 탱크 지름이 출구에 비해 충분히 크므로, $u_1 = 0$이라 할 수가 있다. 또한 압력은 모두 대기압으로 $p_1 = p_2$이며, $h = z_1 - z_2$이므로 식(8.12)를 통해 u_2가 다음과 같아진다는 것이 유도된다.

$$u_2 = \sqrt{2gh} \tag{8.15}$$

탱크에서 유출되는 물의 속도는 액심의 제곱근에 비례한다는 것을 알 수 있다. 이 관계를 **토리첼리의 정리**(Torricelli's theorem)이라고 한다.

다음에는 점성 영향에 의한 마찰 손실을 고려한 유체의 에너지 수지에 대하여 설명하겠다.

8.2 원통관 내 흐름의 마찰 손실

원통관 내 흐름에 대해서는 제4장에서 층류, 제7장에서 난류의 속도 분포에 대해 설명했는데, 그것들은 모두 흐름 방향으로 속도가 변화하지 않는 경우의 반지름 방향의 분포이다. 실제 흐름에서는 그림 8.3과 같이 원통관에 유입된 직후부터 흐름 방향으로

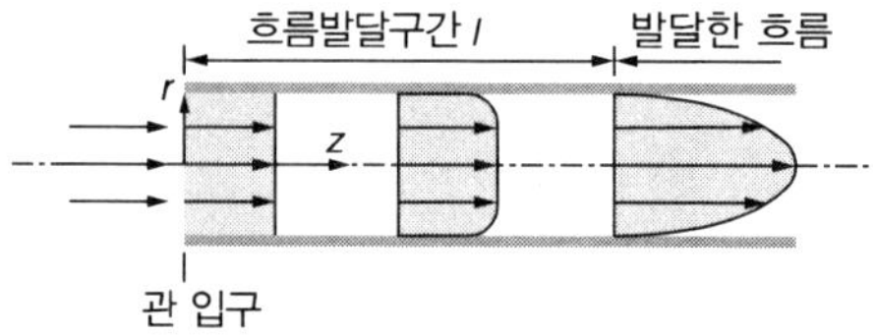

그림 8.3 원통관 내 흐름의 발달 거리

속도 분포가 변화한다. 균일 유속으로 유입한 직후에는 속도는 단면 내에서 거의 일정하다. 벽면의 속도는 유입 직후부터 0이 되기 때문에 관 속을 흐를수록 점차 벽면을 향해 운동량이 이동하고, 벽 부근의 속도가 감소한다. 속도가 감소한 벽 부근에서 중심을 향해 유체가 이동하여, 중심 부근에서는 속도가 증가한다. 충분한 거리를 흐른 후에 속도 분포는 흐름 방향으로 변화하지 않게 된다. 관 입구에서 흐름 방향으로 분포가 변화하지 않게 되는 위치까지를 **발달 거리**(entrance length)라고 한다. 그에 대해 발달 거리의 하류측 흐름을 충분히 발달한 흐름이라고 한다. 발달 거리의 거리 l은 층류, 난류 각각에 대하여 다음 식을 통해 계산된다.

$$\text{층류}: l = 0.065 Re \cdot d \tag{8.16}$$

$$\text{난류}: l = (25 \sim 40) d \tag{8.17}$$

아래에서 설명할 유체 수송의 관내 흐름에서는 관 전체 길이에 대해 발달 거리가 짧으므로, 그 구간에 대해서도 발달한 흐름이라고 가정하고 마찰에 의한 에너지 손실을 계산한다.

발달한 흐름에서 속도 분포가 흐름 방향으로 변화하지 않으므로 가속, 감속이 발생하지 않기 때문에 유체에 가해지는 힘이 균형을 이루어야 한다. 그림 8.4는 연직으로 설치된 내부지름 d의 원통관 내를 유체가 아래에서 위로 흐르는 경우를 나타내고 있다. $z = z_1$, z_2의 단면 사이에 있는 대상부피 내 유체에 가해지는 힘으로써 압력에 의한 힘, 중력, 벽면에서 받는 전단력이 있다. 압력에 의한 힘은 대상부피의 안쪽 방향, 즉, $z = z_1$에서 위쪽으로, z_2에서 아래쪽으로 가해진다. 위쪽 방향을 양수로 하고, 그것들을 정리하여 식으로 나타내면

$$(p_1 - p_2)\frac{\pi d^2}{4} \tag{8.18}$$

이 된다. $\pi d^2/4$는 압력이 가해지는 관 단면적이다. 중력은 아래쪽으로 가해지므로 다음과 같아진다.

$$-\rho g\frac{\pi d^2}{4}L \tag{8.19}$$

$\pi d^2L/4$는 중력을 받는 유체의 부피이다. 벽면으로부터 받는 전단응력은 아래쪽으로 향하므로,

$$-\tau_w\pi dL \tag{8.20}$$

이 된다. πdL은 벽면과 유체가 접하는 원통관의 면적이다. 이 힘이 점성에 의해 발생하는 마찰력에 해당한다. 이와 같은 힘이 균형을 이루어 다음의 식이 성립한다.

$$(p_1-p_2)\frac{\pi d^2}{4}-\rho g\frac{\pi d^2}{4}L-\tau_w\pi dL=0 \tag{8.21}$$

여기에서 $P=p+\rho gz$라 하면 $z=z_1$, z_2의 단면의 P의 차이 ΔP는 아래와 같이 나타낼 수 있다.

$$\Delta P=P_1-P_2=p_1+\rho gz_1-(p_2+\rho gz_2)=p_1-p_2-\rho gL \tag{8.22}$$

p, ρgz는 베르누이의 식(8.13)과 같이 각각 단위 부피당 압력 에너지, 위치 에너지이다. 따라서 $P=p+\rho gz$는 $z=z$의 단면의 단위 부피당 압력 에너지와 위치 에너지의 합계에 해당한다. 발달한 흐름에서는 흐름 방향으로 속도가 변화하지 않으므로 2단면의 운동 에너지는 같다. 따라서 ΔP는 $z=z_1$, z_2 단면의 유체의 기계적 에너지 차이를 나타내고 있는 게 된다. 마찰에 의한 손실이 없다면 베르누이의 정리에 따라 $\Delta P=0$이 되는데, 손실이 있는 경우는 하류의 에너지가 더 작아지기 때문에 $\Delta P>0$이 되어, 그 값이 **마찰 손실**(friction loss)에 해당한다. 또한 마찰 유무에 상관없이 위치 에너지의 차이는 $-\rho gL$로 변하지 않으므로 에너지 손실은 압력 손실이라는 형태로 나타나는 것을 알 수 있다. 그 때문에 ΔP는 **압력 손실**(pressure loss)이라고 한다. 또한 제4장의 식(4.14)의 ΔP도 동일한 의미를 가지고 있다. 식(8.22)를 (8.21)에 대입하면 다음 관계가 유도된다.

$$\frac{\Delta P}{L}=\frac{4}{\pi d^2L}\tau_w\pi dL=\frac{4}{d}\tau_w \tag{8.23}$$

여기에서 좌변은 관 단위 길이당 압력 손실이다. 한편, 우변의 $\tau_w\pi dL$는 식 (8.20)과 같은 마찰력과 단위 길이의 곱이라고 볼 수 있다. 또한 $\pi d^2L/4$는 대상부피(control volume) 내 유체의 부피이다. 따라서 식의 우변은 그림 8.4의 두 단면 사이에 있는 단

위 부피의 유체가 단위 길이를 이동하는 사이에 마찰력에 의해 받는 마이너스의 일의 절대치와 같다. 따라서 위 식은 압력 손실이 마찰력에 의해 하는 일과 같은 것을 나타내고 있다는 것을 알 수 있다. 유체를 수송할 때에는 이 식과 같은 손실을 펌프 등을 통해 보충할 필요가 있다. 수송을 위한 배관을 설계할 때에는 유체의 밀도, 점도와 같은 물성과 유량, 관 사이즈 등 조건이 주어진다. 펌프에 필요한 성능을 명확하게 하기 위해서는 압력 손실을 그들 물성과 조건을 바탕으로 계산하는 방법이 필요해진다. 위에 설명했듯이 τ_w와 벽 면적의 곱은 마찰력에 해당한다. 원통관에 한정되지 않고 마찰력과 유체 단위 부피당 운동에너지 관계는 다음 식으로 나타낼 수 있다.

$$(\text{마찰력}) = \tau_w A = f\frac{1}{2}\rho U^2 A \tag{8.24}$$

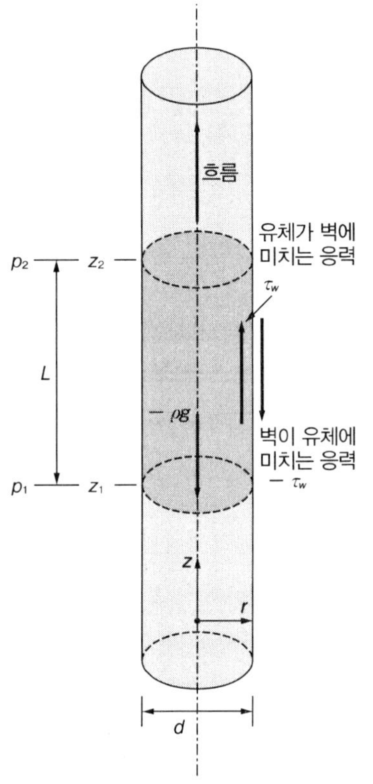

그림 8.4 원통관 내 유체에 가해지는 힘

여기에서 f는 **관 마찰 계수**(friction factor)라고 하는 무차원수이다. 또한 U는 흐름의 장의 대표 속도로 원통관 내 흐름인 경우는 관 단면 평균 유속 u_a, A는 유체와 관의 접촉 면적이다. 이 식의 양변을 A로 나누어 식(8.23)에 대입하면 다음 식이 유도된다.

$$\Delta P = 4f\frac{L}{d}\frac{1}{2}\rho u_a^2 \tag{8.25}$$

이 식은 **패닝의 식**(Fanning's equation)이라고 하며, 위에서 설명한 유체 수송 조건과 압력 손실 ΔP의 관계를 나타내고 있다. 유도할 때 층류 또는 난류 조건을 고려하지 않았기 때문에 모든 경우에도 이 식은 성립한다. 관 마찰 계수를 흐름 조건을 통해 구할 수 있다면 이 식을 통해 압력 손실을 계산할 수 있는데, 그 구하는 방법은 층류와 난류에 따라 다르다.

층류인 경우 속도 분포는 식(4.45)로 나타낼 수 있다. 이 때 관 단면 평균 유속과 압력 손실의 관계는 식(4.48)과 같다.

$$u_a = \frac{4Q}{\pi d^2} = \frac{\Delta P d^2}{32\mu L} \tag{4.48}$$

이 식과 식(8.25)를 비교하면 관 마찰 계수에 대하여 다음 식이 유도되어 레이놀즈 수만의 함수인 것을 알 수 있다.

$$f = \frac{16\mu}{\rho u_a d} = \frac{16}{Re} \tag{8.26}$$

난류인 경우에는 관 마찰 계수는 레이놀즈 수와 관 내벽의 거칠기의 함수가 된다. 관의 거칠기는 벽면 요철의 높이를 대표하는 길이이다. 이 길이 e와 관 내부지름 d의 비를 **상대 거칠기**(relative roughness)라고 한다. 그림 8.5는 관 마찰 계수와 레이놀즈 수, 상대 거칠기의 관계를 나타낸 것으로 **무디 선도**(Moody chart)라는 것이다. 층류에 대해서는 식(8.26)의 관계, 난류에 대해서는 과거에 실험적으로 구해진 결과를 바탕으로 그려져 있다. 사용하는 관의 거칠기에 대응하는 곡선을 통한 레이놀즈 수에 따라 f를 구할 수 있다. 상대 거칠기가 어느 정도 이하가 되면 f는 거칠기와 상관없이 레이놀즈 수만의 함수가 된다. 이러한 관을 유체 역학적으로 평활한 관이라고 하며, 그림의 평활관이라고 쓰여 있는 곡선을 통해 f를 구할 수 있다. 평활관인 경우는, 다음 실험식을 통해 f를 계산할 수도 있다.

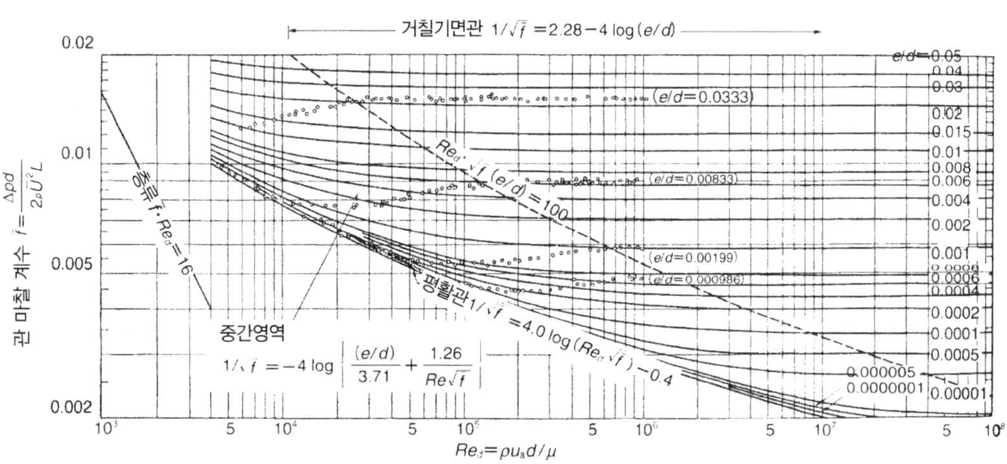

그림 8.5 관 마찰 계수와 레이놀즈 수의 관계
(화학공학회 편, "화학 공학 편람 개정 제7판", 마루젠(丸善)출판(2011년)의 p.126에서 인용함)

플란틀의 식 :

$$\frac{1}{\sqrt{f}} = 4.0 \log(Re\sqrt{f}) - 0.4 \tag{8.27}$$

이타야(板谷)의 식 :

$$f = \frac{0.0785}{0.7 - 1.65\log Re + (\log Re)^2} \tag{8.28}$$

블라시우스의 식(Blasius formula) :

$$f = 0.0791\,Re^{-1/4} \ (\text{적용 범위 : } Re < 10^5) \tag{8.29}$$

이와 같은 관 마찰 계수와 레이놀즈 수의 관계, 패닝의 식에 따라 압력 손실을 계산하는 순서는 다음과 같다.

① **유체 물성, 조작 조건, 관 사이즈 확인**

다음 조건을 확인한다.

(i) 유체의 물성 : 점도 μ, 밀도 ρ

(ii) 조작 조건 : 질량 유량 w, 또는 부피 유량 Q

(iii) 관 사이즈 : 관 내부지름 d, 관 길이 L

② **레이놀즈 수 계산**

유량에 따라 다음 식에서 관 단면 평균 유속, 그리고 레이놀즈 수를 계산하여 층류인지 난류인지를 확인한다.

$$u_a = \frac{4Q}{\pi d^2} = \frac{4w}{\rho\pi d^2}, \qquad Re = \frac{\rho u_a d}{\mu}$$

③ **관 마찰 계수 *f*의 계산**

(i) 층류 : 식(8.26)에 따라 계산.

(ii) 난류 : 그림 8.5에서 읽거나, 평활관인 경우는 실험식(8.27)~(8.29)에 따라 계산.

④ **압력 손실 계산**

패닝의 식(8.25)를 통해 계산.

이 순서에 따라 압력 손실을 계산하는 예제가 다음과 같다.

예제 8.2

내부지름 0.100 m, 길이 20.0 m의 원통관 내를 물(점도 1.00×10^{-3} Pa·s, 밀도 1.00×10^{3} kg·m^{-3}으로 한다)이 질량 유량 2.00 kg·s^{-1}로 흐를 때의 압력 손실을 계산하시오.

풀이

위에 설명한 절차에 따라 계산한다.

① 유체의 점도, 밀도와 조작 조건, 관 내부지름 길이는 문제에서 주어져 있다.

② 질량 유량 w가 주어져 있으므로 관 단면 평균 유속과 레이놀즈 수는 다음과 같이 구할 수 있다.

$$u_{\mathrm{a}}=\frac{4w}{\rho\pi d^2}=2.55\times10^{-1}\ \mathrm{m\cdot s^{-1}},\qquad Re=\frac{\rho u_{\mathrm{a}}d}{\mu}=2.55\times10^{4}$$

$Re>4000$이므로 난류이다.

③ 난류이며 실험식 중 가장 간단한 형태인 블라시우스의 식(8.29)의 적용 범위 내 레이놀즈 수이므로, 다음 식을 통해 관 마찰 계수를 계산한다.

$$f=0.0791Re^{-1/4}=6.26\times10^{-3}$$

④ 패닝의 식 (8.25)에 따라 압력 손실을 계산한다.

$$\Delta P=4f\frac{L}{d}\frac{1}{2}\rho u_{\mathrm{a}}^2=1.62\times10^{2}\ \mathrm{Pa}$$

이와 같은 예제와는 반대로 배관 내에서 계측된 압력 손실을 통해 유량을 계산할 필요가 생기는 경우도 있는데 이 경우는 미리 층류인지 난류인지를 판단할 수 없기 때문에 다소 복잡한 과정을 거칠 필요가 있다. 아래에 그 예를 설명하겠다.

예제 8.3

내부지름 0.05 m의 원통관 내를 물이 흐르고 있다. 흐름 방향으로 5.00 m 떨어진 두 곳의 압력 손실을 측정해보자 50.0 Pa였다. 이 경우의 물의 질량 유량을 구하시오. 물의 물성은 예제 8.2와 동일한 값을 사용하시오.

풀이

레이놀즈 수의 정의식을 관 단면 평균 유속에 대하여 푼 식

$$u_a = \frac{Re\mu}{\rho d}$$

를 패닝의 식(8.25)에 대입하면 다음 식이 유도된다.

$$fRe^2 = \frac{\rho d^3}{2\mu^2}\frac{\Delta P}{L} \tag{8.30}$$

이 식 우변의 각 양은 주어져 있으므로 fRe^2을 계산할 수 있어 그 값은 6.25×10^5가 된다.

우선 층류라고 가정하면 $f=16/Re$이므로

$$fRe^2 = 16Re = 6.25\times10^5 \quad\rightarrow\quad Re = 3.91\times10^4$$

가 되어 레이놀즈 수가 층류 범위가 되지 않으므로 가정이 틀렸다는 것을 알 수 있다. 여기에서 다시 난류라고 가정하고 블라시우스의 식(8.29)를 적용하면

$$fRe^2 = 0.0791Re^{-14}Re^2 = 0.0791Re^{7/4} = 6.25\times10^5$$
$$\rightarrow\quad Re = 8.74\times10^3$$

이 되어 난류 범위인 것과 블라시우스의 식 적용 범위인 것이 확인된다. 따라서 구해진 레이놀즈 수 값을 바탕으로 관 단면 평균 유속, 질량 유량을 계산하면 다음과 같아진다.

$$u_a = \frac{Re\mu}{\rho d} = 1.75\times10^{-1}\ \mathrm{m\cdot s^{-1}}$$

$$w = \rho\frac{\pi d^2}{4}u_a = 3.44\times10^{-1}\ \mathrm{kg\cdot s^{-1}}$$

8.3 기계적 에너지 수지식

유체를 수송하는 배관을 설계할 때에는 원통관과 그림 8.6과 같은 엘보, 밸브 등 부품의 마찰 손실을 구한 후에 유체의 에너지 수지를 통해 펌프가 보충해야하는 에너지를 산출한다. 그 계산에는 8.1절에서 유도한 베르누이의 식을 마찰 손실이 있는 경우를 고려하여 확장한 다음 **기계적 에너지 수지식**(mechanical energy balance)을 이용한다.

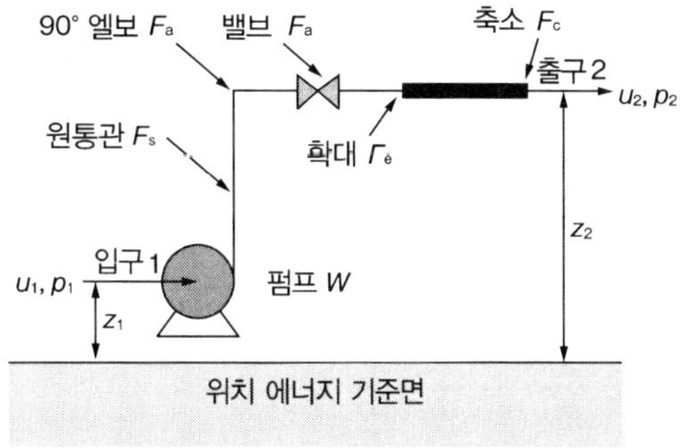

그림 8.6 배관에 의한 유체 수송

$$\frac{1}{2}\alpha u_{a1}^2 + \frac{p_1}{\rho} + gz_1 + W = \frac{1}{2}\alpha u_{a2}^2 + \frac{p_2}{\rho} + gz_2 + \sum F \qquad (8.31)$$

각 항의 차원은 베르누이의 식(8.10)과 같이 유체 단위 질량당 에너지이다. W는 펌프가 단위 질량의 유체에 하는 일, $\sum F$는 원통관 및 각종 배관 부품의 마찰로 인해 단위 질량의 유체가 잃는 에너지를 나타낸다. 이 식은 배관 입구 1의 유체의 기계적 에너지와 펌프에 의한 일의 합계가 출구 2의 기계적 에너지와 마찰에 의한 손실의 총합과 같다는 것을 나타내고 있다.

베르누이의 식에서는 관 단면에서 속도가 변화하지 않는 경우를 상정하고 있는데, 점성을 가지는 유체의 경우는 속도가 변화하기 때문에 단면 내 위치에 따라 운동 에너지가 다르다. 위 식에서는 관 단면 평균 유속을 대표 속도로 하고 있는데, 속도 분포를 고려한 운동 에너지의 평균은 관 단면 평균 유속의 제곱에 의해 구해지는 값과는 다르다. 그래서 운동 에너지의 항에 계수 α를 곱하여 그 차이를 보정하고 있다. 층류인 경우는 $\alpha = 2$, 난류인 경우는 속도 분포가 평탄하기 때문에 $\alpha = 1$로써 지장이 없다. 유체 수송에서는 대부분의 경우 난류이므로 아래에서는 $\alpha = 1$으로 한다.

단위 질량당 마찰 손실 중, 원통관의 손실 F_s는 압력 손실에 대한 패닝의 식(8.25)을 통해 구할 수 있다. 압력 손실은 단위 부피당 손실이므로 패닝의 식 양변을 밀도 ρ로 나눠

$$F_s = \frac{\Delta P}{\rho} = 4f\frac{L}{d}\frac{1}{2}u_a^2 \qquad (8.32)$$

가 된다. 그림 8.6과 같은 밸브 및 관을 접속하는 엘보 등의 이음매를 포함하는 각종 배관 부품의 손실은 다음 경험식을 통해 계산된다. 그들 식은 모두 위의 F_s의 경우와 마찬가지로, 단위 질량당 운동 에너지에 계수를 곱한 형태가 된다.

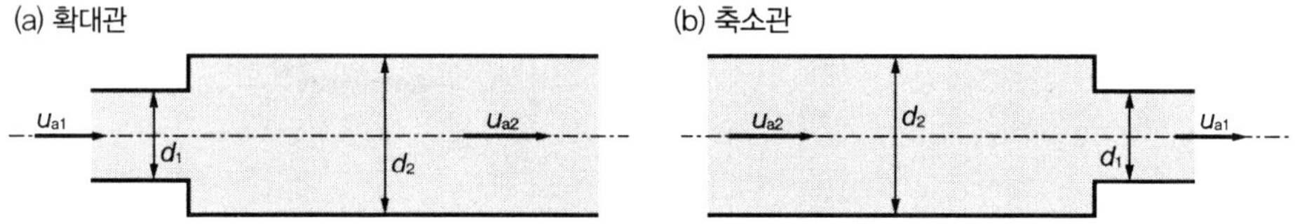

그림 8.7 확대관·축소관

① 확대관·축소관

각각 다음 식을 통해 계산할 수 있다.

$$\text{확대관 : } F_{\mathrm{e}} = \left(1 - \frac{d_1^2}{d_2^2}\right)^2 \cdot \frac{1}{2}u_{\mathrm{a1}}^2 \tag{8.33}$$

$$\text{축소관 : } F_{\mathrm{c}} = 0.4\left(1 - \frac{d_1^2}{d_2^2}\right) \cdot \frac{1}{2}u_{\mathrm{a1}}^2 \tag{8.34}$$

그림 8.7과 같이 d_1, d_2는 각각 미세관, 굵은 관의 내부지름이다. 또한 식의 운동 에너지를 나타내는 부분은 모든 경우가 미세관의 단면 평균 유속 u_{a1}을 바탕으로 한다는 것에 주의할 필요가 있다.

② 밸브(valve), 엘보(elbow) 등 이음매

식(8.32)의 원통관 길이 L을 각종 부품에 특유의 **상당 길이**(equivalent length) L_{e}로 치환한 다음 식을 통해 계산할 수 있다.

$$F_{\mathrm{a}} = 4f\frac{L_{\mathrm{e}}}{d}\frac{1}{2}u_{\mathrm{a}}^2 \tag{8.35}$$

상당 길이는 각 부품을 동일 내부지름의 원통관으로 치환할 때 동등한 마찰 손실이 발생하는 관 길이이다. 그 길이는 표 8.1과 같이 관 내부지름에서 무차원화 된 값으로써 주어져있다. 또한 관 마찰 계수 f는 부품이 접속되어있는 원통관의 값을 이용한다.

위의 각 식을 이용하여 배관의 마찰 손실을 계산하는 방법을 다음 예제를 통해 설명하겠다.

표 8.1 각종 배관 이음매의 상당 길이

이음매 종류	상당 길이 L_e/d [–]
45° 엘보	15
90° 엘보	32
십자 이음	50
T자 이음	40∼80
글로브 밸브(전개)	300

예제 8.4

그림 8.8의 배관을 통해 물(점도 1.00×10^{-3} Pa·s, 밀도 1.00×10^{3} kg·m^{-3}으로 한다)을 질량 유량 4.0 kg·s^{-1}로 탱크 1에서 탱크 2로 수송한다. 탱크 1은 1.5 atm, 탱크 2는 3.0 atm으로 가압되고 있다. 그림 8.8에는 생략되어 있지만, 배관에는 90° 엘보가 15개, 밸브가 2개 있으며, 원통관 내부 지름은 0.100 m, 길이의 합계는 600 m이다. 90° 엘보, 밸브, 원통관 외 마찰 손실은 무시할 수 있다. 펌프가 단위 질량의 유체에 해야 하는 일 W를 구하시오. 단, 1 atm=1.01×10^{5} Pa로 한다.

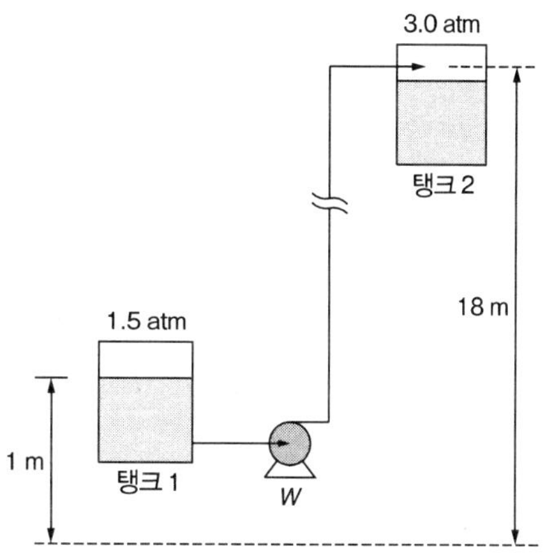

그림 8.8 유체를 수송하는 배관

풀이

예제 8.2의 원통관 내 압력 손실을 구하는 경우와 마찬가지로, 처음에 관 단면 평균 유속과 레이놀즈 수를 구한다.

$$u_a = \frac{4w}{\rho\pi d^2} = 5.09\times10^{-1}\ \mathrm{m\cdot s^{-1}}, \qquad Re = \frac{\rho u_a d}{\mu} = 5.09\times10^{4}$$

난류에서 블라시우스의 식(8.29)의 적용 범위이므로 관 마찰 계수는 다음과 같아진다.

$$f = 0.0791 Re^{-1/4} = 5.27\times10^{-3}$$

다음으로 마찰 손실을 계산한다.

① 원통관

문제에 있는 대로 원통관 부분은 중간에 엘보, 밸브 등이 있기 때문에 몇 가지 구간으로 나눠져 있지만 그것들을 합하면 600 m가 된다. 대부분의 배관 수송은 몇 가지 구간으로 구별되는 원통관을 합계 길이 해당의 하나의 원통관이라고 간주하고 일괄하여 에너지 손실을 계산한다. 따라서 F_s는 아래와 같아진다.

$$F_s = 4f\frac{L}{d}\frac{1}{2}u_a^2 = 1.64 \times 10\ \mathrm{J \cdot kg^{-1}}$$

② **엘보**

표 8.1에 있는 90° 엘보의 L_e/d의 값 32를 이용하여 직원관과 같이 $f=5.27\times10^{-3}$으로 계산한다. 전부 15개 이므로 1개의 값을 15배한다.

$$F_{a\text{엘보}} = 15 \times 4f\frac{L_e}{d}\frac{1}{2}u_a^2 = 1.31\ \mathrm{J/kg}$$

③ **밸브**

글로브 밸브를 전개하여 표 8.1의 L_e/d의 값 300을 이용하여 엘보와 마찬가지로 개수를 고려하여 계산한다.

$$F_{a\text{밸브}} = 2 \times 4f\frac{L_e}{d}\frac{1}{2}u_a^2 = 1.64\ \mathrm{J/kg}$$

이에 따라 전체 마찰 손실은 다음과 같아진다.

$$\sum F = F_s + F_{a\text{엘보}} + F_{a\text{밸브}} = 1.94 \times 10\ \mathrm{J/kg}$$

다음으로 기계적 에너지 수지식(8.31)을 W에 대하여 풀면

$$W = \frac{1}{2}(u_{a2}^2 - u_{a1}^2) + \frac{p_2 - p_1}{\rho} + g(z_2 - z_1) + \sum F$$

가 된다. 여기에서 u_{a1}은 탱크 1 액면의 강하 속도인데, 탱크 2 내의 관 출구의 속도인 u_{a2}에 비해 무시할 수 있을 정도로 작기 때문에 $u_{a1}=0$으로 할 수 있다. 또한 $p_2 - p_1 = 1.5\ \mathrm{atm} = 1.52\times10^5\ \mathrm{Pa}$, $z_2 - z_1 = 17\ \mathrm{m}$이므로 W는 다음과 같아진다.

$$W = 3.38 \times 10^2\ \mathrm{J/kg}$$

이것은 유체 단위 질량당 일인데, 펌프 성능으로는 동력, 즉 일률을 구하는 것이 바람직하다. 단위 시간에 펌프를 통과하는 유체의 질량은 질량 유량으로, 이 문제의 경우 $w = 4.00\ \mathrm{kg \cdot s^{-1}}$이므로 동력은 다음과 같이 구할 수 있다.

$$P_P = wW = 1.35 \times 10^3\ \mathrm{W} = 1.35\ \mathrm{kW}$$

펌프 동력은 모두 유체로의 일로 변환되는 것이 아니라 일부는 펌프 자신을 가동시키기 위해 소비된다. 그를 위해 필요한 동력과 유체에 이루어지는 일의 합계가 펌프의 전체 소비 동력 P_E이다. P_E 중 유체로의 일이 되는 비율을 **펌프 효율**(pump efficiency)이라고 하며, η로 표기한다. 사용하는 펌프의 효율이 70 %이면 $\eta=0.7$가 되므로 전체 소비 동력

은 다음과 같아진다.

$$P_{\mathrm{E}} = \frac{P_{\mathrm{P}}}{\eta} = 1.92\ \mathrm{kW}$$

유체 수송의 배관 내 유체의 에너지 변화는 8.1절에서 설명한 수두의 형태로 나타내는 경우가 많다. 기계적 에너지 수지식(8.31)의 각 항을 수두 형태로 하기 위하여 양변을 중력 가속도 g로 나누면 다음과 같아진다.

$$\frac{1}{2g}u_{\mathrm{a1}}^2 + \frac{p_1}{\rho g} + z_1 + \frac{W}{g} = \frac{1}{2g}u_{\mathrm{a2}}^2 + \frac{p_2}{\rho g} + z_2 + \frac{\sum F}{g} \tag{8.36}$$

W/g는 펌프가 하는 일을 수두 형태로 나타낸 것으로, **양정**(pump head)이라고 한다. 유체의 수두 총합을

$$h = \frac{1}{2g}u_{\mathrm{a}}^2 + \frac{p}{\rho g} + z \tag{8.37}$$

로 하고, 배관에서 유체를 수송할 때 각 위치에서의 대략적인 h의 변화를 나타내면 그림 8.9와 같아진다. 그림의 위치 1에서 위치 2로 유체를 수송하는 경우에 대하여 생각해보자. s, d는 각각 펌프 흡입구와 토출구 위치를 나타낸다. 1과 2의 압력을 모두 대기압 p_0으로 한다. 1에서 s까지는 마찰 손실에 의해 수두가 감소한다. s에서 d의 구간에서는 펌프에게서 일을 받아 수두가 급격히 상승한다. d에서 출구 2까지는 마찰에 의한 손실에 의해 수두는 감소한다. 1과 2의 수두 차이는 각각 위치의 유체의 에너지 차이에 해당한다. 관내 속도가 일정하고 운동 에너지가 같다는 점과, 1과 2의 압력이 모두 대기압인 점에 따라 수두 차이는 다음 식과 같이 1과 2의 높이 차이가 된다.

$$h_2 - h_1 = \left(\frac{1}{2g}u_{\mathrm{a2}}^2 + \frac{p_w}{\rho g} + z_2\right) - \left(\frac{1}{2g}u_{\mathrm{a1}}^2 + \frac{p_1}{\rho g} + z_1\right) = z_2 - z_1 \tag{8.38}$$

마찰 손실을 무시할 수 있는 경우, 펌프는 이 식과 같은 높이 차이에 해당하는 위치 에너지 만큼의 일을 하면 1에서 2까지 유체를 수송할 수 있다. 이 수두 차이를 실양정이라고 한다. 실제로는 마찰 손실이 발생하므로, 더욱 그 손실에 해당하는 $\Delta h_{1\mathrm{s}}$와 $\Delta h_{\mathrm{d}2}$의 합계에 해당하는 일을 할 필요가 있다. 따라서 펌프가 하는 모든 일에 해당하는 수두는 다음 식으로 나타낼 수 있다.

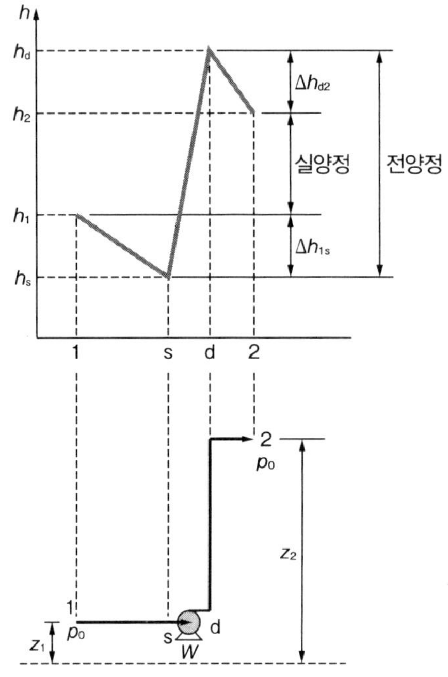

그림 8.9 배관 내 수두의 변화

$$\begin{aligned}\frac{W}{g} &= \left(\frac{1}{2g}u_{\mathrm{a2}}^2 + \frac{p_2}{\rho g} + z_2\right) - \left(\frac{1}{2g}u_{\mathrm{a1}}^2 + \frac{p_1}{\rho g} + z_1\right) + \frac{\sum F}{g} \\ &= z_2 - z_1 + \frac{\sum F}{g} = h_2 - h_1 + \Delta h_{1\mathrm{s}} + \Delta h_{\mathrm{d2}} \qquad (8.39)\end{aligned}$$

이것을 전양정이라고 한다.

유체의 속도 수두는 1의 입구에서 배관 안을 지나 2의 출구 위치까지 일정한데, 압력 수두는 입구와 출구에서는 같지만 관내에서는 변화한다. 그림 8.10은 배관 내 압력 수두와 위치 수두의 변화를 나타내고 있다. 1에서 s까지의 압력 수두의 감소는 이 구간의 마찰 손실에 해당하므로

$$\frac{p_0}{\rho g} - \frac{p_{\mathrm{s}}}{\rho g} = \Delta h_{1\mathrm{s}} \qquad (8.40)$$

이 된다. 펌프에 의한 일은 모두 s에서 d 구간의 압력 수두의 증가분에 대응하므로

$$\frac{p_{\mathrm{d}}}{\rho g} - \frac{p_{\mathrm{s}}}{\rho g} = \frac{W}{g} \qquad (8.41)$$

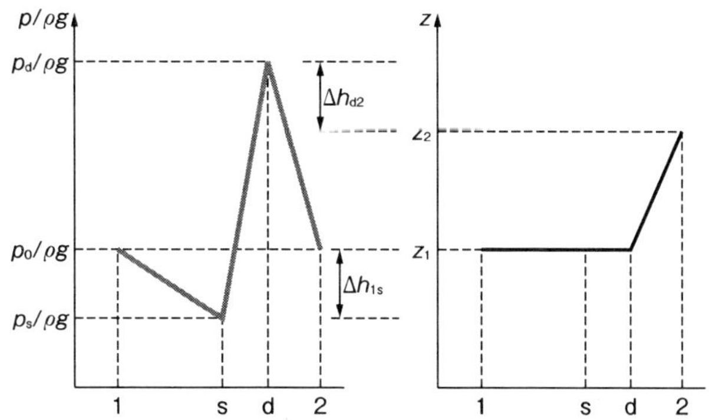

그림 8.10 배관 내 압력 수두와 위치 수두

이다. 또한 d에서 2의 구간에서 압력 수두는 감소하고 2에서 1의 값과 같아진다. 이 구간의 감소는 일부가 위치 수두의 상승분으로 변환되고 남은 것이 d와 2 사이의 마찰에 의해 손실되므로

$$\frac{p_{\mathrm{d}}}{\rho g} - \frac{p_0}{\rho g} = z_2 - z_1 + \Delta h_{\mathrm{d2}} \tag{8.42}$$

의 관계가 성립한다.

펌프 흡입구 s의 압력 p_s가 액체의 증기압보다 낮아지면 기포가 발생하는 **캐비테이션**(cavitation)이라는 현상이 발생하여 펌프 손상을 준다. 그 때문에 배관 설계에 있어서는 흡입 부분의 압력 손실이 너무 커지지 않도록 고려할 필요가 있다.

학습의 키워드

ㅁ기계적 에너지 ㅁ운동 에너지 ㅁ위치 에너지 ㅁ압력 에너지 ㅁ내부 에너지 ㅁ구배 벡터 ㅁ나블라 ㅁ퍼텐셜 ㅁ베르누이의 식 ㅁ베르누이의 정리 ㅁ동적 압력 ㅁ정적 압력 ㅁ전체 압력 ㅁ수두 ㅁ속도 수두 ㅁ압력 수두 ㅁ위치 수두 ㅁ토리첼리의 정리 ㅁ발달 거리 ㅁ마찰 손실 ㅁ압력 손실 ㅁ관 마찰 계수 ㅁ패닝의 식 ㅁ상대 거칠기 ㅁ무디 선도 ㅁ블라시우스의 식 ㅁ기계적 에너지 수지식 ㅁ상당 길이 ㅁ펌프 효율 ㅁ양정 ㅁ캐비테이션

제8장 연습문제

아래의 문제에서 난류인 경우의 관 마찰 계수 계산에는 블라시우스의 식(8.29)을 이용하시오.

8.1 제6장 연습문제 6.9의 원통형 좌표계의 흐름은 점성과 중력의 영향을 무시할 수 있다고 가정된다. 이 흐름에 대하여 베르누이의 정리가 성립하는 것을 설명하시오.

8.2 그림 ❶의 탱크 1, 탱크 2는 각각 $p_1 = 2.00$ atm, $p_2 = 3.00$ atm으로 가압되고 있다. 탱크 1의 물(밀도 1.00×10^3 kg·m^{-3})이 파이프를 통해 탱크 2로 흐를 때, 탱크 2의 파이프 출구의 유체 속도를 구하시오. 단 흐름은 정상으로, 마찰로 인해 잃는 에너지는 없다고 가정한다. 또한 파이프 내부지름에 대해 탱크 지름은 충분히 크다. 또한 1.00 atm $= 1.01 \times 10^5$ Pa이다.

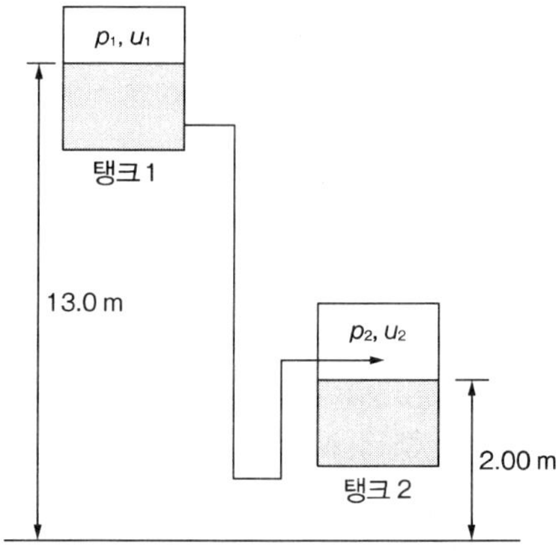

그림 ❶ 문제 8.2의 탱크 간 유체 수송

8.3 그림 ❷의 탱크 1은 2 atm, 탱크 2는 3.7 atm으로 가압되고 있다. 두 탱크 모두 물(밀도 $\rho = 1000$ kg·m^{-3})이 들어있어, 두 개의 탱크를 잇는 파이프에도 물이 채워져 있다. 밸브가 닫혀 있어 물이 흐르지 않는 상태에서 임의의 순간에 전개할 경우, 물은 어느 탱크에서 어느 탱크를 향해 흐르기 시작하는지 정량적으로 고찰하시오. 또한 1 atm $= 1.01 \times 10^5$ Pa이다.

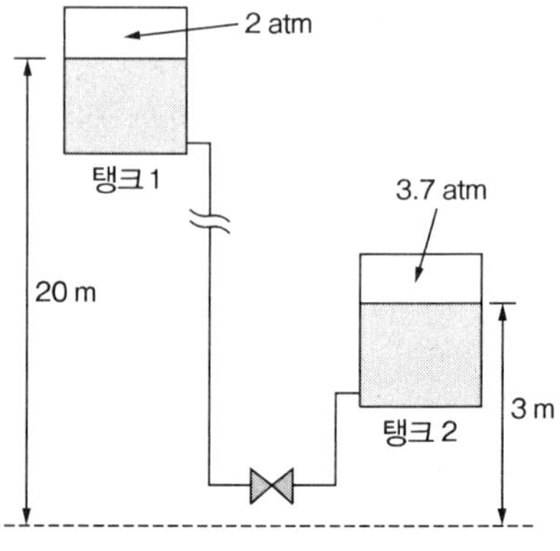

그림 ❷ 문제 8.3의 두 개의 탱크

8.4 하류로 갈수록 내부지름이 커지는 원통관 안에 물(밀도 1.00×10^3 $kg \cdot m^{-3}$)이 질량 유량 2.00 kg/s로 흐른다. 단면 1, 단면 2의 내부지름을 각각 35.0 mm, 80.0 mm, 또한 $z_1 = 0.800$ m, $z_2 = 0.100$ m로 한다(그림 ❸). 흐름이 정상이고 마찰로 인한 에너지 손실이 없다고 가정할 수 있는 경우에 두 단면간 압력차 $p_1 - p_2$를 구하시오.

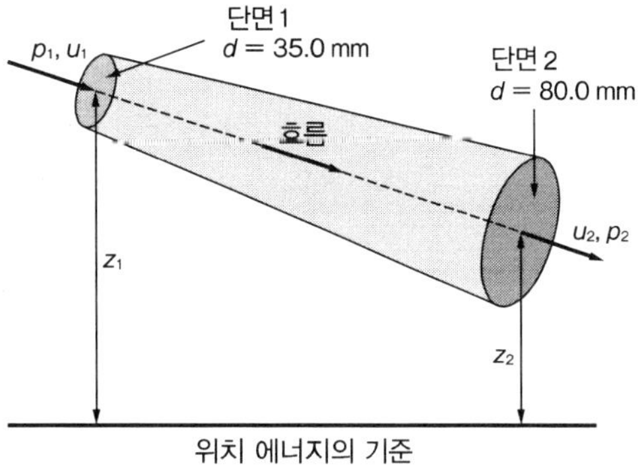

그림 ❸ 확대관 내 흐름

8.5 내부지름 2.00 cm의 원통관 안에 물(밀도 $\rho = 1.00 \times 10^3$ $kg \cdot m^{-3}$, 점도 $\mu = 1.00 \times 10^{-3}$ $Pa \cdot s$)이 흐른다. 질량 유량이 2.00×10^{-2} kg/s, 5.50×10^{-1} $kg \cdot s^{-1}$인 경우의 발달 거리를 구하시오. 난류인 경우는 $l = 30d$로 한다.

8.6 내부지름 20.0 mm, 길이 30.0 m의 원통관 안에 물(밀도 $\rho = 1.00 \times 10^3$ $kg \cdot m^{-3}$, 점도 $\mu = 1.00 \times 10^{-3}$ $Pa \cdot s$)이 질량 유량 5.00×10^{-1} kg/s로 흐를 경우의 압력 손실을 구하시오.

8.7 밀도 $\rho = 1.00 \times 10^3$ $kg \cdot m^{-3}$, 점도가 $\mu = 2.20 \times 10^{-2}$ $Pa \cdot s$인 유체가 문제 8.6과 동일한 원통관을 동일 질량 유량으로 흐를 경우의 압력 손실을 구하시오.

8.8 내부지름 4.50 cm의 원통관 안에 물(밀도 $\rho = 1.00 \times 10^3$ $kg \cdot m^{-3}$, 점도 $\mu = 1.00 \times 10^{-3}$ $Pa \cdot s$)이 흐른다. 흐름 방향으로 50.0 m 떨어진 두 곳의 압력 손실을 측정하자, 8.00×10^2 Pa이었다. 이때의 물의 관 단면 평균 유속과 질량 유량을 구하시오.

※ 아래의 유체 수송 문제에서는 다음 점에 주의할 것.
① 엘보, 밸브, 원통관 외의 마찰 손실은 무시할 수 있다.
② 파이프 내부지름에 대하여 탱크 지름은 충분히 크다.
③ 90° 엘보, 밸브의 무차원 상당 길이 L_e/d의 값은 각각 표 8.1과 같은 32와 300을 이용하시오.
④ 중력 가속도 $g=9.81\ \mathrm{m\cdot s^{-2}}$, $1\ \mathrm{atm}=1.01\times10^5\ \mathrm{Pa}$로 한다.

8.9 밀도 $1.10\times10^3\ \mathrm{kg\cdot m^{-3}}$, 점도 $3.68\times10^{-3}\ \mathrm{Pa\cdot s}$의 유체를 그림 ❹와 같은 배관을 통해 탱크 1에서 탱크 2에 질량 유량 8.00 kg/s로 수송한다. 원통관 내부지름은 15.0 cm, 원통관 부분 길이의 합계는 50.0 m이다. 그림 ❹에서는 생략되어 있지만, 90° 엘보 10개, 밸브 2개가 접속되어있다. 또한 두 개의 탱크는 모두 대기에 개방되어 있다. 펌프 효율이 80 %일 때 이 유체 수송에 필요한 펌프의 전체 소비 동력 P_E를 구하시오.

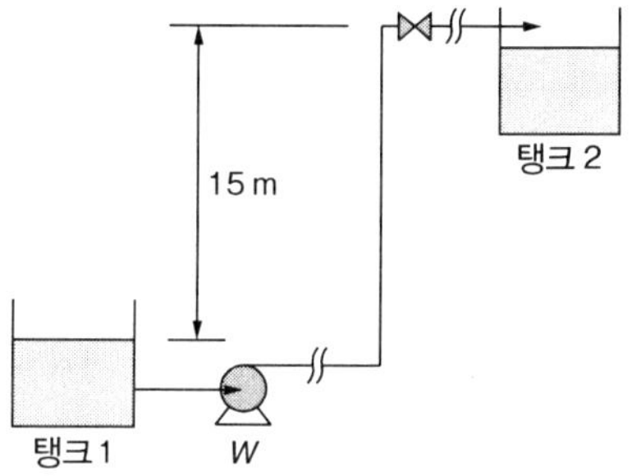

그림 ❹ 문제 8.9의 배관도

8.10 그림 ❺와 같은 배관을 통해 물(밀도 $\rho=1.00\times10^3\ \mathrm{kg\cdot m^{-3}}$, 점도 $\mu=1.00\times10^{-3}\ \mathrm{Pa\cdot s}$)를 질량 유량 $7.00\ \mathrm{kg\cdot s^{-1}}$로 2.00 atm의 탱크 1에서 5.00 atm의 탱크 2로 수송한다. 그림에서는 생략되어 있지만 배관에는 엘보 10개, 밸브 4개가 접속되어있다. 원통관 내부지름은 12.0 cm, 원통관 부분 길이의 합계는 800 m이다. 펌프 효율이 70 %일 때 필요한 펌프의 전체 소비 동력 P_E를 구하시오.

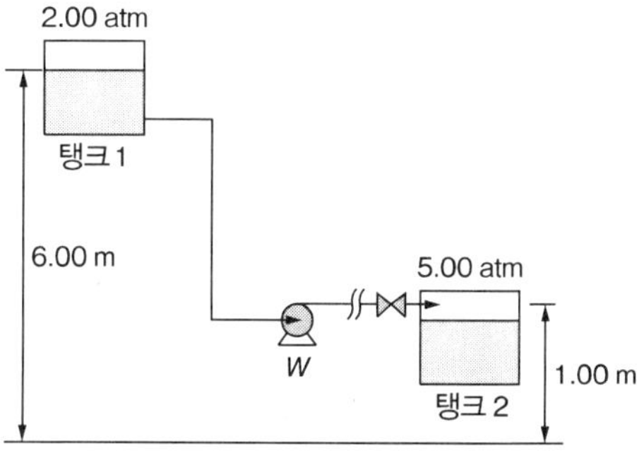

그림 ❺ 문제 8.10의 배관도

8.11 그림 ❻과 같은 배관에서 탱크 1을 가압하여 밀도 1.15×10^{3} kg·m^{-3}, 점도 4.38×10^{-3} Pa·s인 유체를 탱크 2로 수송한다. 질량 유량 15.0 kg·s^{-1}로 하기 위해 필요한 탱크 1의 압력 p_1을 구하시오. 그림 ❻에는 생략되어 있지만 배관에는 엘보 8개, 밸브 3개가 접속되어 있다. 원통관 내부지름은 15.0 cm, 원통관 부분 길이의 합계는 150 m이다.

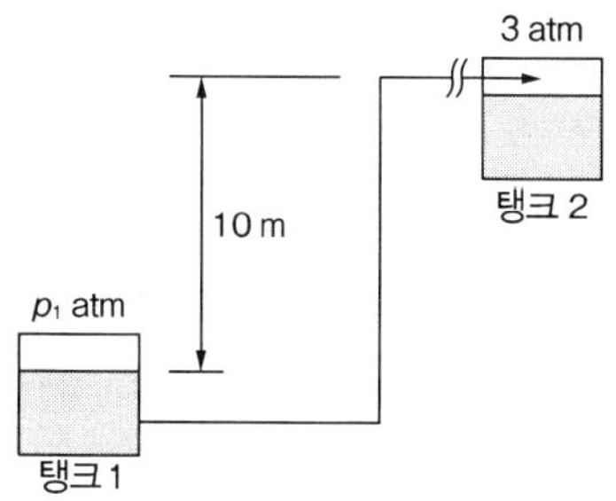

그림 ❻ 문제 8.11의 배관도

8.12 그림 ❼의 배관을 통해 물(밀도 $\rho=1.00\times10^{3}$ kg·m^{-3}, 점도 $\mu=1.00\times10^{-3}$ Pa·s)을 질량 유량 6.00 kg·s^{-1}로 그림의 2의 출구에서 유출시키기 위해서는 대기에 개방되어 있는 탱크 1의 액면과 출구의 높이차 h를 어떻게 설정하면 되는지 구하시오. 원통관 내부지름은 0.100 m이고 원통관 부분 길이의 합계는 2.00 km이다. 또한 그림 ❼에서는 생략되어 있지만 엘보 30개, 밸브 2개가 접속되어 있다.

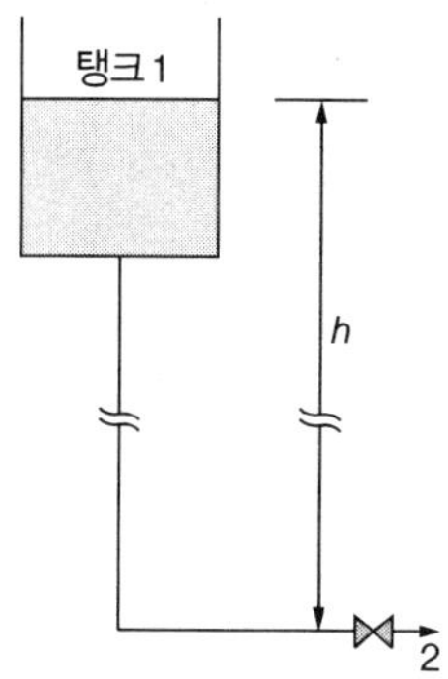

그림 ❼ 문제 8.12의 배관

제 9 장

물체 주위의 흐름

이 단원의 목표

고체 입자가 유체 내를 움직일 때 받는 저항력의 차이를 이용한 입자들의 분리, 분급 장치, 고체 접촉 입자를 충진한 반응 장치 등 화학 플랜트에는 유체가 물체 주위를 흐르는 형식의 여러 가지 장치가 있다. 이번 단원에서는 이들 장치의 설계, 조작을 하는데 중요한 유체의 속도, 고체 입자 크기 등의 조건과 유체 저항의 관계를 배운다. 또한 고체 입자를 충진한 고정층에 유체가 흐를 때의 압력 손실을 구하는 방법에 대하여 배운다.

9.1 유체 내 단일 입자 운동

그림 9.1과 같이 유체 내 입자에는 중력과 **부력**(buoyancy)이 가해진다. 부력은 입자와 동일 부피의 유체에 가해지는 중력과 같다. 이것은 다음과 같이 설명된다. 정지하고 있는 유체의 일부에 그림 9.2와 같이 입자와 동일한 부피 V_{p}의 가상적인 구형 영역을 설정한다. 이 유체에 가해지는 중력은 $\rho V_{\mathrm{p}} g$이다. 유체는 정지하고 있기 때문에 주위 유체로부터 받는 압력을 통해 받는 힘 F_{b}는 위를 향하게 되어 중력과 균형을 이룬다. 그 유체의 영역을 입자로 치환하여도 동일하게 압력에 의한 힘이 위를 향하여 가해진다. 이 힘 $F_{\mathrm{b}} = \rho V_{\mathrm{p}} g$가 부력이 된다. 따라서 유체 내 입자에 가해지는 중력과 부력의 합력은 아래 방향을 플러스라 하면,

$$\rho_{\mathrm{p}} V_{\mathrm{p}} g = -\rho V_{\mathrm{p}} g = (\rho_p - \rho) V_{\mathrm{p}} g \tag{9.1}$$

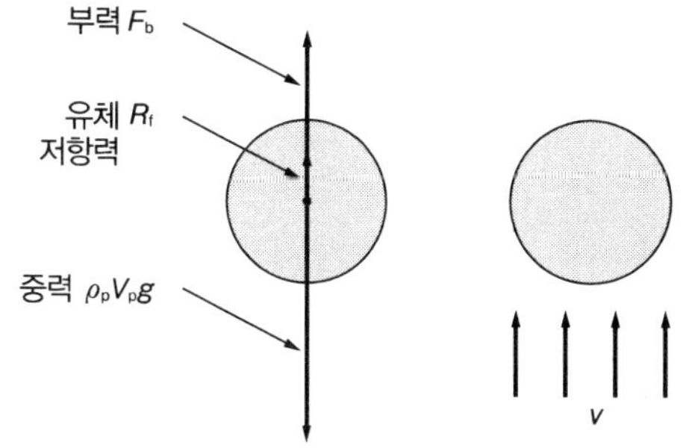

그림 9.1 단일 입자에 가해지는 힘

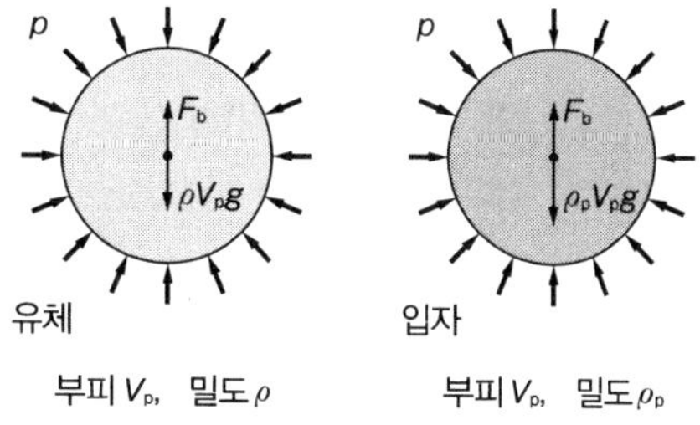

그림 9.2 부력

이렇게 나타낼 수 있다. 이 식에 따라 입자 밀도가 유체의 그것보다 클 때 합력은 연직 아래 방향이 되어 입자는 침강하고, 반대 경우는 부상한다. 그림 9.1은 침강하는 경우를 나타낸다. 침강하는 입자 측면에서 보면 유체는 아래에서 위를 향해 흐르는 것이 된다. 입자는 이 흐름의 방향, 즉 위 방향으로 **저항력**(drag force) R_f를 받는다. 따라서 입자의 운동 방정식은 다음과 같아진다.

$$\rho_p V_p \frac{dv}{dt} = (\rho_p - \rho) V_p g = R_f \tag{9.2}$$

저항력 R_f는 유체의 운동 에너지의 대푯값, 입자 흐름 방향으로의 투영 면적 A_p에 따라 다음과 같이 나타낼 수 있다.

$$R_f = C_D \frac{1}{2} \rho v^2 A_p \tag{9.3}$$

C_D는 **저항 계수**(drag coefficient)라고 하는 무차원수이다. 입자를 지름이 d_p인 구(球)라면 V_p, A_p는 각각

$$V_p = \frac{\pi}{6} d_p^3, \qquad A_p = \frac{\pi}{4} d_p^2 \tag{9.4}$$

가 된다. 이 관계를 식(9.2)에 대입하면 다음과 같아진다.

$$\frac{dv}{dt} = \left(1 - \frac{\rho}{\rho_p}\right) g - \frac{3\rho v^2}{4\rho_p d_p} C_D \tag{9.5}$$

정지 상태에서 침강을 개시하면, 이 식에 따라 입자는 가속하고 우변 제2항의 저항력이 시간과 함께 증가한다. 충분히 시간이 경과하고 저항력이 우변 제1항의 중력과 부

력의 차이와 같아지면 가속도가 0이 되고, 그 이후는 등속으로 침강한다. 이때의 속도 v_∞를 **종말 속도**(terminal velocity)라고 한다. 식(9.5)에서 $dv/dt = 0$이면 v_∞을 나타내는 다음 식이 유도된다.

$$v_\infty = \sqrt{\frac{4gd_\mathrm{p}(\rho_p - \rho)}{3\rho C_{\mathrm{D}\infty}}} \tag{9.6}$$

여기에서 $C_{\mathrm{D}\infty}$는 종말 속도에 대응하는 저항 계수이다.

저항 계수는 제8장의 관 마찰 계수와 마찬가지로 입자 주위 흐름의 상태를 나타내는 레이놀즈 수의 함수가 된다. 레이놀즈 수는 침강 속도 v, 입자지름 d_p를 각각 대표 속도, 대표 길이로써 다음과 같이 정의된다.

$$Re = \frac{\rho v d_\mathrm{p}}{\mu} \tag{9.7}$$

여기에서 ρ는 유체의 밀도이며, 입자의 밀도가 아니라는 점에 주의할 필요가 있다. $Re < 0.4$인 범위에서는 저항 계수와 레이놀즈 수 사이에는 다음 관계가 성립한다.

$$C_\mathrm{D} = \frac{24}{Re} \tag{9.8}$$

이것을 **스토크스의 법칙**(Stokes' law)이라고 한다. 레이놀즈 수가 작은 범위에서 이 관계가 성립하는 것에 대해서는 제10장에서 자세하게 설명하겠다. 이 법칙이 성립하는 경우 종말 속도는 다음과 같아진다.

$$v_\infty = \sqrt{\frac{4gd_\mathrm{p}(\rho_\mathrm{p} - \rho)}{3\rho C_{\mathrm{D}\infty}}} = \frac{gd_\mathrm{p}^2(\rho_\mathrm{p} - \rho)}{18\mu} \tag{9.9}$$

$0.4 < Re$인 범위에 대해서는 다음 경험식이 제안되고 있다.

$$Re < 6.00 \times 10^3 \ : \ C_\mathrm{D} = \left(\sqrt{\frac{24}{Re}} + 0.5407\right)^2 \tag{9.10}$$

$$2 < Re < 500 \ : \ C_\mathrm{D} = 18.5 Re^{-3/5} \tag{9.11}$$

$$500 < Re < 2.00 \times 10^5 \ : \ C_\mathrm{D} = 0.44 \tag{9.12}$$

그림 9.3은 넓은 레이놀즈 수 범위에 걸친 저항 계수의 변화를 나타내고 있다. 스토크스의 법칙이 성립하는 범위 외에는 과거에 실험적 연구를 통해 구해진 데이터를 바탕으로 한다. 식(9.10)은 위에 나타낸 범위에서 거의 실험 데이터와 일치하는 값이 된다.

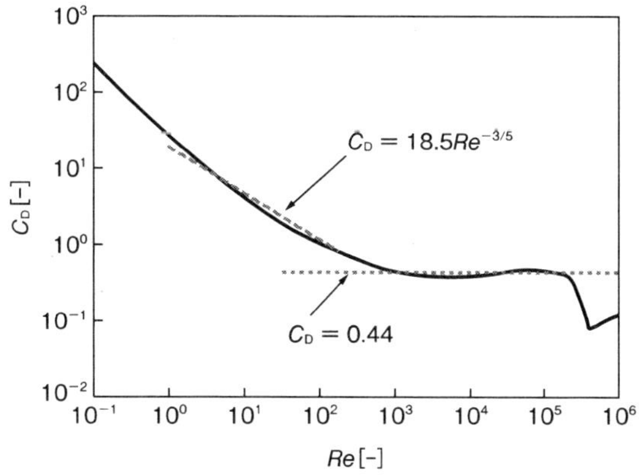

그림 9.3 저항 계수

그에 대해 식(9.11), (9.12)는 식의 형태가 간단하다는 이점이 있지만, 그들 식의 C_D를 부여하는 그림 9.3의 점선과 실선의 C_D를 비교하면 오차가 있다는 것을 알 수 있다.

입자 침강에 관해서는 미지의 종말 속도를 구하는 문제뿐만 아니라, 실측된 종말 속도를 바탕으로 입자지름, 유체 점도를 구하는 문제도 중요하다. 아래에 각각에 대한 예제를 설명하겠다.

예제 9.1 입자의 지름과 밀도, 유체의 밀도와 점도를 통해 침강 속도를 예측하는 문제

지름 $d_p = 5.00 \times 10^{-3}$ m, 밀도 $\rho_p = 2.50 \times 10^3$ kg·m^{-3}의 구형 입자가 밀도 $\rho = 1.00 \times 10^3$ kg·m^{-3}, 점도 $\mu = 1.00 \times 10^{-3}$ Pa·s의 물속을 침강하는 경우의 종말 속도를 구하시오.

풀이

종말 속도가 미지이고 주어진 조건을 통해 레이놀즈 수를 계산할 수 없으므로 스토크스의 법칙이 성립하는지 아닌지 불명확하다. 그러므로 주어진 조건만으로 계산할 수 있는 레이놀즈 수를 포함한 새로운 무차원수를 유도한다. 식(9.6) 양변에 $\rho d_p/\mu$를 곱하여 제곱하면 다음 식이 유도된다.

$$\left(\frac{\rho v_\infty d_p}{\mu}\right)^2 = \frac{\rho^2 d_p^2}{\mu^2}\frac{4gd_p(\rho_p - \rho)}{3\rho C_{D\infty}} \longrightarrow C_{D\infty}Re_\infty^2 = \frac{4gd_p^3\rho(\rho_p - \rho)}{3\mu^2} \tag{9.13}$$

이 식을 통해 계산하면 $C_{D\infty}Re_\infty^2 = 2.45 \times 10^5$가 된다. 스토크스의 법칙이 성립한다면 $C_{D\infty}Re_\infty^2 = 24Re_\infty$이므로 레이놀즈 수는 다음과 같아진다.

$$Re_{\infty} = \frac{C_{D\infty} Re_{\infty}^2}{24} = \frac{2.45 \times 10^6}{24} = 1.02 \times 10^5$$

$Re_{\infty} < 0.4$인 조건을 만족하지 않으므로 식(9.10)을 적용가능하다고 한다면,

$$C_{D\infty} Re_{\infty}^2 = \left(\sqrt{\frac{24}{Re_{\infty}}} + 0.5407 \right)^2 Re_{\infty}^2 = 2.45 \times 10^6$$

이 성립한다. 이 관계를 만족하는 레이놀즈 수를 시행착오로 구하면 $Re_{\infty} = 2.44 \times 10^3$이 되어 식의 적용 범위인 것을 확인할 수 있다.
따라서 종말 속도는 다음과 같이 구할 수 있다.

$$v_{\infty} = \frac{Re_{\infty} \mu}{\rho d_p} = 4.88 \times 10^{-1}\ \mathrm{m \cdot s^{-1}}$$

예제 9.2 입자의 밀도와 종말 속도, 유체의 밀도와 점도를 통해 입자지름을 구하는 문제

밀도 $\rho_p = 3.50 \times 10^3\ \mathrm{kg \cdot m^{-3}}$의 구형 입자가 밀도 $\rho = 1.05 \times 10^3\ \mathrm{kg \cdot m^{-3}}$, 점도 $\mu = 1.40 \times 10^{-3}\ \mathrm{Pa \cdot s}$의 유체 내를 침강하는 경우의 종말 속도를 측정하였더니 $v_{\infty} = 1.20 \times 10^{-1}\ \mathrm{m/s}$이었다. 입자지름을 구하시오.

풀이

위의 예제와 마찬가지로, 미지인 입자지름을 포함하지 않는 무차원수를 유도한다. 식(9.6) 양변을 제곱하여 $\mu / \rho v_{\infty}^3 d_p$를 곱하면 다음 식이 유도된다.

$$v_{\infty}^2 \frac{\mu}{\rho v_{\infty}^3 d_p} = \frac{\mu}{\rho v_{\infty}^3 d_p} \frac{4 g d_p (\rho_p - \rho)}{3 \rho C_{D\infty}} \longrightarrow \frac{C_{D\infty}}{Re_{\infty}} = \frac{4 g \mu (\rho_p - \rho)}{3 \rho^2 v_{\infty}^3} \tag{9.14}$$

이 식에 따라 계산하면 $C_{D\infty} / Re_{\infty} = 2.35 \times 10^{-2}$가 된다. 스토크스의 법칙이 성립한다면 $C_{D\infty} / Re_{\infty} = 24 / Re_{\infty}^2$이므로 레이놀즈 수는 다음과 같아진다.

$$Re_{\infty} = \sqrt{\frac{24}{C_{D\infty} / Re_{\infty}}} = \sqrt{\frac{24}{2.35 \times 10^{-2}}} = 3.19 \times 10^1$$

이 문제도 스토크스의 법칙이 성립하는 범위가 아니므로, 식(9.10)을 적용할 수 있다고 하면,

$$\frac{C_{D\infty}}{Re_{\infty}} = \frac{1}{Re_{\infty}} \left(\sqrt{\frac{24}{Re_{\infty}}} + 0.5407 \right)^2 = 2.35 \times 10^{-2}$$

가 된다. 위의 예제와 마찬가지로 시행착오를 통해 $Re_{\infty} = 5.92 \times 10^1$이 되어 식의 적용 범

위인 것을 확인할 수 있다. 따라서 입자지름은 다음과 같이 구할 수 있다.

$$d_p = \frac{Re_\infty \mu}{\rho v_\infty} = 6.58 \times 10^{-4}\ \mathrm{m}$$

예제 9.3 입자지름과 밀도, 종말 속도, 유체의 밀도를 통해 유체의 점도를 구하는 문제

지름 $d_p = 5.00 \times 10^{-3}$ m, 밀도 $\rho_p = 3.00 \times 10^3$ kg·m^{-3}의 구형 입자가 밀도 $\rho = 1.20 \times 10^3$ kg·m^{-3}의 유체 내를 침강하는 경우의 종말 속도를 측정했더니 $v_\infty = 8.00 \times 10^{-2}$ m·s^{-1}이었다. 유체의 점도를 구하시오.

풀 이

위의 예제와 마찬가지로, 유체의 점도 μ를 포함하지 않는 무차원수를 유도한다. 식(9.6)을 제곱하여 $C_{D\infty}$에 대하여 풀면 다음과 같아진다.

$$C_{D\infty} = \frac{4gd_p(\rho_p - \rho)}{3\rho v_\infty^2} \tag{9.15}$$

이 식에 따라 $C_{D\infty} = 1.53 \times 10^1$이다. 스토크스의 법칙이 성립하는 경우는 $C_{D\infty} = 24/Re_\infty$이므로 레이놀즈 수는 다음과 같아진다.

$$Re_\infty = \frac{24}{C_{D\infty}} = \frac{24}{1.53 \times 10^1} = 1.57$$

스토크스의 법칙의 성립 범위가 아니므로 식(9.10)을 적용할 수 있다고 하면

$$C_{D\infty} = \left(\sqrt{\frac{24}{Re_\infty}} + 0.5407\right)^2 = 1.53 \times 10^1$$

이 된다. 이 식은 직접 풀 수 있어서 $Re_\infty = 2.11$이 된다. 이 결과에 따라 식(9.10)의 적용범위인 것을 확인할 수 있다. 따라서 점도는 다음과 같이 구할 수 있다.

$$\mu = \frac{\rho v_\infty d_p}{Re_\infty} = 2.27 \times 10^{-1}\ \mathrm{Pa \cdot s}$$

점도를 알 수 없는 유체 내에 밀도와 지름을 알고 있는 구형 입자를 침강시켜 종말 속도를 측정하여 위와 같이 점도를 구할 수 있다. 이것을 원리로 한 점도 측정 장치를 **낙구 점도계**(falling-ball viscometer)라고 한다.

이와 같은 예제에서는 스토크스의 법칙이 성립하는지 안하는지 불명확하기 때문에 미지수를 포함하지 않는 무차원수를 바탕으로 종말 속도, 입자지름, 점도를 구했는데, 미세한 입자의 침강 또는 고점도 유체 내 침강에 대하여 경험적으로 명확하게 $Re < 0.4$의 조건을 만족한다고 생각되어지는 경우는 직접, 식(9.9)의 관계에 따라 문제를 풀어도 지장이 없다.

9.2 입자들의 침강

다수의 입자가 유체 내를 침강할 때에도 속도가 커지며, 유체의 저항력과 중력, 부력이 균형을 이루면 종말 속도에 도달한다. 단일 입자의 경우와 달리 주위 입자에 따라 흐름이 영향을 받기 때문에 저항력을 나타내는 식(9.3)에 계수 ϕ를 곱하여 다음과 같이 보정한다.

$$\phi R_{\mathrm{f}} = \phi C_{\mathrm{D}} \frac{1}{2} \rho v^2 A_{\mathrm{p}} = \phi C_{\mathrm{D}} \frac{1}{2} \rho v^2 \frac{\pi d_{\mathrm{p}}^2}{4} \tag{9.16}$$

주위 입자에 의한 영향은 유체 내에 차지하는 입자의 부피의 비율에 의존한다. 유체 부피의 유체와 입자의 합계 부피에 대한 비율 ϵ을 **공간율** 또는 **공극률**(void fraction)이라고 하며, 다음 식에 따라 나타낼 수 있다.

$$\epsilon = \frac{V - V_{\mathrm{p}}}{V} = 1 - \frac{V_{\mathrm{p}}}{V} \tag{9.17}$$

여기에서 V는 유체와 입자의 부피의 합계, V_{p}는 전체 입자의 부피를 나타낸다. 입자 부피의 전체 부피에 대한 비율은 $1-\epsilon$으로 나타난다. 보정 계수 ϕ는 ϵ의 함수가 되므로 아래에는 $\phi(\epsilon)$이라 표기하겠다. 입자들이 침강하는 경우는 식(9.16)에 따라 저항 계수가 $\phi(\epsilon)$배가 되므로 종말 속도를 나타내는 식은 다음과 같아진다.

$$v_{\mathrm{sr}\infty} = \sqrt{\frac{4 g d_{\mathrm{p}} (\rho_{\mathrm{p}} - \rho)}{3 \rho \phi(\epsilon) C_{\mathrm{D}\infty}}} \tag{9.18}$$

스토크스의 법칙이 성립하는 경우는 다음과 같아진다.

$$v_{\mathrm{sr}\infty} = \frac{g d_{\mathrm{p}}^2 (\rho_{\mathrm{p}} - \rho)}{18 \mu \phi(\epsilon)} \tag{9.19}$$

여기에서 $v_{\mathrm{sr}\infty}$는 입자와 유체의 상대 속도이다. 유체에 대해 부피를 무시할 수 없을 정도 다수의 입자들이 침강할 때에는 입자에 밀린 유체가 상승하는 속도를 고려할 필요가 있다. 장치 내 입자들의 침강에 의한 분리 장치 설계에서 중요한 것은 정지 좌표에서 관찰되는 입자의 절대 속도인데, 유체의 상승 속도를 무시할 수 없는 경우는 위 식에 따라 구해지는 상대 속도와 절대 속도는 일치하지 않는다. 그래서 다음으로, 상대 속도와 절대 속도의 관계를 유도하겠다. 그림 9.4는 침강하는 입자들을 모식적으로 나타낸 것이다. 입자들의 정지 좌표계 기준의 절대 속도를 $v_{\mathrm{s}\infty}$라 한다. $z=z$의 단면 1을 임의의 시각에 통과한 입자는 단위 시간 경과 후 $z=z+v_{\mathrm{s}\infty}$의 단면 2까지 이동한다. 따라서 단위 시간당 단면 1, 2 사이에 포함되는 입자들의 부피에 해당하는 유체가 상승하게 된다. 단면 1과 2의 거리는 $v_{\mathrm{s}\infty}$이므로, 양 단면 사이에 있는 전체 부피는 $v_{\mathrm{s}\infty}\pi d^2/4$이다. 그 구간에 포함되는 입자들의 부피는 이 전체 부피에 입자 부피의 비율 $1-\epsilon$을 곱하여 $(1-\epsilon)v_{\mathrm{s}\infty}\pi d^2/4$로 나타낼 수 있다. 한편, 상승하는 유체의 절대 속도를 u라 하면, 단위 시간에 입자에 밀린 유체는 단면 1과 $z=z-u$의 단면 3 사이에 있다. 이 단면간의 유체의 부피는 전체 부피에 유체 부피의 비율인 공간율 ϵ를 곱하여 $\epsilon u\pi d^2/4$가 된다. 침강하는 입자와 상승하는 유체의 부피가 같아지므로 유체의 속도 u는 다음과 같아진다.

$$(1-\epsilon)v_{\mathrm{s}\infty}\frac{\pi d^2}{4} = \epsilon u\frac{\pi d^2}{4} \quad\longrightarrow\quad u = \frac{1-\epsilon}{\epsilon}v_{\mathrm{s}\infty} \tag{9.20}$$

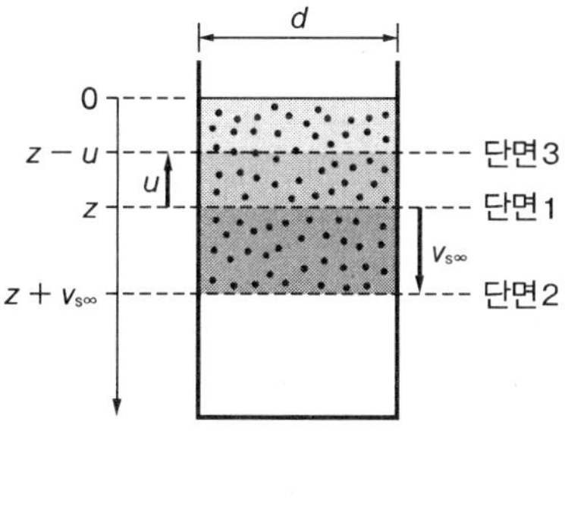

그림 9.4 침강하는 입자들

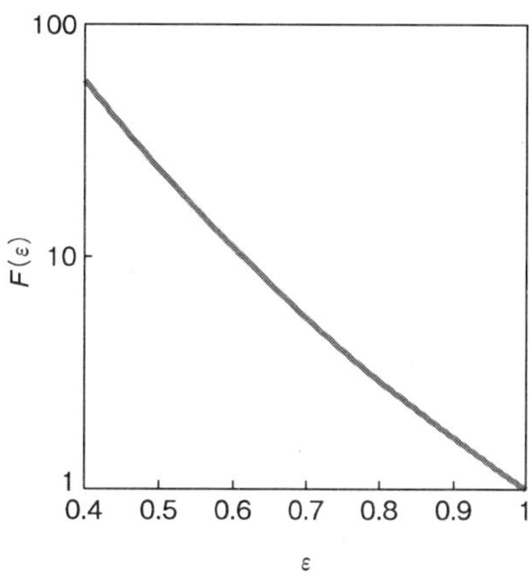

그림 9.5 공간율 함수

이에 따라 입자와 유체의 상대 속도 $v_{\mathrm{sr}\infty}$과 절대 속도의 관계는 다음과 같아진다.

$$v_{\mathrm{sr}\infty} = v_{\mathrm{s}\infty} - (-u) = v_{\mathrm{s}\infty} + \frac{1-\epsilon}{\epsilon} v_{\mathrm{s}\infty} = \frac{1}{\epsilon} v_{\mathrm{s}\infty} \tag{9.21}$$

따라서 입자의 절대 침강 속도는 스토크스의 법칙이 성립할 경우 다음 식으로 나타낼 수 있다.

$$v_{\mathrm{s}\infty} = \frac{g d_{\mathrm{p}}^2 (\rho_{\mathrm{p}} - \rho)}{18\mu} \frac{\epsilon}{\phi(\epsilon)} \tag{9.22}$$

이 식은 입자들의 침강 속도가 단일 입자의 종말 속도에 보정 계수로 $\epsilon/\phi(\epsilon)$을 곱하여 구할 수 있다는 것을 나타내고 있다. 이 보정계수의 역수

$$F(\epsilon) = \frac{\phi(\epsilon)}{\epsilon} \tag{9.23}$$

을 **공간율(공극률) 함수**(void function)라고 한다. 그림 9.5는 공간율 함수와 ϵ의 관계를 나타낸 것이다. 그림의 곡선은 구간에 따라 아래의 서로 다른 실험식으로 나타낼 수 있다.

$$0.4 < \epsilon < 0.7 \ : \ F(\epsilon) = \frac{6(1-\epsilon)}{\epsilon^3} \tag{9.24}$$

$$0.7 < \epsilon < 1 \ : \ F(\epsilon) = \epsilon^{-4.65} \tag{9.25}$$

예제 9.4

지름 $d_{\mathrm{p}} = 2.50 \times 10^{-4}$ m, 밀도 $\rho_{\mathrm{p}} = 1.05 \times 10^3$ kg·m^{-3}인 입자들이 밀도 $\rho = 1.00 \times 10^3$ kg·m^{-3}, 점도 $\mu = 1.30 \times 10^{-3}$ Pa·s의 유체 내를 침강하는 경우의 침강 속도를 구하시오. 단, 입자들과 유체의 합계 부피가 5.00×10^{-3} m^{-3}, 입자 개수가 3.60×10^8개이다.

풀이

입자지름이 매우 작아 스토크스의 법칙이 성립할 가능성이 있으므로 식(9.22)에 따라 종말 속도를 구한다. 그러므로 우선 공간율을 계산한다.

입자 1개의 부피는 $\pi d_{\mathrm{p}}^3/6 = 8.18 \times 10^{-12}$ m^{3}이므로 입자들 전체 부피는 $V_{\mathrm{p}} = 3.60 \times 10^8 \times 8.18 \times 10^{-12} = 2.94 \times 10^{-3}$ m^{3}이 된다. 또한 $V = 5.00 \times 10^{-3}$ m^{3}이므로 공간율은 식(9.17)에 따라 다음과 같아진다.

$$\epsilon = 1 - \frac{V_p}{V} = 0.411$$

또한 공간율 함수는 식(9.24)에 따라

$$F(\epsilon) = \frac{6(1-\epsilon)}{\epsilon^3} = 50.9$$

이므로 입자들의 침강 속도는

$$v_{s\infty} = \frac{gd_p^2(\rho_p - \rho)}{18\mu}\frac{\epsilon}{\phi(\epsilon)} = \frac{gd_p^2(\rho_p - \rho)}{18\mu}\frac{1}{F(\epsilon)} = 2.57 \times 10^{-5}\ \mathrm{m/s}$$

이 된다. 마지막으로 스토크스의 법칙이 성립하는 범위인지 아닌지 확인하기 위하여 레이놀즈 수를 계산한다. 입자들의 경우의 레이놀즈 수는 유체와 입자의 상대 속도 $v_{sr\infty}$를 바탕으로 계산된다. $v_{sr\infty} = v_{s\infty}/\epsilon = 6.26 \times 10^{-5}$ m/s이므로 레이놀즈 수는 다음과 같아진다.

$$Re = \frac{\rho v_{sr\infty} d_p}{\mu} = 1.20 \times 10^{-2}$$

$Re < 0.4$이므로 스토크스의 법칙이 성립한다는 가정은 맞았다는 것이 확인되었다.

예제 9.5

예제 9.1과 동일한 조건에서 공간율이 0.450일 때의 입자들의 침강 속도를 구하시오.

풀이

예제 9.1의 조건에서 단일 입자가 종말 속도로 침강할 경우 $Re_\infty = 2.45 \times 10^3$으로 스토크스의 법칙을 적용할 수 없으므로 입자들의 경우도 적용할 수 없을 가능성이 있다. 입자들의 침강에 대하여 침강 속도를 포함하지 않는 무차원수를 유도한다. 식(9.18) 양변에 $\rho d_p/\mu$를 곱하여 제곱하면 다음과 같아진다.

$$\left(\frac{\rho v_{sr\infty} d_p}{\mu}\right)^2 = \frac{4gd_p^3\rho(\rho_p - \rho)}{3\phi(\epsilon)C_{D\infty}\mu^2} \longrightarrow C_{D\infty}Re_\infty^2 = \frac{4gd_p^3\rho(\rho_p - \rho)}{3\mu^2\epsilon F(\epsilon)} \tag{9.26}$$

공간율 $\epsilon = 0.450$이므로 식(9.24)에 따라 $F(\epsilon) = 36.2$이다. 이 값과 입자, 유체 조건에 따라 $C_{D\infty}Re_\infty^2 = 1.50 \times 10^5$가 된다. 이 값에 대응하는 Re_∞가 입자들 주위 유체 흐름의 레이놀즈 수가 된다. 스토크스의 법칙은 성립하지 않을 가능성이 높으므로 식(9.10)을 적용할 수 있다고 한다면

$$C_{D\infty}Re_\infty^2 = \left(\sqrt{\frac{24}{Re_\infty}} + 0.5407\right)^2 Re_\infty^2 = 1.50 \times 10^5$$

이다. 이 식에 따라 시행착오를 통해 $Re_{\infty}=5.11\times10^{2}$가 되어 식(9.10)을 적용 가능한 범위인 것을 알 수 있다. 이 값에 따라 침강 속도는 다음과 같아진다.

$$v_{\mathrm{sr}\infty}=\frac{Re_{\infty}\mu}{\rho d_{\mathrm{p}}}=1.02\times10^{-1}\ \mathrm{m/s}\quad\longrightarrow\quad v_{\mathrm{s}\infty}=\epsilon v_{\mathrm{sr}\infty}=4.60\times10^{-2}\ \mathrm{m/s}$$

9.3 고정층의 압력 손실

관내에 고체 입자를 충진하여 부유하지 않도록 고정한 그림 9.6과 같은 장치를 **고정층**(fixed bed)이라고 한다. 고정층은 고체 촉매의 입자를 충진한 촉매 반응 장치, 촉매 면적을 키우기 위한 고체를 충진한 가스 흡수 장치 등 여러 가지 목적으로 이용되고 있다. 이 장치도 제8장의 유체 수송을 위한 배관과 마찬가지로 압력 손실을 예상하는 것이 중요하다. 그 때문에 필요해지는 입자를 충진하는 관의 사이즈, 입자지름, 입자수 등과 공간율, 유속 등의 관계를 유도한다.

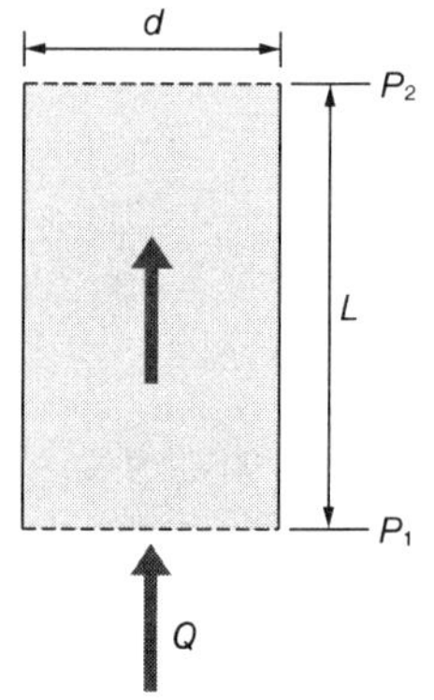

그림 9.6 고정층

내부지름 d의 원통관에 입자지름 d_{p}의 구형 입자를 N_{p}개 충진한 결과, 고정층의 높이가 L이 된 경우에 대하여 생각해보자. 층 전체의 부피는 $V=\pi d^2L/4$, 입자의 전체 부피는 $V_{\mathrm{p}}=N_{\mathrm{p}}\pi d_{\mathrm{p}}^3/6$이므로 공간율은

$$\epsilon=1-\frac{V_{\mathrm{p}}}{V}=1-\frac{N_{\mathrm{p}}\pi d_{\mathrm{p}}^3}{6}\frac{4}{\pi d^2L}=1-\frac{2N_{\mathrm{p}}d_{\mathrm{p}}^3}{3d^2L}\tag{9.27}$$

이 된다. 또한 아래와 같은 입자의 전체 질량을 층 전체의 부피로 나눈 양을 **부피 밀도**(bulk density)라고 한다.

$$\rho_{\mathrm{v}}=\frac{N_{\mathrm{p}}\rho_{\mathrm{p}}\pi d_{\mathrm{p}}^3}{6}=\frac{4}{\pi d^2L}=\frac{2N_{\mathrm{p}}\rho_{\mathrm{p}}d_{\mathrm{p}}^3}{3d^2L}=\rho_{\mathrm{p}}(1-\epsilon)\tag{9.28}$$

고정층 내 유체는 입자 사이의 공극을 흐른다. 내부지름 d, 공간율 ϵ의 고정층 단면에서 유체가 차지하고 있는 면적은 $\epsilon\rho d^2/4$이므로, 부피 유량을 Q라 하면 공극을 흐를 때의 유속 u는 다음과 같이 나타낼 수 있다.

$$u = \frac{4Q}{\epsilon\pi d^2} \tag{9.29}$$

실제로는 고정층 내 위치에 따라 공극의 크기, 형상이 다르므로 유속은 일정하지 않다. 위 식에 따라 나타나는 것은 위치에 따라 변화하는 유속의 평균값으로, **평균 선속도**(average interstitial velocity)라고 한다. 이 유속에 대해 고정층 내 입자가 없다고 간주했을 경우의 가상적인 유속은 원통관 내 관 단면 평균 속도와 같이 다음 식으로 나타낼 수 있다.

$$u_{\mathrm{f}} = \frac{4Q}{\pi d^2} = \epsilon u \tag{9.30}$$

이 유속을 **공탑 속도**(superficial velocity)라고 한다. 직관적으로도 이해할 수 있는데, $0 < \epsilon < 1$이므로 평균 선속도는 공탑 속도보다 크다.

또한 고정층은 유체와 고체를 접촉시키는 장치이므로 다음과 같은 층 단위 부피당 입자 표면적 S_{v}가 성능에 관여하는 중요한 인자가 된다.

$$S_{\mathrm{v}} = N_{\mathrm{p}}\pi d_{\mathrm{p}}^2 \frac{4}{\pi d^2 L} = \frac{4N_{\mathrm{p}}d_{\mathrm{p}}^2}{d^2 L} \tag{9.31}$$

입자수 N_{p}는 입자 총부피 V_{p}를 입자 1개의 부피로 나누어 구할 수 있으므로

$$\begin{aligned} N_{\mathrm{p}} &= V_{\mathrm{p}}\frac{6}{\pi d_{\mathrm{p}}^3} = (1-\epsilon)V\frac{6}{\pi d_{\mathrm{p}}^3} = (1-\epsilon)\frac{\pi d^2 L}{4}\frac{6}{\pi d_{\mathrm{p}}^3} \\ &= \frac{3(1-\epsilon)d^2 L}{2d_{\mathrm{p}}^3} \end{aligned} \tag{9.32}$$

이 식을 식(9.31)에 대입하면 S_{v}는 다음과 같아진다.

$$S_{\mathrm{v}} = \frac{6(1-\epsilon)}{d_{\mathrm{p}}} \tag{9.33}$$

예제 9.6

지름 $d_p = 8.00 \times 10^{-5}$ m, 밀도 $\rho_p = 1.50 \times 10^3$ kg · m^{-3}의 구형 입자 1.98×10^{10}개를 내부지름 $d = 20$ cm의 원통관 용기에 충진하자, 부피 밀도가 $\rho_v = 5.80 \times 10^2$ kg · m^{-3}이었다. 이 고정층의 높이와 공간율을 구하시오.

풀이

식(9.28)을 층 높이 L, 공간율 ϵ에 대해 푼 다음 식에 따라 계산할 수 있다.

$$L = \frac{2N_p \rho_p d_p^3}{3d^2 \rho_v} = 4.37 \times 10^{-1} \text{ m}$$

$$\epsilon = 1 - \frac{\rho_v}{\rho_p} = 0.613$$

예제 9.7

지름 $d_p = 4.00 \times 10^{-5}$ m, 밀도 $\rho_p = 2.50 \times 10^3$ kg · m^{-3}의 구형 입자를 내부지름 50 cm의 원통관 용기에 충진한 높이 $L = 1.50$ m의 고정층의 부피 밀도가 $\rho_v = 9.90 \times 10^2$ kg · m^{-3}인 경우의 입자수와 층 단위 부피당 표면적을 구하시오.

풀이

먼저 식(9.28)에 따라 공간율을 구한다.

$$\epsilon = 1 - \frac{\rho_v}{\rho_p} = 0.604$$

식(9.32)에 따라 입자수는 다음과 같아진다.

$$N_p = \frac{3(1-\epsilon)d^2 L}{2d_p^3} = 3.48 \times 10^{12}$$

또한 식(9.33)에 따라 층 단위 부피당 입자 표면적은 다음과 같아진다.

$$S_v = \frac{6(1-\epsilon)}{d_p} = 5.94 \times 10^4 \text{ m}^2/\text{m}^3$$

고정층의 압력 손실 ΔP를 나타내는 식은 제8장의 원통관 내 흐름의 경우와 동일하게 유체에 가해지는 힘의 균형을 바탕으로 유도된다. 그림 9.6과 같은 고정층 내를 흐르는 유체에 가해지는 위 방향의 힘은 원통관 내 흐름의 경우와 마찬가지로 다음과 같아진다.

$$(P_1 - P_2)\frac{\pi d^2}{4} = \Delta P \frac{\pi d^2}{4} \tag{9.34}$$

고정층에서는 침강의 경우와는 반대로 유체가 흐르고 입자가 정지하고 있는데, 이 경우도 입자들이 침강하는 경우와 마찬가지로 저항력이 발생한다. 저항력은 유체에 대해 흐름과 반대인 아래쪽으로 작용한다. 이것이 원통관 내 흐름의 경우의 마찰력에 대응한다. N_{p}개의 입자가 미치는 저항력은 유체의 평균 선속도 u를 입자들의 침강 유체와 입자의 상대 속도에 대응한다고 하면, 식(9.16)과 N_{p}를 나타내는 식(9.32)에 따라 다음과 같이 나타낼 수 있다.

$$\begin{aligned} N_{\mathrm{p}}\phi(\epsilon)R_{\mathrm{f}} &= N_{\mathrm{p}}\phi(\epsilon)C_{\mathrm{D}}\frac{1}{2}\rho u^2\frac{\pi d_{\mathrm{p}}^2}{4} \\ &= \frac{3}{8}\frac{(1-\epsilon)\pi d^2 L}{d_{\mathrm{p}}}\phi(\epsilon)C_{\mathrm{D}}\frac{1}{2}\rho u^2 \end{aligned} \tag{9.35}$$

압력에 의한 힘과 저항력이 균형을 이루므로 다음 식이 유도된다.

$$\begin{aligned} \frac{\Delta P\pi d^2}{4} &= \frac{3}{8}\frac{(1-\epsilon)\pi d^2 L}{d_{\mathrm{p}}}\phi(\epsilon)C_{\mathrm{D}}\frac{1}{2}\rho u^2 \\ \longrightarrow \quad \Delta P &= \frac{3}{2}C_{\mathrm{D}}\frac{L}{d_{\mathrm{P}}}(1-\epsilon)\phi(\epsilon)\frac{1}{2}\rho u^2 \end{aligned} \tag{9.36}$$

실제 고정층 조작에 있어서는 공탑 속도를 이용하는 편이 편리한 경우가 많다. 여기에서 위 식의 평균 선속도 u을 식(9.30)의 관계에 따라 공탑 속도 u_{f}으로 치환하면 다음과 같아진다.

$$\begin{aligned} \Delta P &= \frac{3}{2}C_{\mathrm{D}}\frac{L}{d_{\mathrm{p}}}(1-\epsilon)\phi(\epsilon)\frac{1}{2}\rho\frac{u_{\mathrm{f}}^2}{\epsilon^2} \\ &= \frac{3}{2}C_{\mathrm{D}}\frac{L}{d_{\mathrm{p}}}\frac{(1-\epsilon)}{\epsilon}F(\epsilon)\frac{1}{2}\rho u_{\mathrm{f}}^2 \end{aligned} \tag{9.37}$$

유량이 작고 스토크스의 법칙이 성립하는 범위에서는 $C_{\mathrm{D}} = 24/Re = 24\mu/\rho u d_{\mathrm{p}} = 24\mu\epsilon/\rho u_{\mathrm{f}} d_{\mathrm{p}}$이므로 다음 식이 유도된다.

$$\Delta P = \frac{3}{2}\frac{24\mu\epsilon}{\rho u_{\mathrm{f}} d_{\mathrm{p}}}\frac{L}{d_{\mathrm{P}}}\frac{(1-\epsilon)}{\epsilon}F(\epsilon)\frac{1}{2}\rho u_{\mathrm{f}}^2 = 18(1-\epsilon)F(\epsilon)\frac{\mu u_{\mathrm{f}} L}{d_{\mathrm{p}}^2} \tag{9.38}$$

이 식의 유도에서 압력에 의한 힘과 균형을 이루는 저항력은 식(9.3)과 같이, 단위 부피당 운동 에너지의 대푯값, 면적, 저항 계수의 곱으로 나타난다. 이것은 원통관 내 흐름에서 압력에 의한 힘과 균형을 이루는 마찰력을 나타내는 식(8.24)와 동일한 형태이다. 이에 따라 위 식과 패닝의 식(8.25) 사이에는 대응 관계가 있다는 것을 예상할 수 있다. 여기에서, 원통관의 대표 길이 내부지름 d와 같은 대표 길이를 고정층 흐름에 대하여 정의하여 식(9.37)을 변환하여 패닝의 식과의 대응에 대하여 검토해보자. 단면이 원통관이 아닌 유로의 대표 길이 중 하나에 다음으로 정의되는 **수력학적 상당 반지름**(hydraulic radius)이 있다.

$$r_{\mathrm{h}} = \frac{(\text{유로의 단면적})}{(\text{유로 단면 주변 길이})}$$

또한 분모, 분자에 관 길이 L을 곱하면 다음과 같아진다.

$$\begin{aligned} r_{\mathrm{h}} &= \frac{(\text{유로의 단면적})\times L}{(\text{유로 단면 주변 길이})\times L} \\ &= \frac{(\text{유로의 체적})}{(\text{유로내에서 유체와 접촉하는 고체 표면적})} \end{aligned} \tag{9.39}$$

원통관인 경우는 유로 단면적이 $\pi d^2/4$, 유체와 접촉하는 단면의 주변 길이는 원주로 πd이므로 $r_{\mathrm{h}} = d/4$가 된다. 이것은 대표 길이 d가 수력학적 상당 반지름의 4배에 해당한다는 것을 의미한다. 여기에서 수력학적 상당 반지름의 4배를 고정층의 대표 길이로 한다. 그 길이 $d_{\mathrm{e}} = 4r_{\mathrm{h}}$를 **수력학적 상당 지름**(equivalent diameter)이라고 한다. 고정층의 수력학적 상당 지름 d_{e}는 다음과 같이 정의된다. 고정층 전체의 부피는 $\pi d^2 L/4$이므로, 그 중 유체가 차지하는 공간 부분인 유로 부피는 $\epsilon\pi d^2 L/4$가 된다. 유체와 접촉하는 고체 표면적은 고정층 내 입자 표면적이다. 이것은 식(9.33)의 단위 부피당 표면적 S_{v}와 고정층 부피의 곱이므로 d_{e}는 다음과 같아진다.

$$d_{\mathrm{e}} = 4r_{\mathrm{h}} = \frac{4\epsilon\pi d^2 L/4}{S_{\mathrm{v}}(\pi d^2 L/4)} = \frac{4\epsilon\pi d^2 L/4}{\{6(1-\epsilon)/d_{\mathrm{p}}\}(\pi d^2 L/4)} = \frac{2\epsilon d_{\mathrm{p}}}{3(1-\epsilon)} \tag{9.40}$$

패닝의 식(8.25)에 대표 길이로 d_{e}, 대표 속도로 평균 선속도 u를 대입하면 다음과 같아진다.

$$\Delta P = 4f\frac{L}{d_{\mathrm{e}}}\frac{1}{2}\rho u^2 = 4fL\frac{3(1-\epsilon)}{2\epsilon d_{\mathrm{p}}}\frac{1}{2}\rho\left(\frac{u_{\mathrm{f}}}{\epsilon}\right)^2 = f\frac{6(1-\epsilon)}{\epsilon^3}\frac{L}{d_{\mathrm{p}}}\frac{1}{2}\rho u_{\mathrm{f}}^2 \tag{9.41}$$

여기에서 고정층 내 흐름을 입자 주변의 흐름이 아니라 원통관 내 흐름에 대응시키기 위하여 d_{e}를 나타내는 식(9.40)에 3/2를 곱한 $\epsilon d_{\mathrm{p}}/(1-\epsilon)$를 대표 길이로 한 아래의 레이놀즈 수에 해당하는 무차원수를 정의하여, Re로 표기한다.

$$Re = \frac{3\rho u d_{\mathrm{e}}}{2\mu} = \frac{\rho u_{\mathrm{f}}}{\epsilon\mu}\frac{\epsilon d_{\mathrm{p}}}{(1-\epsilon)} = \frac{\rho u_{\mathrm{f}} d_{\mathrm{p}}}{\mu(1-\epsilon)} \tag{9.42}$$

또한 원통관 내 층류의 관 마찰 계수가 $f = 16/Re$가 되므로, 고정층의 저항 계수에 대해서도 Re가 작은 범위에서 k를 상수로 하여 $f = k/Re$로 나타낼 수 있다면 식(9.41)은 다음과 같이 변환된다.

$$\begin{aligned}\Delta P &= \frac{k}{Re}\frac{6(1-\epsilon)}{\epsilon^3}\frac{L}{d_{\mathrm{p}}}\frac{1}{2}\rho u_{\mathrm{f}}^2 = \frac{k\mu(1-\epsilon)}{\rho u_{\mathrm{f}} d_{\mathrm{p}}}\frac{6(1-\epsilon)}{\epsilon^3}\frac{L}{d_{\mathrm{p}}}\frac{1}{2}\rho u_{\mathrm{f}}^2 \\ &= 3k\frac{(1-\epsilon)^2}{\epsilon^3}\frac{\mu u_{\mathrm{f}} L}{d_{\mathrm{p}}^2}\end{aligned} \tag{9.43}$$

이 식과 식(9.38)을 비교하여

$$F(\epsilon) = \frac{k}{6}\frac{(1-\epsilon)}{\epsilon^3} \tag{9.44}$$

가 성립하면 유체가 받는 힘의 균형에 따라 유도된 식(9.38)과 패닝의 식을 대응시켜 유도된 식(9.43)이 일치한다. 공간율 함수가 식(9.24)와 같다면, $k=36$일 때 식(9.44)가 성립되는데, 실제로는 입자 충진 상태 등에 따라 이 상수는 다른 값이 된다. 아래에는 $k=50$일 때의 **블레이크-코제니의 식**(Blake-Kozeny equation)이다.

$$\Delta P = 150\frac{(1-\epsilon)}{\epsilon^3}\frac{\mu u_{\mathrm{f}} L}{d_{\mathrm{p}}^2} \tag{9.45}$$

이 식은 $Re < 10$, $\epsilon < 0.5$인 경우에 성립된다고 한다. 그 이외의 범위에 대해서는 다음 식이 제안되고 있다.

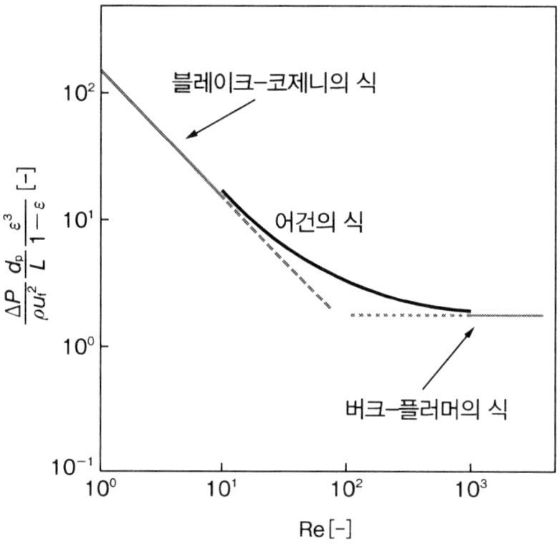

그림 9.7 고정층의 압력 손실 계산식

어건의 식(Ergun equation)

$$10 < Re < 1000 \ :$$

$$\Delta P = 150\frac{(1-\epsilon)^2}{\epsilon^3}\frac{\mu u_{\mathrm{f}} L}{d_{\mathrm{p}}^2} + \frac{7}{4}\frac{(1-\epsilon)}{\epsilon^3}\frac{L}{d_{\mathrm{p}}}\rho u_{\mathrm{f}}^2 \tag{9.46}$$

버크-플러머의 식(Burke-Plummer equation)

$$1000 < Re \ : \ \Delta P = \frac{7}{4}\frac{(1-\epsilon)}{e^3}\frac{L}{d_{\mathrm{p}}}\rho u_{\mathrm{f}}^2 \tag{9.47}$$

이 세 개의 식은 다음과 같은 무차원화 된 형태로 나타낼 수 있다.

블레이크-코제니의 식(Blake-Kozeny equation)

$$\frac{\Delta P}{\rho u_{\mathrm{f}}^2}\frac{d_{\mathrm{p}}}{L}\frac{\epsilon^3}{1-\epsilon} = \frac{150}{Re} \tag{9.48}$$

어건의 식(Ergun equation)

$$\frac{\Delta P}{\rho u_{\mathrm{f}}^2}\frac{d_{\mathrm{p}}}{L}\frac{\epsilon^3}{1-\epsilon} = \frac{150}{Re} + \frac{7}{4} \tag{9.49}$$

버크-플러머의 식(Burke-Plummer equation)

$$\frac{\Delta P}{\rho u_{\mathrm{f}}^2}\frac{d_{\mathrm{p}}}{L}\frac{\epsilon^3}{1-\epsilon}=\frac{7}{4} \tag{9.50}$$

이와 같은 각 식을 나타내는 관계가 그림 9.7과 같다.

예제 9.8

예제 9.6의 고정층을 물(밀도 $1.00\times10^3\ \mathrm{kg\cdot m^{-3}}$, 점도 $1.00\times10^{-3}\ \mathrm{Pa\cdot s}$로 한다)이 질량 유량 $500\ \mathrm{g\cdot s^{-1}}$로 흐를 때의 압력 손실을 계산하시오.

풀이

먼저 식(9.42)로 정의되는 Re를 구한다. 예제 9.6의 고정층의 내부지름 $d=0.200\ \mathrm{m}$, 공탑 속도는

$$u_{\mathrm{f}}=\frac{4w}{\rho\pi d^2}=1.59\times10^{-2}\ \mathrm{m/s}$$

이며, 입자지름 $d_{\mathrm{p}}=8.00\times10^{-5}\ \mathrm{m}$, 공간율 $\epsilon=0.613$이므로

$$Re=\frac{\rho u_{\mathrm{f}}d_{\mathrm{p}}}{\mu(1-\epsilon)}=3.29$$

가 된다. 블레이크-코제니의 식 적용 범위이며, 층 높이가 $L=4.37\times10^{-1}\ \mathrm{m}$이므로 압력 손실은 다음과 같아진다.

$$\Delta P=150\frac{(1-\epsilon)^2}{\epsilon^3}\frac{\mu u_{\mathrm{f}}L}{d_{\mathrm{p}}^2}=1.06\times10^5\ \mathrm{Pa}$$

학습의 키워드

□부력 □저항력 □저항 계수 □종말 속도 □스토크스의 법칙 □낙구 점도계 □공간율(공극률) □공간율 함수(공극률 함수) □고정층 □부피 밀도 □평균 선속도 □공탑 속도 □수력학적 상당 반지름 □수력학적 상당 지름 □블레이크-코제니의 식 □어건의 식 □버크-플러머의 식

제9장 연습문제

9.1 중력장에 임의의 유체 내를 구형 입자가 초기 속도 0으로 침강을 개시하여 종말 속도에 도달할 때까지의 비정상 과정에 대해 다음 질문에 답하시오. 단, 스토크스의 법칙이 성립한다고 가정한다.

(a) 스토크스의 법칙이 성립할 때 구의 운동 방정식(9.5)는 어떻게 되는지 설명하시오.

(b) 위의 (a)의 방정식을 풀어 구의 속도 v를 v_∞, μ, d_p, ρ_p와 시간 t를 통해 나타내는 식을 유도하시오.

9.2 지름 80.0 μm, 밀도 $1.38 \times 10^3\ kg \cdot m^{-3}$의 입자가 물 속(밀도 $\rho = 1.00 \times 10^3\ kg \cdot m^{-3}$, 점도 $\mu = 1.00 \times 10^{-3}\ Pa \cdot s$)을 침강하는 경우의 종말 속도와, 그 속도에 대응하는 레이놀즈 수를 계산하시오.

9.3 지름 7.50 mm, 밀도 $2.20 \times 10^3\ kg \cdot m^{-3}$의 입자가 밀도 $\rho = 1.15 \times 10^3\ kg \cdot m^{-3}$, 점도 $\mu = 1.74 \times 10^{-2}\ Pa \cdot s$의 액체 속에 침강하는 경우의 종말 속도와 그 속도에 대응하는 레이놀즈 수를 계산하시오.

9.4 지름 2.00 cm, 밀도 $1.50 \times 10^3\ kg \cdot m^{-3}$의 입자가 물 속(밀도 $\rho = 1.00 \times 10^3\ kg \cdot m^{-3}$, 점도 $\mu = 1.00 \times 10^{-3}\ Pa \cdot s$)을 침강하는 경우의 종말 속도와 그 속도에 대응하는 레이놀즈 수를 계산하시오

9.5 밀도 $1.20 \times 10^3\ kg \cdot m^{-3}$의 입자가 물 속(밀도 $\rho = 1.00 \times 10^3\ kg \cdot m^{-3}$, 점도 $\mu = 1.00 \times 10^{-3}\ Pa \cdot s$)을 침강하는 경우의 종말 속도를 측정하자, 2.47×10^{-2} m/s이었다. 이 결

과를 통해 입자지름과 종말 속도에 대응하는 레이놀즈 수를 계산하시오.

9.6 낙구 점도계로 지름 8.00 mm, 밀도 1.87×10^3 kg·m^{-3}인 입자를 밀도 $\rho=1.25\times10^3$ kg·m^{-3}의 액체 속에 침강시키면 종말 속도가 1.70×10^{-2} m/s이었다. 이 결과를 통해 액체의 점도와 종말 속도에 대응하는 레이놀즈 수를 계산하시오.

9.7 지름 6.70×10^{-4} m, 밀도 1.87×10^3 kg·m^{-3}의 입자들의 밀도 1.10×10^3 kg·m^{-3}, 점도 $\mu=5.37\times10^{-3}$ Pa·s의 액체 속을 침강할 경우의 침강 속도를 계산하시오. 단, 입자들과 유체의 합계 부피는 2.70×10^{-2} m^{-3}, 입자 개수는 8.75×10^7개이다. 공간율 함수는 식(9.24)에 따라 계산하시오.

9.8 지름 2.45×10^{-3} m, 밀도 1.87×10^3 kg·m^{-3}의 입자들이 물 속(밀도 $\rho=1.00\times10^3$ kg·m^{-3}, 점도 $\mu=1.00\times10^{-3}$ Pa·s)을 침강하는 경우의 침강 속도를 계산하시오. 단, 입자들과 유체의 합계 부피는 2.70×10^{-2} m^{-3}, 입자 개수가 1.15×10^6개이다. 공간율 함수는 식(9.24)에 따라 계산하시오.

9.9 입자지름이 5.80×10^{-4} m에서 2.50×10^{-3} m 범위로 분포하는 밀도 $\rho_{p1}=2.65\times10^3$ kg·m^{-3}인 입자들 1과, 밀도 $\rho_{p2}=7.50\times10^3$ kg·m^{-3}인 입자들 2의 혼합물이 있다. 이 혼합물에서 입자들 2을 물 속(밀도 $\rho=1.00\times10^3$ kg·m^{-3}, 점도 $\mu=1.00\times10^{-3}$ Pa·s)의 종말 속도의 차이를 통해 분리하는 것을 계획하고 있다. 이 경우, 입자들 2 중의 종말 속도가 입자들 1의 최대 지름 입자보다 작은 입자는 입자들 1에서 분리할 수가 없다. 분리할 수 없는 입자지름의 최대치를 계산하시오. 단, 혼합 입자들의 공간율은 0.600이다.

9.10 입자지름 $d_p=10.0$ μm, 밀도 $\rho_p=1.40\times10^3$ kg·m^{-3}인 구형 입자 7.85×10^{12}개를 내부지름 15.0 cm의 원통관 용기에 충진하자, 부피 밀도가 6.50×10^2 kg·m^{-3}이었다. 이때의 충진 높이를 계산하시오.

9.11 입자지름 $d_\mathrm{p} = 50\ \mu\mathrm{m}$, 밀도 $\rho_\mathrm{p} = 2.50\times10^3\ \mathrm{kg\cdot m^{-3}}$의 구형 입자 3.90×10^{11}개를 내부 지름 25 cm의 원통관에 충진했다. 높이 1.00 m의 고정층이 있다. 이 고정층에 물(밀도 $\rho = 1.00\times10^3\ \mathrm{kg\cdot m^{-3}}$, 점도 $\mu = 1.00\times10^{-3}\ \mathrm{Pa\cdot s}$)을 유량 $Q = 3.00\times10^{-6}\ \mathrm{m^3\cdot s^{-1}}$로 흘려보냈을 때의 압력 손실을 블레이크-코제니의 식, 어건의 식, 버크-플러머의 식 중 적절한 것을 이용하여 계산하시오. 단, 공간율 함수는 식(9.24)을 이용하시오.

제 10 장

흐름 함수와 속도 퍼텐셜

이 단원의 목표

제6장에서 설명했듯이 나비에-스토크스의 운동 방정식은 비교적 단순한 흐름의 장을 제외하고는 해석적으로 풀 수 없다. 이번 단원에서는 주로 해석적으로 풀 수 없는 2차원 흐름의 장에 적용되는 흐름 함수와 속도 퍼텐셜의 정의와 의미를 이해함과 동시에 그 응용법에 대하여 배운다.

10.1 흐름 함수

흐름 함수(stream function)는 비압축성 유체의 2차원 흐름의 임의의 2점 사이의 유량을 나타낸다. 2차원 흐름이란 직각 좌표계인 경우, 속도 벡터가 u_x, u_y만 있고 $x-y$평면을 가로지르는 흐름이 없고, 또한 속도가 z방향으로 변화하지 않는 흐름이다. 그림 10.1의 평면 내에 설정한 기준점 O와 임의의 점 A 사이의 유량을 알아보기로 하자. O와 A를 잇는 임의의 곡선 OCA를 왼쪽에서 오른쪽으로 가로지르는 유체와 반대 방향으로 가로지르는 유체의 유량 차이 Q를 순 유량이라고 하자. 이 평면을 가로지르는 속도 벡터는 존재하지 않으므로 OCA와 별도의 임의의 OA를 잇는 곡선 OC′A로 이루어진 OCAC′O의 안쪽은 닫힌 영역이 된다. 따라서 Q는 OC′A를 왼쪽에서 오른쪽으로 가로지르는 순 유량 Q'와 같아진다. 임의의 2곡선을 통과하는 유량이 같아지므로 OA 사이의 유량은 Q에 의해 유일하게 결정된다. 아래에는 곡선 OCA를 통과하는 유량을 속도의 x, y방향 성분에 따라 나타내는 식을 유도하겠다.

곡선 OCA 상의 미세 구간을 벡터 $\mathrm{d}\boldsymbol{s}=(\mathrm{d}x,\ \mathrm{d}y)$로 나타내기로 한다. 그 구간을 확대하여 나타낸 그림 10.2에서 $\mathrm{d}\boldsymbol{s}$를 가로지르는 속도 벡터를 $\boldsymbol{u}$라 한다. 이 구간의 유량 $\mathrm{d}\psi$는 $\boldsymbol{u}$의 $\mathrm{d}\boldsymbol{s}$에 수직인 방향으로의 정사영인 벡터 $\boldsymbol{u_n}$과 $\mathrm{d}\boldsymbol{s}$의 크기의 곱과 같다. 또한

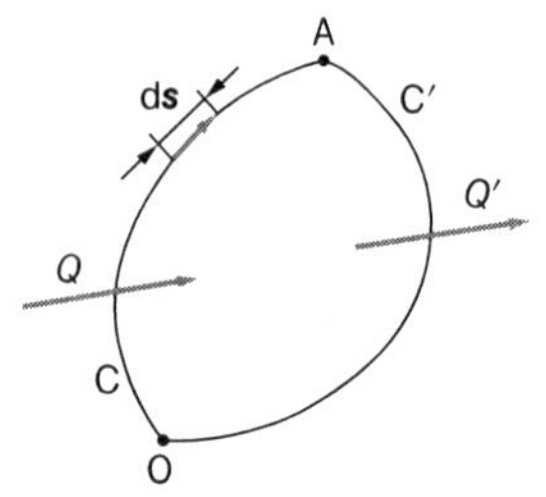

그림 10.1 기준점 O와 점 A 사이의 유량

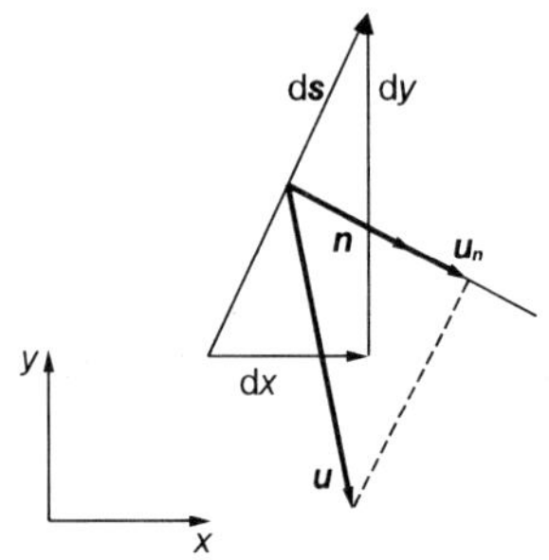

그림 10.2 미세 구간 d$\boldsymbol{s}$

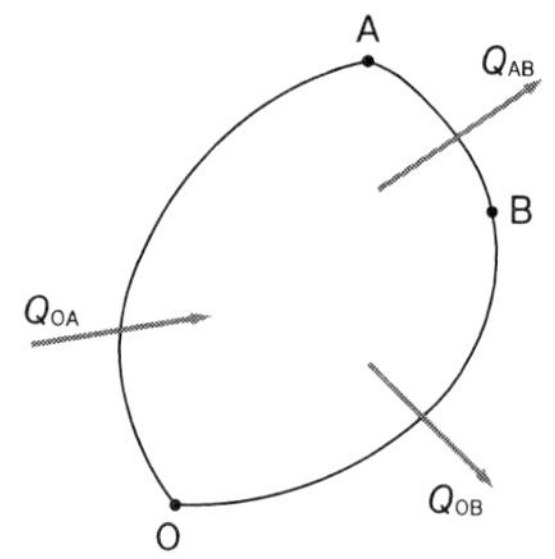

그림 10.3 임의의 두 점 사이의 유량

d$\boldsymbol{s}$의 단위 법선 벡터 $\boldsymbol{n}$은 d$\boldsymbol{s}$의 성분 dx, dy에 따라 $\boldsymbol{n} = (\mathrm{d}y/|\mathrm{d}\boldsymbol{s}|, -\mathrm{d}x|\mathrm{d}\boldsymbol{s}|)$로 나타낼 수 있다. 따라서 유량 d$\psi$는 다음과 같아진다.

$$\begin{aligned} \mathrm{d}\psi &= |\boldsymbol{u_n}||\mathrm{d}\boldsymbol{s}| = \boldsymbol{u} \cdot \boldsymbol{n}|\mathrm{d}\boldsymbol{s}| = (u_x, u_y) \cdot \left(\frac{\mathrm{d}y}{|\mathrm{d}\boldsymbol{s}|}, -\frac{\mathrm{d}x}{|\mathrm{d}\boldsymbol{s}|}\right)|\mathrm{d}\,\boldsymbol{s}| \\ &= u_x \mathrm{d}y - u_y \mathrm{d}x \end{aligned} \tag{10.1}$$

곡선 OCA를 가로지르는 유체의 유량 Q_{OCA}는 dψ를 O에서 A까지 적분한 것이므로 다음 식이 유도된다.

$$Q_{\mathrm{OCA}} = \int_{\mathrm{O}}^{\mathrm{A}} \mathrm{d}\psi = \int_{\mathrm{O}}^{\mathrm{A}} (u_x \mathrm{d}y - y_y \mathrm{d}x) \tag{10.2}$$

이 적분은 함수 ψ를 이용하여 다음과 같이 나타낼 수 있다.

$$Q_{\mathrm{OCA}} = \int_{\mathrm{O}}^{\mathrm{A}} \mathrm{d}\psi = [\psi]_{\mathrm{O}}^{\mathrm{A}} = \psi_{\mathrm{A}} - \psi_{\mathrm{O}} \tag{10.3}$$

이것은 두 점 사이의 유량이 각각 위치의 함수 ψ의 값 ψ_{A}, ψ_{O}의 차이와 같다는 것을 의미한다. 이 함수를 흐름 함수라고 한다. 유량은 ψ의 차이로 정의되므로, 기준점 O에서의 ψ의 값은 임의로 설정할 수 있다. 여기에서 간단하게 하기 위하여 O일 때 $\psi = 0$이 되도록 정의하면, 함수 ψ의 값이 기준점과 임의의 점 사이의 유량을 나타내는 것이 된다. 흐름 함수에 따라 임의의 2점 사이의 유량을 계산할 수 있다. 그림 10.3의 2점 A, B 각각과 기준점 O사이의 유량은 $Q_{\mathrm{OA}} = \psi_{\mathrm{A}}$, $Q_{\mathrm{OB}} = \psi_{\mathrm{B}}$가 된다. AB 사이의 유량은 그림 10.3에 따라 $Q_{\mathrm{OA}} - Q_{\mathrm{OB}}$과 같으므로

$$Q_{AB} = \psi_A - \psi_B \tag{10.4}$$

이렇게 나타낼 수 있다.

그림 10.4는 $x-y$ 평면상의 흐름을 나타내는 유선이다. 제3장 3.1절에서 설명했듯이 유선은 속도 벡터와 접하고 있다. 이 그림과 같이 A와 B가 동일 유선 상에 있는 경우는, 그 유선을 가로지르는 속도 벡터가 없고 두 점 사이의 유량이 0이 되므로, 식(10.4)의 관계에 따라 $\psi_A = \psi_B$가 되는 것을 알 수 있다. 이 관계는 유선 상의 모든 점에 대하여 성립한다. 따라서 유선 상에서는 흐름 함수의 값은 일정하게 되어 그림 10.4와 같이 하나의 유선에 대해 하나의 흐름 함수 값이 대응한다. 그들 값의 차이는 유선 사이의 유량을 나타내므로 유량이 큰 영역에서는 유선이 조밀하게 된다.

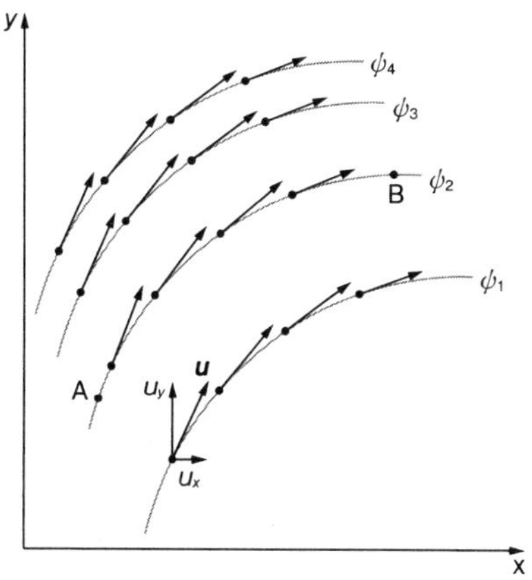

그림 10.4 유선과 흐름 함수

다음으로 속도 성분 u_x, u_y와 흐름 함수의 관계를 생각해보자. 흐름 함수 ψ의 전미분은,

$$\mathrm{d}\psi = \frac{\partial \psi}{\partial x}\mathrm{d}x + \frac{\partial \psi}{\partial y}\mathrm{d}y \tag{10.5}$$

이렇게 나타낼 수 있다. 또한 식(10.1)에 따라 $\mathrm{d}\psi$는 다음과 같이 나타낼 수도 있다.

$$\mathrm{d}\psi = -u_y \mathrm{d}x + u_x \mathrm{d}y \tag{10.6}$$

이 식들이 모두 x, y에 대하여 성립하므로 2식을 비교하면 속도와 흐름 함수 사이에 다음 관계가 성립하는 것을 알 수 있다.

$$u_x = \frac{\partial \psi}{\partial y}, \qquad u_y = -\frac{\partial \psi}{\partial x} \tag{10.7}$$

위에 설명했듯이 동일 유선 상에서는 흐름 함수는 일정하고 $\mathrm{d}\psi = 0$이다. 따라서 유선 상의 점은 다음 관계를 만족시킨다.

$$-u_y \mathrm{d}x + u_x \mathrm{d}y = 0 \longrightarrow \frac{\mathrm{d}x}{u_x} = \frac{\mathrm{d}y}{u_y} \tag{10.8}$$

이것은 유선 상의 점인 x좌표와 y좌표의 관계를 나타내며 유선의 방정식이 된다.

흐름 함수를 이용하면 다음과 같이 2차원 흐름의 속도 분포를 구할 수 있다. 2차원 흐름에서는 유체는 다음의 연속 방정식과 나비에-스토크스의 운동 방정식을 만족시킨다. 여기에서는 간단히 하기 위하여 중력의 영향이 없는 경우를 가정하겠다.

$$\frac{\partial u_x}{\partial x} + \frac{\partial u_y}{\partial y} = 0$$

$$\rho\left(\frac{\partial u_x}{\partial t} + u_x\frac{\partial u_x}{\partial x} + u_y\frac{\partial u_x}{\partial y}\right) = -\frac{\partial p}{\partial x} + \mu\left(\frac{\partial^2 u_x}{\partial x^2} + \frac{\partial^2 u_x}{\partial y^2}\right)$$

$$\rho\left(\frac{\partial u_y}{\partial t} + u_x\frac{\partial u_y}{\partial x} + u_y\frac{\partial u_y}{\partial y}\right) = -\frac{\partial p}{\partial x} + \mu\left(\frac{\partial^2 u_y}{\partial x^2} + \frac{\partial^2 u_y}{\partial y^2}\right)$$

연속 방정식에 식(10.7)을 대입하면

$$\frac{\partial u_x}{\partial x} + \frac{\partial u_y}{\partial y} = \frac{\partial}{\partial x}\left(\frac{\partial \psi}{\partial x}\right) - \frac{\partial}{\partial y}\left(\frac{\partial \psi}{\partial x}\right) = \frac{\partial^2 \psi}{\partial x \partial y} - \frac{\partial^2 \psi}{\partial x \partial y} = 0 \quad (10.9)$$

가 되어 흐름 함수는 그 성질에 따라 자동적으로 연속 방정식을 만족시키는 것을 알 수 있다. 나비에-스토크스의 방정식의 x방향 성분의 식을 y로, y방향 성분의 식을 x로 미분하면 두 식의 압력 구배 항이 모두 $\partial^2 p/\partial x\,\partial y$와 같아진다. 여기에서, 그들 식을 변끼리 빼면 압력이 소거되어 다음 식이 유도된다.

$$\rho\left\{\frac{\partial^2 u_x}{\partial t \partial y} - \frac{\partial^2 u_y}{\partial t \partial x} + u_x\left(\frac{\partial^2 u_x}{\partial y \partial x} - \frac{\partial^2 u_y}{\partial x^2}\right) + u_y\left(\frac{\partial^2 u_x}{\partial y^2} - \frac{\partial u_y}{\partial x \partial y}\right)\right.$$
$$\left. + \left(\frac{\partial u_x}{\partial y} - \frac{\partial u_y}{\partial x}\right)\underline{\left(\frac{\partial u_x}{\partial x} + \frac{\partial u_y}{\partial y}\right)}\right\}$$
$$= \mu\left(\frac{\partial^3 u_x}{\partial y^3} - \frac{\partial^3 u_y}{\partial x^3} + \frac{\partial^3 u_x}{\partial y \partial x^2} - \frac{\partial^3 u_y}{\partial x \partial y^2}\right)$$

여기에서 좌변의 밑선 부분은 연속 방정식에 따라 0이 되므로

$$\rho\left\{\frac{\partial^2 u_x}{\partial t \partial y} - \frac{\partial^2 u_y}{\partial t \partial x} + u_x\left(\frac{\partial^2 u_x}{\partial y \partial x} - \frac{\partial^2 u_y}{\partial x^2}\right) + u_y\left(\frac{\partial^2 u_x}{\partial y^2} - \frac{\partial u_y}{\partial x \partial y}\right)\right\}$$
$$= \mu\left(\frac{\partial^3 u_x}{\partial y^3} - \frac{\partial^3 u_y}{\partial x^3} + \frac{\partial^3 u_x}{\partial y \partial x^2} - \frac{\partial^3 u_y}{\partial x \partial y^2}\right) \quad (10.10)$$

이 된다. 이 식에 흐름 함수를 대입하면 다음과 같아진다.

$$\frac{\partial}{\partial t}\left(\frac{\partial^2\psi}{\partial x^2}+\frac{\partial^2\psi}{\partial y^2}\right)+\frac{\partial\psi}{\partial y}\frac{\partial}{\partial x}\left(\frac{\partial^2\psi}{\partial x^2}+\frac{\partial^2\psi}{\partial y^2}\right)-\frac{\partial\psi}{\partial x}\frac{\partial}{\partial y}\left(\frac{\partial^2\psi}{\partial x^2}+\frac{\partial^2\psi}{\partial y^2}\right)$$
$$=\nu\left\{\frac{\partial^2}{\partial x^2}\left(\frac{\partial^2\psi}{\partial x^2}+\frac{\partial^{?}\psi}{\partial y^2}\right)+\frac{\partial^2}{\partial y^2}\left(\frac{\partial^2\psi}{\partial x^2}+\frac{\partial^2\psi}{\partial y^2}\right)\right\} \tag{10.11}$$

여기에서 ν는 동점도이다. 이 식은 ψ만을 미지 함수로 하는 편미분 방정식이다. 이에 따라 2차원 흐름의 압력과 두 개의 속도 성분의 세 개의 미지 함수를 연속 방정식과 나비에-스토크스의 운동 방정식을 연립하여 구하는 문제가, 흐름 함수 도입에 따라 하나의 미지 함수에 대한 편미분 방정식을 푸는 문제로 치환되는 것을 알 수 있다. 직각 좌표계뿐만 아니라 원통형, 구형 좌표에서도 식(10.11)에 해당하는 식을 유도할 수 있다. 각 좌표계의 흐름 함수와 속도 성분의 관계와, 식(10.11)에 해당하는 식을 정리하여 표 10.1에 나타냈다.

≫ 표 10.1 각종 좌표계의 흐름 함수

직각 좌표계: $(u_z=0)$
$u_x=\frac{\partial\phi}{\partial y}$, $u_y=-\frac{\partial\phi}{\partial x}$; $\frac{\partial}{\partial t}\nabla^2\phi-\frac{\partial(\phi,\ \nabla^2\phi)}{\partial(x,\ y)}=\nu\nabla^2(\nabla^2\phi)$
$\nabla^2=\frac{\partial^2}{\partial x^2}+\frac{\partial^2}{\partial y^2}$; $\frac{\partial(f,\ g)}{\partial(x,\ y)}=\frac{\partial f}{\partial x}\frac{\partial g}{\partial y}-\frac{\partial f}{\partial y}\frac{\partial g}{\partial x}$
원통형 좌표계: $(u_z=0)$
$u_r=\frac{1}{r}\frac{\partial\phi}{\partial\theta}$, $u_\theta=-\frac{\partial\phi}{\partial r}$; $\frac{\partial}{\partial t}\nabla^2\phi-\frac{1}{r}\frac{\partial(\phi,\ \nabla^2\phi)}{\partial(r,\ \theta)}=\nu\nabla^2(\nabla^2\phi)$
$\nabla^2=\frac{\partial^2}{\partial r^2}+\frac{1}{r}\frac{\partial}{\partial r}+\frac{1}{r^2}\frac{\partial^2}{\partial\theta^2}$
원통형 좌표계: $(u_\theta=0)$
$u_r=\frac{1}{r}\frac{\partial\phi}{\partial z}$, $u_z=-\frac{1}{r}\frac{\partial\phi}{\partial r}$; $\frac{\partial}{\partial t}E^2\phi-\frac{1}{r}\frac{\partial(\phi,\ E^2\phi)}{\partial(r,\ z)}-\frac{2}{r^2}\frac{\partial\phi}{\partial z}E^2\phi=\nu E^2(E^2\phi)$
$E^2=\frac{\partial^2}{\partial r^2}-\frac{1}{r}\frac{\partial}{\partial r}+\frac{\partial^2}{\partial z^2}$
구형 좌표계: $(u_\phi=0)$
$u_r=\frac{1}{r^2\sin\theta}\frac{\partial\phi}{\partial\theta}$, $u_\theta=-\frac{1}{r\sin\theta}\frac{\partial\phi}{\partial r}$
$\frac{\partial}{\partial t}E^2\phi-\frac{1}{r^2\sin\theta}\frac{\partial(\phi,\ E^2\phi)}{\partial(r,\ \theta)}+\frac{2E^2\phi}{r^2\sin^2\theta}\left(\frac{\partial\phi}{\partial r}\cos\theta-\frac{1}{r}\frac{\partial\phi}{\partial\theta}\sin\theta\right)=\nu E^2(E^2\phi)$
$E^2=\frac{\partial^2}{\partial r^2}+\frac{\sin\theta}{r^2}\frac{\partial}{\partial\theta}\left(\frac{1}{\sin\theta}\frac{\partial}{\partial\theta}\right)$

흐름 함수를 이용한 해석의 예로써 구 주변의 느린 흐름의 문제를 들 수 있다. 그림 10.5와 같은 구를 향해 유체가 z방향으로 균일한 유속 U로 흐르는 경우를 생각해보자. 흐름은 z축에 대해 대칭이다. 따라서 구의 중심을 원점으로 하는 구 좌표를 설정하면 $\phi = 0$의 $r - \theta$ 평면상의 2차원 흐름이라고 볼 수가 있으므로 흐름 함수를 정의할 수 있다. 정상 상태라고 하면, 표 10.1의 구좌표에서 $u_\phi = 0$인 경우의 흐름 함수에 대한 방정식의 시간에 대한 편미분은 생략된다. 또한 유속이 몹시 작은 경우로 한정하면, 대류에 의한 운동량 이동을 나타내는 좌변 각 항도 모두 생략할 수 있다. 따라서 방정식은 다음과 같이 변환된다.

$$\nu E^2(E^2\psi) = 0 \tag{10.12}$$

여기에서 E^2은 표에 나와 있는 연산자이다. 이렇듯 유속이 작고 대류에 의한 이동 항을 무시할 수 있는 흐름을 **크리프 흐름**(creeping flow)이라고 한다. 이 식을 구 표면의 속도가 0, 구에서 충분히 떨어진 위치의 속도의 z방향 성분이 U가 되는 경계 조건을 바탕으로 풀면 다음과 같아진다.

$$\psi(r, \theta) = UR^2\left(\frac{1}{4}\frac{R}{r} - \frac{3}{4}\frac{r}{R} + \frac{1}{2}\frac{r^2}{R^2}\right)\sin^2\theta \tag{10.13}$$

이 식으로 나타나는 흐름 함수가 일정할 경우의 r, θ의 조합을 좌표로 한 점을 이으면 유선이 된다. 그림 10.6은 여러 가지 흐름 함수값에 대응하는 유선군을 그린 것이다. 그림에 *을 붙인 양은 다음과 같이 무차원화 한 것이다.

$$\psi^* = \frac{\psi}{UR^2}, \quad r^* = \frac{r}{R}, \quad x^* = \frac{x}{R}, \quad z^* = \frac{z}{R} \tag{10.14}$$

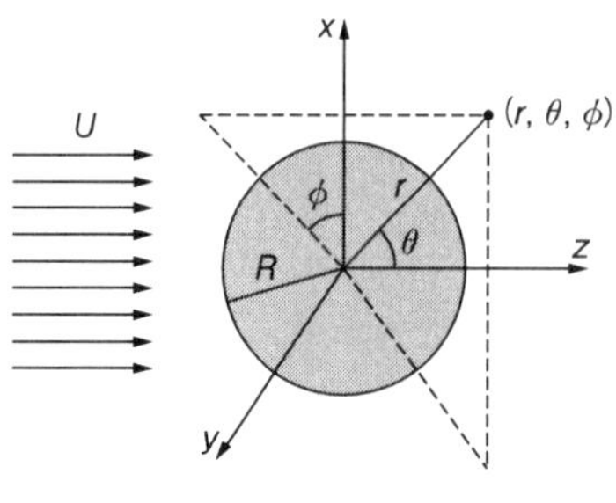

그림 10.5 구 주변의 흐름

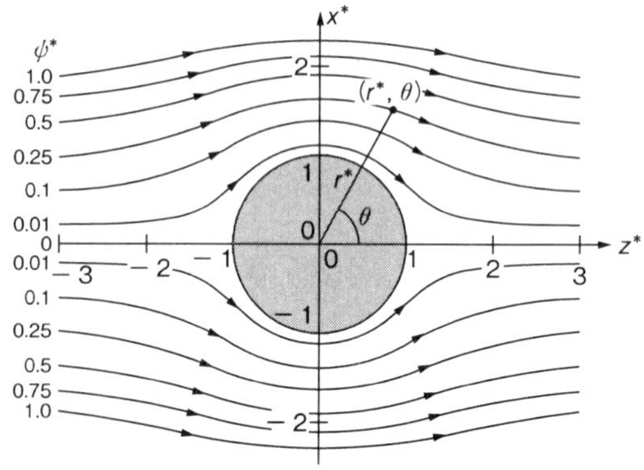

그림 10.6 구 주변의 유선

위에 설명했듯이 유량이 큰 영역에서는 유선이 조밀해진다. 구 표면 및 $\psi^* = 0.25$, 0.5, 0.75, 1.0의 유선의 간격을 보면 구에서 떨어질수록 간격이 좁아지는 것을 알 수 있다. 이것은 구 표면에서는 속도가 0이고, 구에서 떨어질수록 유속이 커지는 것에 대응한다.

표 10.1의 흐름 함수와 유속의 관계와 식(10.13)에 따라 구형 좌표계의 유속의 r, θ 방향 성분이 다음과 같이 유도된다.

$$u_r(r,\ \theta) = \frac{1}{r^2 \sin\theta} \frac{\partial \psi}{\partial \theta} = U\cos\theta\left(1 - \frac{3}{2}\frac{R}{r} + \frac{1}{2}\frac{R^3}{r^3}\right) \tag{10.15}$$

$$u_\theta(r,\ \theta) = -\frac{1}{r\sin\theta} \frac{\partial \psi}{\partial r} = -U\sin\theta\left(1 - \frac{3}{4}\frac{R}{r} - \frac{1}{4}\frac{R^3}{r^3}\right) \tag{10.16}$$

이들을 제6장 표 6.3의 구형 좌표계의 나비에-스토크스 방정식 및 표 6.2의 응력과 변형 속도의 관계에 대입하여 $r = R$이라 하면, 다음 구 표면의 압력과 전단응력 분포가 유도된다.

$$p = p_\infty - \frac{3}{2}\frac{\mu U}{R}\cos\theta \tag{10.17}$$

$$-\tau_{r\theta} = -\frac{3}{2}\frac{\mu U}{R}\sin\theta \tag{10.18}$$

여기에서 p_∞는 구에서 충분히 떨어진 위치의 압력이다. 또한 여기에서는 구가 유체로부터 받는 응력에 주목하고 있다. 제1장에서 설명했듯이 원점에 가까운 측이 먼 측에 가하는 응력의 방향을 양의 방향으로 하고 있으므로, 식(10.18) 좌변에는 부호가 달려 있다. 압력에 의한 힘은 구면에 대해 수직으로 가해지는 힘이고, 전단응력은 구면에 접하는 방향으로 가해지는 힘이다. 이들 힘의 그림 10.5의 z방향 성분을 구면 전체에 걸쳐 각각 적분하여 합계하면 아래와 같아진다.

$$R_\mathrm{f} = 6\pi\mu UR \tag{10.19}$$

이 힘은 유체가 구에 미치는 힘이다. 그 반작용으로 유체는 구에서 동일한 크기의 힘을 받는다. 한편, 유체가 물체에게서 받는 힘은 제9장 9.1절에서 설명했듯이 저항 계수(9.1절)에 따라 다음 형태로 나타낼 수 있다.

$$R_\mathrm{f} = C_\mathrm{D}\frac{1}{2}\rho U^2 A_\mathrm{p} \tag{10.20}$$

A_p는 물체의 흐름 방향으로의 투영 면적으로, 구의 경우 $\pi d_\mathrm{p}^2/4$가 된다. $d_\mathrm{p} = 2R$은

구의 지름이다. 저항력은 유체 속도에 상관없이 이 식에 따라 나타난다. C_{D}는 저항 계수로, 구 주변 흐름에서는 그 상태를 나타내는 다음 레이놀즈 수에 따라 변화한다.

$$Re = \frac{\rho U d_{\mathrm{p}}}{\mu} \tag{10.21}$$

위에 나타낸 흐름 함수에 의한 해석에는 대류에 의한 영향을 무시할 수 있을 정도로 느린 흐름을 가정하고 있다. 이를 가정할 수 있는 것은 $Re < 0.4$의 범위이다. 이 경우는 식(10.19)와 (10.20)의 비교에 따라 제9장에서 설명한 **스토크스의 법칙**(Stokes' law)이 성립하는 것을 알 수 있다.[1)]

$$C_{\mathrm{D}} = \frac{24\mu}{\rho U d_{\mathrm{p}}} = \frac{24}{Re} \tag{10.22}$$

흐름 함수를 이용함으로써 이와 같은 해석이 가능해진다. 중요한 것은 비압축성의 2차원 흐름의 경우에만 흐름 함수를 정의할 수 있다는 점이다.

10.2 속도 퍼텐셜

벡터 장에서 임의의 벡터 $\boldsymbol{u}$가 다음과 같이 스칼라 함수 구배에 따라 나타나는 경우가 있다.

$$\boldsymbol{u} = u_x\boldsymbol{i} + u_y\boldsymbol{j} + u_z\boldsymbol{k} = \nabla\phi = \frac{\partial\phi}{\partial x}\boldsymbol{i} + \frac{\partial\phi}{\partial y}\boldsymbol{j} + \frac{\partial\phi}{\partial z}\boldsymbol{k}$$

$$u_x = \frac{\partial\phi}{\partial x},\ u_y = \frac{\partial\phi}{\partial y},\ u_z = \frac{\partial\phi}{\partial z} \tag{10.23}$$

여기에서 $\boldsymbol{i}$, $\boldsymbol{j}$, $\boldsymbol{k}$는 각각 x, y, z방향의 기본 벡터이다. 이 스칼라 함수 ϕ를 퍼텐셜이라고 한다. 제8장 8.1절의 중력 벡터의 퍼텐셜도 그 중 하나이다. 이러한 관계가 성립하는 것은 그림 10.7과 같은 벡터 $\boldsymbol{u}$와 미세 구간을 나타내는 벡터 $\mathrm{d}\boldsymbol{s}$의 내적을 임의의 폐곡선 ABA에 따라 한 바퀴 적분한 값이 0이 되는 경우이다.

1) 이 유도의 상세 내용은 오가와 코헤이(小川浩平) 편, "유체 전달 해석", 아사쿠라 쇼텐(朝倉書店)(2011), 제1장 참조.

$$\int_{\mathrm{ABA}} \boldsymbol{u} \cdot \mathrm{d}\boldsymbol{s} = \oint \boldsymbol{u} \cdot \mathrm{d}\boldsymbol{s} = 0 \qquad (10.24)$$

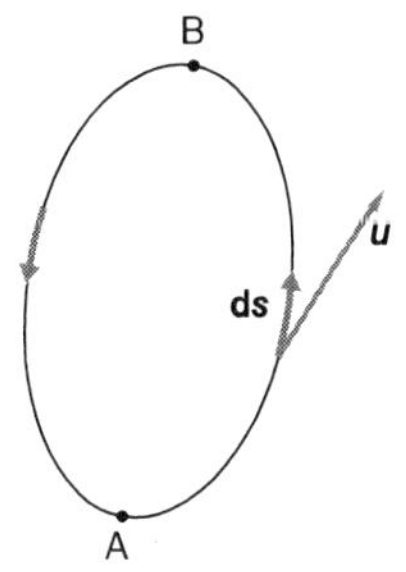

그림 10.7 순환

이 적분을 **순환**(circulation)이라고 한다. 순환이 0이 되기 위한 필요 충분 조건은 다음 식으로 정의되는 속도 벡터의 **회전**(rotation) rot$\boldsymbol{u}$가 0이 되는 것이다.

$$\mathrm{rot}\,\boldsymbol{u} = \nabla \times \boldsymbol{u} = \begin{vmatrix} \boldsymbol{i} & \boldsymbol{j} & \boldsymbol{k} \\ \dfrac{\partial}{\partial x} & \dfrac{\partial}{\partial y} & \dfrac{\partial}{\partial z} \\ u_x & u_y & u_z \end{vmatrix}$$

$$= \left(\frac{\partial u_z}{\partial y} - \frac{\partial u_y}{\partial z}\right)\boldsymbol{i} + \left(\frac{\partial u_x}{\partial z} - \frac{\partial u_z}{\partial x}\right)\boldsymbol{j} + \left(\frac{\partial u_y}{\partial x} - \frac{\partial u_x}{\partial y}\right)\boldsymbol{k} = 0 \qquad (10.25)$$

$\nabla \times \boldsymbol{u}$는 ∇와 $\boldsymbol{u}$의 외적을 나타내고 있다. 이 조건을 만족시키는 유체의 속도 벡터의 장을 비회전 흐름이라고 한다.[2] 또한 그 경우의 스칼라 함수 ϕ는 **속도 퍼텐셜**(velocity potential)이라고 한다. 제6장의 예제에서 다룬 평판 사이 쿠에트 흐름에는 속도 구배로써 $\partial u_x / \partial y$만 존재한다. 따라서 회전은

$$\mathrm{rot}\,\boldsymbol{u} = -\frac{\partial u_x}{\partial y}\boldsymbol{k} \neq 0 \qquad (10.26)$$

이와 같이 0이 되지 않으므로, 비회전 흐름이 아니다. 이렇듯 점성의 영향에 따라 특정 방향으로 속도 구배가 있는 흐름에서는 회전이 0이 되지 않기 때문에 속도 퍼텐셜을 정의할 수는 없다. 비회전 흐름이 되는 것은 점성의 영향을 무시할 수 있는 경우이다. 실제 유체는 모두 점성을 가지는데, 물체 주변의 흐름 중 물체 표면에서 어느 정도 떨어진 영역에서는 점성의 영향을 무시할 수 있어서 속도 퍼텐셜을 정의할 수 있다.

속도 퍼텐셜은 흐름 함수와 달리 3차원 흐름에서도 정의할 수 있는데, 흐름 함수와 조합하여 2차원 흐름의 해석에 이용되는 경우가 많다. 흐름 함수와 속도 퍼텐셜을 정의할 수 있는 2차원 흐름에서는 식(10.7)과 식(10.23)에 따라 다음 관계가 성립한다는 것을 알 수 있다.

$$u_x = \frac{\partial \phi}{\partial x} = \frac{\partial \psi}{\partial y}, \qquad u_y = \frac{\partial \phi}{\partial y} = \frac{\partial \psi}{\partial x} \qquad (10.27)$$

2) 상세는 오가와 코헤이(小川浩平)편, “유체 전달 해석”, 아사쿠라 쇼텐(朝倉書店)(2011), 제1장 1.8 참조.

속도 퍼텐셜과 흐름 함수의 이 관계를 코시-리만의 관계라고 한다. 두 개의 함수가 이 관계를 만족시킬 때, 다음의 정칙 복소함수를 정의할 수 있다.

$$w(z) = \phi(z) + i\psi(z) \tag{10.28}$$

여기에서 z는 2차원 좌표 x, y를 실부, 허부로 하는 복소수 $x+iy$이다. 이 함수 $w(z)$를 **복소 속도 퍼텐셜**(complex velocity potential)이라고 한다. 정칙이란 미분 가능한 함수인 것을 의미하며, w를 z로 미분하면 다음과 같아진다.

$$\frac{\mathrm{d}w}{\mathrm{d}z} = \frac{\partial \phi}{\partial x} + i\frac{\partial \psi}{\partial x} = u_x - iu_y \tag{10.29}$$

이렇듯 w의 z에 대한 미분은 x에 대한 편미분과 같아진다. 또한 w의 미분 계수의 실부, 허부에 따라 속도를 구할 수 있다.

복소 속도 퍼텐셜을 이용한 해석 예로 균일 유속 U로 흐르는 유체 중에 있는 흐름에 대해 축이 수직이 되도록 설치된 정지된 반지름 R의 원주 주변 흐름을 다루어 보자. 이 흐름은 아래의 속도 퍼텐셜 w에 따라 나타낼 수 있다.

$$w = U\left(z + \frac{R^2}{z}\right) \tag{10.30}$$

$z = x + iy$를 대입하여 실부와 허부로 나눈 형태로 변환하면 다음과 같아진다.

$$\begin{aligned} w &= U\left\{x + iy + \frac{R^2(x-iy)}{(x+iy)(x-iy)}\right\} \\ &= U\left(1 + \frac{R^2}{x^2+y^2}\right)x + iU\left(1 - \frac{R^2}{x^2+y^2}\right)y \end{aligned} \tag{10.31}$$

이 식의 실부가 속도 퍼텐셜, 허부가 흐름 함수가 된다.

$$\phi = U\left(1 + \frac{R^2}{x^2+y^2}\right)x, \qquad \psi = U\left(1 - \frac{R^2}{x^2+y^2}\right)y \tag{10.32}$$

10.1절의 그림 10.6의 구 주변 흐름의 경우와 마찬가지로, 흐름 함수가 같은 점을 이은 유선을 그리면 그림 10.8의 실선과 같아진다. 그림의 점선은 퍼텐셜이 같은 점을 이은 선이다. 그림의 *을 붙인 양은 다음과 같이 무차원화 되어 있다.

$$\phi^* = \frac{\phi}{UR}, \quad \psi^* = \frac{\psi}{UR}, \quad x^* = \frac{x}{R}, \quad y^* = \frac{y}{R} \tag{10.33}$$

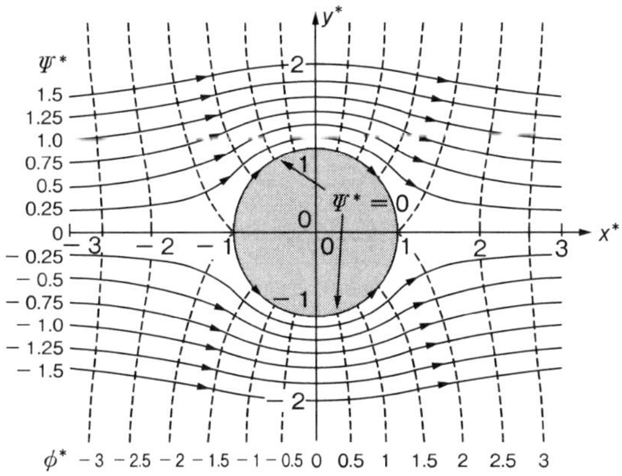

그림 10.8 원주 주변의 유선과 등퍼텐셜선

점성에 의한 영향을 무시하고 있기 때문에 원주 표면에서도 속도는 0이 되지 않고, 그림과 같이 원주 표면이 $\psi^*=0$인 유선이 되어 있다. 또한 등퍼텐셜선은 모두 유선과 직교하고 있다. 속도는 복소 속도 퍼텐셜의 미분에 따라 다음과 같이 구할 수 있다.

$$\frac{\mathrm{d}w}{\mathrm{d}z} = U\left(1-\frac{R^2}{z^2}\right) \tag{10.34}$$

복소수 z에 대하여 일반적으로 다음과 같은 오일러의 관계가 성립한다.

$$z = x + iy = r\cos\theta + ir\sin\theta = re^{i\theta} \tag{10.35}$$

이 식에 따라 식(10.34)는 다음과 같이 변환할 수 있다.

$$\frac{\mathrm{d}w}{\mathrm{d}z} = U\left(1-\frac{R^2}{r^2}e^{-2i\theta}\right) = U\left(1-\frac{R^2}{r^2}\cos 2\theta\right) + iU\frac{R^2}{r^2}\sin 2\theta \tag{10.36}$$

이 식과 식(10.2)를 비교하면 속도의 x, y방향 성분이 다음과 같아지는 것을 알 수 있다.

$$u_x = U\left(1-\frac{R^2}{r^2}\cos 2\theta\right), \qquad u_y = -U\frac{R^2}{r^2}\sin 2\theta \tag{10.37}$$

또한 2차원 극좌표계의 r, θ방향 성분 u_r, u_θ는 다음과 같다.

$$u_r = \frac{\mathrm{d}r}{\mathrm{d}t}, \qquad u_\theta = r\frac{\mathrm{d}\theta}{\mathrm{d}t} \tag{10.38}$$

$x = r\cos\theta$, $r = r\sin\theta$의 관계에 따라

$$u_x = \frac{dx}{dt} = \frac{dr\cos\theta}{dt} = \cos\theta\frac{dr}{dt} + r\frac{d\cos\theta}{d\theta}\frac{d\theta}{dt} = u_r\cos\theta - u_\theta\sin\theta \tag{10.39}$$

$$u_y = \frac{dy}{dt} = \frac{dr\sin\theta}{dt} = \sin\theta\frac{dr}{dt} + r\frac{d\sin\theta}{d\theta}\frac{d\theta}{dt} = u_r\sin\theta - u_\theta\cos\theta \tag{10.40}$$

이 되므로

$$u_r = u_x\cos\theta + u_y\sin\theta = U\cos\theta\left(1 - \frac{R^2}{r^2}\right)$$

$$u_\theta = -u_x\sin\theta + u_y\cos\theta = -U\sin\theta\left(1 + \frac{R^2}{r^2}\right) \tag{10.41}$$

이라는 함수가 유도된다. 이들 식에 $r = R$을 대입하면

$$u_r = 0, \qquad u_\theta = -2U\sin\theta \tag{10.42}$$

가 되어 원주 표면에서는 속도는 θ방향 성분만으로 그림 10.8의 유선과 같이 원주를 따르는 흐름이 되는 것을 확인할 수 있다. 또한 $\theta = 0$, π일 때, $u_\theta = 0$이 되는 것에 따라 그림 10.8의 2점(−1, 0), (1, 0)에서 속도가 0이 되는 것을 알 수 있다. 이들 두 개의 점을 정체점이라고 한다.

이와 같은 해석 결과를 이용하여 원주 표면의 압력을 구할 수 있다. 점성의 영향을 무시할 수 있는 경우는 8장에서 설명한 베르누이의 정리에 따라 유체의 운동 에너지, 압력, 위치 에너지 사이에 다음과 같은 관계가 성립한다.

$$\frac{1}{2}u^2 + \frac{p}{\rho} + gz = (\text{일정}) \tag{10.43}$$

이 관계에 따라 원주에서 충분히 떨어진 위치와 원주 표면의 에너지와 압력의 합은 같아진다. 원주 표면에서는 속도가 θ방향 성분만 있고 충분히 떨어진 위치에서는 속도가 균일하게 U이므로 다음의 식이 유도된다.

$$\frac{1}{2}u_\theta^2 + \frac{p}{\rho} = \frac{1}{2}U^2 + \frac{p_\infty}{\rho} \tag{10.44}$$

여기에서 p_∞는 충분히 떨어진 위치의 압력이다. 또한 수평 방향 흐름이므로 위치 에너지 변화는 없다고 가정한다. 이 식에 식(10.42)를 대입하여 p에 대하여 풀면 다음

식이 유도된다.

$$p = p_\infty + \frac{1}{2}U^2(1-4\sin^2\theta) \tag{10.45}$$

이것이 원주 표면의 압력 분포이다. 점성이 없는 흐름이므로 유체가 원주에 미치는 힘은 이 압력에 의한 것만 있다. 여기에서, 압력에 의한 힘의 흐름 방향 성분을 표면 전체에 걸쳐 적분하면 다음과 같아진다.

$$R_\mathrm{f} = 2\int_0^\pi pR(-\cos\theta)\mathrm{d}\theta = 0 \tag{10.46}$$

이것은 유체가 받는 저항력이 없다는 것을 의미한다. 실제 흐름에서는 10.1절의 구 주변의 흐름과 같이 저항력이 작용하므로 이 결과는 모순을 포함하고 있다는 것을 알 수 있다. 이것을 **달랑베르의 패러독스**(D'Alembert's paradox)라고 한다. 모순이 생긴 이유는 점성의 영향을 무시한 데 있다. 이렇듯 속도 퍼텐셜에 의한 해석에는 고체 표면 부근 점성의 영향이 큰 영역에 대해서는 실제 흐름과 다른 결과가 되지만, 물체에서 어느 정도 떨어진 점성의 영향이 작은 영역의 흐름에 대해서는 실제 흐름에 가까운 결과를 얻을 수 있다.

학습의 키워드

□흐름 함수 □크리프 흐름 □스토크스의 법칙 □모순 □회전 □속도 퍼텐셜 □복소 속도 퍼텐셜 □달랑베르의 패러독스

제10장 연습문제

10.1 2차원 정상의 비압축성 유체의 흐름인 제4장 연습문제 4.3의 경사 평행 평판사이 흐름의 흐름 함수를 구하시오.

10.2 $x-y$평면상의 모든 위치에서 유속 벡터가 $\boldsymbol{u}=(u_x,\ u_y)$로 일정한 흐름의 흐름 함수를 구하시오.

10.3 제4장 예제 4.3의 원통관 내 층류의 흐름 함수를 구하시오.

10.4 제6장 연습문제 6.9의 원통형 좌표계의 원점에서 방사상(radial)으로 퍼지는 정상 상태 흐름의 흐름 함수를 구하시오.

10.5 제5장 연습문제 5.5의 구형 좌표계의 원점에서 방사상(radial)으로 퍼지는 정상 상태 흐름의 흐름 함수를 구하시오.

10.6 흐름 함수와 속도 퍼텐셜을 모두 정의할 수 있는 흐름에서 ψ, ϕ가 다음 식을 만족시킨다는 것을 설명하시오.

$$\frac{\partial^2\psi}{\partial x^2}+\frac{\partial^2\psi}{\partial y^2}=0, \qquad \frac{\partial^2\phi}{\partial x^2}+\frac{\partial^2\phi}{\partial y^2}=0$$

10.7 문제 10.2의 흐름의 속도 퍼텐셜 ϕ를 구하시오. 또한 복소 속도 퍼텐셜 w를 $z=x+iy$의 함수로써 나타내라.

10.8 원통형 좌표계에서 $u_z = 0$인 경우, u_r, u_θ와 속도 퍼텐셜의 관계는 다음과 같다.

$$u_r = \frac{\partial\phi}{\partial r}, \qquad u_\theta = \frac{1}{r}\frac{\partial\phi}{\partial\theta}$$

이 관계를 바탕으로 문제 10.4의 흐름의 속도 퍼텐셜 ϕ를 구하시오. 또한 복소 속도 퍼텐셜 w를 $z = x + iy$의 함수로써 나타내라.

10.9 복소 속도 퍼텐셜이 $w(z) = iUz$(U는 양의 상수)가 되는 흐름의 속도 벡터를 구하시오. 또한 유선의 대략적인 형태와 흐름 방향을 나타내는 화살표를 $x-y$ 평면상에 그리시오.

10.10 복소 속도 퍼텐셜이 $w(z) = Uz^2$(U는 양의 상수)가 되는 흐름의 속도 벡터를 구하시오. 또한 유선의 대략적인 형태와 흐름 방향을 나타내는 화살표를 $x-y$평면의 제1사분면 제2사분면 위에 그리시오.

제 11 장

경계층 이론

이 단원의 목표

제10장에서 학습한 속도 퍼텐셜은 점성의 영향을 무시할 수 있는 고체 표면에서 어느 정도 떨어진 영역의 흐름에 대해서는 유효하다. 그러나 화학 장치에서는 고체 표면 부근에서 흐름과 열, 물질이동이 동시에 발생하는 경우가 많기 때문에, 그러한 경우에 유효한 해석법이 필요해진다.

이번 단원에서는 고체 표면 부근의 2차원 흐름의 특징을 고려한 근사법인 경계층의 이론을 이해한다. 또한 이 방법의 이용법에 대해서도 함께 학습하겠다.

11.1 경계층

그림 11.1과 같이 속도 U의 균일 흐름에 평행으로 놓여져 있는 평판 위에 유체가 흘러드는 경우에 대하여 생각해보자. 평판은 오른쪽 방향으로 무한으로 길다고 가정한다. 종이면에 수직인 z방향의 속도 성분이 없다면, 흐름은 $x-y$ 평면상의 2차원 흐름이라고 볼 수 있다. $x=0$ 즉, 평판 끝에서는 y방향의 속도 분포는 없고 U는 일정하다. 그리고 하류에서는 평판 위에서 속도가 0이 되고, 유체는 음의 전단응력을 받아 운동량이 y축 음의 방향, 즉, 유체에서 평판을 향해 이동한다. 그 때문에 평판에 가까운 유체부터 점차 감속하기 시작하여 하류에서 $x=x_1$, x_2의 위치에 나타낸 것과 같은 속도 분포가 된다. 이들 위치에서는 평판 부근에서 위쪽으로 속도가 커지며, 각각 $y>\delta(x_1)$, $y>\delta(x_2)$ 범위에서는 원래의 균일 유속 U가 되었다. 속도가 변화하고 있는 $0<y<\delta$의 영역을 **경계층**(boundary layer) 또는 **속도 경계층**(velocity boundary layer)이라고 한다. 또한 δ를 **경계층 두께**(thickness of boundary layer)라고 한다. 아래에는 균일 속도인 경계층 바깥 흐름을 중심 흐름(主流)라고 하기로 한다. 화학 장치 내

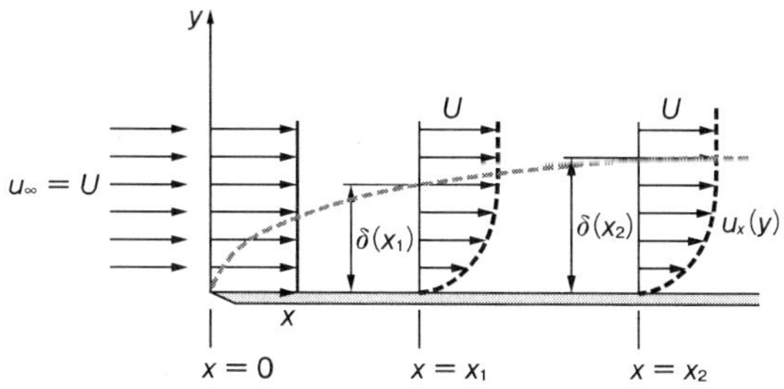

그림 11.1 평판 위의 경계층

흐름은 고체 표면 부근에 이러한 경계층이 생긴다. 경계층 내에서는 운동량이 평판을 향해 계속 이동하고, 전체적으로는 감속해가기 때문에 x_1, x_2의 δ를 비교하면 하류측 x_2의 경계층이 두꺼운 것을 알 수 있다. 이렇듯 경계층 두께 δ는 x에 대해 그림 11.1의 회색 점선과 같이 변화한다. 유동 상태가 평판 끝과의 거리에 따라 변화하므로, 이 흐름의 장의 레이놀즈 수는 x를 대표 길이로써 다음과 같이 정의된다.

$$Re_x = \frac{\rho U x}{\mu} \tag{11.1}$$

Re_x가 작은 평판 끝 부근에서는 속도가 흐트러지는 일 없이 층류인데, x의 증가와 함께 레이놀즈 수가 커지며 Re_x가 10^5에서 10^6의 범위에서 난류와 층류가 불규칙한 간격으로 번갈아 발생하는 전이 상태가 되고, 더욱이 하류에서 완전한 난류 상태가 된다. 그림 11.2는 층류에서 난류로 변화하는 것과 경계층 두께의 관계를 나타내고 있다.

경계층 내에서는 x방향의 속도가 x방향을 향해 감소하면서 y방향의 흐름이 발생한다. 이 x방향, y방향의 흐름이 있기 때문에 화학 장치 내 고체 표면에서 유체 중심 흐름을 향해, 또는 그 역방향으로 열, 물질이 이동하는 경우에는 분자 효과에 비해 대류에 의한 이동량이 커진다. 온도 T_∞의 유체가 그보다 낮은 온도 T_W로 일정하게 유지되는

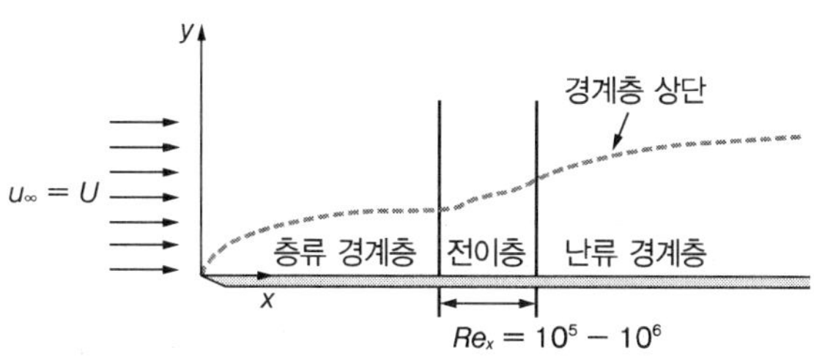

그림 11.2 경계층 두께의 변화

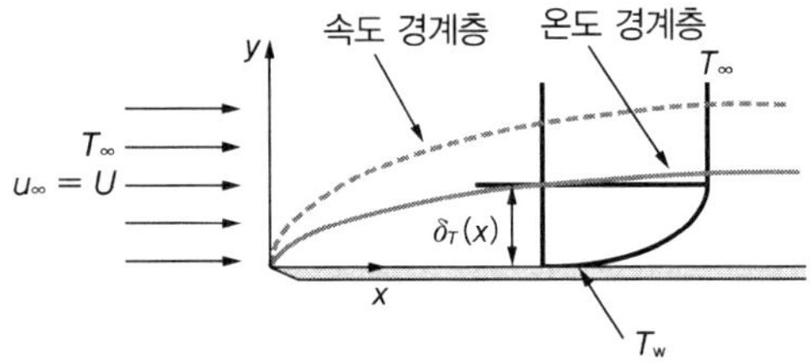

그림 11.3 온도 경계층

평판 위에 흘러드는 경우, 속도와 동일하게 온도도 그림 11.3과 같이 평판 부근에서 급격하게 변화하는 분포가 된다. 이 온도가 변화하는 영역을 **온도 경계층**(thermal boundary layer)이라고 한다. 그림의 δ_T는 온도 경계층 두께이다. 이 경우, 유체 중심 흐름에서 평판을 향해 열이 이동하는데, 그 유속은 $(T_\infty - T_{\mathrm{W}})/\delta_T$에 비례한다. 따라서 경계층이 얇을수록 유속이 커진다. 이에 따라 열이동량을 알기 위해서는 온도 경계층 두께를 추측할 필요가 있다. 위에 설명했듯이 열은 경계층 내에서 대류에 의해 이동하기 때문에 온도 경계층 두께는 속도 경계층 두께에 대응하여 변화한다. 따라서 속도 분포를 명확하게 하여 속도 경계층 두께를 구하는 것이 중요해진다. 아래에는 경계층 내 흐름의 특징을 바탕으로 나비에-스토크스 운동 방정식을 근사하여 속도 분포와 경계층 두께를 구하기 위한 **경계층 이론**(boundary layer theory)에 대하여 설명하겠다.

11.2 층류 경계층

층류 경계층(laminar boundary layer)내 흐름은 $x-y$평면상의 2차원 흐름으로, 시간에 대해 변화가 없고 정상 상태로써 다룰 수 있으므로 연속 방정식과 운동 방정식은 다음과 같아진다.

$$\frac{\partial u_x}{\partial x} + \frac{\partial u_y}{\partial y} = 0$$

$$\rho\left(u_x \frac{\partial u_x}{\partial x} + u_y \frac{\partial u_x}{\partial y}\right) = -\frac{\partial p}{\partial x} + \mu\left(\frac{\partial^2 u_x}{\partial x^2} + \frac{\partial^2 u_x}{\partial y^2}\right)$$

$$\rho\left(u_x \frac{\partial u_y}{\partial x} + u_y \frac{\partial u_y}{\partial y}\right) = -\frac{\partial p}{\partial x} + \mu\left(\frac{\partial^2 u_y}{\partial x^2} + \frac{\partial^2 u_y}{\partial y^2}\right)$$

식의 각 양을 다음과 같이 무차원화 한다.

$$u_x{}^* = \frac{u_x}{U}, \quad u_y{}^* = \frac{u_y}{U_y}, \quad x^* = \frac{x}{L}, \quad y^* = \frac{y}{L_y}, \quad p^* = \frac{p}{\rho U^2} \tag{11.2}$$

U는 중심 흐름의 유속으로 x방향의 대표 속도, U_y는 y방향의 대표 속도, L은 x방향의 대표 길이로, x좌표와 동등한 크기이다. 또한 L_y는 y방향의 대표 길이로 경계층 두께와 동등한 길이로 한다. 이러한 무차원량은 거의 10^0, 즉 1 정도로, 모두 거의 동등한 크기(자리수라는 의미로 "오더"라고 한다)라고 생각할 수 있다. 이들 각 무차원량을 연속 방정식, 나비에-스토크스 방정식에 대입하면 다음과 같아진다.

$$\frac{U}{L}\frac{\partial u_x{}^*}{\partial x^*} + \frac{U_y}{L_y}\frac{\partial u_y{}^*}{\partial y^*} = 0 \tag{11.3}$$

$$\frac{U^2}{L}u_x{}^*\frac{\partial u_x{}^*}{\partial x^*} + \frac{UU_y}{L_y}u_y{}^*\frac{\partial u_x{}^*}{\partial y^*}$$
$$= -\frac{U^2}{L}\frac{\partial p^*}{\partial x^*} + \nu\left(\frac{U}{L^2}\frac{\partial^2 u_x{}^*}{\partial x^{*2}} + \frac{U}{L_y^2}\frac{\partial^2 u_x{}^*}{\partial y^{*2}}\right) \tag{11.4}$$

$$\frac{UU_y}{L}u_x{}^*\frac{\partial u_y{}^*}{\partial x^*} + \frac{U_y^2}{L_y}u_y{}^*\frac{\partial u_y{}^*}{\partial y^*}$$
$$= -\frac{U^2}{L_y}\frac{\partial p^*}{\partial y^*} + \nu\left(\frac{U_y}{L^2}\frac{\partial^2 u_y{}^*}{\partial x^{*2}} + \frac{U_y}{L_y^2}\frac{\partial^2 u_y{}^*}{\partial y^{*2}}\right) \tag{11.5}$$

이들 식의 *이 달려 있는 양은, 위에서 설명했듯이 모두 동등한 오더이다. 따라서 그 외의 양, 예를 들어 식(11.3) 좌변의 U/L, U/L_y 등의 크기를 경계층 내 흐름의 특징을 고려하여 비교함으로써, 식에서 무시할 수 있을 정도 작은 항을 찾을 수 있다. 그 때 이용하는 주된 가정을 보면 아래와 같다.

① 점성의 영향은 속도가 변화하는 경계층 내에 대해서만 고려하고, 균일 유속 U인 경계층 외의 중심 흐름은 점성이 없는 이상 유체의 흐름이라고 본다.
② 경계층의 두께는 평판 끝과의 거리에 비해 매우 작으므로 $L \gg L_y$로 할 수 있다.
③ 속도의 x방향으로의 변화는 y방향으로의 변화에 비해 매우 작다.

먼저 식(11.3)에 대하여 생각해보자. 이 식의 좌변 2항 중 한쪽이 무시할 수 있을 정도 작다고 한다면, 다른 한쪽도 0과 같아지기 때문에 u_x가 x방향으로 변화하지 않게 되어 경계층의 특징과 모순된다. 따라서 2항은 동일 오더로 서로 무시할 수 없을 정도라고 생각되어진다. 즉 각각의 항에 포함되는 U/L, U_y/L_y는 동일 오더라고 생각할 수 있다. 이것과 위의 가정을 바탕으로 식(11.4), (11.5)의 몇 가지 항을 무시하면, 다음과 같아진다.

$$\frac{U^2}{L}u_x^*\frac{\partial u_x^*}{\partial x^*}+\frac{UU_y}{L_y}u_y^*\frac{\partial u_x^*}{\partial y^*}=-\frac{U^2}{L}\frac{\partial p^*}{\partial x^*}+\nu\frac{U}{L_y^2}\frac{\partial^2 u_x^*}{\partial y^{*2}} \tag{11.6}$$

$$\frac{\partial p^*}{\partial y^*}=0 \tag{11.7}$$

식(11.7)에 따라 압력은 y방향으로 변화하지 않는다는 것을 알 수 있다. 따라서 x좌표가 같다면, 경계층 내와 중심 흐름의 압력이 같은 게 된다. 중심 흐름은 점성의 영향이 없는 이상 흐름이므로 베르누이의 정리가 성립한다. 따라서 제8장 8.1절의 식(8.10)에 따라

$$\frac{1}{2}U^2+\frac{p}{\rho}+gz=(\text{일정}) \tag{8.10}$$

이 된다. 수평 방향 흐름이므로 gz는 일정하고, 또한 중심 흐름에서는 유속이 x방향으로 변화하지 않고 U로 일정하므로, 위 식에 따라 압력 p도 x방향으로 변화하지 않는다. 위에 설명했듯이 경계층 내 압력은 중심 흐름과 동일하므로 경계층 내에서도 중심 흐름과 마찬가지로 압력은 x방향으로 변화하지 않는 게 된다. 따라서 식(11.6)의 우변 1항목의 압력 구배를 생략할 수 있으므로, 다음과 같아진다.

$$\frac{U^2}{L}u_x^*\frac{\partial u_x^*}{\partial x^*}+\frac{UU_y}{L_y}u_y^*\frac{\partial u_x^*}{\partial y^*}=\nu\frac{U}{L_y^2}\frac{\partial^2 u_x^*}{\partial y^{*2}} \tag{11.8}$$

이 식의 각항은 동일 오더로 생각되어지므로, U^2/L과 $\nu U/L_y^2$은 동일 오더라고 생각할 수 있다. 위에 설명했듯이 L은 x좌표와 동등 크기이므로 x로 치환하면

$$\frac{U^2}{x}\approx\nu\frac{U}{L_y^2}\quad\longrightarrow\quad L_y\approx\sqrt{\frac{\nu x}{U}} \tag{11.9}$$

가 된다. 여기에서 $\approx$는 오더가 동일하다는 것을 나타낸다. L_y는 y방향의 대표 길이로, 경계층 두께와 동일 오더인데, 위 식에 따라 x와 함께 증가하는 관계가 있어 경계층의 특징과 일치한다. 여기에서 L_y와 동일 오더의 $\sqrt{\nu x/U}$를 다시 대표 길이로 하여, y를 무차원화 한 다음 무차원 좌표 η를 정의한다.

$$\eta = \frac{y}{\sqrt{\nu x / U}} = y\sqrt{\frac{U}{\nu x}} \tag{11.10}$$

이 좌표에는 x, y가 모두 포함되어 있으므로 이 하나의 변수를 x, y 두 개의 좌표에 대응시킬 수 있다. 여기에서, 아래에서는 경계층 내 속도 분포가 η만의 함수로 나타난다고 가정한다.

경계층의 연속 방정식과 운동 방정식은 무차원화 하기 전의 형태로 나타내면 다음과 같아진다.

$$\frac{\partial u_x}{\partial x} + \frac{\partial u_y}{\partial y} = 0 \tag{11.11}$$

$$u_x \frac{\partial u_x}{\partial x} + u_y \frac{\partial u_x}{\partial y} = \nu \frac{\partial^2 u_x}{\partial y^2} \tag{11.12}$$

이 식을 풀어 경계층 내 속도 분포가 유도된다. 경계층 흐름은 비압축성 유체의 2차원 흐름이라고 볼 수 있으므로 흐름 함수를 정의할 수 있다. 제10장 10.1절의 식(10.7)의 u_x와 흐름 함수 ψ의 함수를 무차원화 하면 다음과 같아진다.

$$u_x{}^* = \frac{1}{U}\frac{\partial \psi}{\partial y} = \frac{1}{U}\frac{\partial \psi \sqrt{U/\nu x}}{\partial y \sqrt{U/\nu x}} = \frac{\mathrm{d}\psi \sqrt{\nu x U}}{\mathrm{d}\eta} \tag{11.13}$$

이 식의 양변은 무차원이므로, 우변의 $\psi\sqrt{\nu x U}$도 무차원인 것을 알 수 있다. 여기에서 무차원 좌표 η을 도입한 것에 대응하여 ψ를 다음 무차원 흐름 함수 $g(\eta)$으로 치환한다.

$$g(\eta) = \frac{\psi}{\sqrt{\nu x U}} \tag{11.14}$$

식(11.13)에서 마지막 항이 상미분인 것은 속도 분포가 η만의 함수로 나타난다고 가정했기 때문이다. 이 흐름 함수 g와 $u_y{}^*$의 관계는 다음과 같아진다.

$$\begin{aligned} u_y{}^* &= -\frac{1}{U}\frac{\partial \psi}{\partial x} = -\frac{1}{U}\frac{\mathrm{d}g\sqrt{\nu x U}}{\mathrm{d}\eta}\frac{\partial \eta}{\partial x} = \frac{\eta}{2Ux}\frac{\mathrm{d}g\sqrt{\nu x U}}{\mathrm{d}\eta} \\ &= \frac{\eta}{2Ux}\left(\sqrt{\nu x U}\frac{\mathrm{d}g}{\mathrm{d}\eta} + g\frac{\mathrm{d}\sqrt{\nu x U}}{\mathrm{d}\eta}\right) = \frac{1}{2}\sqrt{\frac{\nu}{Ux}}\left(\eta\frac{\mathrm{d}g}{\mathrm{d}\eta} - g\right) \end{aligned} \tag{11.15}$$

또한 x, y에 대한 편미분은 다음과 같이 η에 대한 상미분으로 변환된다.

$$\frac{\partial}{\partial x} = \frac{\partial \eta}{\partial x}\frac{d}{d\eta} = \frac{\partial}{\partial x}\left(y\sqrt{\frac{U}{\nu x}}\right)\frac{\mathrm{d}}{\mathrm{d}\eta} = -\frac{y}{2x}\sqrt{\frac{U}{\nu x}}\frac{\mathrm{d}}{\mathrm{d}\eta} = -\frac{\eta}{2x}\frac{\mathrm{d}}{\mathrm{d}\eta} \tag{11.16}$$

$$\frac{\partial}{\partial y} = \frac{\partial \eta}{\partial y}\frac{d}{d\eta} = \frac{\partial}{\partial y}\left(y\sqrt{\frac{U}{\nu x}}\right)\frac{\mathrm{d}}{\mathrm{d}\eta} = \sqrt{\frac{U}{\nu x}}\frac{\mathrm{d}}{\mathrm{d}\eta} = \frac{\eta}{y}\frac{\mathrm{d}}{\mathrm{d}\eta} \tag{11.17}$$

이에 따라 η, $g(\eta)$을 이용하면 식(11.12)는 다음과 같이 변환할 수 있다.

$$2\frac{\mathrm{d}^3 g}{\mathrm{d}\eta^3} + g\frac{\mathrm{d}^2 g}{\mathrm{d}\eta^2} = 0 \tag{11.18}$$

흐름 함수를 도입함으로써, 두 개의 미지 함수 u_x, u_y에 대한 편미분 방정식 문제를 미지 함수가 하나인 상미분 방정식의 문제로 치환할 수 있었다. 이 미분 방정식이 만족시켜야 하는 경계 조건은 다음 세 가지이다.

① $y=0$ 즉 평판 표면에 대응하는 $\eta=0$일 때

$$u_x = U\frac{\mathrm{d}g(\eta)}{\mathrm{d}\eta} = 0 \qquad \text{즉, } \frac{\mathrm{d}g(\eta)}{\mathrm{d}\eta} = 0$$

② $\eta=0$일 때

$$u_y = \frac{1}{2}\sqrt{\frac{\nu U}{x}}\left(\eta\frac{\mathrm{d}g(\eta)}{\mathrm{d}\eta} - g(\eta)\right) = 0 \qquad \text{즉, } g(\eta) = 0$$

③ 경계층 외의 $\eta \to \infty$일 때

$$u_x = U\frac{\mathrm{d}g(\eta)}{\mathrm{d}\eta} = U \qquad \text{즉, } \frac{\mathrm{d}g(\eta)}{\mathrm{d}\eta} = 1$$

이들 조건을 만족시키는 식(11.18)의 해를 구함으로써, 속도 분포를 유도할 수 있다. 그러나 이 방정식은 해석적으로 풀 수는 없다. 과거에 플란틀 등에 의해 근사해의 유도가 시도되었는데, 표 11.1과 같은 하스의 해는 그 중 하나이며, 실험 결과와 양호하게 일치하는 것이 확인되었다. 표의 g의 1계미분 $\mathrm{d}g/\mathrm{d}\eta$가 u_x를 U로 나눈 무차원 속도가 된다. 그림 11.4는 세로축에 η, 가로축에 u_x/U를 둔 그래프이다. 이것이 층류 경계층 내 속도 분포이다. 경계층 내 x, y좌표를 식(11.10)에 대입하여 η를 구하여 그래프를 통해 읽은 u_x/U에 중심 흐름의 유속 U를 곱하여 u_x를 구할 수 있다. 이 분포를 통해 경계층 두께를 나타내는 식이 유도된다. $u_x/U=1$이 되는 위치가 경계층

≫ **표 11.1 하스의 해**

η	g	$dg/d\eta = u_x{}^*$	$d^2g/d\eta^2 = du_x{}^*/d\eta$
0	0	0	0.33206
1.0	0.16557	0.32979	0.32301
2.0	0.65003	0.62977	0.26675
3.0	1.39682	0.84605	0.16136
4.0	2.30576	0.95552	0.06424
5.0	3.28329	0.99155	0.01591
6.0	4.27964	0.99898	0.0024

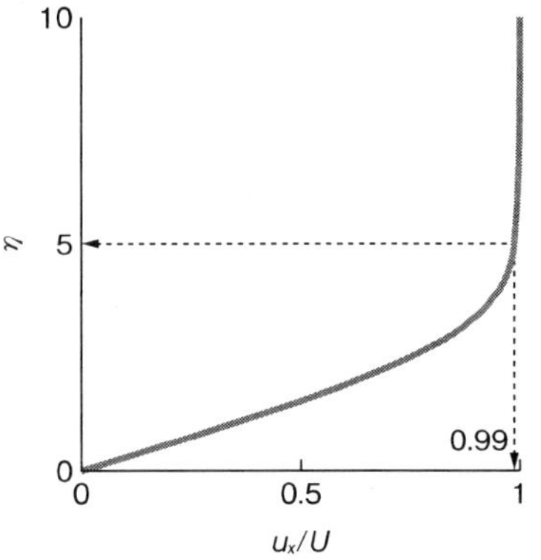

그림 11.4 층류 경계층 내 속도 분포

상단(上端)인데, 경계 조건 ③에 따라 그 조건을 만족하는 것은 $\eta \to \infty$일 때이므로, 명확하게 상단의 위치를 결정할 수 없다. 그래서 일반적으로, $u_x/U = 0.99$가 되는 위치를 상단으로 하고 있다. 표 11.1, 그림 11.4에 따라 $\eta = 5.0$일 때 그 조건을 만족시킨다. 따라서 경계층 두께 δ는 다음과 같이 나타낼 수 있다.

$$\eta = \delta\sqrt{\frac{U}{\nu x}} = 5.0 \longrightarrow \delta = 5.0\sqrt{\frac{\nu x}{U}} = 5.0xRe_x^{-1/2} \qquad (11.19)$$

11.1절에서 설명했듯이 이 식을 통해서도 경계층이 x의 증가와 함께 두꺼워지는 것을 알 수 있다. x뿐만 아니라 동점도 ν가 커지면 운동량이 잘 이동되게 하기 위해서 경계층이 두꺼워진다. 반대로 중심 흐름의 유속 U가 커지면 얇아지는 것을 알 수 있다. 또한 이 속도 분포를 통해 평판으로 이동하는 운동량 유속을 구할 수 있다. 이 유속은 평판 표면 즉 $y = 0$의 전단응력 τ_W이며, 다음과 같이 나타낼 수 있다.

$$\tau_W = -\mu\frac{du_x}{dy}\bigg|_{y=0} = -\mu U\sqrt{\frac{U}{\nu x}}\frac{du_x{}^*}{d\eta}\bigg|_{\eta=0} \tag{11.20}$$

표 11.1에 따라 $\eta = 0$에서 $du_x{}^*/d\eta = 0.332$이므로

$$\tau_W = -0.332\rho U^2\sqrt{\frac{\nu}{Ux}} = -0.332\rho U^2 Re_x^{-1/2} \tag{11.21}$$

이 된다. 또한 τ_W는 단위 면적당 마찰력이라고 볼 수도 있다. 그 절대치를 중심 흐름 유체의 단위 부피당 운동 에너지로 나눈 것이 마찰 계수 f_x이며, 다음 식으로 나타낼 수 있다.

$$f_x = \frac{|\tau_W|}{\dfrac{1}{2}\rho U^2} = 0.664 Re_x^{-1/2} \tag{11.22}$$

위의 두 식에 따라 x가 증가함에 따라 평판에 이동하는 운동량 유속의 절대치 및 마찰 계수가 작아져 가는 것을 알 수 있다. 이것은 그림 11.1과 같이 x방향의 속도 분포가 변화하여 $y=0$일 때의 속도 구배가 작아져 가는 것에 대응한다. 위 식의 τ_W, f_x는 평판 끝에서 x만큼 떨어진 위치의 국소 운동량 유속, 마찰 계수이다. 평판 위의 경계층 내 흐름에서는 원통관 내 흐름과 달리, 흐름 방향으로 운동량 유속, 마찰 계수가 변화한다. 운동량 유속 $0 < x < L$ 범위의 평균값은 다음 식에 따라 구할 수 있다.

$$\begin{aligned}\frac{1}{L}\int_0^L \tau_W dx &= \frac{1}{L}\int_0^L -0.332\rho U^2\sqrt{\frac{\nu}{Ux}}\,dx = -0.664\rho U^2\sqrt{\frac{\nu}{UL}} \\ &= -0.664\rho U^2 Re_L^{-1/2}\end{aligned} \tag{11.23}$$

Re_L은 $x = L$ 위치의 레이놀즈 수이다. 위식에 따라 마찰 계수의 평균 f_L에 대해 다음 식이 유도된다.

$$f_L = \frac{\dfrac{1}{L}\displaystyle\int_0^L |\tau_W| dx}{\dfrac{1}{2}\rho U^2} = 1.328 Re_L^{-1/2} \tag{11.24}$$

11.3 난류 경계층

레이놀즈 수가 10^6 이상에서는 그림 11.2와 같이 경계층 내 흐름은 난류가 된다. **난류 경계층**(turbulent boundary layer)에서는 11.2절에서 유도한 경계층 두께 등을 구하는 식은 적용할 수 없다. 난류 경계층은 속도의 x, y방향 성분은 모두 시간적, 공간적으로 랜덤하게 변동하며, 그 변동에 따라 제7장에서 설명했듯이 레이놀즈 응력이 발생한다. 그 때문에 경계층 내 운동량 이동 유속은 커지며 층류인 경우와는 다른 속도 분포가 된다. 그 분포는 원통관 내 난류의 경우와 같이 다음 경험식에 따라 나타낼 수 있다고 한다.

① **1/7승칙**(power law velocity distribution)

$$\frac{\overline{u_x}}{U} = \left(\frac{y}{\delta}\right)^{1/7} \tag{11.25}$$

② **대수 법칙**(logarithmic velocity distribution)

$$y^+ < 5 \quad u^+ = y^+, \qquad 30 \le y^+ \quad u^+ = 2.5\ln y^+ + 5.5 \tag{11.26}$$

$y^+ < 5$ 범위는 원통관 내 흐름과 마찬가지로 점성 저층이라고 한다.

평판 끝과의 거리 x의 국소 경계층 두께 δ와 마찰 계수 f_x 및 평판 끝에서 $x = L$까지의 마찰 계수의 평균 f_L에 대해서는 각각 다음 경험식을 적용할 수 있다고 한다.

$$\delta = 0.38xRe_x^{-1/5} \tag{11.27}$$

$$f_x = 0.0592Re_x^{-1/5} \tag{11.28}$$

$$f_L = 0.074Re_L^{-1/5} \tag{11.29}$$

학습의 키워드

□경계층 □속도 경계층 □경계층 두께 □온도 경계층 □경계층 이론 □층류 경계층 □난류 경계층 □1/7승칙 □대수 법칙

제11장 연습문제

11.1 평판 위의 경계층 흐름이 $Re = 10^5$로 천이 영역이 된다고 하자. 유체가 25 ℃의 공기(밀도 $\rho = 1.19\ \text{kg} \cdot \text{m}^{-3}$, 점도 $\mu = 1.82 \times 10^{-5}\ \text{Pa} \cdot \text{s}$)로 중심 흐름의 유속이 $U =$ 8.37 m/s, 1.05 m/s인 경우, 각각에 대하여 천이 영역이 되는 위치의 평판 끝에서부터의 거리를 구하라. 또한 그 위치의 경계층 두께를 구하라.

11.2 문제 11.1에서 유체가 물(밀도 $\rho = 1.00 \times 10^3\ \text{kg} \cdot \text{m}^{-3}$, 점도 $\mu = 1.00 \times 10^{-3}\ \text{Pa} \cdot \text{s}$)이고 $U = 6.80 \times 10^{-1}$ m/s, 5.78×10^{-2} m/s인 경우, 각각 천이 영역이 되는 위치, 경계층 두께를 구하라.

11.3 물(밀도 $\rho = 1.00 \times 10^3\ \text{kg/m}^3$, 점도 $\mu = 1.00 \times 10^{-3}\ \text{Pa} \cdot \text{s}$)이 평판 위에 흐르고 있다. 중심 흐름의 유속이 $U = 2.57$ m/s인 경우 평판 끝에서부터의 거리 1.45×10^{-2} m의 경계층 두께, 전단응력을 구하라. 또한 끝에서 그 위치까지의 평균 전단응력과 마찰계수를 구하라.

11.4 물(밀도 $\rho = 1.00 \times 10^3\ \text{kg/m}^3$, 점도 $\mu = 1.00 \times 10^{-3}\ \text{Pa} \cdot \text{s}$)과 밀도 $1.15 \times 10^3\ \text{kg/m}^3$, 점도 $\mu = 1.74 \times 10^{-2}\ \text{Pa} \cdot \text{s}$의 글리세린 수용액의 평판 위 경계층 흐름에서, 모두 중심 흐름의 유속이 $U = 8.50 \times 10^{-1}$ m/s인 경우의 평판 끝에서부터의 거리 5.25×10^{-2} m의 경계층 두께, 전단응력을 비교하여, 그 차이에 대하여 고찰하라.

제 III 부

열이동

제 12 장

전도에 의한 열이동 수지

-shell heat balance-

이 단원의 목표

화학 플랜트에서는 열교환기, 반응 장치를 비롯한 열이동이 존재하는 많은 장치가 있다. 그 장치 내의 온도 분포 등을 알기 위해서는 열수지식을 풀 필요가 있다.

이번 단원에서는 제4장에서 학습한 운동량에 대한 셸 운동량 수지와 비슷한 방법을 통해, 주로 전도 문제를 푸는 방법을 학습하겠다. 또한 열이동 기구는 전도 외에 강제 대류, 자연 대류, 열복사에 의한 것이 있는데, 그것들에 대해서는 각각 제14장, 제15장에서 다시 설명하겠다.

12.1 셸 열수지(shell heat balance)와 온도 분포

열이동 현상은 여러 가지 기구로 발생하는데, 대표적인 것으로 분자 운동 효과에 의한 열이동, 유체 흐름에 동반한 열이동인 대류, 그리고 물체에서 방출되는 전자파에 의한 이동인 열복사가 있다. 이번 단원에서는 전도에 의한 열이동의 열수지식과 물체 내 **온도 분포**(temperature distribution) 유도에 대해 설명하겠다.

전도에 의한 열이동 유속, 즉 **열유속**(heat flux)은 제1장에서 설명했듯이 다음 **푸리에의 법칙**(Fourier's law of heat conduction)에 따른다.

$$q = -k\frac{\mathrm{d}T}{\mathrm{d}x} \ [\mathrm{J \cdot m^{-2} \cdot s^{-1}}] \tag{1.1}$$

$k[\mathrm{J \cdot m^{-1} \cdot s^{-1} \cdot K^{-1}}](=[\mathrm{W \cdot m^{-1} \cdot K^{-1}}])$는 **열전도도**(heat conductivity)이다. 대표적인 물질의 열전도도가 표 12.1과 같다. 표를 통해 알 수 있듯이 금속에서는 열전도도 값이 높지만 이것은 자유 전자가 전도에 기여하기 때문이다.

» 표 12.1 각종 물질의 열전도도(27℃의 값)

물질	열전도도[$W \cdot m^{-1} \cdot K^{-1}$]
금	3.15×10^{2}
구리	3.98×10^{2}
철	8.03×10^{1}
석영 유리	1.36×10^{0}
물	6.12×10^{-1}
공기	2.65×10^{-2}

아래에는 유속이 식(1.1)과 같은 전도에 의한 열이동이 발생하고 있는 장에서, 제4장의 운동량에 대한 셸 수지(shell balance)와 동일한 방법을 통해 열수지식을 유도하여 온도 분포를 구하는 예제를 나타내겠다.

예제 12.1

그림 12.1과 같은 금속 평판 내 윗면, 아랫면은 각각 온도 T_1, T_2 ($T_1 > T_2$)로 균일하다. 열전도도가 k인 경우의 정상 상태의 온도 분포를 구하라. 평판은 x, z방향으로 충분히 크고, y방향 이외에 온도 변화는 없다.

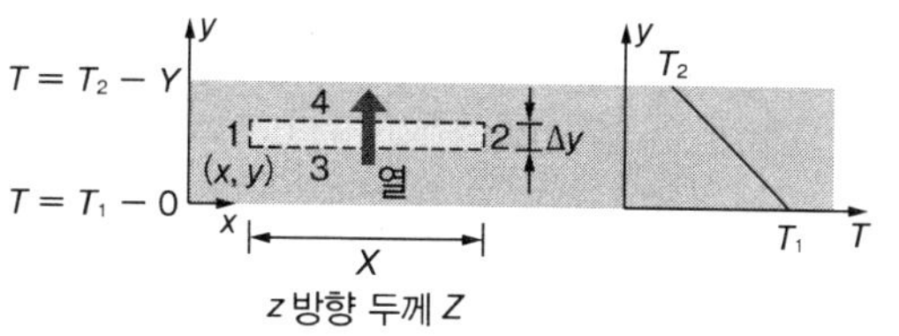

그림 12.1 금속 평판 내 열이동

풀이

그림 12.1과 같이 제4장 예제 4.1의 평판 사이 **쿠에트 흐름**(couette flow)의 속도 분포를 구하는 경우와 마찬가지로 셸(shell, 대상부피)을 설정한다. 온도는 y방향만으로 변화하므로 y방향의 길이를 Δy로 짧게, x, z방향의 길이는 X, Z로 길게 잡고 있다. 금속 평판 내는 흐름이 없기 때문에 전도에 의해서만 열이 **온도 구배**(temperature gradient)가 있는 y방향으로 이동한다. x방향으로 온도는 변화하지 않기 때문에 경계면 1, 2를 통과하는 열유속은 없고, y방향으로 수직인 경계면 3에서 셸 안으로 열이 유입하고, 경계면 4에서 유출된다. 따라서 열의 유입, 유출 속도는 열유속의 y방향 성분이 q_y이면 다음과 같이 나타낼 수 있다.

$$\text{유입} : q_y|_{y=y} XZ \ [J \cdot s^{-1}] \tag{12.1}$$

$$\text{유출} : q_y|_{y=y+\Delta y} XZ \ [J \cdot s^{-1}] \tag{12.2}$$

열수지식은 제4장의 식(4.1)의 물리량 수지식에 따라 다음과 같이 나타낼 수 있다.

(열의 축적 속도) = (열의 유입 속도) − (열의 유출 속도) + (열의 발생 속도) (12.3)

이 열수지식은 셸 운동량 수지식(shell momentum balance)와 대응시켜 **셸 열수지식**(shell heat balance)라고도 한다. 정상 상태이므로 축적 속도는 없고, 금속 평판 내 열 생성도 없으므로 식(12.1), (12.2)에 따라 열수지는 다음과 같아진다.

$$q_y|_{y=y}XZ - q_y|_{y=y+\Delta y}XZ = 0 \tag{12.4}$$

양변을 셸의 부피 $XZ\Delta y$로 나눠, $\Delta y \to 0$의 극한을 구하면 다음 미분 방적식이 유도된다.

$$\lim_{\Delta y \to 0} \frac{q_y|_{y=y} - q_y|_{y=y+\Delta y}}{\Delta y} = -\frac{\mathrm{d}q_y}{\mathrm{d}y} = 0 \tag{12.5}$$

전도에 의한 유속의 y방향 성분은 식(1.1)에 따라 $q_y = -k\mathrm{d}T/\mathrm{d}y$가 된다. 이것을 위 식에 대입하면 다음과 같아진다.

$$\frac{\mathrm{d}}{\mathrm{d}y}\left(k\frac{\mathrm{d}T}{\mathrm{d}y}\right) = 0 \quad \longrightarrow \quad \frac{\mathrm{d}^2T}{\mathrm{d}y^2} = 0 \tag{12.6}$$

여기에서 열전도도는 온도에 따라 변화하지 않는다고 가정한다. 양변을 2번 적분하면 다음 일반해가 유도된다.

$$T = C_1y + C_2 \tag{12.7}$$

경계 조건은 $y=0$일 때 $T=T_1$, $y=Y$일 때 $T=T_2$의 두 개다. 이들을 대입하면

$$T_1 = C_2 \tag{12.8}$$

$$T_2 = C_1Y + C_2 \tag{12.9}$$

가 된다. 이 식을 풀면 $C_1 = (T_2 - T_1)/Y$, $C_2 = T_1$이 되므로 다음의 온도 분포를 나타내는 식이 유도된다.

$$\frac{T - T_1}{T_2 - T_1} = \frac{y}{Y} \tag{12.10}$$

이 분포는 그림 12.1과 같은 직선이 된다. 이 결과를 제4장 예제 4.1의 평판 사이 쿠에트 흐름의 운동량 이동과 대비시키면 다음과 같이 생각할 수 있다. 열유속에 대한 식(12.5)는 쿠에트 흐름의 운동량 유속에 대한 식(4.15)이고, 생성 항인 ΔP를 0으로 할 경우와 동일 형태가 된다. 이 식은 유속이 일정하다는 것을 의미하고 있다. 예제의 열이동과 압력 변화가 없는 쿠에트 흐름은 모두 물리량 생성이 없는 1차원 이동이며, 또한 통과하는 면적이 일정하기 때문에 유속이 일정해진다. 유속은 온도, 속도 구배에 비례하므로, 결과적으로 온도 분포는 평판 사이 쿠에트 흐름인 경우의 속도 분포와 동일하게 직선이 된다. 이렇듯 제1장에서 설명했듯이 운동량 이동, 열이동 사이에는 유사성이 있기 때문에, 기하

학적 조건을 포함한 조건이 일치하면 유속에 대한 방정식 및 온도, 속도 분포가 동일한 형태가 된다.

예제 12.2

그림 12.2와 같이 두께 Y의 열전도도가 서로 다른 금속 평판 2장이 겹쳐져 있다. 아래 평판 1의 아래쪽 끝, 위 평판 2의 위쪽 끝 온도가 각각 T_1, $T_3(T_1 > T_3)$이다. 또한 평판 1, 평판 2의 열전도도를 각각 k_1, $k_2(k_1 > k_2)$로 한다. 평판 두께가 모두 Y인 경우의 정상 상태의 온도 분포를 구하라.

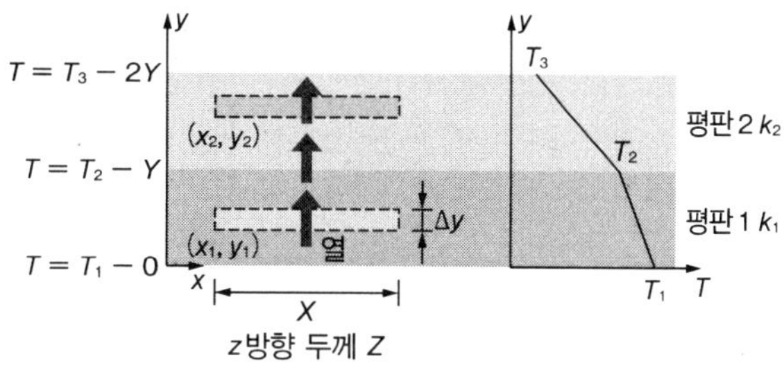

그림 12.2 2장의 금속 평판 내 전도

풀이

상하 금속 평판 각각에 대하여 예제 12.1과 마찬가지로 셀을 설정하여 열수지식을 유도하면 다음과 같아진다.

$$\text{평판 1}: \ k_1 \frac{\mathrm{d}^2 T}{\mathrm{d}y^2} = 0,$$

$$\text{평판 2}: \ k_2 \frac{\mathrm{d}^2 T}{\mathrm{d}y^2} = 0 \tag{12.11}$$

이들 식의 일반해는 다음과 같아진다.

$$\text{평판 1}: \ T = C_1 y + C_3,$$

$$\text{평판 2}: \ T = C_2 y + C_4 \tag{12.12}$$

미지의 상수가 네 개 있기 때문에 경계 조건이 네 개 필요해진다. 온도를 명확하게 알고 있는 것은 다음의 두 곳이다.

① $y = 0$일 때 $T = T_1$

② $y = 2Y$일 때 $T = T_3$

$y = Y$일 때 온도 T_2는 미지인데, 이 위치에서 금속 평판 1, 2의 온도는 같아진다. 또한 금속 평판 1에서 유출한 열은 모두 평판 2로 이동하므로 두 평판 내 열유량은 같아진다. 또한 각각 평판 내에서 열이 통과하는 면적은 같으므로 열유속도 같아야 한다. 이에 따라 다음 두 가지 조건을 유도할 수 있다.

③ $y = Y$일 때 $T|_{\text{평판}1\,y=Y} = T|_{\text{평판}2\,y=Y}$

④ $y = Y$일 때 $-k_1\dfrac{\mathrm{d}T}{\mathrm{d}y} = -k_2\dfrac{\mathrm{d}T}{\mathrm{d}y} \longrightarrow -k_1C_1 = -k_2C_2$

각각 조건에 따라 미지 상수에 대해서 다음의 관계가 유도된다.

조건 ①에 따라 $C_3 = T_1$

조건 ②에 따라 $2YC_2 + C_4 = T_3$

조건 ③에 따라 $C_1Y + C_3 = C_2Y + C_4$

조건 ④에 따라 $k_1C_1 = k_2C_2$

이에 따라 상수는 다음과 같아진다.

$$C_1 = \frac{k_2}{k_1+k_2}\frac{T_3-T_1}{Y}, \qquad C_2 = \frac{k_1}{k_1+k_2}\frac{T_3-T_1}{Y},$$

$$C_3 = T_1, \qquad C_4 = \frac{(k_2-k_1)T_3+2k_1T_1}{k_1+k_2}$$

이들을 식(12.12)의 일반해에 대입하면 평판 1, 2의 온도 분포가 다음과 같이 유도된다.

$$\text{평판 1 : } T = \frac{k_2(T_3-T_1)}{k_1+k_2}\frac{y}{Y} + T_1$$

$$\text{평판 2 : } T = \frac{k_1(T_3+T_1)}{k_1+k_2}\frac{y}{Y} + \frac{(k_2-k_1)T_3+2k_1T_1}{k_1+k_2} \tag{12.13}$$

또한 $y = Y$일 때의 온도 T_2는 위 식에 따라 다음과 같아진다.

$$T_2 = \frac{k_1T_1+k_2T_3}{k_1+k_2} \tag{12.14}$$

식(12.13)의 온도 분포는 그림 12.2와 같아진다. 예제 12.1의 경우와 같이 2장의 금속 평판 내에서 열유속은 일정하다. 또한 금속 평판 1의 열전도도 k_1이 더 크기 때문에 금속 평판 2에서의 온도 구배가 더 커진다.

위의 예제에서 금속 평판 1, 2의 열유속을 T_1, T_2, T_3을 이용하여 나타내면, 다음과 같아진다.

$$\text{평판 1 : } q_y = -k_1\frac{\mathrm{d}T}{\mathrm{d}y} = \frac{T_1-T_2}{\dfrac{Y}{k_1}},$$

$$\text{평판 2 : } q_y = -k_2 \frac{\mathrm{d}T}{\mathrm{d}y} = \frac{T_2 - T_3}{\dfrac{Y}{k_2}} \tag{12.15}$$

이들 식에서 열유속 q_y는 전류 I, 전도의 추진력인 온도 차 $T_1 - T_2$, $T_2 - T_3$을 전압 V와 대응시키면 I, V와 전기 저항 R의 관계 $I = V/R$에 따라 Y/k_1, Y/k_2가 각각의 금속 평판의 전도에 대한 저항을 나타내고 있다고 생각할 수 있다. 다음으로 식 (12.15)를 각각 다음과 같이 변환한다.

$$\text{평판 1 : } T_1 - T_2 = \frac{Y}{k_1} q_y,$$

$$\text{평판 2 : } T_2 - T_3 = \frac{Y}{k_2} q_y \tag{12.16}$$

2장의 금속 평판 내의 유속 q_y는 같으므로 이 2식을 변끼리 더하면,

$$T_1 - T_3 = \left(\frac{Y}{k_1} + \frac{Y}{k_2}\right) q_y \longrightarrow q_y = \frac{T_1 - T_3}{\dfrac{Y}{k_1} + \dfrac{Y}{k_2}} \tag{12.17}$$

가 된다. 이 식은 2장의 금속 평판 양 끝에 가해지고 있는 열이동의 추진력 $T_1 - T_3$과 열유속의 관계를 나타내고 있다. 따라서 2장의 금속 평판 전체의 저항은 전기 저항이 직렬로 접속되어있는 경우와 같이, 각각 금속 평판의 저항의 합인 것을 알 수 있다.

다음으로, 직각 좌표계 외의 좌표가 적합한 예제를 나타내겠다.

예제 12.3

원통형의 내벽, 외벽의 온도가 각각 T_1, T_2 ($T_1 > T_2$)로 일정할 때의 정상 상태의 벽내 온도 분포를 구하라.

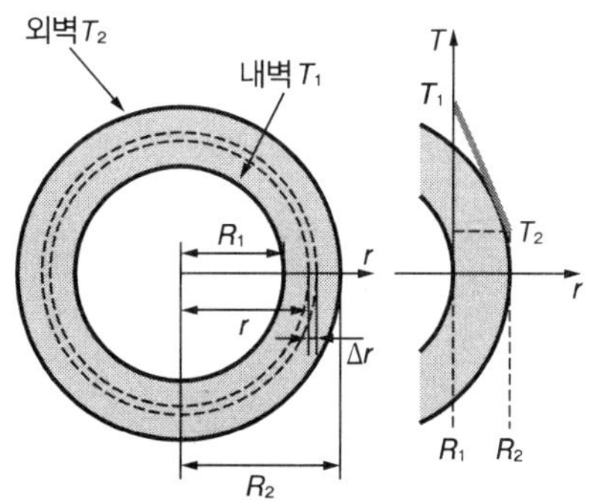

그림 12.3 금속 원통형 벽 내 전도

풀이

온도는 r방향으로 변화하므로, 제4장 예제 4.3의 원통관 내 흐름과 마찬가지로 그림 12.3에 점선으로 나타낸 r방향 길이가 Δr로 짧은 셀을 설정한다. 또한 원통관 축방향의 셀의 길이를 Z라 한다. 열은 r방향

으로 이동하므로 내벽에 가까운 경계면에서 셀 내에 유입하여 외벽에 가까운 경계면에서 유출한다. 열이 통과하는 r방향에 수직인 원통관 경계면의 면적은 $2\pi rZ$이며, 정상 상태에서 축적 속도는 없고 또한 열 생성도 없으므로 열유속의 r방향 성분이 q_r일 때, 셀 열 수지식은 다음과 같아진다.

$$2\pi Z(rq_r)|_{r=r} - 2\pi Z(rq_r)|_{r=r+\Delta r} = 2\pi Z\{(rq_r)|_{r=r} - (rq_r)|_{r=r+\Delta r}\} = 0 \qquad (12.18)$$

양변을 셀의 부피 $2\pi rZ\Delta r$로 나누어 $\Delta r \to 0$의 극한을 구하면 다음의 미분 방정식이 유도된다.

$$\lim_{\Delta r \to 0} \frac{1}{r} \frac{(rq_r)|_{r=r} - (rq_r)|_{r=r+\Delta r}}{\Delta r} = 0 \quad \longrightarrow \quad -\frac{1}{r}\frac{\mathrm{d}(rq_r)}{\mathrm{d}r} = 0 \qquad (12.19)$$

$q_r = -k\,\mathrm{d}T/\mathrm{d}r$을 대입하면 위 식은 다음과 같아진다.

$$\frac{k}{r}\frac{\mathrm{d}}{\mathrm{d}r}\left(r\frac{\mathrm{d}T}{\mathrm{d}r}\right) = 0 \quad \longrightarrow \quad \frac{\mathrm{d}}{\mathrm{d}r}\left(r\frac{\mathrm{d}T}{\mathrm{d}r}\right) = 0 \qquad (12.20)$$

여기에서도 열전도도는 온도에 상관없이 일정하다. 이 미분 방정식을 2번 적분하면 다음의 일반해가 유도된다.

$$\frac{\mathrm{d}}{\mathrm{d}r}\left(r\frac{\mathrm{d}T}{\mathrm{d}r}\right) = 0 \quad \longrightarrow \quad r\frac{\mathrm{d}T}{\mathrm{d}r} = C_1 \quad \longrightarrow \quad \frac{\mathrm{d}T}{\mathrm{d}r} = \frac{C_1}{r}$$

$$\longrightarrow \quad T = C_1 \ln r + C_2 \qquad (12.21)$$

경계 조건은 $r = R_1$일 때 $T = T_1$, $r = R_2$일 때 $T = T_2$ 두 가지이다. 이들을 대입하면 다음과 같아진다.

$$T_1 = C_1 \ln R_1 + C_2 \qquad (12.22)$$

$$T_2 = C_1 \ln R_2 + C_2 \qquad (12.23)$$

이 두 식에 따라 상수 C_1, C_2를 구하여, 일반 해에 대입하면 다음의 온도 분포를 나타내는 식이 유도된다.

$$T - T_2 = \frac{T_1 - T_2}{\ln(R_1/R_2)} \ln\frac{r}{R_2} \qquad (12.24)$$

그림 12.3의 우측 상단에 나타낸 굵은 경사선은 대략적인 온도 분포의 형태를 나타내고 있다. 이 예제와 같이 열의 생성이 없고 원통관 면에 수직 방향으로 열이 이동하는 경우는, 원통관 면을 통과하는 열유량 $2\pi rZq_r$가 r에 상관없이 일정해진다. 원통관 면의 면적 $2\pi rZ$가 r에 비례하므로 열유속은 r에 반비례한다. 그 때문에 그림 12.3과 같이 r이 증가함에 따라 점차 온도 구배의 절대치가 감소한다.

예제 12.4

구형셸의 내벽, 외벽의 온도가 각각 T_1, T_2 ($T_1 > T_2$)로 일정할 때의 정상 상태에서의 온도 분포를 구하라.

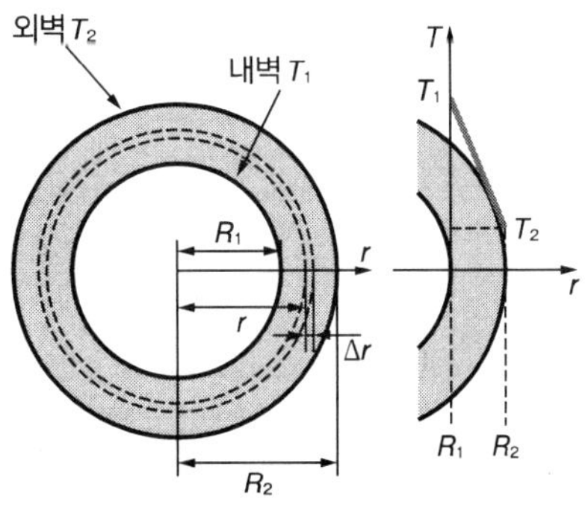

그림 12.4 구형셸 내 전도

풀이

예제 12.3과 마찬가지로, 반지름 방향으로 열이 이동한다. 그림 12.4와 같이 $r=r$의 위치에 온도가 변화하는 r방향의 두께 Δr의 구형셸 모양의 셸을 설정한다. 열이 통과하는 면의 면적은 $4\pi r^2$이며, 열은 셸의 바깥쪽을 향해 이동하므로 열수지식은 다음과 같다.

$$4\pi\left\{(r^2q_r)|_{r=r}-(r^2q_r)|_{r=r+\Delta r}\right\}=0 \tag{12.25}$$

이 식을 셸의 부피 $4\pi r^2\Delta r$로 나누어 $\Delta r\to 0$의 극한을 구하면 다음과 같은 방정식이 유도된다.

$$-\frac{1}{r^2}\frac{\mathrm{d}(r^2q_r)}{\mathrm{d}r}=0 \tag{12.26}$$

$q_r=-k\mathrm{d}T/\mathrm{d}r$을 대입하면 다음과 같아진다.

$$\frac{k}{r^2}\frac{\mathrm{d}}{\mathrm{d}r}\left(r^2\frac{\mathrm{d}T}{\mathrm{d}r}\right)=0 \longrightarrow \frac{\mathrm{d}}{\mathrm{d}r}\left(r^2\frac{\mathrm{d}T}{\mathrm{d}r}\right)=0 \tag{12.27}$$

이 미분 방정식의 일반해는 다음과 같다.

$$\frac{\mathrm{d}}{\mathrm{d}r}\left(r^2\frac{\mathrm{d}T}{\mathrm{d}r}\right)=0 \longrightarrow r^2\frac{\mathrm{d}T}{\mathrm{d}r}=C_1 \longrightarrow T\equiv\frac{C_1}{r}+C_2 \tag{12.28}$$

경계 조건은 $r=R_1$일 때 $T=T_1$, $r=R_2$일 때 $T=T_2$ 두 가지 이다. 이들을 대입하면 다음과 같아진다.

$$T_1=-\frac{C_1}{R_1}+C_2 \tag{12.29}$$

$$T_2=-\frac{C_1}{R_2}+C_2 \tag{12.30}$$

이 두 식에 따라 상수 C_1, C_2를 구하여 일반해에 대입하면 다음의 온도 분포를 나타내는 식이 유도된다.

$$T-T_1=\frac{(T_1-T_2)R_1R_2}{R_1-R_2}\left(\frac{1}{R_1}-\frac{1}{r}\right) \tag{12.31}$$

원통관 면에 수직으로 열이 이동하는 경우와 마찬가지로, 구형셀 내 열유량 $4\pi r^2 q_r$은 r에 상관없이 일정하다. 앞 예제의 원통관 면의 면적 $2\pi rZ$는 r에 비례하는데, 구면의 면적 $4\pi r^2$은 r^2에 비례하므로 열유속 및 온도 구배는 r^2에 반비례하게 된다. 그림 12.4 오른쪽 그림의 상단 굵은 경사선은 그 온도 분포의 대략적인 형태를 나타낸 것이다.

마지막으로 열이 생성하는 경우의 전도에 관한 예제를 다루어 보겠다.

예제 12.5

반지름 R의 도선에 전류가 흐른다. 도선의 저항에 따라 단위 부피당 단위 시간에 생성하는 열이 Q이다. 도선 표면의 온도가 T_a로 일정한 경우의 정상 상태의 온도 분포를 구하라.

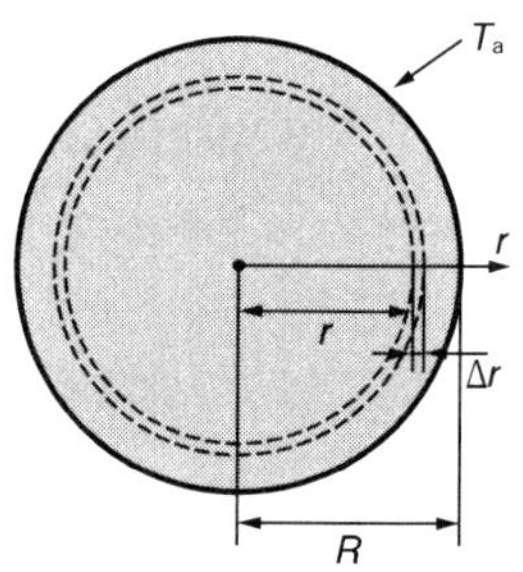

그림 12.5 도선 내의 전도

풀이

원통형 관 벽면 전도와 마찬가지로 r방향으로 온도가 변화하므로, 제4장 예제 4.3의 원통형 관 내 층류의 경우와 같이 그림 12.5와 같은 셀을 설정한다. 전도에 의한 유입, 유출 속도는 예제 12.3과 같아지는데, 그 외에 열의 생성을 고려할 필요가 있다. 단위 부피당 단위 시간에 생성하는 열이 Q이며, 셀의 부피가 $2\pi rZ\Delta r$이므로 열수지식은 다음과 같아진다.

$$2\pi Z\{(rq_r)|_{r=r}(-rq_r)|_{r=r+\Delta r}\}+2\pi rZ\Delta rQ=0 \tag{12.32}$$

양변을 셀의 부피 $2\pi rZ\Delta r$로 나누어, $\Delta r\to 0$의 극한을 구하면, 다음의 미분 방정식이 유도된다.

$$-\frac{1}{r}\frac{\mathrm{d}(rq_r)}{\mathrm{d}r}+Q=0 \tag{12.33}$$

$q_r=-k\mathrm{d}T/\mathrm{d}r$을 대입하면 위 식은 다음과 같아진다.

$$\frac{k}{r}\frac{\mathrm{d}}{\mathrm{d}r}\left(r\frac{\mathrm{d}T}{\mathrm{d}r}\right)+Q=0 \tag{12.34}$$

이 미분 방정식을 1번 적분하면 다음과 같아진다.

$$\frac{\mathrm{d}}{\mathrm{d}r}\left(r\frac{\mathrm{d}T}{\mathrm{d}r}\right) = -\frac{Q}{k}r \longrightarrow \frac{\mathrm{d}T}{\mathrm{d}r} = -\frac{Q}{2k}r + \frac{C_1}{r} \tag{12.35}$$

여기에서 C_1이 0 이외의 상수라면, 원기둥 중심에 해당하는 $r=0$ 위치에서 온도 구배가 무한대가 되므로 $C_1=0$이어야 한다는 것을 알 수 있다. 이것은 예제 4.3의 원통형 관 내 층류의 관 중심의 경계 조건과 마찬가지로 $r=0$일 때 $\mathrm{d}T/\mathrm{d}r=0$이라는 조건에 해당한다. 위 식을 1번 더 적분하면 다음 식과 같아진다.

$$T = -\frac{Q}{4k}r^2 + C_2 \tag{12.36}$$

또 하나의 경계 조건은 $r=R$일 때 $T=T_\mathrm{a}$이 되는 것이다. 따라서 상수 C_2는 다음과 같아진다.

$$C_2 = T_\mathrm{a} + \frac{Q}{4k}R^2 \tag{12.37}$$

이에 따라 온도 분포는 다음 식과 같아진다.

$$T - T_\mathrm{a} = \frac{QR^2}{4k}\left\{1-\left(\frac{r}{R}\right)^2\right\} \tag{12.38}$$

이 식은 다음과 같은 원통관 내 층류의 속도 분포식(4.45)에 대응한 형태로 되어 있다.

$$u_z = \frac{\Delta PR^2}{4\mu Z}\left\{1-\left(\frac{r}{R}\right)^2\right\} \tag{4.45}$$

따라서 온도 분포는 예제 4.3과 같은 포물선이 된다. 이렇듯 분포가 동일 형태가 되는 것은 운동량과 열의 이동에는 유사성이 있기 때문이다. 온도 분포식에 ρC_p, 속도 분포식에 ρ을 곱하면 각각 다음과 같아진다.

$$\rho C_\mathrm{p}(T - T_\mathrm{a}) = \frac{QR^2\rho C_\mathrm{p}}{4k}\left\{1-\left(\frac{r}{R}\right)^2\right\} = \frac{QR^2}{4\alpha}\left\{1-\left(\frac{r}{R}\right)^2\right\} \tag{12.39}$$

$$\rho u_z = \frac{\Delta PR^2\rho}{4\mu Z}\left\{1-\left(\frac{r}{R}\right)^2\right\} = \frac{\Delta PR^2}{4\nu Z}\left\{1-\left(\frac{r}{R}\right)^2\right\} \tag{12.40}$$

이들 식은 단위 부피당 열, 운동량의 분포를 나타내고 있다. 열 생성 항 Q는 운동량 생성을 나타내는 $\Delta P/Z$에 대응하고, 이동 속도를 나타내는 열확산율 α는 동점도 ν에 대응하는 것을 알 수 있다.

학습의 키워드

□ 온도 분포 □ 열유속 □ 푸리에의 법칙 □ 열전도도 □ 쿠에트 흐름 □ 온도 구배 □ 셸 열수지식

제12장 연습문제

12.1 그림 ❶과 같은 반지름 R의 금속 원기둥에서 $z=0$일 때의 온도가 T_0으로 일정해지도록 가열하고 있다. 원기둥 측면에서 주위로 달아나는 열유속은 $H\,[\mathrm{W \cdot m^{-2}}]$로 위치에 상관없이 일정하다. 또한 $z=L$의 원기둥 오른쪽 끝면은 단열되어 있어서, 전도에 의한 열유속이 0이다. 그림의 $z=z$와 $z+\Delta z$ 사이에 설정된 원반형 셀 열수지식을 바탕으로 정상 상태의 원주 z방향의 온도 분포를 구하라. z축에 수직인 단면 내는 온도가 일정하다고 가정한다.

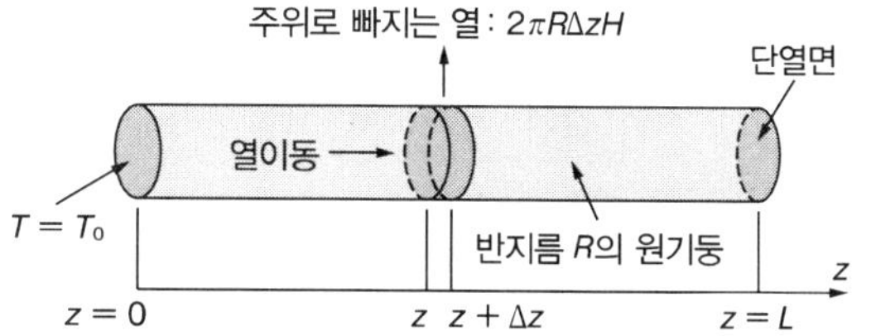

그림 ❶ 금속 원기둥 내 열이동

12.2 문제 12.1에서 $z=L$일 때 단열되어 있지 않고 온도가 $T_L(<T_0)$으로 일정한 경우의 온도 분포를 구하라.

12.3 그림 ❷의 정사각형 ABCD와 같은 금속 평판 내 2차원 정상 상태 열전도에 대하여, 그림의 x방향 Δx, y방향 Δy의 폭의 셀 열수지식을 바탕으로 온도 T에 대한 미분 방정식을 유도하라. 단, 열의 생성은 없다고 가정한다.

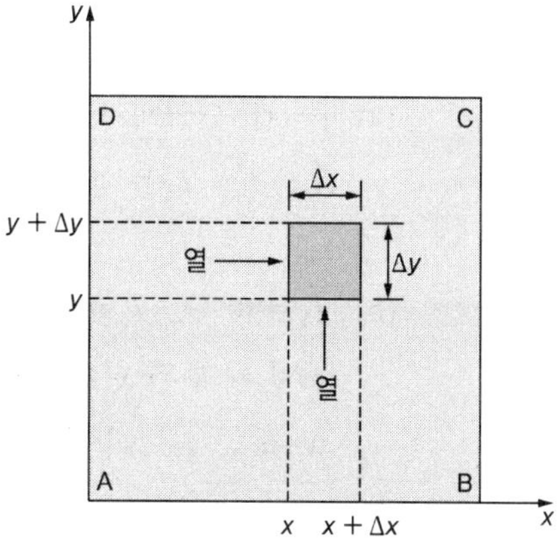

그림 ❷ 금속판 내 열이동

12.4 예제 12.1에서 평판의 금속을 구리, 철로 하여 $Y = 2.00 \times 10^{-2}$ m, $T_1 = 40.0$ ℃, $T_2 = 25$ ℃인 경우의 열유속을 구하여 비교하라. 열전도도는 표 12.1의 값을 이용하라.

12.5 예제 12.2에서 평판 1, 2가 각각 구리, 철로 $Y = 1.00 \times 10^{-2}$ m, $T_1 = 40.0$ ℃, $T_3 = 25$ ℃인 경우의 $y = Y$일 때의 온도 T_2를 구하라. 또한 열유속을 구하여 문제 12.1의 값과 비교하여 고찰하라. 열전도도는 표 12.1의 값을 이용하라.

12.6 예제 12.3에서 $T_1 = 30$ ℃, $T_2 = 10$ ℃, $R_1 = 1.30$ cm, $R_2 = 1.80$ cm이다. 원통관의 재질이 구리, 플라스틱(열전도도 $k = 3.50 \times 10^{-1}$ W·m^{-1}·K^{-1}) 각각의 경우에 대하여 관 단위 길이당 관 벽 내 열유량을 구하라. 구리의 열전도도는 표 12.1의 값을 이용하라.

12.7 예제 12.3의 열이동 현상과 제4장 연습문제 4.7의 운동량 이동현상 사이의 유사성에 대하여 각각의 온도 분포, 속도 분포 식의 비교를 포함하여 고찰하라.

12.8 예제 12.3의 원통관 재질이 구리인 경우에, 그 바깥측에 내경 R_2, R_3의 단열재를 더 설치했다. $R = R_1$, R_2, R_3의 온도가 T_1, T_2, T_3이다. 또한 구리와 단열재의 열전도도가 각각 k_1, k_2이다. 이 경우의 열이동 현상에 대하여 다음 질문에 답하라.

(a) 구리관, 단열재의 반지름 방향 온도 분포를 구하라. 또한 T_2를 k_1, k_2, R_1, R_2, R_3, T_1, T_3을 이용하여 나타내라.

(b) $T_1 = 30$ ℃, $T_3 = 10$ ℃, $R_1 = 1.30$ cm, $R_2 = 1.80$ cm이다. $R_3 = 2.50$ cm, 3.50 cm일 때의 관 단위 길이당 열유량을 구하라. 단, 단열재의 열전도도는 $k_2 = 2.50$ W·m^{-1}·K^{-1}이다.

12.9 예제 12.4에서 구형셀 외벽에서 주위로 달아나는 열량을 나타내는 식을 유도하라.

12.10 예제 12.5에서 구리선의 단위 측면적에서 주위로 달아나는 열유속이 H [W · m^{-2}]로 일정할 때, H와 도선 단위 부피 단위 시간당 생성하는 열량 Q의 관계를 유도하라.

제 13 장

3차원 흐름 장에 있어서 열수지식

이 단원의 목표

제5장에서 유도한 일반적인 물리량 수지식을 바탕으로 3차원 흐름 장에 적용할 수 있는 열수지식을 유도한다. 또한 운동 에너지와 내부 에너지의 수지식을 유도한다. 또한 이번 단원에서 유도하는 열수지식을 바탕으로 한 제12장의 전도에 의한 열이동 문제 해법을 학습하겠다.

13.1 일반적인 물리량 수지식을 통해 유도되는 열수지식

제5장에서 흐름이 있는 장에서의 운동량, 열, 물질 모든 물리량의 이동현상에 적용할 수 있는 다음 수지식을 유도했다.

$$\rho\left(\frac{\partial a}{\partial t}+u_x\frac{\partial a}{\partial x}+u_y\frac{\partial a}{\partial y}+u_z\frac{\partial a}{\partial z}\right)=-\left(\frac{\partial \Phi_x}{\partial x}+\frac{\partial \Phi_y}{\partial y}+\frac{\partial \Phi_z}{\partial z}\right)+R \quad (5.20)$$

여기에서 a는 유체 단위 질량당 주목 물리량이며, 열의 경우 $a=C_{\mathrm{p}}T$가 된다. 또한 Φ_x, Φ_y, Φ_z는 분자 효과에 의한 이동, 즉 전도에 의한 열유속의 x, y, z방향 성분이므로 다음과 같아진다.

$$\Phi_x=q_x=-k\frac{\mathrm{d}T}{\mathrm{d}x},\quad \Phi_y=q_y=-k\frac{\mathrm{d}T}{\mathrm{d}y},\quad \Phi_z=q_z=-k\frac{\mathrm{d}T}{\mathrm{d}z} \quad (13.1)$$

R은 유체 단위 부피당 열의 생성 속도이다. 그것을 Q로 나타내면, 이에 따라 열수지식은 다음과 같아진다.

$$\rho C_{\mathrm{p}}\left(\frac{\partial T}{\partial t}+u_x\frac{\partial T}{\partial x}+u_y\frac{\partial T}{\partial y}+u_z\frac{\partial T}{\partial z}\right)=k\left(\frac{\partial^2 T}{\partial x^2}+\frac{\partial^2 T}{\partial y^2}+\frac{\partial^2 T}{\partial z^2}\right)+Q \tag{13.2}$$

이것은 직각 좌표계 식인데, 원통형 좌표계, 구형 좌표계 식은 표 5.2의 식에 $a=C_{\mathrm{p}}T$, $\kappa=\alpha=k/\rho C_{\mathrm{p}}$를 대입하여 유도된다.

13.2 내부 에너지와 운동 에너지 수지

유체가 흐를 때 운동 에너지는 시간, 공간에 대해 변화하여 또한 압력과 점성 응력의 작용에 따라 그 일부가 내부 에너지로 변환된다. 제8장에서 유도한 에너지 수지식 (8.4)에는 내부 에너지로의 변환 속도가 포함되어 있지 않다. 그리하여 아래에는 내부 에너지와 운동 에너지 합계의 수지식을 유도하겠다.

유체 단위 질량당 내부 에너지와 운동 에너지의 합계를 $\hat{E}$라고 하자. 식(5.20)의 좌변에 $a=\hat{E}$를 대입하면 에너지 합계의 축적 속도와 대류에 의한 이동 속도의 합계를 나타낼 수 있다. 우변의 분자 효과에 의한 에너지 합계의 유속 Φ_x, Φ_y, Φ_z는 열의 전도에 의한 유속과 점성 응력의 일에 의한 유속의 합계가 된다. 전도에 의한 유속은 식(13.1)의 q_x, q_y, q_z이다. 한편, 점성응력의 일에 의한 유속은 다음과 같아진다. 유체는 단위 면적당 힘으로써 응력을 받으면서 단위 시간에 속도에 해당하는 거리를 이동한다. 따라서 단위 시간 단위 면적당 일에 해당하는 응력과 속도의 곱이 에너지의 유속이 된다. 예를 들어 그 x방향 성분은 제6장 6.1절의 식(6.6)에 따라 구한 x축에 수직인 면에 가해지는 응력 벡터(τ_{xx}, τ_{xy}, τ_{xz})와 속도 벡터(u_x, u_y, u_z)의 내적 $u_x\tau_{xx}+u_y\tau_{xy}+u_z\tau_{xz}$가 된다. 따라서 Φ_x, Φ_y, Φ_z는 각각 다음과 같이 나타낼 수 있다.

$$\begin{aligned}\Phi_x &= q_x+u_x\tau_{xx}+u_y\tau_{xy}+u_z\tau_{xz}\\ \Phi_y &= q_y+u_x\tau_{yx}+u_y\tau_{yy}+u_z\tau_{yz}\\ \Phi_z &= q_z+u_x\tau_{zx}+u_y\tau_{zy}+u_z\tau_{zz}\end{aligned} \tag{13.3}$$

식이 길어지므로, 제7장 7.2절의 식 유도를 따라, 예를 들어 유속 x방향 성분을 다음과 같이 표시한다.

$$\Phi_x = q_x + u_j \tau_{xj} \tag{13.4}$$

이 표기에 따라 식(5.20)의 분자 효과에 의한 이동 항은 다음과 같이 나타낼 수 있다.

$$-\left(\frac{\partial \Phi_x}{\partial x} + \frac{\partial \Phi_y}{\partial y} + \frac{\partial \Phi_z}{\partial z}\right) = -\left(\frac{\partial q_x}{\partial x} + \frac{\partial q_y}{\partial y} + \frac{\partial q_z}{\partial z}\right) - \left(\frac{\partial u_j \tau_{xj}}{\partial x} + \frac{\partial u_j \tau_{yj}}{\partial y} + \frac{\partial u_j \tau_{zj}}{\partial z}\right) \tag{13.5}$$

식(5.20)의 생성항 R은 압력과 중력에 의한 단위 시간당 일에 해당한다. 그림 13.1의 미세 대상부피 내 유체에 단위 시간당 이루어지는 압력에 의한 일은, 경계면에 가해지는 압력에 의한 힘과 단위 시간당 이동하는 거리인 속도의 곱에 따라 나타낼 수 있다. 예를 들어 x축 방향의 힘에 의한 일은 $x = x$, $x + \Delta x$의 두 곳의 힘에 의한 것의 합계로, 다음과 같다.

$$\begin{aligned}(u_x p|_x - (u_x p|_{x+\Delta x})\Delta y \Delta z &= \frac{(u_x p|_x - u_x p|_{x+\Delta x})}{\Delta x}\Delta x \Delta y \Delta z \\ &= -\frac{\partial u_x p}{\partial x}\Delta x \Delta y \Delta z\end{aligned} \tag{13.6}$$

수지식은 유체 단위 부피당 변화를 나타내고 있으므로, 전체 방향의 힘에 의한 일의 합계를 부피 $\Delta x \Delta y \Delta z$로 나누면 다음과 같아진다.

$$-\left(\frac{\partial u_x p}{\partial x} + \frac{\partial u_y p}{\partial y} + \frac{\partial u_x p}{\partial z}\right) \tag{13.7}$$

중력에 의한 단위 시간당 일은 중력과 속도 벡터의 내적이다. 따라서 단위 부피당 유체에 이루어지는 일은 다음과 같아진다.

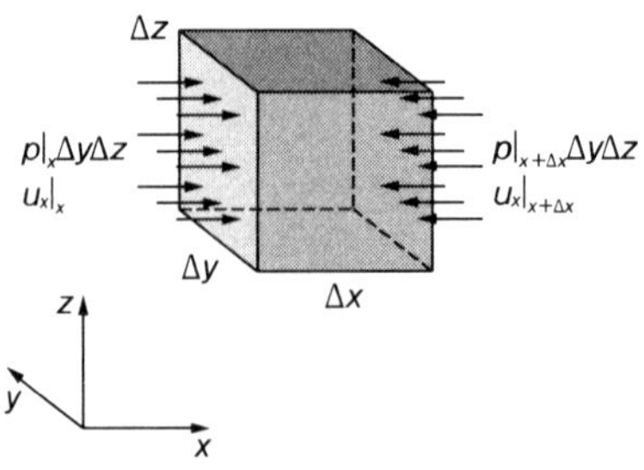

그림 13.1 압력에 의한 일

$$\boldsymbol{u} \cdot \rho \boldsymbol{g} = \rho(u_x g_x + u_y g_y + u_z g_z) \tag{13.8}$$

이와 같이 분자 효과에 의한 에너지 이동과 압력과 중력에 의한 일의 합을 우변으로 하면, 내부 에너지와 운동 에너지 합계의 수지식은 다음과 같아진다.

$$\rho \frac{\mathrm{D}\hat{E}}{\mathrm{D}t} = -\left(\frac{\partial q_x}{\partial x} + \frac{\partial q_y}{\partial y} + \frac{\partial q_z}{\partial z}\right) - \left(\frac{\partial u_x p}{\partial x} + \frac{\partial u_y p}{\partial y} + \frac{\partial u_z p}{\partial z}\right)$$
$$- \left(\frac{\partial u_j \tau_{xj}}{\partial x} + \frac{\partial u_j \tau_{yj}}{\partial y} + \frac{\partial u_j \tau_{zj}}{\partial z}\right) + \rho(u_x g_x + u_y g_y + u_z g_z) \tag{13.9}$$

한편, 운동 에너지만의 수지식인 제8장의 식(8.4)의 응력 표기를 $u_j \tau_{xj}$ 등을 이용하여 나타내면 다음과 같아진다.

$$\rho \frac{\mathrm{D}}{\mathrm{D}t}\left(\frac{1}{2}u^2\right) = -\left(u_x \frac{\partial p}{\partial x} + u_y \frac{\partial p}{\partial y} + u_z \frac{\partial p}{\partial z}\right)$$
$$- \left(u_j \frac{\partial \tau_{xj}}{\partial x} + u_j \frac{\partial \tau_{yj}}{\partial y} + u_j \frac{\partial \tau_{zj}}{\partial z}\right) + \rho(u_x g_x + u_y g_y + u_z g_z) \tag{13.10}$$

유체 단위 질량당 내부 에너지를 $\hat{U}$라 하면

$$\hat{E} = \hat{U} + \frac{u^2}{2} \tag{13.11}$$

이므로, 식(13.9)에서 (13.10)을 빼면 내부 에너지의 수지식이 다음과 같이 유도된다.

$$\rho \frac{\mathrm{D}\hat{U}}{\mathrm{D}t} = \rho \frac{\mathrm{D}\hat{E}}{\mathrm{D}t} - \rho \frac{\mathrm{D}}{\mathrm{D}t}\left(\frac{1}{2}u^2\right)$$
$$= -\left(\frac{\partial q_x}{\partial x} + \frac{\partial q_y}{\partial y} + \frac{\partial q_z}{\partial z}\right) - p\left(\frac{\partial u_x}{\partial x} + \frac{\partial u_y}{\partial y} + \frac{\partial u_z}{\partial z}\right)$$
$$- \left(\tau_{xj} \frac{\partial u_j}{\partial x} + \tau_{yj} \frac{\partial u_j}{\partial y} + \tau_{zj} \frac{\partial u_j}{\partial z}\right) \tag{13.12}$$

이 식의 우변은, 벡터 표기를 이용하면 다음과 같이 나타낼 수 있다.

$$-\left(\frac{\partial q_x}{\partial x} + \frac{\partial q_y}{\partial y} + \frac{\partial q_z}{\partial z}\right) = -\nabla \cdot \boldsymbol{q}, \qquad \boldsymbol{q} = (q_x,\ q_y,\ q_z) \tag{13.13}$$

$$-p\left(\frac{\partial u_x}{\partial x}+\frac{\partial u_y}{\partial y}+\frac{\partial u_z}{\partial z}\right)=-p(\nabla\cdot\boldsymbol{u}) \tag{13.14}$$

$$-\left(\tau_{xj}\frac{\partial u_j}{\partial x}+\tau_{yj}\frac{\partial u_j}{\partial y}+\tau_{zj}\frac{\partial u_j}{\partial z}\right)=-\boldsymbol{T_\tau}:\nabla\boldsymbol{u} \tag{13.15}$$

여기에서 식(13.15) 우변의 $\nabla\boldsymbol{u}$는 벡터 연산자인 ∇와 속도 벡터의 다이애드(dyad) 곱이라고 하며, 연산 결과는 3행 3열 모두 9성분으로 이루어진 텐서(tensor)가 된다. 또한 :로 나타낸 연산은 9성분의 텐서끼리의 더블닷(double dot) 곱이라고 하며, 결과는 스칼라가 된다.[1)] 이상, 식(13.12)의 우변의 3항에는 각각 다음과 같은 의미가 있다.

① $-\nabla\cdot\boldsymbol{q}$

제5장에서 설명했듯이 ∇와 유속 벡터의 내적은 단위 부피당 유출 속도를 나타낸다. 이 항에는 부호가 달려 있으므로 전도에 의한 열의 유입속도를 나타내며 양의 값을 가지는 경우에 에너지가 증가한다.

② $-p(\nabla\cdot\boldsymbol{u})$

제5장에서 설명했듯이 $\nabla\cdot\boldsymbol{u}$는 단위 부피당 팽창 속도로, 압출에 의해 부피이 감소하는 경우에 음의 값이 된다. 압력과 부피의 곱은 압력에 의한 일을 나타낸다. 따라서 이 항은 팽창, 압축에 의한 내부 에너지의 증감 속도를 나타낸다. 압축의 경우 $\nabla\cdot\boldsymbol{u}$의 값이 되어 내부 에너지가 증가한다. 팽창인 경우는 반대로 감소한다.

③ $-T_\tau^T:\nabla\boldsymbol{u}$

유체가 점성에 의해 발생하는 마찰로 인해 운동 에너지를 잃고 그것이 내부 에너지로 변환되는 속도를 나타내고 있다. 이 항은 제6장 표 6.2의 응력과 변형 속도의 관계에 따라 변환하면 다음과 같아진다.

$$-T_\tau^T:\nabla\boldsymbol{u}=-\left(\tau_{xj}\frac{\partial u_j}{\partial x}+\tau_{yj}\frac{\partial u_j}{\partial y}+\tau_{zj}\frac{\partial u_j}{\partial z}\right)$$

1) 이들 연산 및 다음 식 유도의 상세에 대해서는 오가와 코헤이(小川浩平)편 "유체 전달 해석" 아사쿠라쇼텐(朝倉書店)(2011), 제1장 1.5.7 참조.

$$= 2\mu\left\{\left(\frac{\partial u_x}{\partial x}-\frac{1}{3}(\nabla\cdot\boldsymbol{u})\right)^2+\left(\frac{\partial u_y}{\partial y}-\frac{1}{3}(\nabla\cdot\boldsymbol{u})\right)^2+\left(\frac{\partial u_z}{\partial z}-\frac{1}{3}(\nabla\cdot\boldsymbol{u})\right)^2\right\}$$

$$+\mu\left(\frac{\partial u_z}{\partial z}+\frac{\partial u_x}{\partial y}\right)^2+\mu\left(\frac{\partial u_z}{\partial y}+\frac{\partial u_y}{\partial z}\right)^2+\mu\left(\frac{\partial u_x}{\partial z}+\frac{\partial u_z}{\partial x}\right)^2=\mu\Phi_{\mathrm{v}} \tag{13.16}$$

이 식의 각 항은 모두 제곱과 점도의 곱으로 되어 있으므로 내부 에너지로의 변환 속도는 반드시 플러스가 된다. 따라서 마찰에 의해 운동 에너지 일부가 불가역적으로 열로써 잃어져 그에 해당하는 양만큼 내부 에너지가 증가한다. 이 현상을 **viscous dissipation heating**(粘性散逸)이라고 한다. 또한 Φ_{v}를 **dissipation function**(散逸函數)이라고 하며 $\mu\Phi_{\mathrm{v}}$는 유체 단위 부피당 운동 에너지의 열로의 변환 속도를 나타낸다. 이 dissipation function(散逸函數)를 이용하면 내부 에너지 수지식은 다음과 같이 나타낼 수 있다.

$$\rho\frac{\mathrm{D}\hat{U}}{\mathrm{D}t} = -\nabla\cdot\boldsymbol{q}-p(\nabla\cdot\boldsymbol{u})+\mu\Phi_{\mathrm{v}} \tag{13.17}$$

비압축성 유체 중 온도에 의한 밀도 변화를 무시할 수 있는 경우는 내부 에너지 변화가 정압 비열 용량과 온도 변화의 곱으로 같아지므로 좌변 실질 미분은 다음과 같이 변환할 수 있다.

$$\frac{\mathrm{D}\hat{U}}{\mathrm{D}t} = C_{\mathrm{p}}\frac{\mathrm{D}T}{\mathrm{D}t} \tag{13.18}$$

또한 비압축성 유체의 연속 방정식에 따라 $\nabla\cdot\boldsymbol{u}=0$이므로 식(13.17)은 다음과 같은 온도 변화를 나타내는 식으로 변환할 수 있다.

$$C_{\mathrm{p}}\frac{\mathrm{D}T}{\mathrm{D}t} = -\nabla\cdot\boldsymbol{q}+\mu\Phi_{\mathrm{v}} \tag{13.19}$$

이 식과 이 단원의 처음에서 제5장의 일반적인 물리량 수지식을 통해 유도한 열수지식 (13.2)를 비교해 보자. 좌변의 실질 미분을 시간 미분과 대류의 이동의 항으로 나누어 표기하고 우변 제1항의 전도에 의한 유속 $\boldsymbol{q}$를 식(13.1)의 관계에 따라 열전도도와 속도 구배의 곱으로 변환하면 식(13.2)의 좌변과 우변의 제3항까지 각각 일치한다. 또한 산일에 의한 내부 에너지의 증가 속도 $\mu\Phi_{\mathrm{v}}$는 위에 설명했듯이 유체 단위 부피당 열 생성 속도이므로 식(13.2)의 Q에 해당한다. 이에 따라 식(13.2)는 비압축성 유체인 경우의 내부 에너지의 수지식인 것을 알 수 있다.

13.3 열수지식에 따른 온도 분포의 유도

3차원 흐름의 장에 일반적으로 성립하는 열수지식을 이용함으로써, 열이동이 발생하는 장의 **온도 분포**(temperature distribution)를 유도할 수 있다. 이번 절에서는 우선 제12장의 예제에서 셀 열수지식에 따라 유도한 온도 분포를 13.2절에서 유도한 열수지식에 따라 구하는 방법을 예제를 통해 나타내겠다. 또한 **전도**(heat conduction)뿐만 아니라 **대류**(convection)에 의한 열이동이 발생하는 장에서의 온도 분포 유도법에 대하여 설명하겠다.

예제 13.1

식(13.2)를 이용하여 예제 12.1을 풀어라.

풀이

열수지식(13.2)에 따라 온도 분포를 구할 경우, 나비에-스토크스의 운동 방정식을 통해 속도 분포를 구하는 경우와 같이 다음 순서로 문제를 푼다.

① 열이동의 장의 형상을 고려하여 좌표계를 결정한다.
② 방정식에 불필요한 항을 소거한다.
③ 경계 조건을 설정한다.
④ 방정식을 푼다.

아래에 이 순서에 따라 예제 12.1의 금속 평판 내 전도의 온도 분포를 유도한다.

① 열이동의 장의 형상을 고려하여 좌표계를 결정한다.

직육면체인 금속 평판 내 열이동이므로, 직각 좌표계가 적합하다.

② 방정식에 불필요한 항을 소거한다.

식(13.2) 중 아래의 각 항은 소거할 수 있다.

(i) $\partial T/\partial t$: 정상 상태이므로.

(ii) $u_x(\partial T/\partial x)+u_y(\partial T/\partial y)+u_z(\partial T/\partial z)$: 금속 평판 내 열이동으로 대류에 의한 이동이 발생하지 않으므로.

(iii) $k(\partial^2 T/\partial x^2)$, $k(\partial^2 T/\partial z^2)$: 온도는 y방향으로만 변화하여 x, z방향으로 온도 구배가 없으므로.

(iv) Q : 금속 평판 내로 열의 발생이 없기 때문에.

이에 따라 열수지식은 다음과 같아진다.

$$k\frac{\mathrm{d}^2 T}{\mathrm{d}y^2} = 0 \tag{13.20}$$

이것은 셀 열수지에 따라 유도되는 식(12.6)과 동일한 식이다.

③ 경계 조건을 설정한다.

예제 12.1과 같이 경계 조건은 다음 두 가지이다.

B.C.1 : $y=0$일 때 $T=T_1$

B.C.2 : $y=Y$일 때 $T=T_2$

④ 방정식을 푼다.

예제 12.1과 같이 ③의 경계 조건을 만족시키는 해를 구하면 다음 식이 유도된다.

$$\frac{T-T_1}{T_2-T_1} = \frac{y}{Y} \tag{13.21}$$

다음으로 원통형 좌표계가 적합한 문제를 다루어 보겠다.

예제 13.2

식(13.2)에 대응하는 원통형 좌표계의 열수지식을 이용하여 예제 12.5를 풀어라.

풀이

예제 13.1과 동일한 순서로 푼다.

① 열이동의 장의 형상을 고려하여 좌표계를 결정한다.

원주 내 열이동이므로 원통형 좌표계가 적합하다.

② 방정식에 불필요한 항을 소거한다.

원통형 좌표계의 열수지식은 제5장의 표 5.2의 식에 $a=C_pT$, $\kappa=\alpha=k/\sigma C_p$, $R=Q$를 대입하여, k, C_p의 온도에 의한 변화를 무시할 수 있다고 가정하여 유도되는 다음 식이다.

$$\rho C_p\left(\frac{\partial T}{\partial t}+u_r\frac{\partial T}{\partial r}+\frac{u_\theta}{r}\frac{\partial T}{\partial \theta}+u_z\frac{\partial T}{\partial z}\right) = k\left\{\frac{1}{r}\frac{\partial}{\partial r}\left(r\frac{\partial T}{\partial r}\right)+\frac{1}{r^2}\frac{\partial^2 T}{\partial \theta^2}+\frac{\partial^2 T}{\partial z^2}\right\}+Q \tag{13.22}$$

이 식 중 다음의 각 항은 소거할 수 있다.

(i) $\partial T/\partial t$: 정상 상태이므로.

(ii) $u_r(\partial T/\partial r)+(u_\theta/r)(\partial T/\partial\theta)+u_z(\partial T/\partial z)$: 금속의 도선 내 열이동으로, 대류에 의한 열이동이 발생하지 않으므로.

(iii) $k(1/r^2)(\partial^2 T/\partial\theta^2)$, $k(\partial^2 T/\partial z^2)$: 온도는 r방향으로만 변화하여 θ, z방향으로 온도 구배가 없으므로.

이에 따라 열수지식은 다음과 같아진다.

$$k\frac{1}{r}\frac{\mathrm{d}}{\mathrm{d}r}\left(r\frac{\mathrm{d}T}{\mathrm{d}r}\right)+Q=0 \tag{13.23}$$

온도 T는 r만의 함수이므로 편미분을 상미분으로 했다. 이것도 셸 열수지를 통해 유도되는 식(12.34)와 동일한 식이다.

③ **경계 조건을 설정한다.**

예제 12.5와 같이, 경계 조건은 다음 두 가지이다.

B.C.1 : $r=0$일 때 $\dfrac{\mathrm{d}T}{\mathrm{d}r}=0$

B.C.2 : $r=R$일 때 $T=T_{\mathrm{a}}$

④ **방정식을 푼다.**

예제 12.5와 같이 ③의 경계 조건을 만족시키는 해를 구하면 다음 식이 유도된다.

$$T-T_{\mathrm{a}}=\frac{QR^2}{4k}\left\{1-\left(\frac{r}{R}\right)^2\right\} \tag{13.24}$$

이에 따라 원통형 좌표계의 열수지식에 따라 셸 열수지에 의한 방법과 마찬가지로 온도 분포를 구할 수 있다는 것을 확인하였다.

여기까지는 제12장과 동일한 문제에 3차원 열이동을 나타내는 방정식을 적용하는 예를 나타냈다. 아래에는 제12장에서 다루지 않았던 기하학적 조건의 경우의 예제를 다루어 보겠다.

예제 13.3

그림 13.2와 같이 표면 온도가 온도 T_{R}로 유지된 반지름 R의 고체 구 표면에서 주위의 공기 중으로 열이 이동하고 있다. 공기에 흐름이 없고, 전도에 의한 이동만 있다고 가정할 수 있는 경우의 공기 중의 온도 분포를 구하라.

풀이

구가 공기 중에 놓여진 순간부터 주위에 열이 이동하기 시작하여, 구에 가까운 위치의 공기부터 순서대로 온도가 상승한다. 공간이 구에 비해 충분히 큰 경우는 온도가 상승하는 공기의 범위가 끝없이 계속 넓어지기 때문에, 이 현상은 정상 상태에는 도달하지 않는다. 이 예제에서는 간단하게 하기 위하여 열이동 개시 후 시간이 충분히 경과하여 구 표면 부근의 온도 분포가 거의 시간에 대해 변화하지 않게 되어 정상 상태라고 볼 수 있는 경우에 대하여 온도 분포를 유도하기로 하겠다. 이 경우, 그림 13.2와 같이 $r=r_{\mathrm{b}}$일 때의 온도를 T_{b}로 한다. 이제까지의 예제와 동일한 순서로 다음과 같이 문제를 풀어간다.

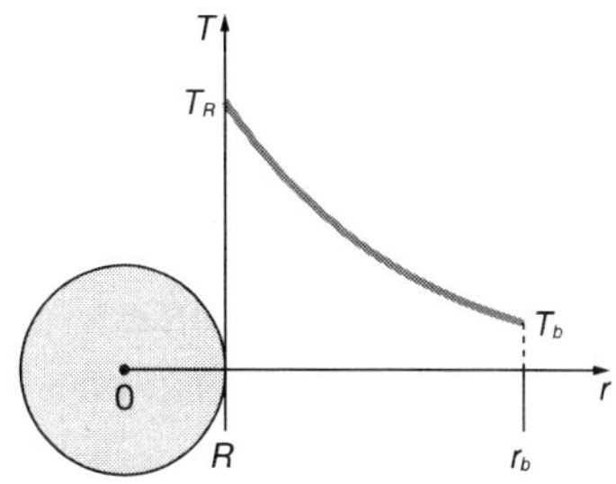

그림 13.2 구 주변의 열이동

① **열이동의 장의 형상을 고려하여 좌표계를 설정한다.**

구면을 가로지르는 열이동이므로 구형 좌표계가 적합하다.

② **방정식에 불필요한 항을 소거한다.**

제5장의 표 5.2의 식을 통해 예제 13.2와 같이 구형 좌표계의 열수지식이 다음과 같이 유도된다.

$$\rho C_{\mathrm{p}}\left(\frac{\partial T}{\partial t}+u_r\frac{\partial T}{\partial r}+\frac{u_\theta}{r}\frac{\partial T}{\partial \theta}+\frac{u_\psi}{r\sin\theta}\frac{\partial T}{\partial \psi}\right)$$
$$=k\left\{\frac{1}{r^2}\left(\frac{\partial}{\partial r}r^2\frac{\partial T}{\partial r}\right)+\frac{1}{r^2\sin\theta}\frac{\partial}{\partial \theta}\left(\sin\theta\frac{\partial T}{\partial \theta}\right)+\frac{1}{r^2\sin^2\theta}\frac{\partial^2 T}{\partial \psi^2}\right\}+Q \tag{13.25}$$

정상 상태에서 공기 흐름에 의한 대류에 따른 이동이 발생하지 않는다는 점, θ, ϕ방향으로 온도 변화가 없다는 점, 발열이 없다는 점에 따라 열수지식은 다음과 같아진다.

$$k\frac{1}{r^2}\left(\frac{\mathrm{d}}{\mathrm{d}r}r^2\frac{\mathrm{d}T}{\mathrm{d}r}\right)=0$$

양변에 $\dfrac{r^2}{k}$을 곱하면,

$$\frac{\mathrm{d}}{\mathrm{d}r}r^2\frac{\mathrm{d}T}{\mathrm{d}r}=0 \tag{13.26}$$

③ **경계 조건을 설정한다.**

경계 조건은 다음 두 가지이다.

B.C.1 : $r = R$일 때 $T = T_R$

B.C.2 : $r = r_b$일 때 $T = T_b$

④ 방정식을 푼다.

식(13.26)을 두 번 적분하면 다음과 같아진다.

$$r^2 \frac{dT}{dr} = C_1 \longrightarrow \frac{dT}{dr} = \frac{C_1}{r^2} \longrightarrow T = -\frac{C_1}{r} + C_2 \tag{13.27}$$

③의 경계 조건을 만족하도록 C_1과 C_2를 결정하면 다음의 온도 분포를 나타내는 식이 유도된다.

$$T = \frac{1}{1/r_b - 1/R}\left\{\frac{T_b - T_B}{r} - \left(\frac{T_b}{R} - \frac{T_R}{r_b}\right)\right\} \tag{13.28}$$

이 식과 같은 온도 분포는 그림 13.2와 같다.

다음으로 유체 흐름을 동반하는 열이동 문제를 다루겠다.

예제 13.4

온도 T_1인 유체가 그림 13.3과 같이 평판 사이에 균일한 유속 U로 유입하고 있다. 평판 온도는 T_1보다 낮은 온도 T_2로 일정하게 유지되고 있다. 유체의 점성을 무시할 수 있고, 유속은 평판 사이 위치에 상관없이 U로 일정하다고 볼 수 있다고 가정한다. 정상 상태의 평판 사이 온도 분포의 흐름 방향으로의 변화를 나타내는 식을 구하라. 단, 흐름 방향으로의 전도에 의한 열유속은 대류에 의해 유속에 비해 작고, 무시할 수 있다.

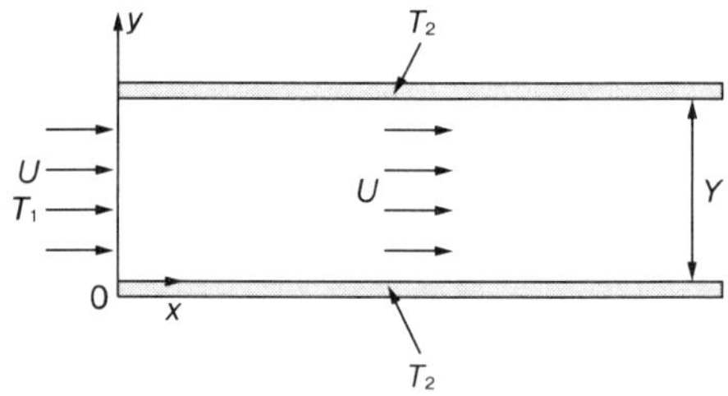

그림 13.3 평판 사이 유체 내 열이동

풀이

평판 사이에 유입한 직후의 유체의 온도는 y방향의 위치에 상관없이 거의 T_1으로 일정하다. 평판의 온도 T_2는 T_1보다 낮으므로, 평판 사이를 하류를 향해 흐르는데 따라 전도에 의해 유체에서 평판을 향해 열이 이동한다. 또한 흐름이 있으므로 대류에 의해 상류에서 하류를 향해 열이 이동한다. 따라서 유체의 온도는 x방향, y방향으로 변화한다. 즉 온도 T는 두 가지 독립 변수 x, y의 함수가 되므로 편미분 방정식을 풀 필요가 있다. 1차원 비정상 상태 문제였던 제6장의 예제 6.4와 비교하면, 이 예제는 2차원 정상 상태 문제라는 점에서 다른데, 두 변수의 함수를 구한다는 점에서는 유사하다. 그래서 다음에는 방정식의 해법에 예제 6.4와 같은 방법을 이용한다.

① 열이동의 장의 형상을 고려하여 좌표계를 결정한다.

평판 사이 유로 입구 아래의 평판 표면을 원점으로 한 그림 13.3과 같은 직각 좌표를 설정한다.

② 방정식에 불필요한 항을 소거한다.

식(13.2)중 아래의 각 항은 소거할 수 있다.

(i) $\partial T/\partial t$: 정상 상태이므로.

(ii) $u_y(\partial T/\partial y)$, $u_z(\partial T/\partial z)$: 속도는 x방향 성분만 있으므로 $u_y = u_z = 0$이므로.

(iii) $k(\partial^2 T/\partial x^2)$: 실제로는 x방향으로 온도가 변화하기 때문에 이 항은 0이 되지 않지만, 문제 중에 있듯이 x방향의 전도에 의한 열유속이 대류에 의한 유속에 비해 작고, 무시할 수 있다고 되어있기 때문에 소거한다.

(iv) $k(\partial^2 T/\partial z^2)$: z방향, 즉 그림 13.2의 종이면에 수직방향으로는 온도 분포가 없기 때문에.

(v) Q : 열 발생이 없기 때문.

또한 유속 x방향 성분 u_x는 위치에 상관없이 U이므로, 열수지식은 다음과 같아진다.

$$U\frac{\partial T}{\partial x} = \frac{k}{\rho C_{\mathrm{p}}}\frac{\partial^2 T}{\partial y^2} = \alpha\frac{\partial^2 T}{\partial y^2} \tag{13.29}$$

제6장의 예제 6.4와 같이, 위 식의 각 양을 다음과 같이 무차원화 한다.

$$T^* = \frac{T - T_2}{T_1 - T_2}, \qquad y^* = \frac{y}{Y}, \qquad x^* = \frac{x}{Y}, \qquad Pe = \frac{UY}{\alpha} \tag{13.30}$$

이들 무차원량을 이용하면 식(13.29)는 다음과 같아진다.

$$Pe\frac{\partial T^*}{\partial x^*} = \frac{\partial^2 T^*}{\partial y^{*2}} \tag{13.31}$$

여기에서 Pe는 **페클렛 수**(Peclet number)라고 하는 무차원수로, 그 의미는 다음과 같이 이해할 수 있다. 거리 Y만큼 떨어진 두 곳의 온도의 차이가 T이면, T/Y를 온도 구배의 대푯값, $\alpha\rho C_{\mathrm{p}}T/Y$를 전도에 의한 열유속의 대푯값으로 볼 수 있다. 한편, 대류에 의한 열유속의 대푯값은 제1장의 표 1.2에 따라 $\rho C_{\mathrm{p}}TU$라고 간주된다. 페클렛 수는 $Pe = UY/\alpha = \rho C_{\mathrm{p}}TU/(\alpha C_{\mathrm{p}}T/Y)$로 변환할 수 있다. 따라서 대류와 전도에 의한 열유속의 비를 나타내고 있다고 볼 수 있어, 제3장에서 설명한 대류와 점성에 의한 운동량 유속의 비인 레이놀즈 수와 같은 의미를 가지고 있다는 것을 알 수 있다. 이 예제에서는 대류에 의한 x방향, 전도에 의한 y방향의 열이동 속도의 비를 나타내고 있는 것이라고 이해할 수 있다.

③ 경계 조건을 설정한다.

경계 조건은 다음의 세 가지이다.

B.C.1 : $x=0$일 때 $T=T_1$, $x^*=0$일 때 $T^*=1$

B.C.2 : $y=0$일 때 $T=T_2$, $y^*=0$일 때 $T^*=0$

B.C.3 : $y=Y$일 때 $T=T_2$, $y^*=1$일 때 $T^*=0$

④ 방정식을 푼다.

식(13.31)에서 T^*과 x^*을 각각 $U_{x\,\mathrm{us}}{}^*$와 t^*로 변환하면 예제 6.4의 식(6.43)과 상수 Pe를 없애면 동일 형태가 된다. 또한 위의 B.C. 2, 3은 $u_{x\,\mathrm{us}}{}^*$에 대한 B.C.1, 2와 일치하고 있다는 것을 알 수 있다. 예제 6.4에서 설명했듯이 공간 좌표 y^*의 유한한 구간의 함수를 구하는 문제에서, 양 끝에서 함수 값이 0이 되는 경계 조건인 경우는 변수 분리법을 적용할 수 있다. 따라서 T^*를 x^*, y^*의 함수의 곱으로 하면 예제 6.4와 같이 식(13.31)의 일반해로써 다음 식이 유도된다(부록 B 참조).

$$T^*=\exp(-\lambda^2 x^*/Pe)(A\sin\lambda y^*+B\cos\lambda y^*) \tag{13.32}$$

식의 상수 λ, A, B를 경계 조건을 만족하도록 결정하면 다음과 같아진다.

$$T^*=\sum_{n=1}^{\infty}\frac{4}{(2n-1)\pi}\exp[-\{(2n-1)\pi\}^2 x^*/Pe]\sin(2n-1)\pi y^* \tag{13.33}$$

이 식에서 $x^*=0$이면

$$T^*=\sum_{n=1}^{\infty}\frac{4}{(2n-1)\pi}\sin(2n-1)\pi y^* \tag{13.34}$$

가 된다. $x^*=0$일 때 B.C.1에 따라 $T^*=1$인데, 위 식의 우변은 $0<y^*<1$의 범위에서 1이 되는 함수를 푸리에 사인 급수로 나타낸 것이며, B.C.1을 만족시키는 것을 알 수 있다. 그림 13.4는 식(13.33)과 같은 평판 사이 온도 분포를 나타낸다. (a)는 $Pe=1$일 때 x^*의 값을 변화시킨 경우의 분포이다. x^*가 증가함에 따라 전체적으로 온도가 낮아져 입구에서 충분히 긴 거리만큼 떨어진 $x^*\to\infty$의 극한에서 유체 온도는 평판 온도 T_2와 같아져 $T^*=0$이 된다. (b)는 Pe를 변화시킨 경우의 $x^*=0.05$일 때의 분포이다. Pe가 작은 조건에서는 y방향으로의 전도에 의한 열이동 속도가 크고, 평판을 향해 달아나는 열이 크기 때문에 전체적으로 온도가 낮아졌다. 한편 Pe가 큰 조건에서는 x방향으로의 대류에 의한 이동 속도는 y방향으로의 이동에 비해 크기 때문에 달아나는 열이 적고, 전체적으로 높은 온도로 유지되고 있다.

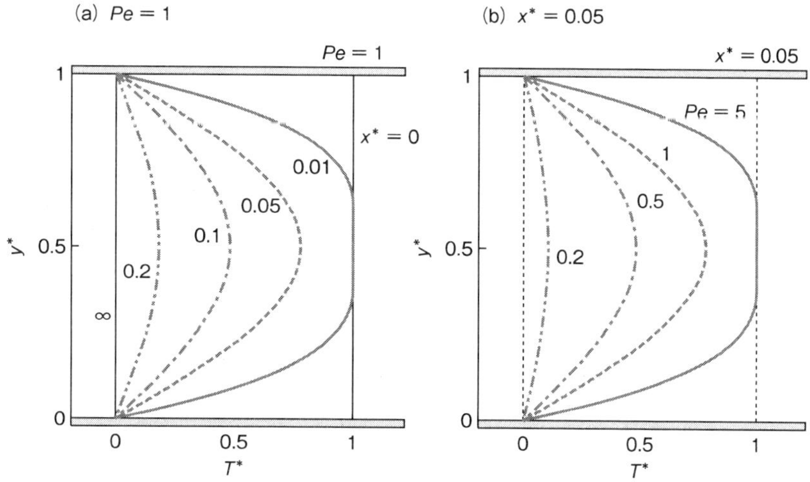

그림 13.4 평판 사이 유체의 온도 분포

위의 예제와 같이 흐르는 유체 내 열이동은 전도뿐만 아니라 대류의 영향을 고려할 필요가 있다. 예제에서는 문제를 간단하게 하기 위해 유체의 속도를 일정하다고 가정하고 풀었는데, 실제로는 속도는 분포하고 있는 경우가 많다. 속도 분포를 고려할 경우, 위와 같은 비교적 단순한 흐름에서도 풀기가 어려워진다. 다음 장에서는 속도가 분포가 되는 경우의 대류 열이동 취급에 대하여 설명하겠다.

학습의 키워드

□점성산일 □산일함수 □온도 분포 □전도 □대류 □페클렛 수

제13장 연습문제

13.1 제4장 예제 4.1의 평판 사이 쿠에트 흐름에서, 흐름 방향으로 압력 변화가 없는 경우 속도 구배는 $\mathrm{d}u_x/\mathrm{d}y = -U/Y$로 일정하다. 이 흐름의 점성 산일에 의한 단위 부피당 기계적 에너지가 열로 변하는 변화 속도 $\mu\Phi_\mathrm{v}$를 나타내는 식을 유도하라. 또한 $U = 1.00\ \mathrm{m \cdot s^{-1}}$, $Y = 1.50\ \mathrm{mm}$로 점도가 $\mu = 1.00 \times 10^{-3}\ \mathrm{Pa \cdot s}$, $2.52\ \mathrm{Pa \cdot s}$일 때의 변화 속도 $\mu\Phi_\mathrm{v}$의 값을 구하라.

13.2 평판 사이 쿠에트 흐름에서 $U = 1.00\ \mathrm{m \cdot s^{-1}}$, $\mu = 1.00 \times 10^{-3}\ \mathrm{Pa \cdot s}$이다. 이 때 평판 간 거리가 $Y = 1.00\ \mathrm{mm}$일 경우의 상하 평판 단위 면적 사이에 있는 유체의 점성 산일에 의한 열 생성 속도를 구하라. 또한 위 평판의 온도가 아래 평판보다 5 ℃ 높고 평판 사이 운도 분포가 직선인 경우에, 전도에 의해 아래 평판의 단위 면적에 이동하는 열유량을 구하여 산일에 의한 속도와 비교하라. 단, 유체의 열전도도가 $8.50 \times 10^{-1}\ \mathrm{W \cdot m^{-1} \cdot K^{-1}}$이고, 점성 산일이 발생해도 속도 분포, 온도 분포는 변화하지 않는다고 가정한다.

13.3 제12장 예제 12.3의 원통관 벽 내 온도 분포를 원통형 좌표계 열수지식(13.22)를 바탕으로 유도하라.

13.4 제12장 예제 12.4의 구형셀 내온 분포를 구형 좌표계의 열수지식(13.25)를 바탕으로 유도하라.

13.5 제12장 연습 문제 12.1, 12.2의 원주 내 축 방향 온도 분포를 열수지식(13.22)를 바탕으로 유도하라.

13.6 제12장 연습문제 12.3의 평판 내 2차원 열이동에 대하여, 열수지식(13.2)에 따라 온도가 만족시키는 편미분 방정식을 유도하라.

13.7 예제 13.4에서 x방향의 전도에 의한 열유속을 무시할 수 없는 조건이며, 또한 아래 평판이 x방향 양의 방향으로 일정 속도 U로 움직이는 쿠에트 흐름에서, 속도 분포가 $u_x = -(U/Y)y + U$인 경우의 정상 상태의 열수지 식을 구하라.

13.8 균일한 온도의 고체 구를 순간적으로 낮은 온도의 환경으로 이동시킨 후 정상 상태가 될 때까지의 열수지식을 나타내라. 온도 분포가 구 중심에 대해 대칭인 것을 고려하라. 또한 구 내부에서의 열 생성은 없는 걸로 한다.

제 14 장

대류 전열

이 단원의 목표

화학 플랜트에서는 열교환기, 교반 반응기 내 반응으로 인한 발열을 제거하기 위한 냉각수를 흘려보내는 재킷 등, 유체 흐름에 동반하는 열이동, 즉 대류에 의한 영향을 강하게 받는 장치를 많이 볼 수 있다.

이번 단원에서는 제11장의 경계층 이론을 바탕으로 장치 내 유동 조건, 유체 물성 등과 대류에 의한 열이동량 사이에 어떤 관계가 있는지 학습하겠다.

14.1 대류 전열에 영향을 미치는 인자

대류(convection)는 유체의 흐름에 동반하는 열이동이다. 따라서 **대류 전열**(convective heat transfer)이 발생하고 있는 장의 온도 분포는, 유체의 열이동에 관한 물성뿐만 아니라 유체의 속도 분포, 운동량 이동에 관한 물성 등 매우 많은 인자의 영향을 받는다. 그 때문에 온도 분포, 열유속 등을 명확하게 하기 위해서는, 본질적으로는 3차원 흐름의 장에서의 연속 방정식, 운동량 수지식, 열수지식을 연립하여 풀 필요가 있다. 그러나 실제 화학 장치 내 현상을 대상으로 한 경우에는, 그들 식은 해석적으로는 풀 수 없는 경우가 많다. 그래서 다음에서 설명하는 것과 같은 방법이 취해진다.

화학 플랜트의 대류 전열은 고체와 주위 유체 사이에 발생하는 경우가 많다. 고체 표면의 온도가 T_W, 고체 표면에서 충분히 떨어진 위치의 유체 온도가 T_∞일 때, 유체에서 고체 표면으로 향하는 **열유속**(heat flux) q는 경험적으로 다음과 같이 나타낼 수 있다.

$$q = h(T_\infty - T_W) \tag{14.1}$$

이것은 유체와 고체의 온도차가 열유속의 크기에 대응하고 있다는 견해를 바탕으로 한 식으로, **뉴턴의 법칙**(Newton's law)이라고 한다. 유체와 고체 표면의 온도차에 따라 열이동이 발생하므로, 그 온도차 $T_\infty - T_{\rm W}$를 **온도차 추진력**(temperature driving force), 또는 단순하게 **추진력**(driving force)이라고 한다. h는 **전열계수**(heat transfer coefficient)라고 한다. 그 단위는 MKS단위계에서 $[\rm J \cdot m^{-2} \cdot s^{-1} \cdot K^{-1}]$ 또는 $[\rm W \cdot m^{-2} \cdot K^{-1}]$이 된다. 전열계수는 열전도도와 같은 물성이 아니라, 위에 설명한 많은 인자의 함수로써 나타난다. 어떤 인자가 중요한지는 운동량 수지, 열수지식을 바탕으로 고려할 수 있다.

뉴턴 유체의 운동량 수지식인 나비에-스토크스 방정식은 정상 상태인 경우 다음과 같아진다.

$$\rho\left(u_x\frac{\partial u_x}{\partial x}+u_y\frac{\partial u_x}{\partial y}+u_z\frac{\partial u_x}{\partial z}\right) = -\frac{\partial p}{\partial x}+\mu\left(\frac{\partial^2 u_x}{\partial x^2}+\frac{\partial^2 u_x}{\partial y^2}+\frac{\partial^2 u_x}{\partial z^2}\right)+\rho g_x \tag{14.2}$$

이것은 x방향 성분의 식이다. 유체 내에 온도차가 발생하는 경우는 중력과 함께 열팽창에 의한 밀도 변화에 동반하는 부력을 고려할 필요가 있다. **열팽창률**(coefficient of thermal expansion) β는 다음과 같이 정의된다.

$$\beta = -\frac{1}{\rho}\frac{{\rm d}\rho}{{\rm d}T} \tag{14.3}$$

밀도 ρ의 유체 일부가 가열되어 온도가 상승하여 밀도가 $\rho_{\rm h}$가 되었다고 하자. 주위 온도를 T_0, 가열된 유체의 온도를 T라 하면, 온도 변화가 작을 경우 $\rho_{\rm h}$는 다음과 같이 나타낼 수 있다.

$$\rho_{\rm h} = \rho+\frac{{\rm d}\rho}{{\rm d}T}(T-T_0) = \rho-\rho\beta(T-T_0) \tag{14.4}$$

밀도 변화에 동반하여 부력이 생겨 운동량 수지식의 중력의 항이 영향을 받는다. 여기에서 식(14.2)의 우변의 ρ에 위 식의 $\rho_{\rm h}$를 대입하여 $g_x = g$로써 부력의 ρg를 빼면 다음과 같아진다. 또한 식(14.2)는 밀도의 변화가 없는 비압축성 유체인 경우의 운동 방정식인데, 여기에서는 작은 온도 변화를 상정하고 있기 때문에 밀도 변화도 작고, 중력의 항 이외는 그 영향을 받지 않는다.

$$u_x\frac{\partial u_x}{\partial x}+u_y\frac{\partial u_x}{\partial y}+u_z\frac{\partial u_x}{\partial z}$$

$$= -\frac{1}{\rho}\frac{\partial p}{\partial x} + \frac{\mu}{\rho}\left(\frac{\partial^2 u_x}{\partial x^2} + \frac{\partial^2 u_x}{\partial y^2} + \frac{\partial^2 u_x}{\partial z^2}\right) - \beta(T - T_0)g \tag{14.5}$$

한편 정상 상태에서 열 생성이 없는 경우, 제13장의 열수지식(13.2)은 다음과 같아진다.

$$u_x\frac{\partial T}{\partial x} + u_y\frac{\partial T}{\partial y} + u_z\frac{\partial T}{\partial z} = \frac{k}{\rho C_\mathrm{p}}\left(\frac{\partial^2 T}{\partial x^2} + \frac{\partial^2 T}{\partial y^2} + \frac{\partial^2 T}{\partial z^2}\right) \tag{14.6}$$

이 두 식의 변수를 길이, 속도, 온도의 대표량을 각각 L, U, $T_\infty - T_\mathrm{W} = \Delta T$로 하여 무차원화 하면 다음과 같아진다.

$$x^* = \frac{x}{L},\quad y^* = \frac{y}{L},\quad z^* = \frac{z}{L},\quad u_x{}^* = \frac{u_x}{U},\quad u_y{}^* = \frac{u_y}{U},\quad u_z{}^* = \frac{u_z}{U},$$

$$p^* = \frac{p}{\rho U^2},\quad T^* = \frac{T - T_\mathrm{W}}{\Delta T} \tag{14.7}$$

이들 무차원량을 식(14.5), (14.6)에 대입하면 다음 식이 유도된다.

$$u_x{}^*\frac{\partial u_x{}^*}{\partial x^*} + u_y{}^*\frac{\partial u_x{}^*}{\partial y^*} + u_z{}^*\frac{\partial u_x{}^*}{\partial z^*}$$

$$= -\frac{\partial p^*}{\partial x^*} + \frac{\nu}{UL}\left(\frac{\partial^2 u_x{}^*}{\partial x^{*2}} + \frac{\partial^2 u_x{}^*}{\partial y^{*2}} + \frac{\partial^2 u_x{}^*}{\partial z^{*2}}\right) - \frac{\beta\Delta TLg}{U^2}(T^* - T_0{}^*) \tag{14.8}$$

$$u_x{}^*\frac{\partial T^*}{\partial x^*} + u_y{}^*\frac{\partial T^*}{\partial y^*} + u_z{}^*\frac{\partial T^*}{\partial z^*} = \frac{\alpha}{UL}\left(\frac{\partial^2 T^*}{\partial x^{*2}} + \frac{\partial^2 T^*}{\partial y^{*2}} + \frac{\partial^2 T^*}{\partial z^{*2}}\right) \tag{14.9}$$

여기에서 $\nu = \mu/\rho$, $\alpha = k/\rho C_\mathrm{p}$는 각각 동점도, **열확산율**(thermal diffusivity)이다. 위의 2식에는 다음의 무차원수가 포함되어있다.

$$\frac{\nu}{UL},\qquad \frac{\beta\Delta TLg}{U^2},\qquad \frac{\alpha}{UL}$$

이들 무차원수는 다음 무차원수의 조합에 의해 나타낼 수 있다.

$$\frac{\nu}{UL} = \frac{1}{Re},\qquad Re\ :\ \text{레이놀즈 수} \tag{14.10}$$

$$\frac{\beta \Delta TLg}{U^2} = \frac{1}{Re^2}\frac{g\beta L^3 \Delta T}{\nu^2} = \frac{Gr}{Re^2}, \qquad Gr = \frac{g\beta L^3 \Delta T}{\nu^2}$$

Gr : **그라쇼프 수**(Grashof number) (14.11)

$$\frac{\alpha}{UL} = \frac{1}{Re}\frac{\alpha}{\nu} = \frac{1}{RePr}, \qquad Pr = \frac{\nu}{\alpha} = \frac{\mu C_{\mathrm{p}}}{k}$$

Pr : **플란틀 수**(Prandtl number) (14.12)

여기에서 식(14.12)에 나타나는 $RePr = UL/\alpha$, 제13장 13.3절에서 설명한 대류와 전도에 의한 열이동 속도의 비인 **페클렛 수**(Peclet number) Pe이다. 제6장 6.3절에서 설명했듯이 식(14.7)의 대푯값이 달라도, 이들 무차원수가 같아지는 조건이라면 운동량 이동, 열이동의 식(14.8), (14.9)의 해인 무차원 속도, 무차원 온도 각 분포가 일치한다. 이에 따라 무차원 속도, 온도 분포는 위에 설명한 세 가지 무차원 수, Re, Gr, Pr에 따라 결정된다고 생각되어진다. 다음으로 열유속을 나타내는 식(14.1)을 무차원화 한다. 식(14.7)의 대푯값을 이용하면 온도 구배, 전도에 의한 열유속의 대푯값을 다음과 같이 정의할 수 있다.

$$\text{온도 구배} : \frac{T_\infty - T_{\mathrm{W}}}{L}, \qquad \text{열유속} : \frac{\rho C_{\mathrm{p}}\alpha(T_\infty - T_{\mathrm{W}})}{L} \tag{14.13}$$

식(14.1)은 위의 대푯값으로 나누어 다음과 같이 무차원화 된다.

$$Nu = \frac{h(T_\infty - T_{\mathrm{W}})}{\rho C_{\mathrm{p}}\alpha(T_\infty - T_{\mathrm{W}})/L} = \frac{hL}{\rho C_{\mathrm{p}}\alpha} = \frac{hL}{k} \tag{14.14}$$

이 무차원수를 **넛셀 수**(Nusselt number)라고 하며, 대류와 전도가 동시에 생기는 경우의 무차원의 열유속을 나타낸다. 열유속은 속도, 온도 분포를 바탕으로 구할 수 있는데, 그들 분포는 위에 설명했듯이 세 가지 무차원수 Re, Gr, Pr에 따라 결정된다. 따라서 넛셀 수는 다음과 같이 Re, Pr, Gr의 함수가 된다고 생각할 수 있다.

$$Nu = f(Re,\ Pr,\ Gr) \tag{14.15}$$

식(14.8), (14.9)를 풀 수 있다면, 이 식의 함수형을 명확하게 할 수 있는데, 실제로 모든 경우에 그 해를 구하는 것은 불가능하다. 그래서 대부분의 경우, 대상이 되는 대류 열이동의 특징을 고려하여 경험적으로 함수 f가 결정되어 있어, 그들 함수와 각 무차원수의 값에 따라 넛셀 수, 더 나아가 열유속을 계산할 수 있다.

대류 열이동은 흐름이 발생하고 있는 장의 **강제 대류**(forced convection)와 유체의 가열에 동반한 밀도 변화와 함께 발생하는 흐름에 의한 **자연 대류**(natural convection)

로 분류된다. 이 분류에 따르면 강제 대류에서는 흐름의 상태를 나타내는 무차원수인 레이놀즈 수, 자연 대류에서는 온도 변화에 동반하는 밀도 변화의 정도를 나타내는 그라쇼프 수가 중요해진다. 여기에서 넛셀 수는 식(14.15)의 세 가지 무차원수 중 두 개의 함수로써 각각 다음과 같이 나타낼 수 있다고 생각되어진다.

$$\text{강제 대류 : } Nu = f(Re,\ Pr) \tag{14.16}$$

$$\text{자연 대류 : } Nu = f(Gr,\ Pr) \tag{14.17}$$

다음 절에서는 형식이 다른 여러 가지 흐름에서의 강제 대류와 자연 대류에 대하여, 넛셀 수와 다른 무차원수의 관계와 열유속을 계산하는 방법을 설명하겠다.

14.2 층류에 있어서 강제 대류

본 절에서는 강제 대류가 발생하는 대표적인 장으로써 그림 14.1과 같은 평판 위의 **층류 경계층**(laminar boundary layer)와 **원통관 내 층류**(laminar flow in a circular pipe)를 다루겠다.

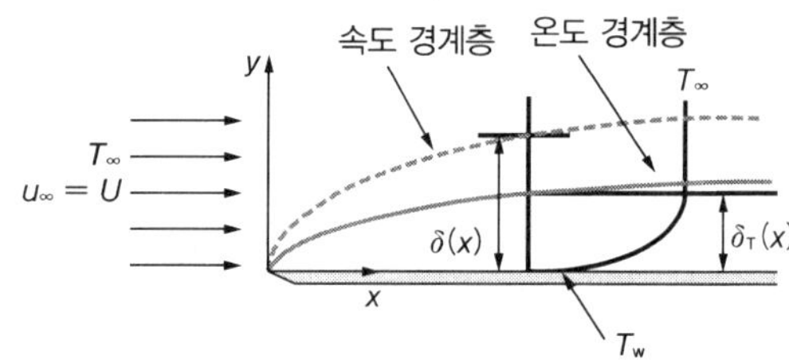

그림 14.1 온도 경계층

① 평판 위의 층류 경계층

제11장에서 설명했듯이 2차원의 정상 상태 흐름인 것과 경계층 내 흐름의 특징을 고려하면, 연속 방정식과 운동 방정식은 다음과 같이 근사할 수 있다.

$$\frac{\partial u_x}{\partial x} + \frac{\partial u_y}{\partial y} = 0 \tag{11.11}$$

$$u_x \frac{\partial u_x}{\partial x} + u_y \frac{\partial u_x}{\partial y} = \nu \frac{\partial^2 u_x}{\partial y^2} \tag{11.12}$$

한편, 정상 상태의 열수지식(14.6)도 $x-y$평면상의 2차원 현상이라는 점과, x방향의 온도 변화가 y방향의 변화에 비해 무시할 수 있을 정도 작다는 점에서 다음과 같이 근사된다.

$$u_x \frac{\partial T}{\partial x} + u_y \frac{\partial T}{\partial y} = \alpha \frac{\partial^2 T}{\partial y^2} \tag{14.18}$$

좌변의 대류의 항에 속도가 포함되므로, 경계층 내 흐름에 따라 열이동 현상은 다음과 같은 영향을 받는다. 유속이 증가하면 제11장 11.2절의 식(11.19)의 관계에 따라 **속도 경계층**(thickness of velocity boundary layer) δ은 얇아지고 그에 대응하여 **온도 경계층**(thickness of thermal boundary layer) δ_{T}도 얇아진다. 11.1절에서 설명했듯이 경계층 내 열유속은 $(T_\infty - T_{\mathrm{W}})/\delta_{\mathrm{T}}$에 비례하므로 경계층이 얇아지면 커진다. 그러한 영향이 있어 대류에 의한 열유속을 구하기 위해서는 속도, 온도의 경계층 두께의 관계를 명확하게 할 필요가 있다. 아래에서는 유체의 물성은 변화하지 않는다고 가정한다.

제11장에서 설명했듯이 경계층 내 흐름에서 흐름 함수를 정의하면 운동 방정식은 다음과 같이 변환할 수 있다.

$$2\frac{\mathrm{d}^3 g}{\mathrm{d}\eta^3} + g\frac{\mathrm{d}^2 g}{\mathrm{d}\eta^2} = 0 \tag{11.18}$$

여기에서 g는 무차원의 흐름 함수 η은 무차원 좌표로 각각 다음과 같이 정의된다.

$$g(\eta) = \frac{\psi}{\sqrt{\nu x U}} \tag{11.14}$$

$$\eta = y\sqrt{\frac{U}{\nu x}} \tag{11.10}$$

열이동 식에 대하여 식(11.18)에 대응하는 식을 유도하기 위하여 경계층 내 온도를 다음과 같이 무차원화 한다.

$$\theta = \frac{T - T_{\mathrm{W}}}{T_\infty - T_{\mathrm{W}}} \tag{14.19}$$

θ와 무차원 좌표 η를 이용하면 식(11.13), (11.15), (11.16), (11.17)의 관계를 바탕으로 식(14.18)을 다음과 같이 변환할 수 있다.

$$2\frac{\mathrm{d}^2\theta}{\mathrm{d}\eta^2} = Prg\frac{\mathrm{d}\theta}{\mathrm{d}\eta} = 0 \tag{14.20}$$

이 식에서 θ를 $\mathrm{d}g/\mathrm{d}\eta$로 변환하면 $Pr = 1$인 경우에는 식(11.18)과 일치한다. 또한 위의 미분 방정식의 경계 조건은 평판 표면 즉 $\eta = 0$일 때 $\theta = 0$, 경계층 바깥쪽 즉 $\eta \to \infty$일 때 $\theta = 1$으로 $\mathrm{d}g/\mathrm{d}\eta$에 대한 조건과 일치한다. 따라서 θ와 $\mathrm{d}g/\mathrm{d}\eta$의 해가

같아진다. 또한 $\mathrm{d}g/\mathrm{d}\eta$은 다음과 같이 무차원 속도 $u_x{}^*$과 같다.

$$\frac{\mathrm{d}g(\eta)}{\mathrm{d}\eta} = \frac{u_x}{U} = u_x{}^* \tag{14.21}$$

이와 같이 $Pr=1$인 경우, 무차원 속도 $u_x{}^*$와 무차원 온도 θ의 분포가 일치하여 $\delta_{\mathrm{T}} = \delta$가 된다. 따라서 온도 경계층 두께는 속도 경계층 두께를 나타내는 다음 식에 따라 구할 수 있다.

$$\delta_{\mathrm{T}} = \delta = 5.0\sqrt{\frac{\nu x}{U}} = 5.0xRe_x^{-1/2} \tag{11.19}$$

한편, $Pr \neq 1$인 경우는 속도, 온도의 분포는 일치하지 않으므로 온도 분포를 구하기 위해서는 운동량 수지식(11.18)과는 별도로 식(14.20)을 풀어야 한다. 식(14.20)에서 $G_{\mathrm{T}}(\eta) = \mathrm{d}\theta/\mathrm{d}\eta$라 하면, 다음과 같이 변환할 수 있다.

$$\frac{1}{G_{\mathrm{T}}(\eta)}\mathrm{d}G_{\mathrm{T}} = -\frac{Pr}{2}g\,\mathrm{d}\eta$$

양변을 $\eta=0$에서 η의 범위로 적분하면 다음과 같아진다.

$$\ln\frac{G_{\mathrm{T}}(\eta)}{G_{\mathrm{T}}(0)} = -\frac{Pr}{2}\int_0^\eta g\,\mathrm{d}\eta \;\longrightarrow\; \frac{G_{\mathrm{T}}(\eta)}{G_{\mathrm{T}}(0)} = \exp\left(-\frac{Pr}{2}\int_0^\eta g\,d\eta\right)$$

$G_{\mathrm{T}} = \mathrm{d}\theta/\mathrm{d}\eta$이므로

$$\frac{1}{\left.\dfrac{\mathrm{d}\theta}{\mathrm{d}\eta}\right|_{\eta=0}}\frac{\mathrm{d}\theta}{\mathrm{d}\eta} = \exp\left(-\frac{Pr}{2}\int_0^\eta g\,\mathrm{d}\eta\right)$$

이 된다. 이 식을 또 다시 $\eta=0$ 에서 η의 범위로 적분한다.

$$\frac{1}{\left.\dfrac{\mathrm{d}\theta}{\mathrm{d}\eta}\right|_{\eta=0}}\{\theta(\eta)-\theta(0)\} = \int_0^\eta \exp\left(-\frac{Pr}{2}\int_0^\eta g\,\mathrm{d}\eta\right)\mathrm{d}\eta$$

$\eta=0$ 즉 평판 표면에서는 $T=T_{\mathrm{W}}$이므로 식(14.19)에 따라 $\theta(0)=0$이 되므로 무차원 온도 θ은 다음과 같아진다.

$$\theta(0) = \left.\frac{d\theta}{d\eta}\right|_{\eta=0} \int_0^\eta \exp\left(-\frac{Pr}{2}\int_0^\eta g\,d\eta\right)d\eta \tag{14.22}$$

이 함수는 모든 η에 대해 성립하고 또한 $\eta \to \infty$에서는 식(14.19)에 따라 $\theta = 1$이므로 평판 표면 $\eta = 0$일 때의 온도 구배는 다음과 같아진다.

$$\begin{aligned}\left.\frac{d\theta}{d\eta}\right|_{\eta=0} &= \lim_{\eta\to\infty}\frac{\theta(\eta)}{\int_0^\eta \exp\left(-\frac{Pr}{2}\int_0^\eta g\,d\eta\right)d\eta} \\ &= \lim_{\eta\to\infty}\frac{1}{\int_0^\eta \exp\left(-\frac{Pr}{2}\int_0^\eta g\,d\eta\right)d\eta}\end{aligned} \tag{14.23}$$

무차원 흐름 함수 g에 대한 하스의 해(제11장의 표 11.1)를 이용하여 우변의 적분을 수치적으로 계산함으로써 $0.6 < Pr$의 범위로 근사적으로 다음의 관계가 성립한다는 것이 확인되었다.

$$\frac{d\theta/d\eta|_{\eta=0}}{du_x{}^*/d\eta|_{\eta=0}} \approx Pr^{1/3} \tag{14.24}$$

여기에서 속도 경계층, 온도 경계층의 맨 위에 대응하는 무차원 좌표 η을 각각 $\eta(\delta)$, $\eta(\delta_T)$로 한다. 경계층 맨 위에서는 $\theta = 1$, $u_x{}^* = 1$이므로 경계층 내의 온도와 속도 분포를 직선으로 간주하면 다음의 관계가 성립한다.

$$u_x{}^*|_{\eta=\eta(\delta)} = \left.\frac{du_x{}^*}{d\eta}\right|_{\eta=0}\eta(\delta) = 1, \qquad \eta(\delta) = \delta\sqrt{\frac{U}{\nu x}} \tag{14.25}$$

$$\theta|_{\eta=\eta(\delta)} = \frac{d\theta}{d\eta}\eta(\delta_T) = 1, \qquad \eta(\delta_T) = \delta_T\sqrt{\frac{U}{\nu x}} \tag{14.26}$$

식(14.24), (14.25), (14.26)에 따라, 다음과 같은 δ와 δ_T의 관계가 유도된다.

$$\frac{d\theta/d\eta|_{\eta=0}\delta_T}{du_x{}^*/d\eta|_{\eta=0}\delta} = 1 \longrightarrow \frac{\delta_T}{\delta} = \frac{du_x{}^*/d\eta|_{\eta=0}\delta_T}{d\theta/d\eta|_{\eta=0}} \approx Pr^{-1/3} \tag{14.27}$$

속도 경계층 두께 δ는 위에 설명했듯이 식(11.19)로 나타낼 수 있으므로 온도 경계층 두께 δ_T는 다음과 같아진다.

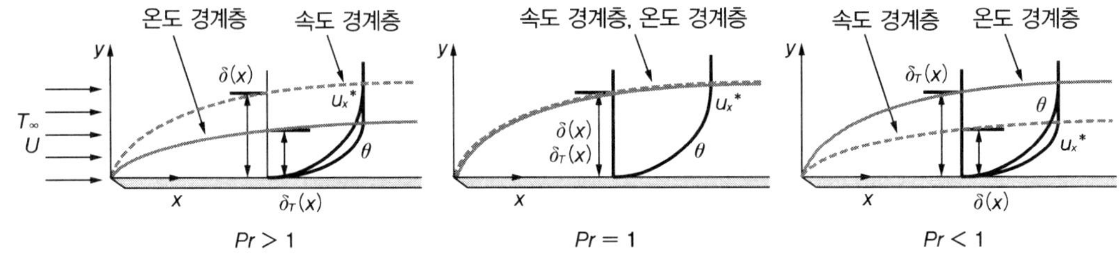

그림 14.2 속도 경계층과 온도 경계층의 두께 비교

$$\delta_{\mathrm{T}} = 5.0xRe_x^{-1/2}Pr^{-1/3} \tag{14.28}$$

이에 따라, 속도 경계층과 온도 경계층의 두께의 크기 관계는 플란틀 수 Pr의 값에 의존하여 그림 14.2와 같아지는 것을 알 수 있다. 플란틀 수는 식(14.12)와 같이 동점도의 열확산율에 대한 비이다. 동점도, 열확산율은 각각 운동량, 열의 이동하기 쉬운 정도를 나타내고 있다. $Pr > 1$이 되는 것은 동점도가 더 큰 경우로, 열보다 운동량이 더 이동하기 쉽기 때문에 속도 경계층이 더 두꺼워진다. $Pr < 1$이 되는 경우는 그 반대로, 열이 더 이동하기 쉽기 때문에 온도 경계층이 두꺼워진다.

경계층 내 열유속은 평판 표면의 전도에 의한 유속과 같다. 이것은 평판 표면에서는 유속이 0으로 대류에 의한 이동이 없고, 전도에 의한 이동만 있게 되기 때문이다. 대상으로 하는 경계층에서는 온도 구배는 양수이므로 열유속을 절대치로 나타내면 다음과 같아진다.

$$q = h(T_\infty - T_{\mathrm{W}}) = \rho C_{\mathrm{p}}\alpha \left.\frac{\mathrm{d}T}{\mathrm{d}y}\right|_{y=0} \tag{14.29}$$

T와 y를 무차원 온도 θ과 무차원 좌표 η으로 치환하면, 위 식의 온도 구배는 다음과 같이 나타난다.

$$T = (T_\infty - T_{\mathrm{W}})\theta + T_{\mathrm{W}}, \qquad y = \eta\sqrt{\frac{\nu x}{U}}$$

$$\longrightarrow \quad \left.\frac{\mathrm{d}T}{\mathrm{d}y}\right|_{y=0} = (T_\infty - T_{\mathrm{W}})\sqrt{\frac{U}{\nu x}}\left.\frac{\mathrm{d}\theta}{\mathrm{d}\eta}\right|_{\eta=0}$$

이 관계에 따라 식(14.29)는 다음과 같아진다.

$$q = h(T_\infty - T_{\mathrm{W}}) = \rho C_{\mathrm{p}}\alpha(T_\infty - T_{\mathrm{W}})\sqrt{\frac{U}{\nu x}}\left.\frac{\mathrm{d}\theta}{\mathrm{d}\eta}\right|_{\eta=0} \tag{14.30}$$

또한 표 11.1의 하스의 근사 해에 따라 $\mathrm{d}u_x^*/\mathrm{d}\eta|_{\eta=0} = 0.332$이므로, 식(14.24)에 따라

$$\left.\frac{\mathrm{d}\theta}{\mathrm{d}\eta}\right|_{\eta=0} = 0.332\,Pr^{1/3} \tag{14.31}$$

이 된다. 이 관계를 식(14.30)에 대입하면 다음 식이 된다.

$$q = h(T_\infty - T_\mathrm{W}) = 0.332\rho C_\mathrm{p}\alpha(T_\infty - T_\mathrm{W})\sqrt{\frac{U}{\nu x}}\,Pr^{1/3} \tag{14.32}$$

이 식에 따라 전열계수는 다음과 같아지는 것을 알 수 있다.

$$\begin{aligned} h &= 0.332\rho C_\mathrm{p}\alpha\sqrt{\frac{U}{\nu x}}\,Pr^{1/3} = 0.332k\sqrt{\frac{U}{\nu x}}\,Pr^{1/3} \\ &= 0.332kx^{-1}Re_x^{1/2}Pr^{1/3} \end{aligned} \tag{14.33}$$

식(14.28)과 식(14.33)과 비교하면 국소의 전열계수 h는 온도 경계층 두께 δ_T에 반비례하는 것을 알 수 있다. 이것은 δ_T가 작은 경우는 h가 커지며, 열유속도 커지는 것을 의미한다. 이에 따라 경계층 내 x에서 국소의 넛셀 수는 다음과 같이 된다.

$$Nu_x = \frac{hx}{k} = \frac{0.332\sqrt{\dfrac{U}{\nu x}}\,Pr^{1/3}x}{k} = 0.332Re_x^{1/2}Pr^{1/3} \tag{14.34}$$

이 식은 강제 대류의 넛셀 수를 나타내는 식 (14.16)의 함수 $f(Re,\ Pr)$에 대응하는 것이다. 경계층 내 열이동에 대한 Nu_x는 대표 길이를 평판 끝에서부터의 거리 x로 하고 있다.

식(14.34)의 국소 넛셀 수는 평판 끝에서 하류로 향할수록 변화한다. 따라서 그 값으로 구할 수 있는 국소의 전열계수에 따라 계산되는 식(14.32)의 열유속 $q = h(T_\infty - T_\mathrm{W})$도 끝에서부터의 거리에 따라 변화한다. 그 때문에 $x = 0$에서 $x = L$의 구간 전체의 열이동 속도를 명확하게 하기 위해서는 그 구간의 전열계수의 평균값 h_av가 필요해진다. 평균은 다음과 같이 연속적으로 변화하는 전열계수 h를 구간 전체로 적분하여 구간의 길이로 나누어 구할 수 있다.

$$h_\mathrm{av} = \frac{1}{L}\int_0^L h\,\mathrm{d}x = \frac{1}{L}\int_0^L 0.332k\sqrt{\frac{U}{\nu x}}\,Pr^{1/3}\mathrm{d}x$$

$$= \frac{1}{L}0.332kPr^{1/3}\sqrt{\frac{U}{\nu}}\int_0^L x^{-1/2}dx = \frac{1}{L}0.664kPr^{1/3}\sqrt{\frac{UL}{\nu}}$$

$$= 0.664k\sqrt{\frac{U}{\nu L}}Pr^{1/3} \tag{14.35}$$

여기에서 h_{av}은 같은 구간의 전열계수의 평균값이다. h_{av}에 온도차 추진력 $T_\infty - T_W$를 곱하면 열유속의 평균값을 구할 수 있다. 또한 그 유속에 $x = 0$에서 $x = L$의 구간의 평판 면적을 곱하면 전체의 열이동 속도를 얻을 수 있다. 또한 h_{av}에 기반한 넛셀 수 Nu_L은 동일한 구간의 평균 넛셀 수이고, $x = L$에서 정해진 레이놀즈 수 Re_L, 플란틀 수와의 사이에는 아래 관계식이 성립한다.

$$Nu_L = \frac{h_{av}L}{k} = \frac{L}{k}0.664k\sqrt{\frac{U}{\nu L}}Pr^{1/3} = 0.664\sqrt{\frac{UL}{\nu}}Pr^{1/3}$$

$$= 0.664Re_L^{1/2}Pr^{1/3}$$

아래에 이 무차원수 Nu, Re, Pr의 계산식을 통해 경계층 내 열유속을 구하는 방법에 관한 예제를 나타낸다. 또한 계산식 중의 물성값에 있어서 평판과 경계층 맨 위의 온도의 평균 $(T_W + T_\infty)/2$의 값을 이용한다.

예제 14.1

평판 위의 경계층에서 끝에서부터의 거리 $x = 0.5$ m 위치에서 유체로부터 평판으로 이동하는 열유속과, 그 위치의 속도 경계층, 온도 경계층의 두께를 구하라. 또한 끝에서부터 $x = 1$ m의 범위까지의 열유속의 평균을 구하라. 유체 중심 흐름의 온도가 45 ℃, 속도가 2.00×10^{-1} m·s^{-1}이고 평판 온도는 35 ℃로 일정하다. 유체의 동점도, 열전도도, 열확산율의 경계층의 평균값을 각각 6.85×10^{-7} m^2·s^{-1}, 6.82×10^{-1} W·m^{-1}·K^{-1}, 1.63×10^{-7} m^2·s^{-1}로 한다.

풀이

먼저 플란틀 수를 구하면

$$Pr = \frac{\nu}{\alpha} = \frac{6.85 \times 10^{-7}}{1.63 \times 10^{-7}} = 4.20$$

이 된다. $0.6 < Pr$이며, 식(14.24)의 관계가 성립하므로 식(14.34)를 적용할 수 있다. 다음으로 $x = 0.5$ m일 때의 레이놀즈 수를 구하면

$$Re_x = \frac{Ux}{\nu} = \frac{2.00 \times 10^{-2} \times 0.5}{6.85 \times 10^{-7}} = 1.46 \times 10^4$$

제11장에 따라 층류에서 난류로의 천이는 $Re_x > 10^5$의 범위에서 발생하므로, 층류 범위에 있다는 것을 알 수 있다. 이 Re_x, Pr의 값을 식(14.34)에 대입하면 넛셀 수를 다음과 같이 구할 수 있다.

$$Nu_x = 0.332 Re_x^{1/2} Pr^{1/3} = 6.47 \times 10^1$$

이 값에 따라 전열계수는

$$h = 8.83 \times 10^1 \text{ W} \cdot \text{m}^{-2} \cdot \text{K}^{-1}$$

이 된다. 따라서 열유속은 다음과 같아진다.

$$q = h(T_\infty - T_\text{W}) = 8.83 \times 10^2 \text{ W} \cdot \text{m}^{-2}$$

또한 속도 경계층, 온도 경계층의 두께는 각각 다음과 같아진다.

$$\delta = 5.0 x Re_x^{-1/2} = 2.07 \times 10^{-2} \text{ m}$$
$$\delta_\text{T} = 5.0 x Re_x^{-1/2} Pr^{-1/3} = 1.28 \times 10^{-2} \text{ m}$$

$Pr > 1$이므로 속도 경계층이 더 두껍다.

평판 끝에서부터 $x = L$까지의 열유속의 평균은 식(14.35)의 평균 넛셀 수를 통해 구할 수 있다. $L = 1$ m인 경우 $Re_L = 2.92 \times 10^4$이다. $Re_L < 10^5$이므로 이 범위에서도 경계층 내 흐름은 층류인 것을 알 수 있다. 레이놀즈 수의 값과 $Pr = 4.20$에 따라 $Nu_L = 1.83 \times 10^2$가 된다. 따라서 전열계수 및 열유속의 평균값은 다음과 같아진다.

$$h_\text{av} = \frac{Nu_L k}{L} = 1.25 \times 10^2 \text{ W} \cdot \text{m}^{-2} \cdot \text{K}^{-1}$$
$$q_\text{av} = h_\text{av}(T_\infty - T_\text{W}) = 1.25 \times 10^3 \text{ W} \cdot \text{m}^{-2}$$

또한 식(14.32)에 따라 q_av는 Re_L, Pr을 통해 다음과 같이 직접 구할 수도 있다.

$$\begin{aligned} q_\text{av} &= \frac{1}{L}\int_0^L q \mathrm{d}x = \frac{1}{L}\int_0^L 0.332 \rho C_\text{p}(T_\infty - T_\text{W}) U Re_x^{-1/2} Pr^{-2/3} \mathrm{d}x \\ &= \frac{1}{L} 0.332 \rho C_\text{p}(T_\infty - T_\text{W}) U Pr^{-2/3} \int_0^L \sqrt{\frac{\nu}{Ux}}\, \mathrm{d}x \\ &= 0.664 \rho C_\text{p}(T_\infty - T_\text{W}) U Re_L^{-1/2} Pr^{-2/3} \\ &= 1.25 \times 10^3 \text{ W} \cdot \text{m}^{-2} \end{aligned} \tag{14.36}$$

위의 예제와 같이 넛셀 수와 레이놀즈 수, 플란틀 수의 계산식이 분명하면 강제 대류의 열유속을 계산할 수 있다.

② 원통관 내 층류

원통관 내 층류에서 발생하는 강제 대류의 하나의 예가 그림 14.3과 같다. 유체에서 관 벽으로의 열이동을 살펴보자. 내경 d, 길이 L의 원통관에 온도 T_{b0}의 유체가 관 단면 평균 유속 u_a로 유입하여 T_{b0}보다 낮은 온도 T_w로 일정하게 유지된 원통관 벽과 접촉함으로써 열을 잃고 출구에서 온도가 T_{bL}까지 저하한다고 하자. 벽면으로의 열유속 q는 유체 온도의 관 단면 평균 T_b와 T_w의 차이를 온도차 추진력으로 하여 다음과 같이 나타낼 수 있다.

$$q = h(T_b - T_w) \tag{14.37}$$

원통관 입구에서 유체 온도는 위치에 상관없이 T_{b0}로 거의 일정해진다. 그 때문에 온도 T_w의 관 벽과 유체가 접하고 있는 부분의 온도 구배가 몹시 커진다. 관내 흐름에 따라 열이 관 벽을 향해 이동하여 유체 전체의 온도가 낮아짐과 함께 구배가 완만한 온도 분포로 변화한다. 이렇듯 온도 분포가 변화하기 때문에 전열계수, 온도차 추진력, 열유속은 관 입구에서 출구를 향해 감소해 간다. 전열계수의 z방향으로의 분포는 제13장의 원통형 좌표계의 열수지식(13.22)에 유체의 속도 분포를 대입하여 r, z방향의 온도 분포를 구할 수 있다면 유도할 수 있다. 제8장에서 설명했듯이 관 입구 부근의 발달거리에서는 속도 분포도 하류를 향해 변화하는데 관 입구에서 포물선 속도 분포가 된다고 가정하면 열수지식을 해석적으로 풀 수 있다. 이 문제는 그래츠 문제[1)]라고 하며 해가 구해져있으나 몹시 복잡하므로 그 해를 근사하는 다음의 계산식이 제안되어 있다.[2)]

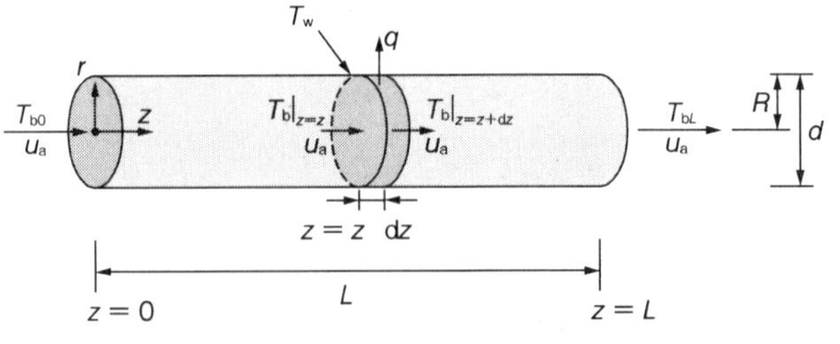

그림 14.3 원통관 내 층류의 열이동

1) L. Graets, *Ann. Pysik.*, 25, 337(1885).

2) M. S. Bhatti and R. K. shah, "Handbook of Singlephase Convective Heat Transfer", p.4-55, Wiley-Interscience (1987).

$$Nu_z = 3.66 + \frac{0.0018}{(RePrd/z)^{-1/3}\{(RePrd/z)^{-2/3}\}^2} \tag{14.38}$$

여기에서 Re는 제3장 3.3절의 식(3.7)에서 정의된 원통관 내 흐름의 레이놀즈 수, Nu_z는 원통관의 입구에서부터의 거리 $z = z$일 때의 국소 넛셀 수로, 다음과 같이 정의된다.

$$Nu_z = \frac{hd}{k} \tag{14.39}$$

그림 14.4는 식(14.38)의 Nu_z와 $RePrd/z$의 관계를 나타내고 있다. $RePrd/z < 10$의 범위에서는 거의 $Nu_z = 3.66$으로 일정하며, $10 < RePrd/z$의 범위에서는 단조롭게 증가한다. 이것은 대류의 효과가 현저해지는 레이놀즈 수가 큰 범위 및 관 벽의 온도 구배가 큰 관 입구 부근의 z가 작은 범위에서 넛셀 수가 커지는 것을 나타낸다. 또한 z가 d에 대해 충분히 크다. 즉 입구에서 충분히 떨어진 위치에서는 넛셀 수는 일정치에 수렴하는 것을 알 수 있다. 실제 원통관 내를 흐르는 유체로부터의 전열은 관 전체의 평균 열유속을 구하는 것이 중요하다. 그를 위해서는 식(14.38)의 국소 넛셀 수가 아니라, 관 전체에 걸친 평균값이 필요해진다. 다음에 평균 열유속과 전열계수, 넛셀 수의 관계에 대해 설명하겠다.

그림 14.3의 $z = z$와 $z + \mathrm{d}z$의 단면 사이에 있는 폭 $\mathrm{d}z$의 대상부피는 유체로부터 지름 d, 폭 $\mathrm{d}z$의 원통관 벽면으로 열이 이동한다. 그 면의 면적은 $\pi d\mathrm{d}z$이므로, 국소 열유속을 q라 하면, 이 면으로의 단위 시간당 열이동량은 $\pi dq\mathrm{d}z$가 된다. 이 열이동량을 관 길이 L 전체에 걸쳐 적분하여 구해지는 관 벽면 전체로의 열이동량을 관의 측면적(側面積)으로 나눈 양이 다음 식과 같은 평균 열유속 q_{av}이다.

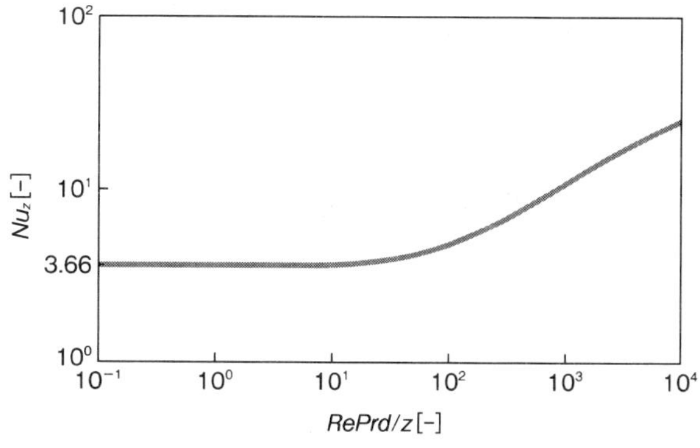

그림 14.4 원통관 내 층류의 국소 넛셀 수

$$q_{\mathrm{av}} = \frac{1}{\pi d L}\int_0^L \pi d q \,\mathrm{d}z = \frac{1}{L}\int_0^L q \,\mathrm{d}z \tag{14.40}$$

또한 다음 식과 같이 국소의 전열계수 h를 관 전체에 걸쳐 적분하여 관 길이로 나누어 전열계수의 평균을 구할 수 있다.

$$h_{\mathrm{av}} = \frac{1}{L}\int_0^L h \,\mathrm{d}z \tag{14.41}$$

q_{av}, h_{av}에 의해 어떻게 나타나는지 명확하게 하기 위하여 그림 14.3의 대상부피에 대한 열수지를 구하면 다음과 같아진다.

$$\rho C_{\mathrm{p}} \frac{\pi d^2}{4} u_{\mathrm{a}} \left(T_{\mathrm{b}}|_{z=z} - T_{\mathrm{b}}|_{z=z+\mathrm{d}z} \right) - \pi d q \,\mathrm{d}z = 0 \tag{14.42}$$

제1항목은 z방향의 대류에 의해 대상부피에 유입, 유출되는 열의 차이이다. 제2항목은 벽면을 통해 외부로 이동하는 열을 각각 나타내고 있으며 모두 단위 시간당 양이다.

$$\mathrm{d}T_{\mathrm{b}} = T_{\mathrm{b}}|_{z=z+\mathrm{d}z} - T_{\mathrm{b}}|_{z=z}$$

으로 하기로 하고 식(14.42)의 열유속 q에 식(14.37)의 우변을 대입하면 다음 식이 유도된다.

$$h \,\mathrm{d}z = -\frac{\rho C_{\mathrm{p}} u_{\mathrm{a}} d}{4} \frac{\mathrm{d}T_{\mathrm{b}}}{T_{\mathrm{b}} - T_{\mathrm{w}}} \tag{14.43}$$

이 식을 관 전체에 걸쳐 적분하면 좌변, 우변은 각각 다음과 같아진다.

$$\int_0^L h \,\mathrm{d}z = h_{\mathrm{av}} L, \quad -\frac{\rho C_{\mathrm{p}} u_{\mathrm{a}} d}{4} \int_{T_{\mathrm{b0}}}^{T_{\mathrm{bL}}} \frac{\mathrm{d}T_{\mathrm{b}}}{T_{\mathrm{b}} - T_{\mathrm{w}}} = \frac{\rho C_{\mathrm{p}} u_{\mathrm{a}} d}{4} \ln \frac{T_{\mathrm{b0}} - T_{\mathrm{w}}}{T_{\mathrm{bL}} - T_{\mathrm{w}}} \tag{14.44}$$

따라서 다음의 관계를 유도할 수 있다.

$$L = \frac{\rho C_{\mathrm{p}} u_{\mathrm{a}} d}{4 h_{\mathrm{av}}} \ln \frac{T_{\mathrm{b0}} - T_{\mathrm{w}}}{T_{\mathrm{b}L} - T_{\mathrm{w}}} \tag{14.45}$$

한편, 관 전체의 열수지식은 다음과 같아진다.

$$\rho C_p \frac{\pi d^2}{4} u_a (T_{b0} - T_{bL}) - q_{av} \pi d L = 0 \tag{14.46}$$

식 (14.42)와 같이 제1항목은 대류에 의한 유입과 유출의 차이다. 제2항목은 벽면에서 밖으로 이동하는 열이다. 이 식에 식(14.45)를 대입하여 정리하면 q_{av}를 나타내는 다음 식이 유도된다.

$$\begin{aligned} q_{av} &= h_{av} \frac{T_{b0} - T_{bL}}{\ln\{(T_{b0} - T_w)/(T_{bL} - T_w)\}} \\ &= h_{av} \frac{(T_{b0} - T_w) - (T_{bL} - T_w)}{\ln\{(T_{b0} - T_w)/(T_{bL} - T_w)\}} = h_{av} \Delta T_{lm} \end{aligned} \tag{14.47}$$

여기에서 ΔT_{lm}은 입구와 출구의 온도차 추진력의 대수 평균으로 이것이 관 전체의 추진력의 대푯값이 된다. 내경 d, 길이 L의 원통관 내 평균 넛셀 수는 전열계수의 평균값 h_{av}를 이용하여 다음과 같이 정의된다.

$$Nu_L = \frac{h_{av} d}{k} \tag{14.48}$$

국소 넛셀 수가 z방향으로 변화하기 때문에 평균 넛셀 수는 레이놀즈 수와 플란틀 수뿐만 아니라 관 길이 L의 함수가 된다. 다음의 경험식이 그 함수를 나타내는 식으로써 유효하다는 것이 확인되어 있다.

$$Nu_L = 3.66 + \frac{0.0668}{(RePrd/L)^{-1/3}\{0.04 + (RePrd/L)^{-2/3}\}} \tag{14.49}$$

이 식은 $RePrd/L$의 넓은 범위에 걸쳐 사용할 수 있는데, 형태가 다소 복잡하다. 한편, 다음 두 개의 경험식은 범위가 한정되지만 형태가 간단하기 때문에 잘 이용된다.

$$10 < RePr\frac{d}{L}, \qquad Nu_L = 1.86\left(RePr\frac{d}{L}\right)^{1/3} \tag{14.50}$$

$$RePr\frac{d}{L} < 10, \qquad Nu_L = 3.66 \tag{14.51}$$

그림 14.5는 이들 관계를 정리하여 나타낸 것이다. 관 단면의 평균 온도 T_b와 관 벽의 온도 T_w의 차이가 큰 경우는 유체의 점도의 변화를 고려할 필요가 있다. 그러한 경우는 T_b, T_w의 점도 μ_b, μ_w를 이용하여 Nu_L에 $(\mu_b/\mu_w)^{0.14}$를 곱하여 보정한다.

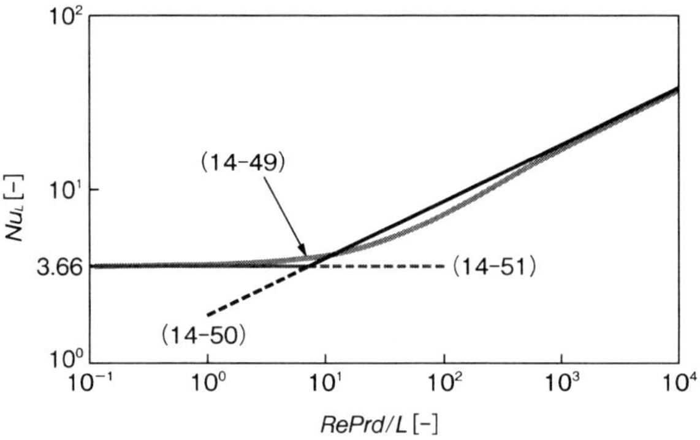

그림 14.5 원통관 내 층류의 평균 넛셀 수

관내 유체에서 벽면으로의 열이동량은 다음과 같이 계산된다. 우선 유체의 밀도, 점도와 열확산율과 같은 물성, 관내 지름과 길이, 유체의 부피 유량을 통하여 $RePrd/L$을 계산한다. 그 값을 위에 나타낸 Nu_L의 경험식에 대입하여 넛셀 수를 계산해 $h_{\rm av}$를 구할 수 있다. 또한 $T_{\rm b0}$, $T_{{\rm b}L}$, $T_{\rm w}$가 주어지면 식(14.47)에 따라 $q_{\rm av}$를 구할 수 있고, 관 벽면 전체에서 단위 시간에 외부로 이동하는 열량을 계산할 수 있다.

14.3 난류의 강제 대류

제7장에서 설명했듯이 난류에서 속도, 압력, 온도가 시간, 공간에 대해 랜덤으로 변동한다. 속도 변동과 함께 유체가 혼합되기 때문에 층류인 경우에 비해 대류에 의한 열이동량이 몹시 커진다. 시간과 함께 변동하는 속도, 온도는 식(7.2)와 같이 시간 평균값과 변동분의 합으로써,

$$u_z(t) = \bar{u}_z + u'_z(t), \qquad T(t) = \bar{T} + T'(t)$$

와 같이 나타낼 수 있다. 이것을 열수지식(14.6)에 대입하여, 양변의 시간 평균을 구하면, 제7장의 레이놀즈 방정식(7.9)에 대응하는 다음의 난류의 열수지식이 유도된다.

$$\rho C_p\left(\bar{u}_x\frac{\partial \bar{T}}{\partial x}+\bar{u}_y\frac{\partial \bar{T}}{\partial y}+\bar{u}_z\frac{\partial \bar{T}}{\partial x}\right)$$
$$=\frac{\partial}{\partial x}\left(k\frac{\partial \bar{T}}{\partial x}-\rho C_p\overline{u'_x T'}\right)+\frac{\partial}{\partial y}\left(k\frac{\partial \bar{T}}{\partial y}-\rho C_p\overline{u'_y T'}\right)+\frac{\partial}{\partial z}\left(k\frac{\partial \bar{T}}{\partial z}-\rho C_p\overline{u'_z T'}\right) \tag{14.52}$$

우변의 $\rho C_p\overline{u'_x T'}$, $\rho C_p\overline{u'_y T'}$, $\rho C_p\overline{u'_z T'}$ 각 항은 운동량 이동의 식에 있어서 레이놀즈 응력과 같이 난류에 의한 속도 변동에 동반하여 이동하는 열유속을 나타내고 있다. 이들 유속의 영향으로 인해, 난류장에서의 강제 대류에 의한 열유속은 층류인 경우에 비해 몹시 커진다. 이 때문에 14.2절에서 설명한 넛셀 수의 계산식은 난류인 경우에는 적용할 수 없다. 넛셀 수의 계산식을 유도하는 방법 중 하나에, 다음과 같은 아날로지(유추)라는 것이 있다. 이것은 난류장의 운동량 이동과 열이동의 유사성에 착안한 방법이다. 구체적으로는 운동량 이동의 마찰 계수와, 열이동의 넛셀 수의 관계를 바탕으로 한 방법이다. 먼저 그 아날로지의 사고방식을 평판 위의 **난류 경계층**(turbulent boundary layer)을 예를 들어 설명하겠다.

평판 끝에서 x 떨어진 위치의 마찰 계수를 제11장의 식(11.22)에 따라, 또한 평판 표면의 운동량 유속 즉, 전단응력은 식(11.20)에 따라 각각 나타낼 수 있다. 이들 식을 정리하면 다음과 같이 유도된다.

$$\frac{f_x}{2}=\frac{\nu}{U}\sqrt{\frac{U}{\nu x}}\left.\frac{\mathrm{d}u_x^*}{\mathrm{d}\eta}\right|_{\eta=0} \tag{14.53}$$

층류에서는 온도 구배와 속도 구배 사이에 식(14.24)의 관계가 성립하므로 아래의 식이 유도된다.

$$\frac{f_x}{2}=\frac{\nu}{U}\sqrt{\frac{U}{\nu x}}\left.\frac{\mathrm{d}\theta}{\mathrm{d}\eta}\right|_{\eta=0}Pr^{-1/3} \tag{14.54}$$

또한 식(14.30)에 따라

$$\sqrt{\frac{U}{\nu x}}\left.\frac{\mathrm{d}\theta}{\mathrm{d}\eta}\right|_{\eta=0}=\frac{h}{\rho C_p\alpha}=\frac{h}{k} \tag{14.55}$$

이므로, 식(14.53)을 통해 다음 관계가 유도된다.

$$\frac{f_x}{2}=\frac{\nu}{U}\sqrt{\frac{U}{\nu x}}\left.\frac{\mathrm{d}\theta}{\mathrm{d}\eta}\right|_{\eta=0}Pr^{-1/3}=\frac{h\nu}{kU}Pr^{-1/3}=\frac{hx}{k}\frac{\nu}{U}Pr^{-1/3}$$

$$= \frac{Nu_x}{RePr^{1/3}} = j_{\rm H} \tag{14.56}$$

이 식으로 정의되는 $j_{\rm H}$는 ***j* 인자**(j factor)라고 하는 무차원수이다. 이 관계가 난류인 경우에도 성립한다고 한다면, 난류장에서의 마찰 계수와 레이놀즈 수의 계산식을 열이동 유속의 계산에 이용할 수 있다. 평판 위의 난류 경계층의 마찰 계수에 대한 경험식 (11.28)에 따라 Nu_x에 대한 경험식이 다음과 같이 유도된다.

$$j_{\rm H} = \frac{Nu_x}{Re_x Pr^{1/3}} = \frac{f_x}{2} = 0.0296 Re_x^{-1/5} \tag{14.57}$$

$$Nu_x = 0.0296 Re_x^{4/5} Pr^{1/3} \tag{14.58}$$

위에 설명한 난류의 넛셀 수 계산식을 유도하는 방법은 **칠턴-콜버언의 아날로지**(Chilton -Colburn analogy)라고 한다. 특별한 경우로 $Pr = 1$일 때는 넛셀 수의 페클렛 수에 대한 비(比)로써 정의되는 **스탠톤 수**(Stanton number) St가 다음과 같이 $f_x/2$로 같아진다.

$$St = \frac{Nu_x}{Pe} = \frac{Nu_x}{Re_x Pr} = \frac{Nu_x}{Re_x} = \frac{Nu_x}{Re_x Pr^{1/3}} = \frac{f_x}{2} \tag{14.59}$$

스탠톤 수는 유체의 중심 흐름에서 평판으로 이동하는 열과 중심 흐름과 함께 하류로 이동하는 열의 비를 나타내는 무차원수이다. 이 경우, 넛셀 수의 계산식은 다음과 같아진다.

$$\frac{f_x}{2} = St = \frac{Nu_x}{Re_x Pr} = \frac{Nu_x}{Re_x} \longrightarrow Nu_x = \frac{f_x}{2} Re_x = 0.0296 Re_x^{4/5} \tag{14.60}$$

이 방법을 **레이놀즈의 아날로지**(Reynolds analogy)라고 한다.

원통관 내 난류(turbulent flow in a circular pipe)에 대해서도 동일한 방법을 적용할 수 있다. 원통관 내 난류에서 벽면 온도가 일정한 경우의 관 전체에 대한 평균 넛셀 수에 대해서는 다음 식이 성립한다.

$$Nu_L = 0.026 Re^{0.6} Pr^{1/3} \tag{14.61}$$

이 식에 대해서도 온도에 의한 점성 변화를 고려할 필요가 있는 경우는 $(\mu_{\rm b}/\mu_{\rm w})^{0.14}$를 곱하여 보정한다. 평판 위의 경계층과 같이 층류의 넛셀 수의 계산식(14.50)과 난류인 경우의 위식에 따라, 각각 경우의 j인자를 나타내는 식이 다음과 같이 유도된다.

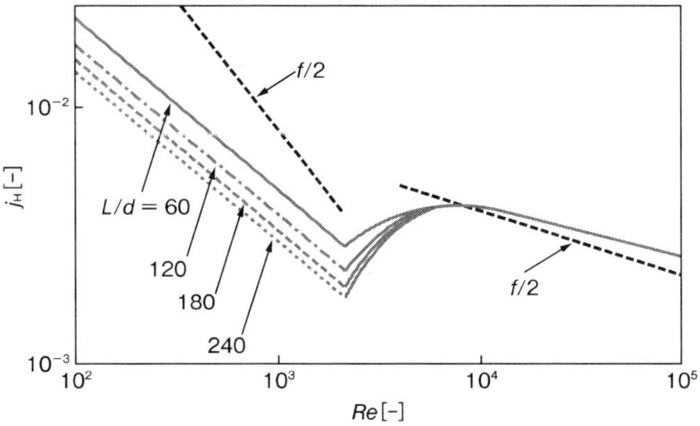

그림 14.6 원통관 내 강제 대류의 j 인자와 레이놀즈 수의 관계

$$\text{층류 : } j_{\mathrm{H}} = \frac{Nu_L}{RePr^{1/3}} = 1.86Re^{-2/3}\left(\frac{d}{L}\right)^{1/3} \tag{14.62}$$

$$\text{난류 : } j_{\mathrm{H}} = \frac{Nu_L}{RePr^{1/3}} = 0.026Re^{-0.2} \tag{14.63}$$

그림 14.6은 이들 식에 따라 계산되는 평활관에서의 층류, 난류인 경우의 j_{H}와 레이놀즈 수의 관계를 나타내고 있다. 그림에는 $f/2$의 레이놀즈 수에 대한 변화를 같이 나타내고 있다. f는 제8장 8.2절의 블라시우스의 식(8.29)에 따라 계산되는 관 마찰 계수이다. 층류인 $Re < 2100$의 범위에서 j_{H}는 L/d에 의존하고, 또한 레이놀즈 수에 대한 변화가 $f/2$와는 달라 아날로지를 적용할 수 없다. 그에 반해 $Re > 10000$의 범위에서는 거의 10 % 정도의 오차 범위로 칠턴-콜버언의 아날로지에 따라 관 마찰 계수를 통해 넛셀 수를 추산할 수 있다. 단, 이 관계는 평활관인 경우에는 적용할 수 있는데 조면관이 경우에는 마찰 계수로의 거칠기의 영향이 크기 때문에 적용할 수 없다는 점에 주의할 필요가 있다.

14.4 물체 주변의 대류 열이동

반응 장치 내에서 발생하는 유체와 고체 입자 사이의 열이동, 열교환기 내 고온 유체가 흐르는 원통관 외벽면에서 주위 유체로의 열이동 등 화학 플랜트의 각종 장치의 열이동량을 예상하기 위하여, 고체 주변의 대류에 의한 열유속을 예측할 필요가 있다. 여기에서, 아래에 구형 입자와 원통관 주위의 대류 열이동의 넛셀 수의 계산식을 나타내겠다.

① 구형 입자 주변의 대류

구형 입자에서 주변 유체의 전도에 의해서만 열이 이동할 경우 구 주변의 온도 분포는 제13장 예제 13.3과 같은 식(13.28)로 나타낼 수 있다.

$$T = \frac{1}{1/r_{\mathrm{b}} - 1/R}\left\{\frac{T_{\mathrm{b}} - T_R}{r} - \left(\frac{T_{\mathrm{b}}}{R} - \frac{T_R}{r_{\mathrm{b}}}\right)\right\} \tag{13.28}$$

이 식은 구 중심에서 r_{b} 떨어진 위치에서 온도가 T_{b}가 되는 경계 조건을 만족하도록 유도된 것이다. 그림 14.7과 같이 $r_{\mathrm{b}} \to \infty$로 하여 온도 T_{b}를 T_∞로 변환하면 위의 온도 분포가 다음과 같아진다.

$$\begin{aligned} T &= \lim_{r_{\mathrm{b}} \to \infty} \frac{1}{1/r_{\mathrm{b}} - 1/R}\left\{\frac{T_{\mathrm{b}} - T_R}{r}\left(\frac{T_{\mathrm{b}}}{R} - \frac{T_R}{r_{\mathrm{b}}}\right)\right\} \\ &= -R\left(\frac{T_\infty - T_R}{r} - \frac{T_\infty}{R}\right) \end{aligned} \tag{14.64}$$

따라서 표면 온도가 T_R로 일정한 구 표면에서 주변으로의 열이동 유속은

$$q = -k\frac{\mathrm{d}T}{\mathrm{d}r}\bigg|_{r=R} = \frac{k(T_R - T_\infty)}{R} \tag{14.65}$$

가 된다. 여기에서 온도차 추진력을 $T_R - T_\infty$로 하고 전열계수 h를 이용해 이 열유속을 나타내면, 다음과 같아진다.

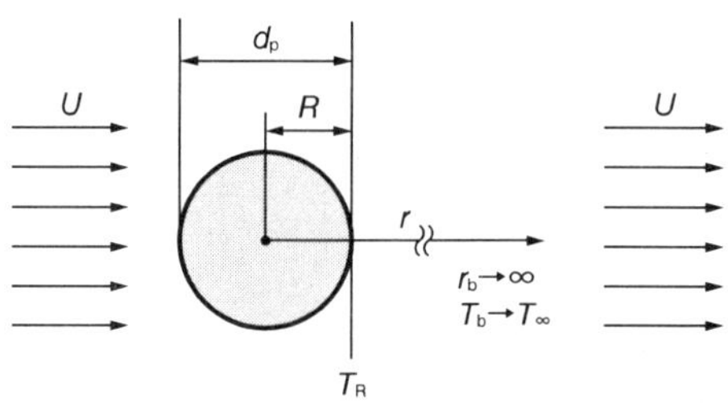

그림 14.7 구 주변의 열이동

$$q = h(T_R - T_\infty) = \frac{k(T_R - T_\infty)}{R} \tag{14.66}$$

이 식에 따라 $h = k/R$이 된다. 구 입자 주변의 열이동의 대표 길이를 구의 지름 d_p라 하면 넛셀 수는 다음과 같아진다.

$$Nu = \frac{hd_p}{k} = \frac{kd_p}{kR} = 2 \tag{14.67}$$

이에 대류에 의한 이동이 더해질 경우 레이놀즈 수가 비교적 낮은 $1 < Re < 500$의 범위에서는 다음의 실험식을 적용할 수 있다.

$$Nu = 2 + 0.6Re^{0.5}Pr^{1/3} \tag{14.68}$$

여기에서 Re는 제10장의 식(10.21)에 따라 정의되는 구형 입자 주변 흐름의 레이놀즈 수이다. 또한 레이놀즈 수가 큰 $500 < Re < 10^5$에 대해서는 다음 실험식이 제안되고 있다.

$$Nu = 0.37Re^{0.6}Pr^{1/3} \tag{14.69}$$

② 원통관 주변의 대류

원통관 주변을 관축에 대해 수직으로 균일 유속 U로 유체가 흐를 경우에는 다음 실험식이 제안되고 있다.

$$Nu = (0.35 + 0.47Re^{0.52})Pr^{0.3} \quad (0.1 < Re < 10^3) \tag{14.70}$$

$$Nu = 0.26Re^{0.6}Pr^{0.3} \quad (10^3 < Re < 5\times10^4) \tag{14.71}$$

$$Nu = 0.024Re^{0.8}Pr^{0.3} \quad (5\times10^4 < Re < 2.5\times10^5) \tag{14.72}$$

레이놀즈 수는 원통관 외경 d를 대표 길이로써 $Re = \rho Ud/\mu$로 정의된다.

이 외에 열교환기와 같이 원통관이 다수 열을 이루고 있는 경우의 주변 유체로의 대류 등에 적용 가능한 실험식에 대해서는 "화학공학편람"[3] 등에 기재되어 있으므로 참조하기 바란다.

3) 화학공학편람 "개정 7판 화학 공학 편람", 마루젠(丸善) 출판(2011).

14.5 경막 모델과 총괄 전열계수

원통관 내를 흐르는 고온 유체에서 관 바깥쪽을 흐르는 저온 유체로의 열이동은 열교환기 등 여러 가지 장치에서 발생하는 전형적인 현상 중 하나이다. 이번 절에서는 이러한 현상에 대한 열이동량을 구하기 위해 필요한 고온 유체 내, 관 벽 내, 저온 유체 내의 온도와 열유속 관계에 대하여 설명하겠다.

그림 14.8과 같은 관 내 유체에서 관 바깥측 유체로의 열이동 현상을 예로 들어 다루어 보겠다. 관 내 유체의 단면 평균 온도를 T_b, 관 내벽, 외벽의 온도를 T_1, T_2, 그리고 관 바깥의 유체의 온도를 T_o으로 한다. 그림 14.8의 r방향이 온도 분포를 모식적으로 그리면 그림 14.9와 같아진다. 이 그림은 관 안쪽과 바깥쪽 벽의 바로 근처에 온도가 급격하게 변화하고 있는 얇은 분홍색의 **경막**(film)이라는 영역의 존재를 가정한 모델을 바탕으로 분포를 나타내고 있다. 이 **경막 모델**(film model)은 열은 관 내 유체중의 경막 내를 주로 대류에 의해 이동하고 관 내 벽에서는 전도, 관 바깥쪽 경막 내는 다시 주로 대류에 의해 이동하는 것을 상정하고 있다. 제12장의 예제 12.3에서 설명했듯이, 원통관 면을 통과하는 열이동은 통과하는 면적이 r방향으로 변화하기 때문에 정상 상태에서는 열유속과 통과 면적의 곱인 열유량이 r에 상관없이 일정해진다. 관 내외 경막인 $r = R_1$, R_2의 위치에서의 열유량은 각각 위치에서의 원통관 면 면적이 A_1, A_2일 때 다음과 같이 나타낼 수 있다.

$$\text{관 안쪽 경막 : } q_i A_1 = h_i(T_b - T_1)A_1 \tag{14.73}$$

$$\text{관 바깥쪽 경막 : } q_o A_2 = h_o(T_2 - T_o)A_2 \tag{14.74}$$

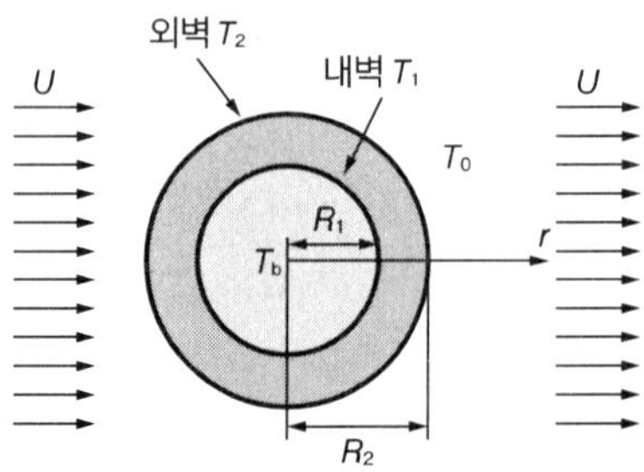

그림 14.8 원통관 내 유체의 전열

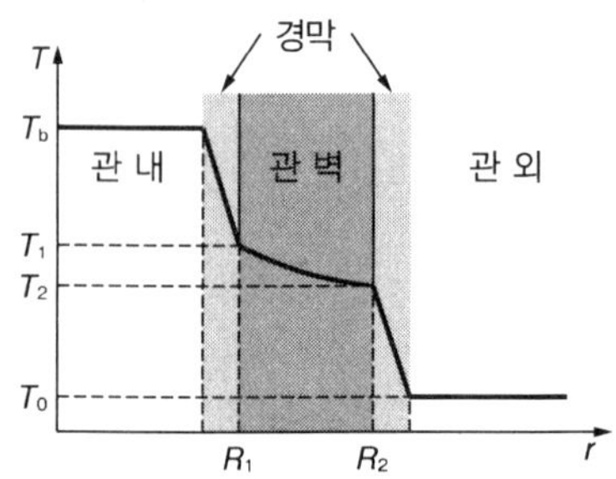

그림 14.9 원통관 내외의 온도 분포

여기에서, h_i, h_o는 관 내외 경막의 전열계수이다. 한편, 관 벽 내 전도에 의한 유속은 예제 12.3의 온도 분포의 식(12.24)를 이용하면 다음과 같아진다.

$$\text{관 벽 내 : } q_w = -k\frac{\mathrm{d}T}{\mathrm{d}r} = k\frac{T_1 \quad T_2}{r\ln(R_2/R_1)} \tag{14.75}$$

여기에서 $r = R_1$, R_2의 대수 평균

$$r = R_{lm} = \frac{R_2 - R_1}{\ln R_2/R_1} \tag{14.76}$$

의 위치의 열유량에 주목한다. 그 위치의 관 단위 길이당 원통관 면 면적이 A_{lm}이면 열유량은 다음과 같아진다.

$$\text{관 벽 내 : } q_w A_{lm} = k\frac{T_1 - T_2}{R_{lm}\ln(R_2/R_1)}A_{lm} = k\frac{T_1 - T_2}{R_2 - R_1}A_{lm} \tag{14.77}$$

식(14.73), 식(14.74), (14.77)과 같은 관의 안쪽과 바깥쪽의 경막 및 관 벽 내 열유량은 같아진다. 따라서 안쪽의 경막에 주목하면 다음 관계가 유도된다.

$$q_i A_1 = h_i(T_b - T_1)A_1 = k\frac{T_1 - T_2}{R_2 - R_1}A_{lm} = h_i(T_2 - T_o)A_2 \tag{14.78}$$

이 관계에 따라 경막과 관 벽 내 열이동의 온도차 추진력은 다음과 같이 나타낼 수 있다.

$$\frac{q_i A_1}{h_i A_1} = T_b - T_1, \quad \frac{q_i A_1(R_2 - R_1)}{kA_{lm}} = T_1 - T_2, \quad \frac{q_i A_1}{h_o A_2} = T_2 - T_o \tag{14.79}$$

이들 세 가지 온도차 추진력의 합을 구하면 다음과 같아진다.

$$q_i\underline{\left(\frac{1}{h_i} + \frac{R_2 - R_1}{k}\frac{A_1}{A_{lm}} + \frac{1}{h_o}\frac{A_1}{A_2}\right)} = T_b - T_1 + T_1 - T_2 + T_2 - T_o = T_b - T_o \tag{14.80}$$

이 식은 식(12.17)과 같이 전류에 해당하는 열유속 q_i와 전압에 해당하는 온도차의 관계를 나타내고 있다. 또한 밑선을 그은 괄호 안의 3항은 열이동에 대한 **저항**(thermal resistance)에 대응한다. 관 내 경막, 관 벽, 관 외 경막의 각 과정의 저항이 직렬로 접속되어 있기 때문에 세 가지 저항의 합이 전체 과정을 총괄한 저항이 된다. 이 총괄 저항을 $1/U_1$이라 표기하면 위 식에 따라 $r=R_1$에서의 열유속 q_i를 다음과 같이 나타낼 수 있다.

$$q_\mathrm{i} = U_1(T_\mathrm{b} - T_\mathrm{o}) \tag{14.81}$$

이 식에 따라 U_1은 관 내 단면 평균 온도 T_b와 관 바깥을 흐르는 유체의 온도 T_o의 차이를 추진력으로 한 세 가지 과정 전체의 전열계수로 볼 수 있어 **총괄 전열계수** (overall heat transfer coefficient)라고 한다. 첨자 1을 붙인 것은 U_1이 관 안쪽 $r=R_1$에서의 유속에 주목하여 유도했기 때문으로 주목한 위치에 따라 총괄 전열계수가 다르다는 점에 주의할 필요가 있다. $r=R_\mathrm{lm}$, R_2에 주목한 경우의 총괄 저항은 다음과 같아진다.

$$r=R_\mathrm{lm}\ :\ \frac{1}{U_\mathrm{lm}} = \frac{1}{h_\mathrm{i}}\frac{A_\mathrm{lm}}{A_1} + \frac{R_2-R_1}{k} - \frac{1}{h_\mathrm{o}}\cdot\frac{A_\mathrm{lm}}{A_2} \tag{14.82}$$

$$r=R_2\ :\ \frac{1}{U_2} = \frac{1}{h_\mathrm{i}}\frac{A_2}{A_1} + \frac{R_2-R_1}{k}\frac{A_2}{A_\mathrm{lm}} + \frac{1}{h_\mathrm{o}} \tag{14.83}$$

그림 14.9와 같은 온도 분포일 경우 세 가지 과정의 저항 값 사이에 큰 차이가 없기 때문에 모든 과정에서의 저항을 고려할 필요가 있다. 그러나 저항이 몹시 작은 과정이 있는 경우에는 그 과정의 저항을 무시하고 열유량을 추산할 수 있다. 예를 들어 관 바깥의 유체의 유속이 크고 충분히 혼합되어 있는 경우는 그림 14.10과 같이 관 바깥측은 거의 일정한 온도가 된다. 이 때 $r=R_2$일 때의 유속을 나타내는 식(14.74)에서 온도차 $T_2-T_\mathrm{o}=0$이 되는데, 열유속은 다른 과정과 같아야 한다. 이것은 전열계수 h_o가 무한대인 것을 의미한다. 따라서 관 바깥쪽 경막의 저항 $1/h_\mathrm{o}$는 무시할 수 있고 관 안쪽 경막과 관 벽의 저항만을 고려하면 되게 된다. 이 경우 관 내 벽면의 경막 내 열유속 q_i는 식(14.80)에서 $1/h_\mathrm{o}$를 무시하여 다음과 같이 나타낼 수 있다.

$$\begin{aligned} q_\mathrm{i} &= \frac{1}{\dfrac{1}{h_\mathrm{i}} + \dfrac{R_2-R_1}{k}\dfrac{A_1}{A_\mathrm{lm}} + \cancel{\dfrac{1}{h_\mathrm{o}}\dfrac{A_1}{A_2}}}(T_\mathrm{b} - T_\mathrm{o}) \\ &= \frac{1}{\dfrac{1}{h_\mathrm{i}} + \dfrac{R_2-R_1}{k}\dfrac{A_1}{A_\mathrm{lm}}}(T_\mathrm{b} - T_\mathrm{o}) \end{aligned} \tag{14.84}$$

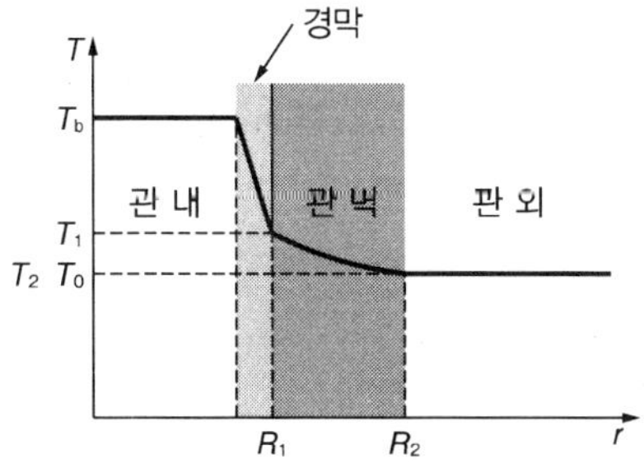

그림 14.10 관 바깥측 경막 저항을 무시할 수 있는 경우의 온도 분포

14.6 자연 대류

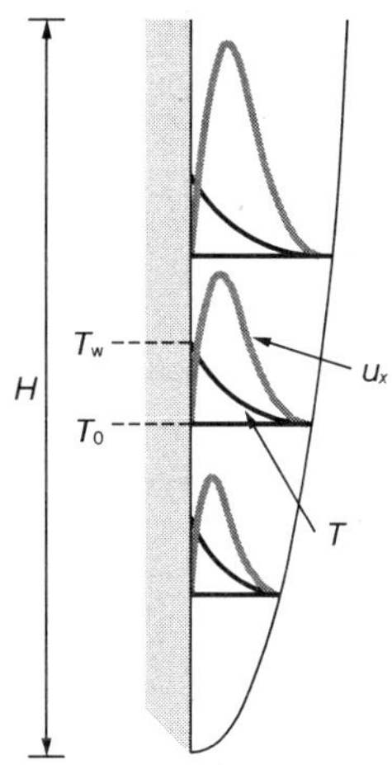

그림 14.11 평판으로부터의 자연 대류

그림 14.11은 주위 유체의 온도 T_o 보다 높은 온도 T_W로 유지된 수직 평판 부근의 유체의 속도 분포와 온도 분포를 나타내고 있다. 평판 부근의 유체 온도는 주변보다 높아지며 밀도가 감소하기 때문에 부력에 의해 상승한다. 이러한 밀도차에 따라 발생하는 흐름에 동반하는 열이동을 **자연 대류**(natural convection)라고 한다. 자연 대류의 넛셀 수는 14.1절에서 설명했듯이 그라쇼프 수와 플란틀 수의 함수가 된다. 그림의 점선과 평판 사이가 속도와 온도가 변화하는 경계층으로 평판 위의 흐름에 동반하는 경계층과 동일하게 맨 아래에서 위를 향해 두꺼워진다. 14.2절에서 설명했듯이 전열계수는 경계층 두께에 반비례하기 때문에 넛셀 수는 평판 맨 아래와의 거리에 따라 달라지는 값이 된다. 그림과 같은 길이 H의 평판 전체에 걸친 평균 넛셀 수는 다음 식과 같은 상관관계가 있다는 것을 알 수 있다.

$$Nu_H = \frac{hH}{k} = \frac{0.671(GrPr)^{1/4}}{\{1+(0.492/Pr)^{9/16}\}^{4/9}} \tag{14.85}$$

이 식의 그라쇼프 수는 H를 대표 길이로 하여 다음 식에 따라 정의된다.

$$Gr = \frac{g\beta H^2 \Delta T}{\nu^2} \tag{14.86}$$

이 식과 식(14.85)에 따라 전열계수 h는 $H^{-1/4}$에 비례한다는 것을 알 수 있다. 14.2절에서 설명했듯이 전열계수는 온도 경계층 두께에 반비례한다. 따라서 평판 위의 층류 경계층 두께 δ_T는 끝에서부터의 거리 1/2승에 비례하는데 비해 그림 14.11과 같은 자연 대류에 의해 발달하는 온도 경계층 두께 δ_T는 $H^{1/4}$이다. 즉, 평판 끝에서부터의 거리 1/4승에 비례한다는 점에서 다르다.

학습의 키워드

□대류 □대류 전열 □열유속 □뉴턴의 법칙 □온도차 추진력 □추진력 □전열계수 □열팽창률 □열확산율 □그라쇼프 수 □플란틀 수 □페클렛 수 □넛셀 수 □강제 대류 □자연 대류 □층류 경계층 □원통관 내 층류 □속도 경계층 □온도 경계층 □난류 경계층 □j인자 □칠턴-콜버언의 아날로지 □스탠톤 수 □레이놀즈의 아날로지 □원통관 내 난류 □경막 □경막 모델 □저항 □총괄 전열계수

제14장 연습문제

14.1 평판 위의 경계층에서 기체의 중심 흐름 속도 3.00 m · s^{-1}로 흐르고 있다. 끝에서부터의 거리 10.0 cm 위치의 속도 경계층과 온도 경계층의 두께를 구하라. 또한 기체의 중심 흐름과 평판 온도가 각각 50 ℃, 25 ℃일 때의 열유속을 구하라. 동점도, 열전도도, 열확산율의 평균값이 각각 1.67×10^{-5} m^2 · s^{-1}, 2.70×10^{-2} W · m^{-1} · K^{-1}, 2.37×10^{-5} m^2 · s^{-1}이다.

14.2 평판 위의 경계층에서 물의 중심 흐름 속도 5.83×10^{-1} m · s^{-1}로 흐르고 있다. 끝에서부터의 거리 10.0 cm 위치의 속도 경계층과 온도 경계층의 두께를 구하라. 또한 물의 중심 흐름과 평판 온도가 각각 50 ℃, 25 ℃일 때의 열유속을 구하라. 동점도, 열전도도, 열확산율의 평균값이 각각 7.00×10^{-7} m^2 · s^{-1}, 6.28×10^{-1} W · m^{-1} · K^{-1}, 1.51×10^{-7} m^2 · s^{-1}이다.

14.3 내경 3.50 cm의 원통관 안에 공기가 부피 유량 7.74×10^{-4} m^3 · s^{-1}로 흐르고 있다. 관 벽 온도가 30.0 ℃로 일정하고 관 입구에서 20.0 cm 위치의 공기의 단면 평균 온도가 45.0 ℃이다. 이 위치의 국소 열유속을 구하라. 동점도, 열전도도, 열확산율의 평균값이 각각 1.67×10^{-5} m^2 · s^{-1}, 2.70×10^{-2} W · m^{-1} · K^{-1}, 2.37×10^{-5} m^2 · s^{-1}이다.

14.4 문제 14.3과 동일한 크기 원통관 속의 물 부피 유량은 3.25×10^{-5} m^3 · s^{-1}로 흐르고 있다. 관 벽 온도가 30.0 ℃로 일정하고 관 입구에서 20.0 cm 위치의 물의 단면 평균 온도가 45.0 ℃가 되었다. 이 위치의 국소 열유속을 구하라. 동점도, 열전도도, 열확산율의 평균값이 각각 7.00×10^{-7} m^2 · s^{-1}, 6.28×10^{-1} W · m^{-1} · K^{-1}, 1.51×10^{-7} m^2 · s^{-1}이다.

14.5 내경 3.50 cm, 관 길이 80.0 cm의 원통관 속의 물 부피 유량은 4.50×10^{-6} $m^3\cdot s^{-1}$로 흐르고 있다. 관 입구와 출구의 물의 온도가 각각 50.0 ℃, 35.0 ℃, 관 벽 온도가 11.0 ℃일 경우의 물에서 관 벽으로의 열유속의 관 전체 평균을 구하라. 또한 관 전체의 단위 시간당 열이동량을 구하라. 물성 평균값은 문제 14.3과 동일 값을 이용하라.

14.6 내경 2.50 cm, 길이 1.50 m의 원통관 속의 물 부피 유량은 3.27×10^{-6} $m^3\cdot s^{-1}$로 흐르고 있다. 관 입구의 물의 온도가 65.0 ℃, 관 벽 온도가 12 ℃인 경우의, 관 출구의 물의 온도를 구하라. 밀도, 점도, 열전도도, 비열용량의 평균값이 각각 9.93×10^2 $kg\cdot m^{-3}$, 6.95×10^{-4} $Pa\cdot s$, 6.28×10^{-1} $W\cdot m^{-1}\cdot K^{-1}$, 4.18×10^3 $J\cdot kg^{-1}\cdot K^{-1}$이다.

14.7 내경 20.0 cm, 길이 2.00 m의 원통관 속의 물 부피 유량은 1.40×10^{-4} $m^3\cdot s^{-1}$로 흐르고 있다. 관 입구의 물의 온도가 45.0 ℃, 관 벽 온도가 25 ℃인 경우에 대해 다음 질문에 답하라. 밀도, 점도, 열전도도, 비열용량의 평균값이 각각 9.93×10^2 $kg\cdot m^{-3}$, 6.95×10^{-4} $Pa\cdot s$, 6.28×10^{-1} $W\cdot m^{-1}\cdot K^{-1}$, 4.18×10^3 $J\cdot kg^{-1}\cdot K^{-1}$이다.

(a) 다음 식에 따라 계산되는 평균 넛셀 수를 바탕으로 관 출구의 물의 온도를 구하라.

$$Nu_L = 0.026 Re^{0.8} Pr^{1/3}$$

(b) 칠턴-콜버언의 아날로지에 따라 관 마찰 계수를 바탕으로 관 출구의 물의 온도를 구하라.

14.8 유속 $U = 5.56\times10^{-2}$ $m\cdot s^{-1}$의 공기 균일 흐름 중에 지름 5.00 cm의 구가 설치되어 있다. 중심 흐름의 온도가 50.0 ℃, 구 표면 온도가 25.0 ℃일 때의 구 표면 전체로의 단위 시간당 열이동량을 구하라. 동점도, 열전도도, 열확산율의 평균값이 각각 1.67×10^{-5} $m^2\cdot s^{-1}$, 2.70×10^{-2} $W\cdot m^{-1}\cdot K^{-1}$, 2.37×10^{-5} $m^2\cdot s^{-1}$이다.

14.9 유속 $U = 1.35 \times 10^{-2}$ m·s^{-1}의 물의 균일 흐름에 대하여 축이 수직이 되도록 외경 3.00 cm의 원통관이 설치되어 있다. 중심 흐름의 온도가 42.5 ℃, 관 표면의 온도가 32.5 ℃일 때의 열유속을 구하라. 동점도, 열전도도, 열확산율의 평균값이 각각 7.00×10^{-7} m^2·s^{-1}, 6.28×10^{-1} W·m^{-1}·K^{-1}, 1.51×10^{-7} m^2·s^{-1}이다.

14.10 문제 14.9의 원통관 속의 물 부피 유량은 2.25×10^{-6} m^3·s^{-1}로 흐르고 있다. 관 내경은 2.50 cm, 관 길이는 1.00 m이다. 관내에 흐르는 물의 입구 온도가 60.0 ℃, 바깥측 물의 중심 흐름 온도가 5.20 ℃인 경우의 관 벽 온도와 관 출구의 물의 온도를 구하라. 관 벽 내 온도의 반지름 방향, 축 방향으로의 변화는 무시할 수 있다. 또한 동점도, 열전도도, 열확산율의 평균값이 각각 7.00×10^{-7} m^2·s^{-1}, 6.28×10^{-1} W·m^{-1}·K^{-1}, 1.51×10^{-7} m^2·s^{-1}이다.

제 15 장

복사에 의한 열이동

이 단원의 목표

물체는 그 절대온도에 따라 전자파로 열을 방출한다. 이 현상을 열복사라고 한다. 태양의 열이 대기가 없는 공간을 지나 지구에 도달하는 것도 이 현상의 하나이다. 또한, 물체는 다른 물체로부터 열복사를 받아 열을 흡수한다.

이번 단원에서는 이러한 기구에 따른 열이동 현상에 대하여 학습하겠다.

15.1 슈테판 - 볼츠만의 법칙

열복사(radiation)는 물체로부터 주위를 향해 전자파로 열이 방출되는 현상으로 물체 자체 또는 주위 유체를 매체로 한 전도, 대류 등과는 전혀 다른 기구에 의한 열이동이다.

전자파에 의해 복사되는 열을 주파수에 상관없이 완전히 흡수하는 이상적인 물체를 **흑체**(black body)라고 한다. 그에 비해 전자파가 투과하여 열을 흡수하지 않는 물체는 "투명"이라고 한다. 아래에는 흑체를 포함하는 복사에 의한 열을 흡수하는 불투명한 물체를 대상으로 한다.

흑체는 열을 흡수함과 동시에 **슈테판–볼츠만의 법칙**(Stefan-Boltzmann law)에 따라 그 절대 온도 T에 응해 단위 시간, 단위 표면적당 다음 식으로 나타나는 열을 전자파로써 복사한다.

$$E_{\mathrm{b}} = \sigma T^4 \tag{15.1}$$

σ은 **슈테판–볼츠만 상수**(Stefan-Boltzmann constant)로 그 값은 $5.67\times10^{-8}\ \mathrm{W\cdot m^{-2}}\cdot$

K^{-4}이다. E_b의 단위는 열유속과 같이 $[J \cdot m^{-2} \cdot s^{-1}]$ 또는 $[W \cdot m^{-2}]$가 된다.

복사되는 열량은 전자파의 파장 λ에 따라 다르다. λ와 $\lambda + d\lambda$ 범위의 전자파에 의해 방출되는 단위 시간, 단위 면적당 열량은 스펙트럼 $E_{b\lambda}$에 따라 $E_{b\lambda}d\lambda$로 나타낼 수 있다. $E_{b\lambda}$는 절대 온도와 파장의 함수로 다음 **플랑크의 식**(Planck's equation)에 따라 나타낼 수 있다.

$$E_{b\lambda} = \frac{2\pi c^2 h}{\lambda^5}\frac{1}{\exp(ch/\lambda kT) - 1} = \frac{3.742 \times 10^{-16}}{\lambda^5\{1.439 \times 10^{-2}/\lambda T) - 1\}} \tag{15.2}$$

c, h, k는 각각의 빛의 속도, **플랑크 상수**(Planck constant), **볼츠만 상수**(Boltzmann constant)이다. 스펙트럼을 $\lambda = 0$에서 ∞의 범위에 걸쳐 적분하면 다음과 같은 전체 복사열량을 나타내는 식(15.1)과 일치한다.

$$\begin{aligned} E_{b\lambda} &= \int_0^\infty E_{b\lambda} d\lambda = \int_0^\infty \frac{2\pi c^2 h}{\lambda^5}\frac{1}{\exp(ch/\lambda kT) - 1} d\lambda \\ &= \frac{2}{15}\frac{\pi^5 k^4}{c^2 h^3} T^4 = \sigma T^4 \end{aligned} \tag{15.3}$$

이 관계에 따라 $E_{b\lambda}$의 단위가 $[W \cdot m^{-3}]$인 것을 알 수 있다. 플랑크의 식(15.2)에 따라 계산되는 800 K에서 1400 K의 범위의 스펙트럼 $E_{b\lambda}$가 그림 1.51과 같다. 열복사에 기여하는 전자파의 파장 범위는 거의 1 μm에서 10 μm인 것을 알 수 있다. 또한 전체 복사열량 E_b는 절대 온도의 4승에 비례하므로 온도 상승과 함께 각 파장의 $E_{b\lambda}$도 급격히 증가했다.

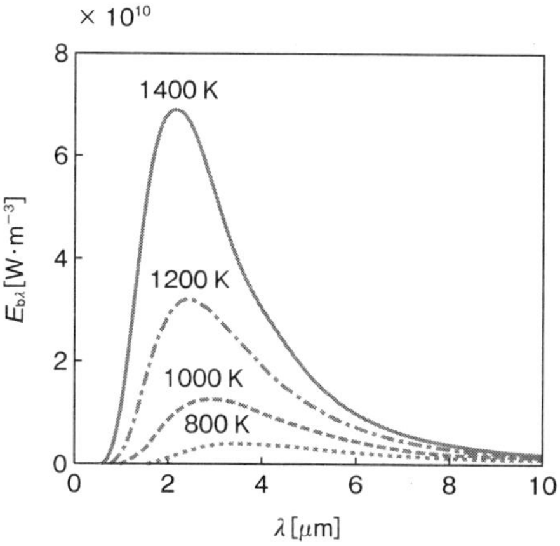

그림 15.1 흑체로부터의 열복사 스펙트럼

실재 물체는 흑체와는 달리, 열복사에 의한 열 중 일부만을 흡수한다. 또한 동일 절대 온도의 흑체에 비해 복사하는 열량은 작아진다. 그러한 물체의 파장 λ의 전자파에 의한 열복사 스펙트럼 E_λ는 다음 식으로 나타낼 수 있다.

$$E_\lambda = \epsilon_\lambda E_{b\lambda} \tag{15.4}$$

ϵ_λ는 파장 λ의 전자파의 **복사율**(emissivity)이다. 특정 파장의 빛이 단색광인 것에 대응하여, 이 복사율을 단색 복사율이라고 한다. 또한 물체가 파장 λ의 전자파에 의한 열복사 E_λ를 받았을 때 흡수하는 열량은 $\alpha_\lambda E_\lambda$이 된다. 이 α_λ를 단색 흡수율이라고 한다. 흡수되지 않은 열량$(1-\alpha_\lambda)E_\lambda$는 물체 표면에서 반사되어 전자파로 방출된다. ϵ_λ, α_λ는 일반적으로는 파장에 의해 변화하는데 실용상으로는 파장에 상관없이 일정하다고 해도 지장이 없는 경우가 많다. 이렇게 간주할 수 있는 물체를 **회색체**(gray body)라고 한다. 회색체의 복사율과 흡수율이 각각 ϵ, α이면 절대 온도 T의 경우의 단위 시간, 단위 면적당 복사열량은

$$E = \epsilon E_b = \epsilon \sigma T^4 \tag{15.5}$$

이며, 복사에 의해 열량 E를 받은 경우에 흡수하는 열량은 αE로 나타낼 수 있다.

다음으로 복사율과 흡수율의 관계를 유도하기 위해 그림 15.2와 같이 흑체의 표면 1과 복사율과 흡수율이 각각 ϵ_λ, α_λ인 회색체의 평면 2가 평행으로 마주보고 있는 경우의 열복사에 대해 생각해보자. 평면의 면적은 충분히 크고 두 개의 면 외의 열이동은 무시할 수 있는 걸로 한다. 평면 1에서 복사되는 파장 λ의 전자파에 의한 열량 $E_{b\lambda}$ 중 $\alpha_\lambda E_{b\lambda}$는 평면 2에 흡수되고 $(1-\alpha_\lambda)E_{b\lambda}$는 반사된다. 반사된 열은 평면 1에 모두 흡수된다. 한편, 평면 2에서 복사되는 열량은 $\epsilon_\lambda E_{b\lambda}$인데, 그것은 모두 평면 1에 흡수된다. 두 평면의 온도가 같아져 시간에 대해 변화하지 않게 된 정상 상태에서는 각 평면의 단위 시간, 단위 면적당 흡수열량과 복사열량이 같아지므로 다음 관계가 성립한다.

$$\text{평면 1} : (1-\alpha_\lambda)E_{b\lambda} + \epsilon_\lambda E_{b\lambda} = E_{b\lambda} \tag{15.6}$$

$$\text{평면 2} : \alpha_\lambda E_{b\lambda} = \epsilon_\lambda E_{b\lambda} \tag{15.7}$$

모든 식에서 $\epsilon_\lambda = \alpha_\lambda$라는 관계가 유도된다. 이것을 **키르히호프의 법칙**(Kirchhoff's law)이라고 한다. 회색체인 경우는 주파수에 상관없이 복사율과 흡수율이 일정하므로 $\epsilon = \alpha$가 성립한다. 표 15.1에 여러 가지 재질 표면의 복사율을 나타냈다.

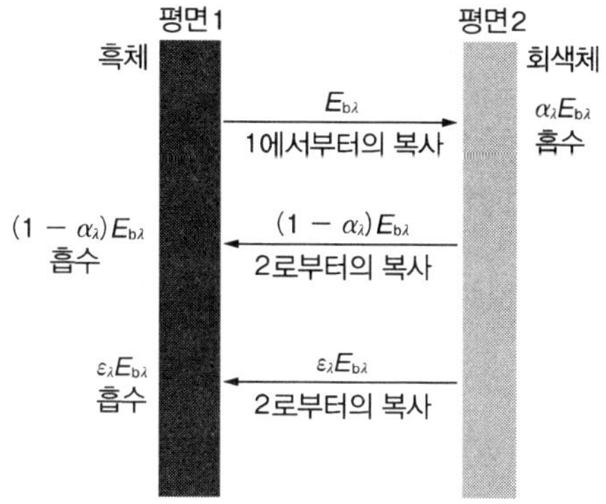

그림 15.2 흑체와 회색체 평면으로부터의 열복사

표 15.1 각종 재질 표면의 열복사율

물질	복사율	온도[℃]	물질	복사율	온도[℃]
압연강판	0.56	50	시멘트	0.54	상온
압연 스테인리스강	0.45	700	석영	0.93	20
종이	0.91～0.98	상온	도료(흑)	0.9	상온
생나무	0.5～0.7	상온	도료(청)	0.84	상온
평평하게 가공한 나무	0.8～0.9	상온	도료(적)	0.76	상온
고무(경)	0.95	20	도료(백)	0.7～0.9	상온
고무(연)	0.86	20	물	0.96	0～100
콘크리트	0.94	상온	내화 벽돌	0.59	1100

회색체의 두 평면이 그림 15.3과 같이 평행으로 마주보고 있을 경우 각 평면의 열이동량은 다음과 같이 구할 수 있다. 아래에 평면 1, 2의 E_b, ϵ, α에 첨자 1, 2를 붙여 나타낸다. 그림 15.3과 같이 평면 1에서 복사된 열량 $\epsilon_1 E_{b1}$의 일부가 평면 2에서 반사되어 평면 1로 돌아간 후에 그 일부가 반사된다는 것이 무한히 반복된다. 평면 1에서 복사와 반사에 의한 열 중 평면 2에 흡수되는 단위 시간, 단위 면적당의 양 q_{12}는 그림 15.3의 평면 2의 우측에 흡수라고 표시되어있는 각 항의 총합, 즉 다음과 같은 첫 항 $\alpha_2\epsilon_1 E_{b1}$, 공비$(1-\alpha_1)(1-\alpha_2)$의 등비급수와 같아진다.

$$\begin{aligned} q_{12} &= \alpha_2\epsilon_1 E_{b1} + \alpha_2(1-\alpha_1)(1-\alpha_2)\epsilon_1 E_{b1} + \alpha_2(1-\alpha_1)^2(1-\alpha_2)^2\epsilon_1 E_{b1} + \cdots \\ &= \sum_{i=1}^{\infty} \alpha_2\epsilon_1 E_{b1}(1-\alpha_1)^{i-1}(1-\alpha_2)^{i-1} \end{aligned}$$

$$= \lim_{i \to \infty} \frac{\alpha_2 \epsilon_1 E_{b1} \{1-(1-\alpha_1)^i (1-\alpha_2)^i\}}{1-(1-\alpha_1)(1-\alpha_2)}$$

$$= \frac{\alpha_2 \epsilon_1 E_{b1}}{1-(1-\alpha_1)(1-\alpha_2)} \tag{15.8}$$

마찬가지로 평면 1에서 복사된 열 중에서 평면 2의 반사에 의해 평면 1로 돌아가 흡수되는 열량은

$$\begin{aligned} q_{11} &= \alpha_1(1-\alpha_2)\epsilon_1 E_{b1} + \alpha_1(1-\alpha_2)(1-\alpha_2)^2 \epsilon_1 E_{b1} \\ &\quad + \alpha_1(1-\alpha_1)^2(1-\alpha_2)^3 \epsilon_1 E_{b1} + \cdots \\ &= \sum_{i=1}^{\infty} \alpha_2 \epsilon_1 (1-\alpha_2) E_{b1} (1-\alpha_1)^{i-1} (1-\alpha_2)^{i-1} \\ &= \frac{\alpha_2 \epsilon_1 E_{b1}(1-\alpha_2)}{1-(1-\alpha_1)(1-\alpha_2)} \end{aligned} \tag{15.9}$$

가 된다. 이에 따라 다음과 같이 반사의 반복에 의해 두 면에 흡수되는 열량 q_{12}, q_{11}의 합과 평면 1에서 복사된 열량 $\epsilon_1 E_{b1}$이 같아지는 것을 확인할 수 있다.

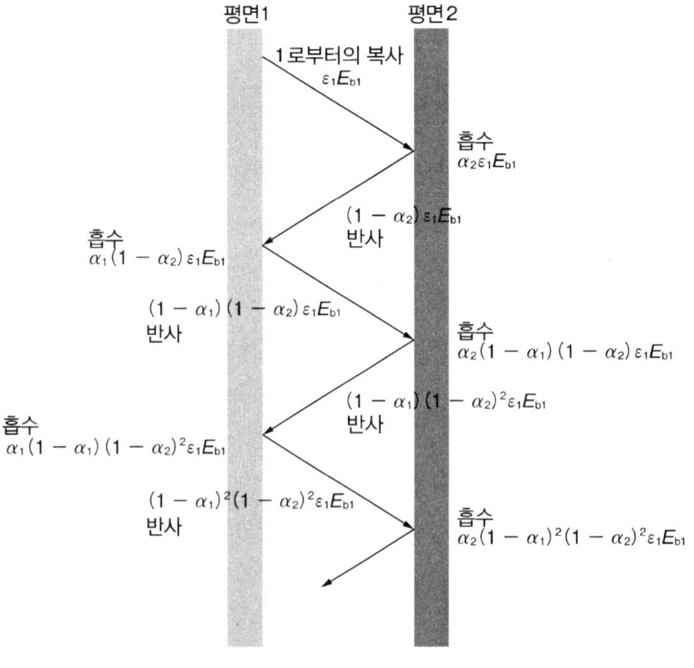

그림 15.3 회색체 평면의 열복사

$$
\begin{aligned}
q_{12} + q_{11} &= \frac{\alpha_2 \epsilon_1 E_{b1}}{1-(1-\alpha_1)(1-\alpha_2)} + \frac{\alpha_2 \epsilon_1 E_{b1}(1-\alpha_2)}{1-(1-\alpha_1)(1-\alpha_2)} \\
&= \epsilon_1 E_{b1} \qquad (15.10)
\end{aligned}
$$

이 식은 평면 1에서 복사된 열은 두 평면간의 반사를 반복함으로써 일부가 평면 2에 흡수되고 나머지가 평면 1에 흡수되는 것을 의미한다. 한편, 평면 2에서 복사된 열도 반사를 반복하는 과정에서 두 평면에 모두 흡수된다. 그 중 평면 1에 흡수되는 단위 면적당의 열량 q_{21}은 q_{12}와 마찬가지로,

$$
q_{21} = \frac{\alpha_2 \epsilon_2 E_{b2}}{1-(1-\alpha_1)(1-\alpha_2)} \qquad (15.11)
$$

으로 나타낼 수 있다. 평면 1에서 2로의 순 열이동량은 2에 흡수된 열량에서 1에 흡수된 열량을 뺀 양과 같다. 따라서 그 단위 시간, 단위 면적당 양은 $q_{12} - q_{21}$이 된다. 각각 평면의 온도를 T_1, T_2라고 하면 $E_{b1} = \sigma T_1^4$, $E_{b2} = \sigma T_2^4$가 되고, 또한 $\epsilon = \alpha$인 것을 고려하면 그 열량은 다음과 같아진다.

$$
\begin{aligned}
q_{12} - q_{21} &= \sigma(T_1^4 - T_2^4)\frac{\epsilon_1 \epsilon_2}{1-(1-\epsilon_1)(1-\epsilon_2)} \\
&= \sigma(T_1^4 - T_2^4)\frac{1}{1/\epsilon_1 + 1/\epsilon_2 - 1} \qquad (15.12)
\end{aligned}
$$

15.2 복사에 의한 물체간 열이동량

15.1절의 그림 15.3과 같은 경우는 평면 1에서 복사된 열은 모두 평면 2에 도달하여 일부가 흡수되고 나머지가 반사된다. 그러나 그림 15.4와 같은 위치 관계에 있는 유한 면적의 2평면의 경우 평면 1에서 복사된 열의 일부만이 평면 2에 도달한다. 평면 2에 도달하는 열량의 평면 1로부

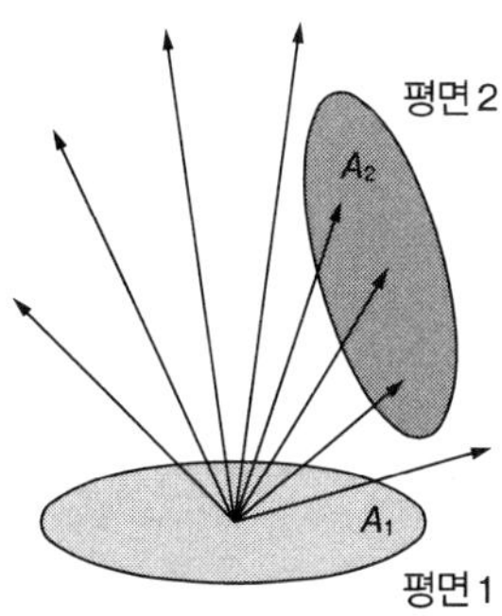

그림 15.4 유한 면적의 2평면의 위치 관계

터의 전체 복사열량에 대항 비가 F_{12}이면 평면 1에서 평면 2에 도달하는 복사열량은 흑체의 경우 다음과 같이 나타낼 수 있다.

$$q_{12}A_1 = A_1F_{12}\sigma T_1^4 \tag{15.13}$$

A_1은 평면 1의 면적이다. F_{12}는 물체간의 기하학적 조건에 따라 결정되므로 **형태 계수**(configuration factor)라고 한다. 아래에 F_{12}를 구하는 방법을 나타내겠다. 그림 15.5 (a)와 같은 평면 1 내의 미세 면적 $\mathrm{d}A_1$에서 단위 시간에 복사된 열 중 r만큼 떨어진 평면 2 내 미세 면적 $\mathrm{d}A_2$에 도달하는 양은 다음 식으로 나타낼 수 있다.

$$q_{\mathrm{d}A_1\mathrm{d}A_2}\mathrm{d}A_1 = \frac{I}{r^2}\cos\theta_1\mathrm{d}A_1\cos\theta_2\mathrm{d}A_2 \tag{15.14}$$

여기에서 I는 평면 1의 단위 면적에서 복사되어, 단위 길이만큼 떨어진 단위 면적에 수직 방향으로 도달하는 단위 시간당 열량이다. 열은 빛과 마찬가지로 복사형으로 퍼지면서 전파하여, 통과하는 면적은 거리의 제곱에 비례한다. 그 때문에 r만큼 떨어진 단위 면적에 수직으로 도달하는 열량은 거리의 제곱에 반비례하므로 I/r^2이 된다. θ_1, θ_2는 두 미세 면적을 잇는 직선과 각 미세 면적의 법선이 이루는 각도이다. 또한 이들 각도 θ_1, θ_2는 그림 15.5(b)와 같이 두 미세 면적을 잇는 직선에 대해 수직인 면과 각 미세 면적이 이루는 각도와 같다. 따라서 $\cos\theta_1\mathrm{d}A_1$, $\cos\theta_2\mathrm{d}A_2$는 $\mathrm{d}A_1$과 $\mathrm{d}A_2$를 잇는 직선에 대해 수직인 면에 투영한 면적이 된다. 이에 따라 식(15.14)는 $\mathrm{d}A_1$의 투영면에서 수직 방향으로 복사되어 $\mathrm{d}A_2$의 투영면에 도달하는 열량을 나타내고 있다는 것을 알 수 있다. 이 식을 면적 A_1 및 A_2 각각의 전체에 걸쳐 적분하면, 평면 1에서 평면 2를 향해 복사되는 전체 열량이 다음과 같이 유도된다.

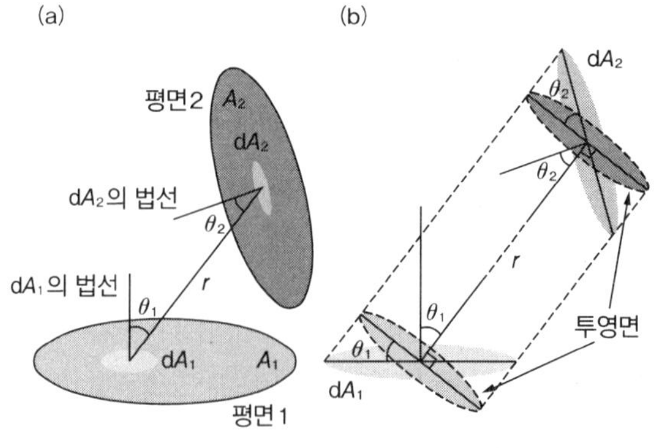

그림 15.5 평면 내 미세 면적간의 위치 관계

$$q_{12}A_1 = I\int_{A_2}\int_{A_1}\frac{\cos\theta_1\cos\theta_2}{r^2}\mathrm{d}A_1\mathrm{d}A_2 \tag{15.15}$$

다음으로 I와 흑체의 단위 시간, 단위 면적당 열복사량 $E_b = \sigma T^4$의 관계를 유도한다. 그림 15.6의 미세 면적 $\mathrm{d}A$에서 복사되는 열은 모두 반지름 r의 반구면 위의 하나의 영역에 도달한다. 따라서 단위 시간에 방출되는 열량 $\sigma T^4\mathrm{d}A$와 단위 시간에 반구면 전체에 도달하는 열량은 같아진다. 전체에 도달하는 열량을 구하기 전에, z축과 각도 θ, $\theta+\mathrm{d}\theta$를 이루는 반지름과 구면이 교차하는 위치 사이에 있는 미세 폭 $r\mathrm{d}\theta$의 띠 모양 면에 도달하는 열량에 대하여 생각해보자. 식(15.14)의 θ_1에 해당하는 각도는 $\mathrm{d}A$의 법선 방향인 z축과 반지름이 이루는 각도 θ이다. 띠 모양 면은 반구면 위에 있어 반지름과 직교하기 때문에 θ_2에 해당하는 각도는 0이다. 또한 띠 모양 면의 면적은 그림의 원기둥과 폭의 곱 $2\pi r^2\sin\theta\,\mathrm{d}\theta$이다. 따라서 단위 시간에 $\mathrm{d}A$에서 복사되어, 띠 모양 면에 도달하는 열량은 다음 식으로 나타낼 수 있다.

$$\frac{I}{r^2}\cos\theta\mathrm{d}A\cdot 2\pi r^2\sin\theta\,\mathrm{d}\theta \tag{15.16}$$

이 열량을 $\theta=0$에서 $\theta=\pi/2$의 범위로 적분하면 반구면 전체에 도달하는 열량이 되므로 다음 관계가 성립한다.

$$\begin{aligned}\sigma T^4\mathrm{d}A &= \frac{I}{r^2}\int_0^{\pi/2}\cos\theta\mathrm{d}A\cdot 2\pi r^2\sin\theta\,\mathrm{d}\theta \\ &= \frac{2\pi r^2 I\mathrm{d}A}{r^2}\int_0^{\pi/2}\frac{\sin 2\theta}{2}\mathrm{d}\theta = \pi I\mathrm{d}A\end{aligned} \tag{15.17}$$

따라서 $E_b = \sigma T^4$와 I 사이에는 다음의 관계가 있다는 것을 알 수 있다.

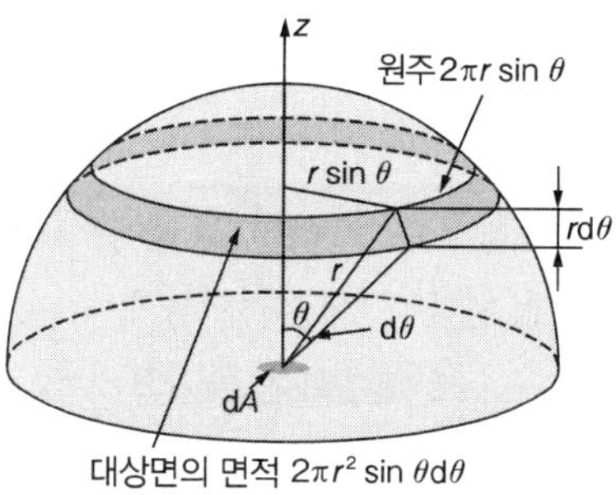

그림 15.6 미세 면적 dA로부터 열복사를 받는 반구면

$$I = \frac{\sigma T^4}{\pi} \tag{15.18}$$

이 관계에 따라 식(15.15)는 다음과 같이 변환할 수 있다.

$$q_{12}A_1 = \sigma T^4 \int_{A_2}\int_{A_1} \frac{\cos\theta_1 \cos\theta_2}{\pi r^2} \mathrm{d}A_1 \mathrm{d}A_2 \tag{15.19}$$

또한 이 식과 식(15.13)을 비교함으로써 일반적으로 두 개의 평면 사이의 형태 계수는 다음과 같이 유도된다.

$$F_{12} = \frac{1}{A_1}\int_{A_2}\int_{A_1} \frac{\cos\theta_1 \cos\theta_2}{\pi r^2} \mathrm{d}A_1 \mathrm{d}A_2 \tag{15.20}$$

이 관계를 이용하면 어떠한 위치 관계에 대해서도 형태 계수를 구할 수 있는데, 매우 복잡한 계산이 필요해진다. 비교적 단순한 위치 관계에 대해서는 다음과 같은 방법을 통해 형태 계수를 구할 수 있다.

그림 15.7과 같이 닫힌 면 1과 그 안쪽에 있는 물체 2～5 사이의 열복사를 생각해보자. 면 2에서 물체 2로의 열복사량과 물체 2에서 면 1로의 열복사량은 온도가 같으면 같아지므로, 다음 관계가 성립한다.

$$A_1F_{12}\sigma T^4 = A_2F_{21}\sigma^4$$

$$\longrightarrow \quad A_1F_{12} = A_2F_{21}$$

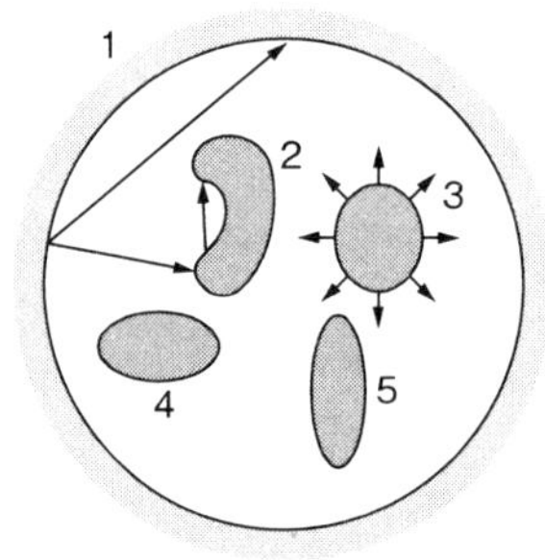

그림 15.7 다수 물체간의 열복사

이에 따라 일반적으로 물체 i와 j 사이에 다음 관계가 성립하는 것을 알 수 있다.

$$A_iF_{ij} = A_jF_{ji} \tag{15.21}$$

면 1, 물체 2의 표면과 같은 오목한 표면에서 복사된 열의 일부는 그림 15.7과 같이 자신에게로 돌아가게 된다. 그에 대해 물체 3, 4, 5와 같이 완전히 볼록한 표면 또는 평면에서 복사된 열은 자신에게로는 돌아오지 않는다. 따라서 물체의 번호를 i라 하면

오목한 표면 : $F_{ii} \neq 0$, 　　볼록한 표면, 평면 : $F_{ii} = 0$ 　　(15.22)

가 된다. 또한 그림 15.7과 같은 기하학적 조건에서는 각 물체에서 복사된 열은 닫힌 영역 내의 하나의 물체 표면에 도달한다. 그 때문에 표면 1을 예로 들면 형태 계수는 다음 조건을 만족해야 한다.

$$A_1 \sigma T^4 = A_1 (F_{11} + F_{12} + F_{13} + F_{14} + F_{15}) \sigma T^4$$

$$\longrightarrow \quad F_{11} + F_{12} + F_{13} + F_{14} + F_{15} = 1$$

일반적으로 물체의 수를 n이라고 하면, i번째 물체와 그 이외의 물체 j 사이의 형태 계수 사이에는 다음 식이 성립한다.

$$\sum_{j=1}^{n} F_{ij} = 1 \tag{15.23}$$

이와 같은 관계를 이용하여 몇 가지 기하학적 조건의 형태 계수를 구해보자.

① 그림 15.2와 같은 면적이 무한대라 볼 수 있는 두 개의 평면이 평행으로 마주보고 있을 경우

모든 평면에서 오목면 부분은 없으므로 $F_{11} = F_{22} = 0$이다. 평면 1에서 복사된 열은 모두 평면 2에 도달한다. 또한 그 반대도 성립하므로 $F_{12} = F_{21} = 1$이 된다. 이 때 $F_{11} + F_{12} = 1$, $F_{21} + F_{22} = 1$로 식(15.23)을 만족하고 있다.

② 그림 15.8과 같이 닫힌 면의 안쪽에 표면이 볼록한 물체가 하나 있을 경우

물체 2의 표면은 볼록면으로, 그 면에서 복사되는 열은 모두 표면 1에 도달하므로 $F_{22} = 0$, $F_{21} = 1$이다. 1, 2의 표면적을 A_1, A_2라 하면, 식(15.21)에 따라

$$F_{12} = \frac{A_2}{A_1} F_{21} = \frac{A_2}{A_1} \tag{15.24}$$

이 된다. 또한 면 1은 오목하므로 $F_{11} \neq 0$인데, 식(15.23)에 따라

$$F_{11} = 1 - F_{12} = 1 - \frac{A_2}{A_1} \tag{15.25}$$

가 된다.

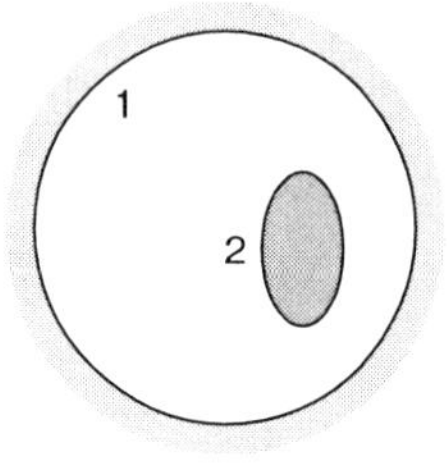

그림 15.8 닫힌 면과 물체

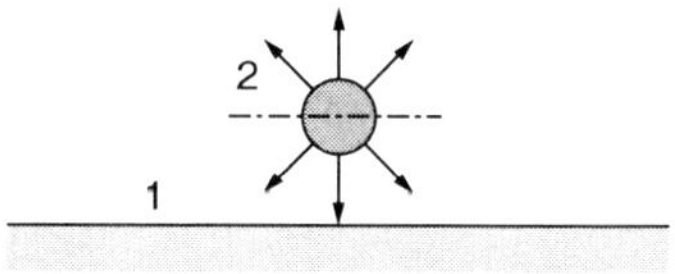

그림 15.9 원기둥과 평면

③ 그림 15.9와 같이 면적을 무한대로 볼 수 있는 평면과 원기둥 표면

이 경우 영역이 닫혀 있지 않기 때문에 식(15.23)은 성립하지 않는다. 기하학적 조건에서는 원기둥의 아래쪽 표면에서 복사된 열은 모두 평면에 도달하므로 $F_{21} = 0.5$가 된다. 따라서 식(15.21)에 따라

$$F_{12} = \frac{A_2}{A_1} F_{21}$$

이므로 평면의 면적을 무한대로 볼 수 있기 때문에 $A_2/A_1 = 0$이므로 $F_{12} = 0$이 된다.

둘 다 흑체인 경우는 형태 계수가 구해져 있으면 두 개의 물체 간에는 한쪽 물체 표면에서 다른 쪽을 향해 복사되어 흡수되는 열량이 식(15.13)과 같은데, 둘 다 회색체인 경우는 15.1절에서 설명했듯이 표면으로부터의 반사를 고려할 필요가 있다. 물체 i의 열복사와 다른 물체에게서 물체 i가 받은 복사열 중에서 반사하는 열량의 합을 총복사량이라고 부르기로 하고 E_i로 나타내기로 한다. 물체 1로부터의 총복사량은 위의 정의를 통해 다음 식으로 나타낼 수 있다.

$$E_1 A_1 = \epsilon_1 \sigma T_1^4 A_1 + (1 - \epsilon_1) \sum_{y=1}^{n} E_i A_i F_{i1} \tag{15.26}$$

위 식의 우변 제2항목은 물체 1을 포함하는 n개의 물체 표면으로부터 받는 총복사량 중 반사하는 양을 나타내고 있다. 한편, 물체 1에서 다른 모든 물체로 이동하는 순 열량 $q_{1\rightarrow}A_1$은 열복사량 $\epsilon_1 \sigma T_1^4 A_1$과 주위로부터 받는 총복사량 중 물체 1이 흡수하는 열량을 뺀 것이므로 다음과 같아진다.

$$q_{1\rightarrow} A_1 = \epsilon_1 \sigma T_1^4 A_1 - \epsilon_1 \sum_{i=1}^{n} E_i A_i F_{i1}$$

$$= \epsilon_1 \sigma T_1^4 A_1 + (1-\epsilon_1)\sum_{i=1}^{n} E_i A_i F_{i1} - \sum_{i=1}^{n} E_i A_i F_{i1}$$

$$- E_1 A_1 - \sum_{i=1}^{n} E_i A_i F_{i1} \tag{15.27}$$

이에 따라 순 열이동량 $q_{1\to}A_1$은 물체 1로부터 받는 총복사량에서 모든 물체로부터 받는 복사량의 합계를 뺀 것과 같다는 것을 알 수 있다. 또한 식(15.21)에 따라

$$\sum_{i=1}^{n} E_i A_i F_{i1} = \sum_{i=1}^{n} E_i A_1 \frac{A_i}{A_1} F_{i1} = A_1 \sum_{i=1}^{n} E_i F_{1i}$$

(F의 첨자가 $i1$에서 $1i$로 바뀐 점에 주의) (15.28)

이 되므로 식(15.27)의 물체 1에서 주위로 가는 순 열이동량 $q_{1\to}A_1$은 다음과 같아진다.

$$q_{1\to}A_1 = \left(E_1 - \sum_{i=1}^{n} E_i F_{1i}\right) A_1 \tag{15.29}$$

이들 관계를 이용하면 복사에 의한 물체간 열이동량을 구할 수 있다. 아래에 그 예를 나타내겠다.

예제 15.1

15.1절에서 유도한 그림 15.3의 경우의 평면 1에서 평면 2로 가는 열이동량을 나타내는 식(15.12)를 각각 면의 총복사량을 통해 유도하라.

풀이

두 면의 면적이 같고, 또한 $F_{12} = F_{21} = 1$이므로, 식(15.26)에 따라 평면 1, 평면 2의 총복사량은 단위 면적당 다음과 같아진다.

$$E_1 = \epsilon_1 \sigma T_1^4 + (1-\epsilon_1) E_2 F_{21} = \epsilon_1 \sigma T_1^4 + (1-\epsilon_1) E_2 \tag{15.30}$$

$$E_2 = \epsilon_2 \sigma T_2^4 + (1-\epsilon_2) E_1 F_{12} = \epsilon_2 \sigma T_2^4 + (1-\epsilon_2) E_1 \tag{15.31}$$

이 두식을 E_1, E_2에 대해 풀면

$$E_1 = \frac{\epsilon_1 \sigma T_1^4 + (1-\epsilon_1)\epsilon_2 \sigma T_2^4}{\epsilon_1 + \epsilon_2 - \epsilon_1 \epsilon_2} \tag{15.32}$$

$$E_2 = \frac{\epsilon_2 \sigma T_2^4 + (1-\epsilon_2)\epsilon_1 \sigma T_1^4}{\epsilon_1 + \epsilon_2 - \epsilon_1 \epsilon_2} \tag{15.33}$$

1의 열은 모두 2로 이동하므로 식(15.29)에 따라

$$q_{12} = E_1 - E_2F_{12} = E_1 - E_2 = \sigma(T_1^4 - T_2^4)\frac{1}{1/\epsilon_1 + 1/\epsilon_2 - 1} \tag{15.34}$$

이렇게 되어 식(15.12)와 일치한다.

예제 15.2

그림 15.8의 표면 1에서 물체 2, 물체 2에서 표면 2에 복사에 따라 이동하는 열량을 구하라.

풀이

식(15.21)에 따라 $A_1F_{12} = A_2F_{21}$이며, 물체 2에서 복사되는 열은 모두 표면 1에 도달하기 때문에 $F_{21} = 1$이므로 표면 1의 총복사량은 다음과 같아진다. 이 경우, 표면 1은 오목하므로, 자신으로의 복사를 고려할 필요가 있다.

$$\begin{aligned} E_1A_1 &= \epsilon_1\sigma T_1^4A_1 + (1-\epsilon_1)(E_1A_1F_{11} + E_2A_2F_{21}) \\ &= \epsilon_1\sigma T_1^4A_1 + (1-\epsilon_1)E_1(A_1 - A_2) + (1-\epsilon_1)E_2A_2 \end{aligned} \tag{15.35}$$

또한 물체 2의 총복사량은 다음과 같아진다.

$$E_2A_2 = \epsilon_2\sigma T_2^4A_2 + (1-\epsilon_2)E_1A_1F_{12} = \epsilon_2\sigma T_2^4A_2 + (1-\epsilon_2)E_1A_2 \tag{15.36}$$

이 두 식에 따라

$$E_1 = \frac{\epsilon_1\sigma T_1^4 + (1-\epsilon_1)\epsilon_2(A_2/A_1)\sigma T_2^4}{\epsilon_1 + (1-\epsilon_1)\epsilon_2(A_2/A_1)} \tag{15.37}$$

$$E_2 = \frac{(1-\epsilon_2)\epsilon_1\sigma T_1^4 + \{\epsilon_1(1 - A_2/A_1) + (A_2/A_1)\}\epsilon_2\sigma T_2^4}{\epsilon_1 + (1-\epsilon_1)\epsilon_2(A_2/A_1)} \tag{15.38}$$

이 된다. 위에 설명했듯이 물체 2에서 이동하는 열은 모두 표면 1로 이동하므로 $q_{2\to}A_2 = q_{21}A_2$이다. 이 열량은 식(15.29)의 1을 2로 치환하여 다음과 같이 나타낼 수 있다.

$$q_{21}A_2 = \left(E_2 - \sum_{i=1}^{n} E_iF_{2i}\right)A_2 = E_2A_2 = E_1A_2F_{21} - E_2A_2F_{22}$$

여기에서 $F_{21} = 1$, $F_{22} = 0$이므로

$$\begin{aligned} q_{21}A_2 &= (E_2 - E_1)A_2 \\ &= \sigma(T_2^4 - T_1^4)A_2\frac{1}{1/\epsilon_2 + (1/\epsilon_1 - 1)(A_2/A_1)} \end{aligned} \tag{15.39}$$

또한 표면 1에서 물체 2로 이동하는 열량은

$$q_{21}A_1 = \left(E_1 - \sum_{i=1}^{n} E_i F_{1i}\right) A_1 = E_1 A_1 - E_1 A_1 F_{11} - E_2 A_1 F_{12}$$

인데, $F_{11} = 1 - A_2/A_1$, $F_{12} = A_2/A_1$이므로

$$q_{12}A_1 = (E_1 - E_2) A_1 (A_2/A_1) = (E_1 - E_2) A_2 = -q_{21}A_2 \tag{15.40}$$

이 되어, 물체 2에서 표면 1로 이동하는 열량과 절댓값이 같아지는 것을 알 수 있다.

학습의 키워드

ㅁ열복사 ㅁ흑체 ㅁ슈테판–볼츠만의 법칙 ㅁ플랑크의 식 ㅁ플랑크 상수 ㅁ볼츠만 상수 ㅁ복사율 ㅁ회색체 ㅁ키르히호프의 법칙 ㅁ형태 계수

제15장 연습문제

15.1 충분히 면적이 큰 두 장의 흑체 평판이 평행으로 놓여져 있다. 하나의 온도가 500 K, 다른 하나가 400 K인 경우 고온 평판에서 저온 평판으로의 단위 면적당 순 열복사량을 구하라.

15.2 문제 15.1에서 고온 평판, 저온 평판의 복사율이 각각 0.8, 0.6인 경우의 고온 평판에서 저온 평판으로의 단위 면적당 순 열복사량을 구하라.

15.3 지름 15.0 cm로 복사율 0.55의 회색체의 구가, 복사율 0.8로 면적 2.00×10^{-1} m^2의 닫힌 회색체 면의 안쪽에 놓여져 있다. 구의 온도가 450 K, 닫힌 면의 온도가 300 K인 경우에, 구에서 면으로 이동하는 열량을 구하라.

15.4 지름 2.00 cm의 원기둥과 내경 6.00 cm의 원통관이 동심이 되도록 설치되어 있다. 원기둥, 원통관의 길이는 2.00 m이다. 원기둥의 온도, 복사율이 각각 700 K, 0.9 원통관의 온도, 복사율이 각각 300 K, 0.6인 경우에, 원기둥에서 원통관으로 이동하는 열량을 구하라. 단, 원기둥, 원통관 외의 열이동은 무시한다.

15.5 제14장의 문제 14.9와 같은 원통관과 주변을 흐르는 유체 사이의 열이동은 대류에 의한 이동뿐만 아니라 복사에 의한 이동도 포함된다. 이러한 경우의 복사에 의한 열유속은 원통관의 복사율, 온도, 표면적을 각각 ϵ, T_1, A_1로 나타내고, 물의 온도를 T_2로 하여 $q=\epsilon_1\sigma(T_1^4-T_2^4)$로 하여 계산할 수 있다. 원통관의 복사율이 0.8, 관 표면 온도가 50.0 ℃일 때의 복사에 의해 관 표면에서 물로 이동하는 열유속과 대류에 의한 유속을 구하라.

제 **16** 장

여러 가지 장에 있어서 열이동 현상

이 단원의 목표

제15장까지 전도, 대류, 열복사 등 서로 다른 기구에 따른 열이동 현상에 대하여 설명해왔다. 이번 단원에서는 이들을 바탕으로 상변화를 동반하는 열이동, 핀에 의한 냉각, 비정상 열이동 등의 열이동량, 온도 분포를 구하는 방법을 학습하겠다.

16.1 응축과 비등

응축(condensation)과 **비등**(boiling)은 유체에 **잠열**(latent heat)에 해당하는 열이 이동됨에 따라 발생하는 현상으로, 상변화를 동반한다는 점이 특징이다. 원통관 안에 냉각수를 흘려보내 관 바깥쪽의 포화 증기와 접촉시키면 관 외벽에서 잠열 해당의 열을 빼앗겨 응축이 발생한다. 반대로 관내에 스팀을 흘려보내 외벽에 액을 접촉시켜 증발, 더 나아가 비등이 발생한다. 예를 들어 이러한 장치는 화학 플랜트에서는 증류탑의 탑정에서 저비점 성분의 증기를 액화하고 탑저에서 고비점 성분의 액을 기화하기 위해 설치되어 있다.

응축 장치는 위에 설명했듯이 원통관 내에 냉각수를 흘려보내는 형식이 많은데, 여기에서는 그림 16.1과 같이 수직으로 설치된 평판 표면에 포화 증기를 접촉시키는 단순한 형식을 예로 들어보겠다. 평판 표면은 냉각수에 의해 포화 온도인 **이슬점**(dew point) T_s보다 낮은 T_w로 유지되고 있다. 열이 증기에서 평판으로 이동함에 따라 응축이 발생한다. 그 때, 응축액이 평판 표면에 액체 방울로써 부착하는 **적상 응축**(drop wise condensation)이 되는 경우와 박막 형으로 부착하는 **막상 응축**(film wise condensation)이 되는 경우가 있다. 어느 경우가 되는지는 평판 표면이 응축액에 잘 젖는지에 의존한다. 적상 응축이 증기와 평판이 직접 접촉하므로 열이동량이 더 커진다. 적상 응축은 현상이 복잡하기 때문에 경험적으로 다루어진다. 여기에서는 해석적으로 다룰 수 있는 막상 응축의 경우에 대하여 설명하겠다.

응축액은 그림 16.1과 같이 평판의 맨 위에서 중력을 받아 아래쪽으로 흐른다. 막 모양이 된 액 두께 δ는 하류를 향해 증기가 응축하여 액량이 늘어남에 따라 증가한다. 그림 16.1의 $z = z$와 $z = z + \mathrm{d}z$ 사이의 점선 사이에 있는 대상부피에서는 어두운 부분에 해당하는 양만큼 응축액이 증가하고 있다. 또한 대상부피 내에서는 $z = z$, $z = z + \mathrm{d}z$일 때 유입출하는 액체의 **현열**(sensible heat)의 차이와, 폭 $\mathrm{d}z$의 구간에서 새롭게 응축한 액의 잠열의 합에 해당하는 열이 평판에 이동하는 게 된다. 응축이 발생하는 기액 계면의 온도는 T_{s}가 되었다. 이것을 고려하여 열과 응축액량의 수지를 구하여 열이동량을 나타내는 식을 유도하겠다. 또한 현열의 이동량은 잠열에 비해 작기 때문에 무시할 수 있는 걸로 한다.

대상부피 내 응축액량의 수지식은 $z = z$와 $z = z + \mathrm{d}z$의 막 두께 방향, 즉 x방향의 속도 분포를 바탕으로 유도된다. 제4장의 예제 4.2의 해인 식(4.31)은 막 두께 δ가 일정한 경우의 속도 분포인데, 두께가 변화하는 막상 응축의 경우도 적용 가능한 걸로 한다. 중력의 방향과 평판의 각도 α를 0으로 하고 좌표의 원점을 액면에서 평판 위로 치환하면 속도 분포는 다음과 같아진다.

$$u_z = \frac{\rho g(2\delta x - x^2)}{2\mu} \tag{16.1}$$

$z = z$일 때의 평판 단위 폭당 질량 유량 w는 이 식을 $x = 0$부터 δ까지 적분하여 다음과 같이 유도된다.

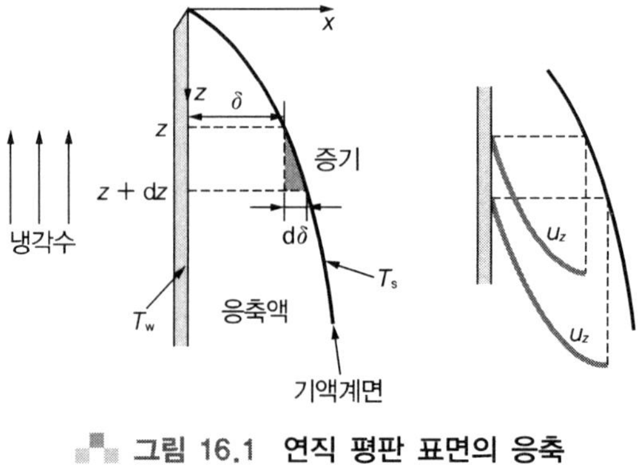

그림 16.1 연직 평판 표면의 응축

$$w = \rho \int_0^\delta u_z \mathrm{d}x = \rho \int_0^\delta \frac{\rho g (2\delta x - x^2)}{2\mu} \mathrm{d}x = \frac{\rho^2 g \delta^3}{3\mu} \tag{16.2}$$

$\mathrm{d}z$의 구간의 w, δ의 변화량이 각각 $\mathrm{d}w$, $\mathrm{d}\delta$이면, 대상부피에 대한 응축액의 질량 수지식은 다음과 같아진다.

$$\begin{aligned} \mathrm{d}w &= w|_{z=z+\mathrm{d}z} - w|_{z=z} = \frac{\rho^2 g (\delta + \mathrm{d}\delta)^3}{3\mu} - \frac{\rho^2 g \delta^3}{3\mu} \\ &= \frac{\rho^2 g}{3\mu}(\delta^3 + 3\delta^2 \mathrm{d}\delta + 3\delta \mathrm{d}\delta^2 + \mathrm{d}\delta^3 - \delta^3) = \frac{\rho^2 \mathrm{g}}{\mu}\delta^2 \mathrm{d}\delta \end{aligned} \tag{16.3}$$

여기에서, $\mathrm{d}\delta^2$ 및 $\mathrm{d}\delta^3$은 $\mathrm{d}\delta$에 비해 고위의 무한소가 되므로 0으로 했다. 위에 설명했듯이 현열의 이동을 무시할 수 있다면 대상부피에서 위 식과 같은 질량의 증기가 응축하는데 필요한 잠열과 평판으로 이동하는 열이 같아진다. x방향의 온도 분포를 직선이라 가정하면 평판 표면 온도가 T_w, 액막 표면 온도가 T_s이므로

$$T(x) = \frac{T_\mathrm{s} - T_\mathrm{w}}{\delta} x + T_\mathrm{w} \tag{16.4}$$

가 된다. 따라서 단위 시간에 단위 폭의 평판 표면을 향해 이동하는 열량은 다음 식으로 나타낼 수 있다.

$$q \mathrm{d}z = -k \frac{\mathrm{d}T}{\mathrm{d}x}\bigg|_{x=0} \mathrm{d}z = -\frac{k(T_\mathrm{s} - T_\mathrm{w})}{\delta} \mathrm{d}z \tag{16.5}$$

그림 16.1의 좌표에서 음의 방향으로 이동하므로 이 식의 값은 음수가 되는데 그 절대치와 질량 $\mathrm{d}w$ 증기의 응축 잠열이 같아지므로 단위 질량당의 잠열을 $\Delta \widehat{H}_\mathrm{c}$라 하면, 다음 관계를 유도할 수 있다.

$$\begin{aligned} &\Delta \widehat{H}_\mathrm{c} \frac{\rho^2 g}{\mu} \delta^2 \mathrm{d}\delta = \frac{k(T_\mathrm{s} - T_\mathrm{w})}{\delta} \mathrm{d}z \\ &\longrightarrow \quad \delta^3 \mathrm{d}\delta = \frac{k\mu (T_\mathrm{s} - T_\mathrm{w})}{\Delta \widehat{H}_\mathrm{c} \rho^2 \delta} \mathrm{d}z \end{aligned} \tag{16.6}$$

이 식을 $z = 0$부터 $z = z$의 범위로 적분하면 다음의 막 두께 δ와 z관계를 유도할 수 있다.

$$\int_0^\delta \delta^3 \mathrm{d}\delta = \frac{k\mu(T_\mathrm{s}-T_\mathrm{w})}{\Delta\widehat{H}_\mathrm{c}\rho^2 g}\int_0^z \mathrm{d}z \longrightarrow \delta = \left\{\frac{4k\mu(T_\mathrm{s}-T_\mathrm{w})z}{\Delta\widehat{H}_\mathrm{c}\rho^2 g}\right\}^{1/4} \tag{16.7}$$

다음으로 $z=z$일 때의 평판으로의 열유속을 국소 전열계수 h_z를 이용하여 나타내면 다음과 같아진다.

$$q = -h_z(T_\mathrm{s}-T_\mathrm{w}) = -k\frac{\mathrm{d}T}{\mathrm{d}x}\bigg|_{x=0} = -\frac{k(T_\mathrm{s}-T_\mathrm{w})}{\delta} \tag{16.8}$$

이 관계에 따라 $h_z = k/\delta$이므로 식(16.7)에 따라

$$h_z = \left\{\frac{\Delta\widehat{H}_\mathrm{c}k^3\sigma^2 g}{4\mu(T_\mathrm{s}-T_\mathrm{w})z}\right\}^{1/4} \tag{16.9}$$

이렇게 나타낼 수 있다. 이 식에 따라 국소 넛셀 수는 다음과 같아진다.

$$Nu_z = \frac{h_z z}{k} = \left\{\frac{\Delta\widehat{H}_\mathrm{c}\rho^2 g z^3}{4\mu k(T_\mathrm{s}-T_\mathrm{w})}\right\}^{1/4} = 0.707\left\{\frac{gz^3\Delta\widehat{H}_\mathrm{c}}{\nu^2 C_\mathrm{p}(T_\mathrm{s}-T_\mathrm{w})}Pr\right\}^{1/4} \tag{16.10}$$

또한 평판의 길이를 L이라 하면 전체 길이에 걸친 평균 전열계수와 평균 넛셀 수는 각각 다음과 같아진다.

$$h_\mathrm{av} = \frac{1}{L}\int_0^L\left\{\frac{\Delta\widehat{H}_\mathrm{c}k^3\rho^2 g}{4\mu(T_\mathrm{s}-T_\mathrm{w})z}\right\}^{1/4}\mathrm{d}z = \frac{4^{3/4}}{3}\left\{\frac{\Delta\widehat{H}_\mathrm{c}k^3\rho^2 g}{\mu(T_\mathrm{s}-T_\mathrm{w})L}\right\}^{1/4} \tag{16.11}$$

$$\begin{aligned} Nu_L &= \frac{h_\mathrm{av}L}{k} = \frac{4^{3/4}}{3}\left\{\frac{\Delta\widehat{H}_\mathrm{c}\rho^2 g L^3}{\mu k(T_\mathrm{s}-T_\mathrm{w})}\right\}^{1/4} \\ &= 0.943\left\{\frac{gL^3\Delta\widehat{H}_\mathrm{c}}{\nu^2 C_\mathrm{p}(T_\mathrm{s}-T_\mathrm{w})}Pr\right\}^{1/4} \end{aligned} \tag{16.12}$$

평판의 폭을 W라 하면, 단위 시간에 평판 표면 전체로 이동하는 열량은 $h_\mathrm{av}(T_\mathrm{s}-T_\mathrm{w})WL$로 나타낼 수 있다. 이것은 단위 시간에 응축한 액의 잠열과 같아진다. 단위 시간당 평판 전체에서 응축하는 액량은 $z=L$일 때의 액유량 w_L과 같으므로, 다음 식

이 유도된다.

$$w_L \Delta \widehat{H}_c = h_{av}(T_a - T_w)WL \longrightarrow w_L = \frac{h_{av}(T_a - T_w)WL}{\Delta \widehat{H}_c} \tag{16.13}$$

이와 같이 평판으로의 열이동량, 응축액량을 계산할 수 있다. 식의 응축 잠열은 온도 T_a의 값, 그 이외의 물성치는 온도 $(T_s + T_w)/2$의 값을 이용한다. 이들 식은 연직으로 설치된 원통관 외벽을 흘러내리는 막상 응축의 열이동량 계산에도 이용할 수 있다. 그 경우는 원통관 표면을 따라 x축을 설정한다.

평판이 긴 경우는 하류에서 난류가 되므로 위에 유도한 식을 적용할 수 없게 된다. 층류인지 난류인지는 다음에 정의하는 레이놀즈 수를 바탕으로 판단할 수 있다.

폭 W의 평판 :

$$Re = \frac{4w_L}{W\mu} = \frac{4h_{av}(T_s - T_w)WL}{W\mu\Delta \widehat{H}_c} = \frac{4h_{av}(T_s - T_w)L}{\mu\Delta \widehat{H}_c} \tag{16.14}$$

외경 D의 원통관 :

$$Re = \frac{4w_L}{\pi D\mu} = \frac{4h_{av}(T_s - T_w)\pi DL}{\pi D\mu\Delta \widehat{H}_c} = \frac{4h_{av}(T_s - T_w)L}{\mu\Delta \widehat{H}_c} \tag{16.15}$$

레이놀즈 수가 1800보다 큰 경우는 난류가 되어 평균 넛셀 수는 다음 계산식에 따라 계산된다.

$$Nu_L = \frac{h_{av}L}{k} = 0.0077\left(\frac{\rho^2 gL^3}{\mu^2}\right)^{1/3} Re^{0.4} \tag{16.16}$$

또한 수평으로 설치된 원통관 외벽으로의 응축에서는 외벽면 전체의 평균 넛셀 수를 다음 식에 따라 구할 수 있다.

$$\begin{aligned} Nu_D = \frac{h_{av}D}{k} &= 0.725\left\{\frac{\Delta \widehat{H}_c \rho^2 gL^3}{\mu k(T_s - T_w)}\right\}^{1/4} \\ &= 0.725\left\{\frac{gL^3 \Delta \widehat{H}_c}{\nu^2 C_p(T_s - T_w)} Pr\right\}^{1/4} \end{aligned} \tag{16.17}$$

비등은 위에 설명한 막상 응축과 같이 정량적으로 해석하기가 어려운데 정성적으로는 다음과 같이 설명할 수 있다. 물속에 와이어 형의 금속을 담궈 가열한 경우의 금속 표면과 물의 온도차와 열이동량의 관계는 다음과 같아진다. 온도차가 작은 경우는 주로 자연 대류에 의한 열이동이고, 이동량은 온도차에 비례한다. 온도차가 커지면 고체 표면에 기포가 발생하여 물속을 상승한다. 그에 동반하여 흐름이 발생하여 물이 혼합되기 때문에 열이동량이 급격하게 증가한다. 이 현상을 **핵비등**(nuclear boiling)이라고 한다. 또한 온도차가 커지면 기포 부피가 너무 커져서 금속 표면의 넓은 범위를 증기가 막 형태로 감싸는 **막비등**(film boiling)이라고 하는 현상이 발생한다. 막비등은 증기의 열전도도가 액체보다 작기 때문에 온도차 증가와 함께 열이동량이 감소한다. 이 동량이 극대가 되는 위치를 번아웃 포인트라고 한다. 또한 온도차가 커져 열복사의 영향이 커지면 다시 열이동량이 증가하게 된다.

16.2 핀에 의한 냉각

열교환기의 고온 유체가 흐르는 관 벽, 바이크 등의 엔진 표면 등에서 효율적으로 열을 주위로 달아나게 하기 위하여 그림 16.2와 같은 핀(fin)이라고 하는 판 모양을 설치하여 냉각을 위한 표면적을 크게 하는 경우가 있다. 아래에는, 핀 내부의 온도와 주위로 이동하는 열량의 관계에 대해 설명하겠다.

그림 16.3은 온도 T_{h}의 고온이 된 벽면에 설치된 길이, 폭, 두께가 각각 L, W, t인 핀을 나타내고 있다. 핀의 길이 방향으로 x좌표를 잡아 $x = x$ 위치의 길이 Δx의 점선으로 나타낸 셀(대상부피)를 설치한다. 이 셀에 대해 제12장에서 설명한 것과 같이 열수지식을 구하면 다음과 같아진다. 여기에서 간단하게 하기 위하여 정상 상태에서 온도는 x방향으로만 변화하는 것으로 하여, x축에 수직인 단면 내는 온도가

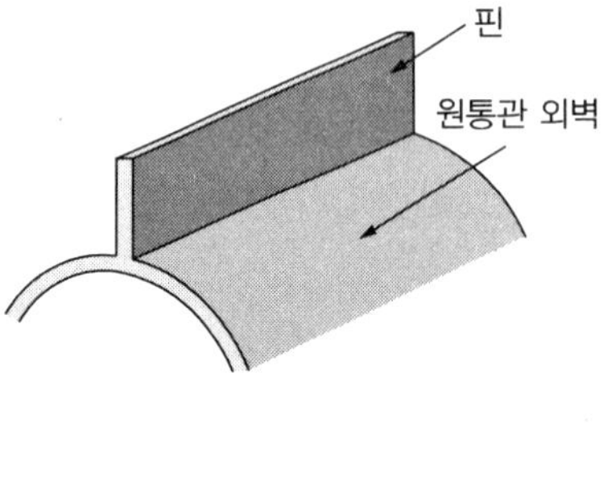

그림 16.2 원통관 외벽에 설치된 핀

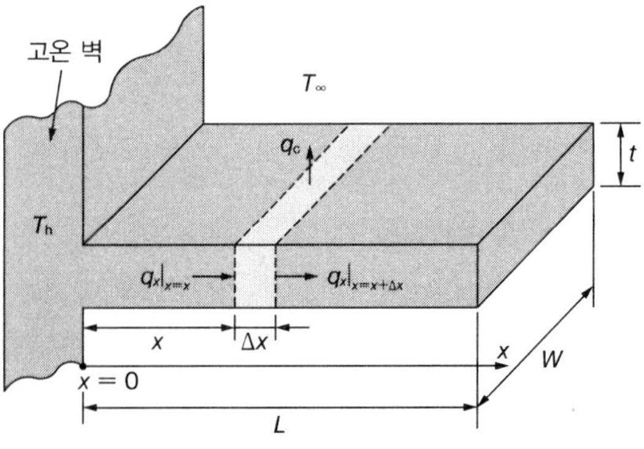

그림 16.3 핀 내 열이동

일정하다고 볼 수 있는 걸로 하자. 열은 전도에 의해 고온 벽에서 x방향으로 이동하여, $x = x$일 때 대상부피에 유입하여 $x = x + \Delta x$일 때 유출된다. 또한 주위 온도 T_∞과의 온도차를 추진력으로 하여 표면에서 대류에 의해 열이 주위를 향해 유출된다. 전도에 의한 유속 q_x, 대류에 의해 주의로 이동하는 열유속을 q_c라고 하면, 열수지식은 다음과 같아진다.

$$q_x|_{x=x} Wt - q_x|_{x=x+\Delta x} Wt = 2(W+t)\Delta x q_c \tag{16.18}$$

양변을 셀의 부피 $Wt\Delta x$로 나누어, $\Delta x \to 0$의 극한을 구하면 다음 식이 유도된다.

$$-\frac{dq_x}{dx} = \frac{2(W+t)}{Wt} q_c \tag{16.19}$$

여기에서 q_x는 전도에 의한 열유속, q_c는 대류에 의한 유속으로 $q_c = h(T - T_\infty)$이므로

$$k\frac{d^2 T}{dx^2} = \frac{2(W+t)}{Wt} h(T - T_\infty) \tag{16.20}$$

가 된다. T_∞를 일정하다고 하면 $d^2 T/dx^2 = d^2(T - T_\infty)/dx^2$이므로 위 식은 다음과 같아진다.

$$\frac{d^2(T - T_\infty)}{dx^2} = \frac{2(W+t)h}{kWt}(T - T_\infty) \tag{16.21}$$

전열계수 h가 일정하다면 이 식은 함수 $T - T_\infty$의 x에 대한 2계미분이 원래 함수 $T - T_\infty$와 양의 상수 $2(W+t)h/Wtk$의 곱이 되는 것을 의미한다. 이 관계를 만족하는 것은 쌍곡선 함수이므로 $m^2 = 2(W+t)h/kWt$로 두면 위의 미분 방정식의 일반해는 다음과 같아진다.[1)]

$$T - T_\infty = C_1 \sinh mx + C_2 \cosh mx \tag{16.22}$$

경계 조건 중 하나는 $x = 0$일 때 $T = T_h$가 되는 것이다. 또 하나, 핀 끝의 $x = L$의 조건을 설정할 필요가 있다. 끝의 단면이 단열 조건이라면 $x = L$일 때 x방향의 열유속이 0이 되므로 $q_x = 0$, 즉 $d(T - T_\infty)/dx = 0$이라는 조건을 만족하는 게 된다. 이

1) 오가와 코헤이(小川浩平), 쿠로다 치아키(黒田千秋), 요시카와 시로(吉川史郎) 저, "화학 공학을 위한 수학", 사이언스사(2007), 제1장 참조.

들 두 개의 경계 조건에 따라 C_1, C_2를 구할 수 있다. 그 결과를 위 식에 대입하면 무차원 온도 분포 $\theta=(T-T_\infty)/(T_\mathrm{h}-T_\infty)$를 나타내는 다음 식이 유도된다.

$$\theta=\frac{T-T_\infty}{T_\mathrm{h}-T_\infty}=\frac{\cosh mL(1-x/L)}{\cosh mL}=\frac{\cosh mL(1-x^*)}{\cosh mL} \tag{16.23}$$

여기에서 $x^*=x/L$은 무차원의 x좌표이다. mL은

$$mL=\sqrt{\frac{2h(W+t)}{kWt}}\,L \tag{16.24}$$

로 나타낼 수 있는 무차원수로, 열전도도 k, 핀의 폭 W, 두께 t가 일정한 경우, 전열계수와 핀 길이와 함께 변화한다. 그림 16.4는 식(16.23)과 같은 온도 분포를 mL을 변화시켜 그린 것이다. 이들 분포를 통해 mL이 커짐에 따라, 핀의 끝을 향해 주위와의 온도차 $T-T_\infty$가 급격하게 작아지는 것을 알 수 있다. 이것은 mL이 큰 조건에서는 전열계수 또는 핀 길이 L이 커짐에 따라 주위로의 대류 열이동량이 커지기 때문이다.

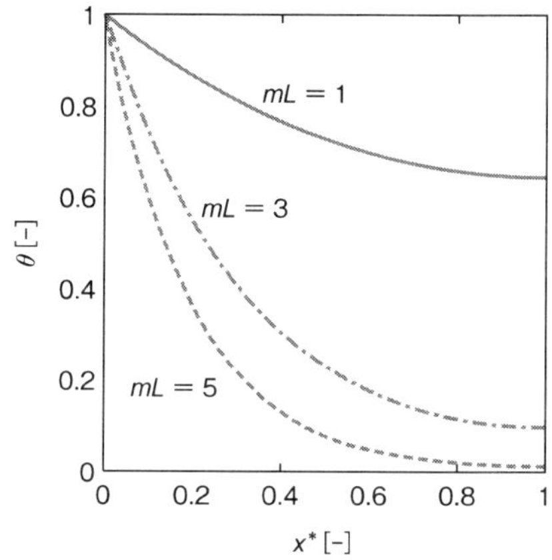

그림 16.4 핀 내부의 무차원 온도 분포

다음으로 온도 분포를 바탕으로 핀에서 주위로 이동하는 열량을 구해보자. 정상 상태이므로 그림 16.4의 $x=0$일 때 온도 T_h의 고온 벽에서 핀으로의 전도에 따라 이동하는 열량이 핀 표면 전체에서 대류에 의해 주위로 이동하는 열량과 같아진다. 따라서 주위로 이동하는 열량 Q는 $x=0$일 때의 전도에 의한 유속과 핀 단면적의 곱으로써 다음 식에 따라 나타낼 수 있다.

$$\begin{aligned}Q&=-k\frac{\mathrm{d}T}{\mathrm{d}x}\bigg|_{x=0}Wt=\frac{mkWt(T_\mathrm{h}-T_\infty)\sinh mL}{\cosh mL}\\&=mkWt(T_\mathrm{h}-T_\infty)\tanh mL\end{aligned} \tag{16.25}$$

그림 16.4와 같이 핀 끝을 향해갈수록 온도가 낮아져 열이동의 추진력 $T-T_\infty$이 작아진다. 이상적으로는 x에 상관없이 온도가 T_h로 일정하다면 표면에서 주위로 이동하는 열유속도 $h(T_\mathrm{h}-T_\infty)$로 일정해지며, 핀 표면 전체에서 주위로의 열이동량은 최

대가 된다. 그 최대치를 이상 열이동량 Q_i라 하면

$$Q_i = 2(W+t)Lh(T_h - T_\infty) = mkWt(T_h - T_\infty)mL \tag{16.26}$$

이 된다. 핀의 폭과 두께 W, t와 열전도도 k, 전열계수 h가 일정하다면 $mkWt(T_h - T_\infty)$가 일정해지므로, 식(16.25)와 (16.26)에 따라 $\tanh mL$과 mL의 값을 비교하면 실제 열이동량 Q와 이상적인 열이동량 Q_i를 비교할 수 있다. 그림 16.5에 그들을 비교하여 나타냈다. 가로축의 mL은 m이 일정하므로 핀 길이에 대응한다. 이상적인 열이동량에 대응하는 mL은 길이에 비례하여 증가해 간다. 그에 대해 실제 핀의 열이동에 해당하는 $\tanh mL$은 핀이 길어지면 증가하는데, 그 증가율은 점차 작아지며 어느 정도 길이가 되면 거의 일정해지며, 이상적인 이동량과의 차이가 커져 간다. 이 그림에서 핀은 너무 길어도 효과적이 아니라는 걸 알 수 있다. 여기에서 Q와 Q_i의 비

$$\eta = \frac{Q}{Q_i}$$

를 **핀 효율**(fin efficiency)로 정의한다. 그 값이 너무 작아지지 않도록 핀의 사이즈를 설계할 필요가 있다. 그림 16.6은 효율 η와 mL의 관계를 나타낸 것이다. 또한 여기에서는 핀 끝이 단열 조건인 경우의 효율을 나타냈는데 실제로는 끝에서 주위로 가는 열이동은 무시할 수 없는 경우도 많고 이 경우는 핀 두께를 고려한 보정이 필요해진다.

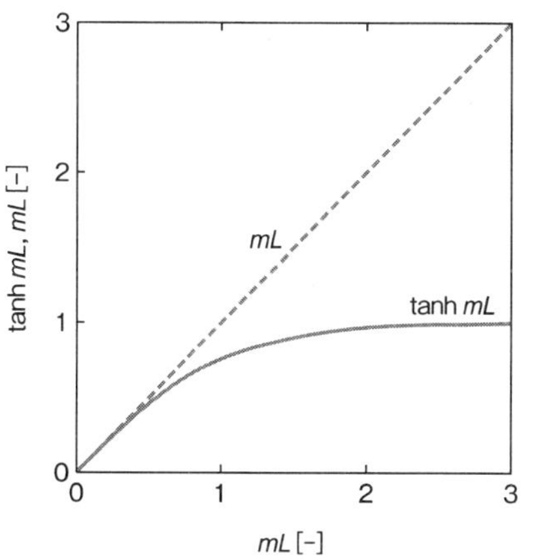

그림 16.5 핀에서 이동하는 열량 비교

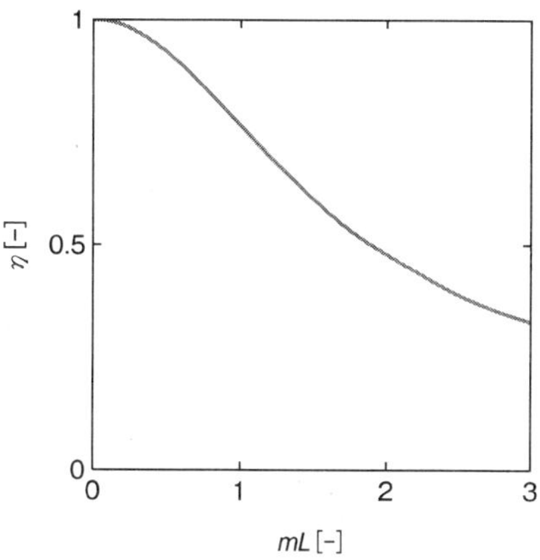

그림 16.6 핀의 효율

16.3 비정상 상태 열이동

여기까지는 주로 온도, 열유속 등이 시간에 대해 변화하지 않는 정상 상태의 열이동 현상에 대해 학습해왔다. 그러나 실제 열이동 문제에서는 재료의 가열, 냉각 등의 프로세스에 대하여 조작을 개시한 후 정상 온도 분포에 도달할 때까지의 비정상 상태에서의 온도 분포의 경시 변화를 명확하게 하는 것이 중요한 경우도 많다. 여기에서는 일정 속도 U로 흐르는 온도 T_h의 공기 흐름 중에서 그보다 낮은 온도 T_1의 평판을 평행으로 둔 직후의 **비정상 상태 열이동**(unsteady state heat transfer)에 대하여 생각해보자.

그림 16.7과 같이 열은 공기와 접촉하고 있는 표면 부근의 **경막**(film)에서 평판으로, 또한 전도에 의해 그 내부로 이동한다. 여기에서는 평판은 충분히 면적이 크고, 열은 전도에 의해 y방향으로만 이동하는 것으로 한다. 이 현상의 온도의 시간경과에 따른 변화를 유도하는 방법에 대해 아래에 설명하겠다.

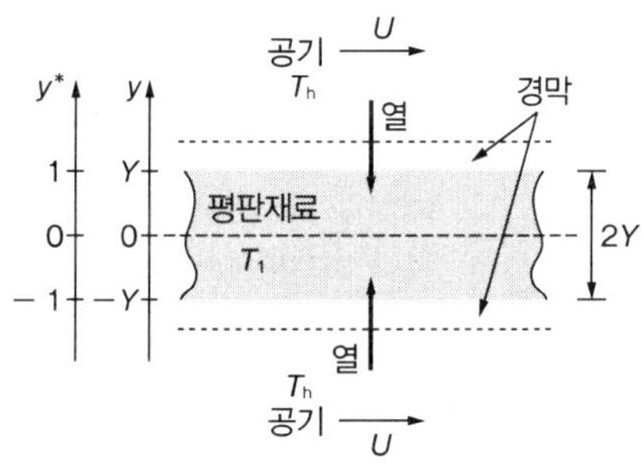

그림 16.7 평판 내 비정상 전도

제14장 14.5절에서 다룬 원통관 안쪽에서 바깥쪽으로의 열이동 경우와 같이 생각하면, 평판 표면 인근의 공기측 경막 내와 평판 재료 내의 열이동에 대한 **저항**(thermal resistance)이 직렬로 접속되어 있다고 볼 수 있다. 두 개의 저항 중 한쪽이 몹시 작고 무시할 수 있는 경우는 그 영역의 온도는 일정하다고 볼 수 있다. 경막 내 저항은 $1/h$, 평판 내 저항은 Y/k이므로, 두 저항의 크기는 그들의 비 $m = k/hY$로 판단된다. 이 m의 값에 따라 온도 분포의 대략적인 형태는 다음 세 가지로 분류된다.

① 경막의 저항을 무시할 수 있는 경우 : $m \ll 1$

공기의 속도가 크고, 경막 전열계수가 매우 큰 경우에 해당한다. 이러한 경우는 평판 표면으로의 대류에 의한 열이동 속도가 매우 커진다. 그 때문에 그림 16.8(a)와 같이 평판 표면의 온도 T_s는 열이동 개시 직후에 매우 짧은 시간에 공기의 온도 T_h와 같아지며 경막 내 온도는 일정해진다. 그 후 전도에 의해 평판 내로 열이 이동하여 점차 전체 온도가 상승해간다.

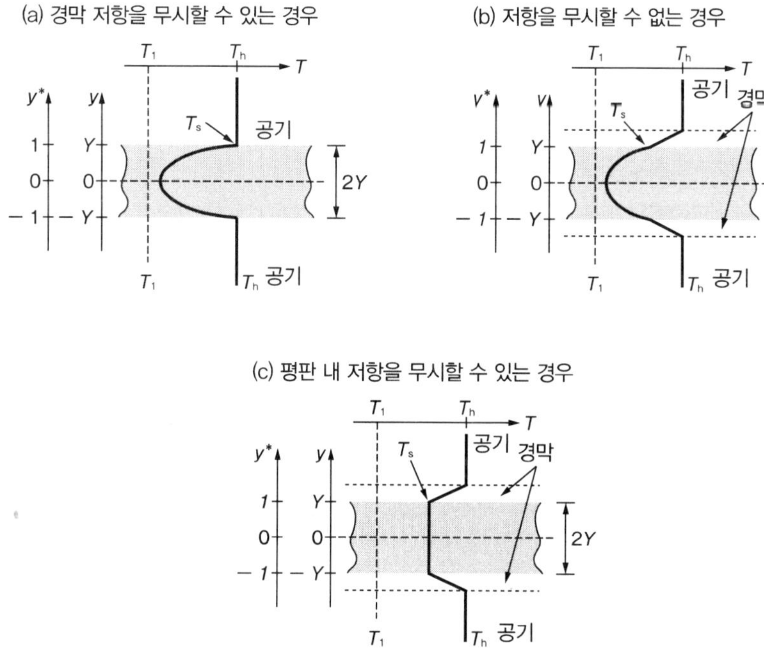

그림 16.8 대략적인 평판 내 온도 분포

② 경막, 평판 내 저항을 모두 무시할 수 없는 경우

m이 극단적으로 크거나 또는 작은 경우 이외는 모든 저항을 무시할 수 없으므로 그림 16.8(b)와 같이 경막 내와 평판 내 모두 온도 분포가 발생한다. 경막에서 평판으로 열이 이동함과 동시에 T_s가 점차 상승하여 그에 동반하여 전열에 의해 평판 내로 열이 이동하고 전체 온도가 상승해간다.

③ 평판 내 저항을 무시할 수 있는 경우 : $m \gg 1$

평판 재료의 열전도도가 몹시 큰 경우에 해당한다. 이 경우, 경막에서 평판으로 이동한 열은 몹시 짧은 시간에 평판 전체로 이동하여 온도는 거의 일정해진다. 따라서 온도 분포는 그림 16.8(c)와 같아지며 시간과 함께 평판 내 전체 온도가 균일하게 상승해간다.

지금까지 설명한 각 경우의 온도 분포의 경시 변화를 구하기 위하여 우선 평판 내 열수지식을 유도한다. 그림 16.7과 같이 평판 중심에 y좌표의 원점을 설정한다. 그림의 평판 수평 방향으로 온도 분포가 발생하지 않는다고 하면 제13장의 열수지식(13.2)는 다음과 같아진다.

$$\frac{\partial T}{\partial t} = \alpha \frac{\partial^2 T}{\partial y^2} \tag{16.27}$$

이 식에서 T를 u_x, α를 ν로 변환하면, 예제 6.4의 운동량 수지식(6.38)과 일치한다. 또한 이 식의 각 변수를 초기 평판과 공기의 온도차 $T_1 - T_h$, 평판 두께 Y를 대푯값으로 하여

$$\theta = \frac{T - T_h}{T_1 - T_h}, \qquad y^* = \frac{y}{Y}, \qquad t^* = \frac{\alpha t}{Y^2} \tag{16.28}$$

에 따라 무차원화 하면 식(6.40)과 같은 다음 식이 유도된다.

$$\frac{\partial T}{\partial t^*} = \frac{\partial^2 T}{\partial y^{*2}} \tag{16.29}$$

초기 조건(I.C.)는

I.C. : $t = 0$일 때 $T = T_1$, $t^* = 0$일 때 $\theta = 1$

인데, 경계 조건(B.C.)는 경막 저항을 무시할 수 있는 경우와 무시할 수 없는 경우가 다르다. 또한 각 경우에 대하여 온도 분포를 유도하는 방법도 다르다. 다음에 각 경우의 온도 분포를 유도하는 방법을 설명하겠다.

① 경막 저항을 무시할 수 있는 경우

이 경우 위에 설명한 것과 같이 평판의 표면 온도는 열이동 개시 직후 매우 짧은 시간에 공기와 같은 온도가 되는데, 여기에서는 간단히 하기 위하여 개시와 동시에 공기 온도 T_h가 되어 그 후 변화하지 않는다고 하고 다음 경계 조건을 설정한다.

B.C.1 : $y = Y$일 때 $T = T_h$, $y^* = 1$일 때 $\theta = 0$

B.C.2 : $y = -Y$일 때 $T = T_h$, $y^* = -1$일 때 $\theta = 0$

예제 6.4와 동일 방정식에서 영역의 양끝에서 구하는 함수 θ가 0이 되는 경계 조건이 주어져 있으므로 변수 분리법에 따라 풀 수 있다. 따라서 식(16.29)의 일반해는 $u_{xus}{}^*$의 일반해인 식(6.47)과 일치한다.

$$\theta = \exp(-\lambda^2 t^*)(A\sin\lambda y^* + B\cos\lambda y^*) \tag{16.30}$$

상수 λ, A, B를 초기 조건과 경계 조건을 만족시키도록 결정하면 다음과 같아진다(부록 A 참조).

$$\begin{aligned}\theta(t^*,\ y^*) &= \sum_{n=0}^{\infty}\frac{(-1)^n\cdot 4}{(2n+1)\pi}\exp\left[-\frac{\{(2n+1)\pi\}^2}{4}t^*\right]\cos\left(\frac{2n+1}{2}\right)\pi y^* \\ &= \sum_{n=0}^{\infty}\frac{4}{(2n+1)\pi}\exp\left[-\frac{\{(2n+1)\pi\}^2}{4}t^*\right]\sin\left(\frac{2n+1}{2}\right)\pi(y^*+1)\end{aligned} \tag{16.31}$$

이 해에 따라 계산되는 평판 내 무차원 온도 분포가 그림 16.9와 같다. 이 그림에서는 실제 온도 분포와 이미지가 맞도록 θ 대신에

$$1-\theta = \frac{T-T_1}{T_h-T_1} \tag{16.32}$$

의 y^*방향의 변화를 나타내고 있다. 평판 위아래 끝에서 순간적으로 $T=T_h$가 되어 전체적으로 점차 온도가 상승해가는 것을 알 수 있다.

② 경막, 평판 내 저항을 모두 무시할 수 없는 경우

경막 저항을 무시할 수 없는 경우는 그림 16.8(b)와 같이 경막 내에서 공기측에서 평판을 향해 온도가 낮아지게 되어 공기 온도와 평판 표면 온도 차이 $T_h - T_s$가 경막 내 열이동의 추진력이 된다. 평판 내 온도는 식(16.29)를 만족시키는데 시간 경과와 함께 평판 온도가 상승하면 T_s도 상승하므로 저항을 무시할 수 있는 경우와 달리 평판

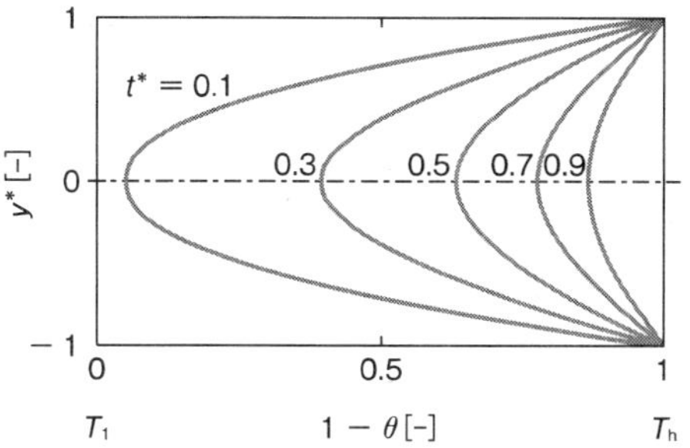

그림 16.9 시간 경과에 따른 온도 변화

표면의 온도에 대한 경계 조건을 설정할 수 없다. 이 경우, 평판 표면에서 경막측의 대류에 의한 열유속과 평판 내를 향하는 전도에 의한 열유속이 같아지므로 경계 조건은 다음과 같아진다.

$$\text{B.C.1} : y = Y\text{일 때 } h(T_h - T_s) = k\frac{\partial T}{\partial y}$$

$$\text{B.C.2} : y = -Y\text{일 때 } h(T_h - T_s) = -k\frac{\partial T}{\partial y}$$

여기에서 T_s에 대응하는 θ를 θ_s라 하면 경계 조건을 나타내는 식의 양변은 다음과 같이 변환할 수 있다.

$$h(T_h - T_s) = -h\frac{T_s - T_h}{T_1 - T_h}(T_1 - T_h) = -h\theta_s(T_1 - T_h)$$

$$k\frac{\partial T}{\partial y} = k\frac{\partial \theta}{\partial y^*}\frac{T_1 - T_h}{Y}$$

경계 조건을 θ, y^*에 대하여 나타내면 다음과 같아진다.

$$\text{B.C.1} : y^* = 1\text{일 때 } \theta_s = -\frac{k}{hY}\frac{\partial \theta}{\partial y^*}\bigg|_{y^*=1} = -m\frac{\partial \theta}{\partial y^*}\bigg|_{y^*=1}$$

$$\text{B.C.2} : y^* = -1\text{일 때}$$

$$\theta_s = m\frac{\partial \theta}{\partial y^*}\bigg|_{y^*=-1}$$

이 경계 조건을 바탕으로는 식(16.29)를 해석적으로 풀 수가 없다. 그래서 다음과 같은 수치적 해법을 이용한다. 수치적으로 푸는 경우에는 그림 16.10과 같이 $t^* - y^*$ 좌표 평면을 각각 Δt^*, Δy^*의 동일간격으로 구분하여 그림의 서로 수직인 점선이 교차되는 격자점의 t^*, y^*에 대응하는 θ의 값을 구한다. 이렇듯 본래는 시간, 공간에 대해 연속적으로 변화하는 함수 θ를 동일 간격으로 구분한 시간, 위치에 대한 값만을 부여하는 형태가 되는 것을 **이산화**(discretization)이라고 한다. 그림 16.10과 같이 t^*축의 방향 j번째 시간 t_j^*, y^*축의 j번째 위치 y^*_j의 무차원

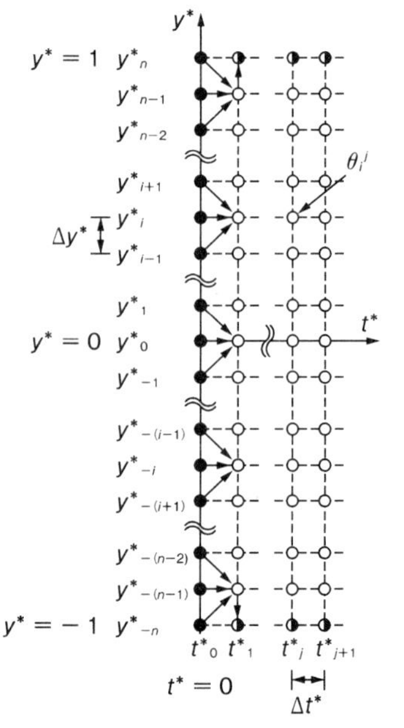

그림 16.10 이산화

온도를 θ_i^j라고 표기한다. 이 표기에 따르면 y^*축 방향은 $2n$의 구간에 분할했으므로 $y^*=1$, -1에 해당하는 위치 y^*_n, y^*_{-n}의 임의의 시간에서의 무차원 온도는 θ_n^j, θ_{-n}^j가 된다. 식(16.29)와 위의 두 개의 경계 조건 중의 편미분을 **차분**(difference)의 형태로 변환하여 나타내면, 다음과 같아진다.[2)]

$$\frac{\theta_i^{j+1}-\theta_i^j}{\Delta t^*} = \frac{\theta_{i+1}^j - 2\theta_i^j + \theta_{i-1}^j}{\Delta y^{*2}} \tag{16.33}$$

$$\text{B.C.1}:\ \theta_s = \theta_n^j = -m\frac{\theta_n^j - \theta_{n-1}^j}{\Delta y^*} \tag{16.34}$$

$$\text{B.C.2}:\ \theta_s = \theta_{-n}^j = m\frac{\theta_{-(n-1)}^j - \theta_{-n}^j}{\Delta y^*} \tag{16.35}$$

식(16.33)을 θ_i^{j+1}에 대해 풀면 다음과 같아진다.

$$\theta_i^{j+1} = \left(1-\frac{2\Delta t^*}{\Delta y^{*2}}\right)\theta_i^j + \frac{\Delta t^*}{\Delta y^{*2}}(\theta_{i+1}^j + \theta_{i-1}^j) \tag{16.36}$$

이 식은 그림 16.11과 같이 시간 t_j^*, 위치 y^*_{i-1}, y_i^*, y^*_{i+1}의 θ이 값을 우변에 대입함으로써, 다음 스텝의 시간 t^*_{j+1}의 위치 y_i^*의 θ의 값을 구할 수 있다는 것을 나타낸다. 초기 조건에 따라 그림 16.10에서 ●로 나타낸 시간 $t^*=0$의 모든 격자점에서 $\theta=1$이다. 그것을 식(16.36)에 대입하여 시간 t_1^*일 때의 y_n^*, y^*_{-n} 이외의 모든 격자점의 θ값을 구할 수 있다. y_n^*, y^*_{-n}에 대해서는 경계 조건을 나타내는 식(16.34), (16.35)를 각각 θ_n^j, θ_{-n}^j에 대해 푼 다음 식에 따라 구할 수 있다.

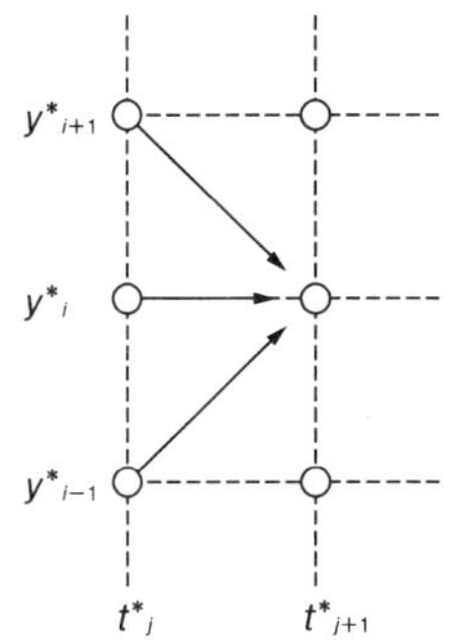

그림 16.11 격자점의 관계

$$\theta_n^j = \frac{m\theta_{n-1}^j}{\Delta y^* + m} \tag{16.37}$$

$$\theta_{-n}^j = \frac{m\theta_{-(n-1)}^j}{\Delta y^* + m} \tag{16.38}$$

2) 오가와 코헤이(小川浩平), 쿠로다 치아키(黑田千秋), 요시카와 시로(吉川史郎) "화학공학을 위한 수학" 사이언스사 (2007), 제4장 참조.

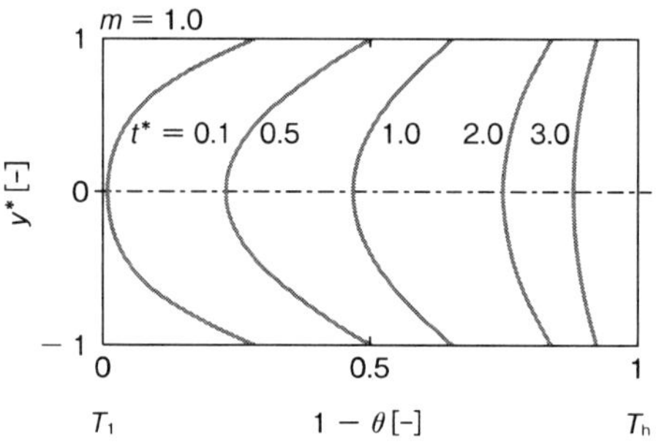

그림 16.12 경막 저항을 무시할 수 없는 경우의 시간 경과에 따른 온도 분포

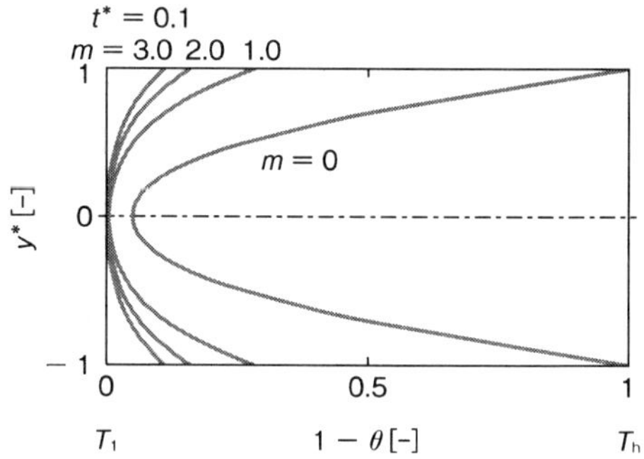

그림 16.13 m값 차이에 의한 온도 분포 비교

이에 따라 구한 시간 t_1*일 때의 θ값을 이용해 t_2*, 또한 다음 시간의 θ값을 연속적으로 구할 수 있다.

그림 16.12에는 수치적으로 구해진 무차원 온도 $1-\theta$의 분포이다. 여기에서는 $m = 1.0$인 조건에서의 시간경과에 따른 변화를 나타내고 있다. 경막 저항을 무시할 수 있는 경우의 온도 분포를 나타내는 그림 16.9와 달리, 평판 표면의 온도가 시간과 함께 점차 상승하고 그와 함께 내부 온도가 상승하여 전체적으로 주위 공기의 온도와 가까워져 간다는 것, 또한 온도 분포도의 t^*의 값을 비교하면, 온도 상승 속도가 느리다는 것을 알 수 있다. 그림 16.13은 $t^* = 0.1$일 때의 무차원 온도 분포를 m의 값을 변화시켜 계산한 결과를 나타내고 있다. 위에 설명했듯이 m은 경막 저항과 평판 내 저항의 비를 나타낸다. $m = 0$의 곡선은 경막 저항을 무시할 수 있는 ①의 경우의 분포로, 그림 16.9의 $t^* = 0.1$의 분포와 일치한다. m이 증가함에 따라 경막 내 저항이 커지며, 주위 공기에서 평판으로 가는 열이동 속도가 작아지기 때문에 표면의 온도는 낮다는 것을 알 수 있다.

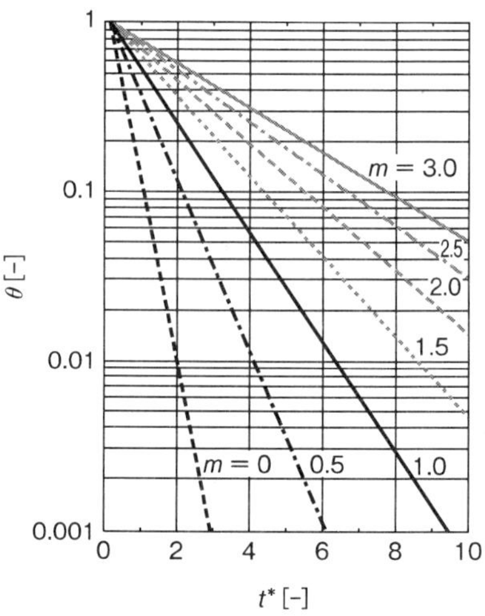

그림 16.14 평판 중심의 θ와 t^*의 관계

이와 같은 수치 계산 결과를 이용하여 평판형 재료를 고온 기체 내에서 가열하는 경우의 경과 시간과, 평판 중심 $y = 0$의 온도를 예측할 수 있다. 그림 16.14는 $y^* = 0$일 때의 θ의 값

과 t^*의 관계를 여러 가지 m값에 대해 나타낸 것이다. 아래에는 이 관계를 이용하여 평판 중심의 온도를 예측하는 예제이다.

예제 16.1

두께 5 cm, 길이 50 cm, 온도 10 ℃의 플라스틱 평판에 50 ℃의 공기를 속도 U=0.3 m·s^{-1}로 평행으로 흘려보내어 가열한다. 평판 중심 온도가 42 ℃가 될 때까지 걸리는 시간을 구하라. 공기의 동점도, 열전도도, 밀도, 비열용량의 경막 평균값이 각각 ν=1.59×10^{-5} m^2·s^{-1}, k_a= 2.61×10^{-2} W·m^{-1}·K^{-1}, ρ=1.17 kg·m^{-3}, C_p=1.00×10^3 J·kg^{-1}, 평판 재료의 열전도도, 밀도, 비열용량이 각각 k_s =1.90×10^{-1} W·m^{-1}·K^{-1}, ρ=1.20×10^3 kg·m^{-3}, C_p=1.26×10^3 J·kg^{-1}이다.

풀이

먼저, 평판과 공기 사이의 경막 전열계수를 구하기 위해 넛셀 수를 계산한다. 넛셀 수 계산식은 흐름이 층류인지 난류인지에 따라 다르다. 이 문제의 공기 흐름은 제11장의 평판 위의 경계층 흐름에 해당하는 것이라고 생각하면 레이놀즈 수는 평판 길이 L = 0.5 m, 공기 속도 u = 0.3 m·s^{-1}인 동점도 값에 따라 다음과 같이 계산된다.

$$Re_L = \frac{UL}{\nu} = 9.43 \times 10^3 \tag{16.39}$$

$Re_L < 10^5$이므로 층류이다. 공기의 열확산율은 $\alpha_a = k_a/(\rho C_p) = 2.23\times10^{-5}\ \mathrm{m^2\cdot s^{-1}}$이므로, 플란틀 수 $Pr = \nu/\alpha_a = 0.713 > 0.6$이 된다. 따라서 평판 표면 전체 길이에 걸친 넛셀 수의 평균값은 제14장 14.2절에서 유도한 식(14.35)에 따라 다음과 같이 구할 수 있다.

$$Nu_L = 0.664 Re_L^{1/2} Pr^{1/3} = 5.76 \times 10^1 \tag{16.40}$$

이 값에 따라 전열계수는 다음과 같이 구할 수 있다.

$$Nu_L = \frac{hL}{k_a} \longrightarrow h = \frac{Nu_L k_a}{L} = 3.01\ \mathrm{W\cdot m^{-2}\cdot K^{-1}} \tag{16.41}$$

이 전열계수와 평판의 열전도도에 따라 경막 내 저항의 평판 내 저항에 대한 비 m은

$$m = \frac{k_s}{hY} = 2.53 \tag{16.42}$$

가 된다. 또한 평판 중심의 온도가 42 ℃가 될 경우

$$\theta = \frac{T - T_h}{T_1 - T_h} = \frac{42 - 50}{10 - 50} = 0.2 \tag{16.43}$$

이다. $m \approx 2.5$일 때 그림 16.14에서 $m = 2.5$의 곡선에서 $\theta = 0.2$가 되는 t^*를 읽으면 거의 4.70인 것을 알 수 있다. 평판의 열확산율은 $\alpha_s = k_s / (\rho C_p) = 1.26 \times 10^{-7}\ \mathrm{m^2 \cdot s^{-1}}$이므로 42 ℃가 될 때까지 걸리는 시간은 다음과 같이 구할 수 있다.

$$t^* = \frac{\alpha_s t}{Y^2} = 4.70 \quad \longrightarrow \quad t = \frac{t^* Y^2}{\alpha_s} = 2.34 \times 10^4\ \mathrm{s} = 6.49\ \mathrm{h} \tag{16.44}$$

지금까지의 계산으로, 경막 내 전열계수 계산에는 공기의 열전도도와 열확산율을 이용한다는 점과, 평판 내 열이동에 관여하는 파라미터 m, t^*는 평판 재료의 열전도도와 열확산율을 통해 정의된다는 점에 유의할 필요가 있다.

위의 예제에서 동일 재료에 공기 속도를 $U = 1.88\ \mathrm{m \cdot s^{-1}}$로 하여 가열하는 경우는 $Re_L = 5.91 \times 10^{-4}$, $Nu_L = 1.44 \times 10^2$, $h = 7.53\ \mathrm{W \cdot m^{-2} \cdot K^{-1}}$, $m = 1.01$이 된다. $m \approx 1.0$으로 하여 그림 16.14에 따라 $\theta = 0.2$가 되는 t^*을 읽으면 약 2.30이므로 가열 시간은 다음과 같아진다.

$$t = \frac{t^* Y^2}{\alpha_s} = 1.14 \times 10^4\ \mathrm{s} = 3.17\ \mathrm{h} \tag{16.45}$$

이 경우, 전열계수가 크고 경막 내 열이동 속도가 커지므로 가열 시간은 짧아진다. 한편, 평판 내 열전도도, 열확산율이 각각 $k_s = 1.14 \times 10^{-1}\ \mathrm{W \cdot m^{-1} \cdot K^{-1}}$, $\alpha_s = 7.54 \times 10^{-8}\ \mathrm{m^2 \cdot s^{-1}}$로 작을 경우, 공기의 속도를 예제와 같게 하면 m의 값은 1.52가 된다. $m \approx 1.5$일 때, 그림 16.14에 따라 $\theta = 0.2$가 되는 t^*을 읽으면 약 3.10이므로

$$t = \frac{t^* Y^2}{\alpha_s} = 2.57 \times 10^4\ \mathrm{s} = 7.14\ \mathrm{h} \tag{16.46}$$

이 된다. 이렇듯 열전도도가 작은 재료에서는 재료 내 열이동 속도가 작아지기 때문에 평판 중심의 온도가 상승하는데 시간이 걸리는 것을 알 수 있다.

③ 평판 내 저항을 무시할 수 있는 경우

예제 16.1의 평판 재료인 플라스틱 재료의 열전도도가 $10^{-1}\ \mathrm{W \cdot m^{-1} \cdot K^{-1}}$ 정도로 매우 작기 때문에 평판 내 저항을 고려할 필요가 있었다. 그에 비해 금속과 같이 매우 열이 잘 이동되는 재료, 예를 들어 열전도도가 $k_s = 3.98 \times 10^2\ \mathrm{W \cdot m^{-1} \cdot K^{-1}}$인 구리 평판에서는 동일 조건하에서 m의 값이 5.25×10^3으로 몹시 커지므로 평판 내 저항을 무

시할 수 있다. 이 경우, 대류로 인해 경막에서 재료 표면으로 이동한 열은 몹시 짧은 시간에 평판 전체로 이동한다. 따라서 평판 내에 온도 분포가 발생하는 일 없이 일정하다고 볼 수 있어서 전체적으로 시간 경과와 함께 공기 온도에 가까워져간다. 이러한 조건에서는 평판 내 온도 분포를 고려한 열수지식(16.27)을 푸는 게 아니라 평판 전체가 일정 온도인 것을 가정한 열수지식에 따라 온도의 경시 변화를 구할 수 있다. 열수지식은 평판에 이동하는 열량과 평판 전체의 온도가 균일하게 상승하는데 필요한 열량을 동일하게 하여 유도된다. 미세 시간 $\mathrm{d}t$ 사이에 공기측 경막에서 평판 위아래 두 표면에 이동하는 열은 $2LWh(T_{\mathrm{h}}-T)\mathrm{d}t$로 나타낸다. T는 그 시간의 평판의 균일한 온도, W는 평판의 폭이다. 이 미세 시간에 재료 전체의 온도가 $\mathrm{d}T$만큼 상승한다면, 그에 필요한 열량은 $2LWY\rho C_{\mathrm{p}}\mathrm{d}T$이다. 이들의 열량이 같아지므로 다음 식이 성립한다.

$$2LWh(T_{\mathrm{h}}-T)\mathrm{d}t = 2LWY\rho C_{\mathrm{p}}\mathrm{d}T \longrightarrow \mathrm{d}t = Y\rho C_{\mathrm{p}}\frac{\mathrm{d}T}{h(T_{\mathrm{h}}-T)} \tag{16.47}$$

이 식의 양변을 다음과 같이 적분하면 평판 온도가 초기의 T_1에서 T까지 상승하는데 필요한 시간을 구할 수 있다.

$$\int_0^t \mathrm{d}t = \frac{Y\rho C_{\mathrm{p}}}{h}\int_{T_1}^{T}\frac{\mathrm{d}T}{T_{\mathrm{h}}-T} \longrightarrow t = \frac{Y\rho C_{\mathrm{p}}}{h}\ln\frac{T_{\mathrm{h}}-T_1}{T_{\mathrm{h}}-T} \tag{16.48}$$

이 식을 무차원 시간 t^*, 무차원 온도 θ를 이용하여 변환하면 다음과 같아진다.

$$t^* = -m\ln\theta \tag{16.49}$$

예제 16.1과 동일 조건에서 평판을 가열할 경우, $m=5.25\times10^3$일 때 위 식에 따라 계산되는 t^*와 θ의 관계를 나타내면, 그림 16.15 그래프의 실선과 같아진다. 그림의 ●은 ②의 경우와 마찬가지로 수치 계산을 한 경우 $y^*=0$일 때의 온도인데, 식(16.49)에 따라 계산된 결과와 거의 일치한다. 또한 수치 계산을 통해 구한 평판 내 온도 분포의 시간 경과에 따른 변화가 그림 16.16과 같은데, 각 시간에서 평판 내 온도는 거의 일정하다. 이에 따라 평판 내 온도를 일정하다고 가정한 것은 적절하며, 그 가정을 바탕으로 유도한 식(16.49)에 따라 온도의 시간경과에 따른 변화를 계산할 수 있다는 것을 알 수 있다. 또한 그림 16.15를 그림 16.14와 비교하면 $\theta=0.2$에 대한 t^*의 값이 약 8.50×10^3으로 매우 크다. 구리의 밀도와 비열용량은 각각 $\rho=8.92\times10^3\ \mathrm{kg\cdot m^{-3}}$, $C_{\mathrm{p}}=3.85\times10^2\ \mathrm{J\cdot kg^{-1}}$이므로 열확산율은 $\alpha_{\mathrm{s}}=k_{\mathrm{s}}/(\rho C_{\mathrm{p}})=1.16\times10^{-4}\ \mathrm{m^2\cdot s^{-1}}$이다. 따라서 가열에 필요한 시간을 계산하면,

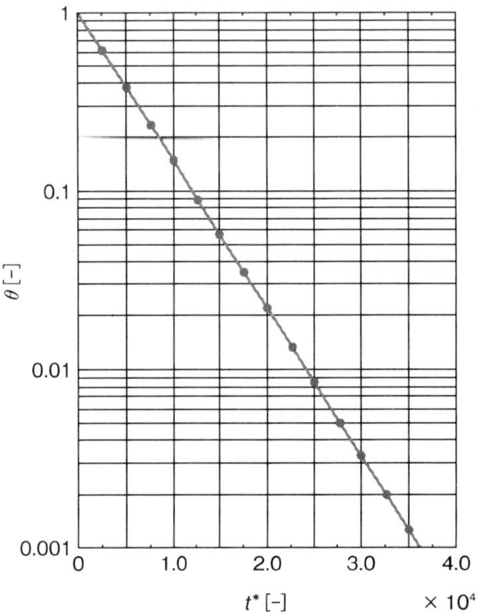

그림 16.15 시간 경과에 따른 구리 평판 중심 온도변화

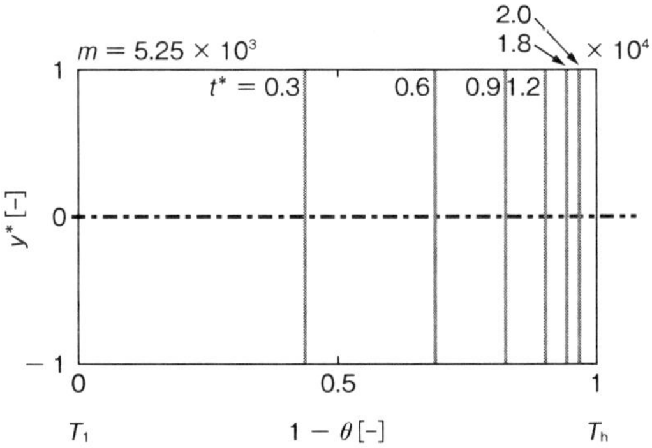

그림 16.16 시간 경과에 따른 구리 평판 내 온도 분포 변화

$$t = \frac{t^* Y^2}{\alpha_s} = 4.58 \times 10^4 \text{ s} = 12.7 \text{ h} \tag{16.50}$$

이 된다. 열전도도가 큰데도 불구하고, 플라스틱 재료에 의해 가열시간이 길어진다. 이것은 공기측 경막 저항은 평판의 열전도도의 크기에 상관없이 같다는 점과, 구리의 밀도가 크고 열용량이 예제 16.1의 플라스틱보다 크기 때문이다.

학습의 키워드

□응축 □비등 □잠열 □이슬점 □적상 응축 □막상 응축 □현열 □핵비등 □막비등 □핀 □핀의 효율 □비정상 상태 열이동 □경막 □저항 □이산화 □차분

제16장 연습문제

16.1 수직으로 설치된 길이 30.0 m, 폭 2.00 m의 평판이 물에 의해 냉각되어 10.0 ℃가 되어, 냉각수 반대측에 있는 수증기를 포함하는 공기와 접촉하고 있다. 이슬점이 27.0 ℃인 경우의 평판 맨 아래의 물의 질량 유량을 구하라. 27.0 ℃의 물의 응축 잠열은 2.44×10^6 J·kg^{-1}, 밀도, 점도, 비열용량, 열확산율의 평균값이 각각 9.98×10^2 kg·m^{-3}, 1.08×10^{-3} Pa·s, 4.19×10^3 J·kg^{-1}·K^{-1}, 1.42×10^{-7} m^2·s^{-1}이다.

16.2 문제 16.1과 같은 응축 조작에서 이슬점이 20.0 ℃, 평판 온도가 5.00 ℃인 경우에 단위 시간당 응축하는 물의 질량 유량을 2.30×10^{-1} kg·s^{-1}로 하기 위해 필요한 평판 길이를 구하라. 평판의 폭은 2.00 m이다. 또한 20.0 ℃ 물의 응축 잠열은 2.46×10^6 J·kg^{-1}, 밀도, 점도, 비열용량, 열확산율의 평균값이 각각 9.99×10^2 kg·m^{-3}, 1.26×10^{-3} Pa·s, 4.19×10^3 J·kg^{-1}·K^{-1}, 1.39×10^{-7} m^2·s^{-1}로 한다.

16.3 문제 16.2에서 평판 길이를 5.00 m로 할 때 단위 시간당 응축하는 물의 질량 유량이 1.65×10^{-1} kg·s^{-1}일 경우의 평판의 설정 온도를 구하라. 물성은 문제 16.2의 값을 이용해도 된다.

16.4 폭 30.0 cm, 두께 5.00 mm의 핀에 의해 냉각을 한다. 핀이 붙어 있는 부분의 온도가 80.0 ℃, 핀 주변의 공기 온도가 25.0 ℃, 핀의 열전도도가 4.00×10^2 W·m^{-1}·K^{-1}, 핀 부근의 경막 전열계수가 25.0 W·m^{-2}·K^{-1}이다. 공기로의 열이동량을 7.65×10^1 W로 하기 위해 필요한 핀 길이를 구하라.

16.5 문제 16.4와 동일 조건의 냉각에서, 핀의 폭이 15.0 cm, 40.0 cm인 경우에 필요한 길이를 구하라. 또한 문제 16.4의 경우와 핀 효율을 비교하라.

16.6 두께 3.00 cm, 길이 15.0 cm, 온도 5.00 ℃의 플라스틱제 평판에 70.0 ℃의 공기를 속도 $U=8.00\times10^{-1}$ m · s^{-1}로 평행으로 흘려보내어 가열한다. 평판 중심 온도가 67.4 ℃가 될 때까지 걸리는 시간을 구하라. 공기의 동점도, 열전도도, 밀도, 비열용량의 경막에서의 평균값이 각각 $\nu=1.59\times10^{-5}$ m^2 · s^{-1}, $k_a=2.61\times10^{-2}$ W · m^{-1} · K^{-1}, $\rho=1.17$ kg · m^{-3}, $C_p=1.00\times10^3$ J · kg^{-1}, 평판 재료의 열전도도, 밀도, 비열용량이 각각 $k_s=2.02\times10^{-1}$ W · m^{-1} · K^{-1}, $\rho=1.20\times10^3$ kg · m^{-3}, $C_p=1.85\times10^3$ J · kg^{-1}이다.

16.7 두께 3.00 cm, 길이 1.20 m, 온도 15.0 ℃의 알루미늄 평판에 45.0 ℃의 공기를 속도 $U=2.00\times10^{-1}$ m · s^{-1}로 평행으로 흘려보내어 가열한다. 평판 중심 온도가 40.0 ℃가 될 때까지 걸리는 시간을 구하라. 공기의 동점도, 열전도도, 밀도, 비열용량의 경막에서의 평균값이 각각 $\nu=1.86\times10^{-5}$ m^2 · s^{-1}, $k_a=2.61\times10^{-2}$ W · m^{-1} · K^{-1}, $\rho=1.17$ kg · m^{-3}, $C_p=1.00\times10^3$ J · kg^{-1}, 알루미늄의 열전도도, 밀도, 비열용량이 각각 $k_s=2.37\times10^2$ W · m^{-1} · K^{-1}, $\rho=2.70\times10^3$ kg · m^{-3}, $C_p=8.97\times10^2$ J · kg^{-1}이다.

16.8 제12장 연습문제 12.1에서, 원기둥 측면에서 주위로 달아나는 열의 유속이 원기둥 온도 T와 주위 온도 T_a의 차이에 비례하여 $h(T-T_a)$로 나타나는 경우의 온도 분포를, 제13장 3.3절의 열수지식(13.22)를 바탕으로 유도하라.

제 IV 부

물질이동(物質移動)

제 17 장

물질수지

-shell mass balance-

이 단원의 목표

증류, 가스 흡수, 액액 추출 등의 분리 장치 및 화학 반응 장치 내부에서는 물질의 농도 차이를 추진력으로 한 확산, 물체의 흐름에 동반하는 대류 등에 의한 물질이동이 발생한다. 그들 장치의 성능은 물질이동 속도에 크게 의존한다.

이번 단원에서는 제4장의 셸 운동량 수지식, 제12장의 셸 열수지식과 같은 방법을 통해 확산과 대류에 의한 물질이동을 고려한 셸 물질수지식을 유도하여, 그 식을 바탕으로 구체적인 물질이동 문제를 푸는 방법을 학습하겠다. 또한 다성분으로 이루어진 유체 내 이동현상은 매우 복잡하기 때문에, 이 책에서는 2성분계의 물질이동현상을 대상으로 한다.

17.1 물질이동 유속

물질이동은 유체를 구성하는 여러 성분이 각 유체 전체와 다른 속도로 이동하는 현상이다. 이것은 질량의 이동현상인 점에서 유동 현상과 유사하다. 열이동에서는 전도에 의한 이동은 유동에 직접 영향을 미치지 않는다. 그에 비해 물질이동은 분자 효과에 의한 **확산**(diffusion)이어도 위에 설명한 것과 같이 유체의 일부 질량의 이동에 해당하기 때문에 유동을 동반하는 경우가 있다. 그러한 경우에는 확산과 **대류**(convection)를 모두 고려해야 한다. 따라서 확산과 대류에 의한 이동 및 유체 전체의 이동 속도의 관계를 명확하게 이해할 필요가 있다. 이 점에서 물질이동은 운동량, 열이동과 크게 다르다.

성분 A, B로 이루어진 유체 중의 A의 확산에 의한 물질이동 유속은 제1장에서 설명했듯이 아래의 **픽의 법칙**(Fick's law of diffusion)에 따른다.

$$J_{Ax} = -\rho D_{AB}\frac{d\omega_A}{dx} \quad [\mathrm{kg \cdot m^{-2} \cdot s^{-1}}] \tag{1.8}$$

여기에서 J_{Ax}는 질량기준의 유속, $D_{AB}[\mathrm{m^2 \cdot s^{-1}}]$은 **확산 계수**(diffusivity)이다. 확산 계수 값은 확산하는 물질과 매체가 되는 물질의 조합에 의해 여러 가지 값이 되는데 유체 내에서는 거의 $10^{-9}\,\mathrm{m^2 \cdot s^{-1}}$ 정도, 기체 내의 경우는 거의 $10^{-5}\,\mathrm{m^2 \cdot s^{-1}}$ 정도의 값이 된다.

A, B의 2성분으로 이루어진 혼합 유체의 밀도를 ρ, 성분 A, B의 질량 농도, 질량분율을 각각 ρ_A, ρ_B, ω_A, ω_B로 한다. $\rho_A = \rho\omega_A$, $\rho_B = \rho\omega_B$인 것을 고려하면 성분 A, B의 확산과 대류에 의한 질량기준 유속의 x방향 성분의 합계는 제1장 1.3절의 표 1.2에 따라 다음과 같아진다.

$$\text{성분 A} : N_{Ax} = J_{Ax} + \rho\omega_A u_x = -\rho D_{AB}\frac{\partial \omega_A}{\partial x} + \rho_A u_x \tag{17.1}$$

$$\text{성분 B} : N_{Bx} = J_{Bx} + \rho\omega_B u_x = -\rho D_{BA}\frac{\partial \omega_B}{\partial x} + \rho_B u_x \tag{17.2}$$

여기에서는 농도가 y, z방향으로도 변화하는 것을 고려하여, 질량분율의 구배를 편미분으로 나타냈다. D_{AB}, D_{BA}는 성분 B, A 내를 확산하는 A, B의 확산 계수이다. 대부분의 경우, 이들은 같아지므로 아래에서는 모두 D_{AB}라 표기하겠다. 위식에서 정의되는 확산과 대류에 의한 유속의 합계 N_{Ax}, N_{Bx}를 **물질이동 유속**(mass transfer flux), J_{Ax}, J_{Bx}를 **확산 유속**(diffusion flux)이라고 한다. 그림 17.1은 혼합 유체 전체의 속도 u_x와 각 성분의 속도 v_{Ax}, v_{Bx}의 관계를 나타내고 있다. 유체 중의 각 분자의 속도는 다른데, v_{Ax}, v_{Bx}는 성분 A, B 각 분자 전체에 대한 평균값이다. 유체 전체에 대한 물질이동 속도를 나타내는 단위 면적당 질량 유량, 즉 **질량 속도**(mass velocity)는 제1장 1.3절의 식(1.14)에 따라 ρu_x로 표시된다. 또한 혼합 유체를 성분 A, 성분 B 각각으로 이루어진 유체로 나누어 생각한 경우의 질량 속도는 각각 $\rho_A v_{Ax}$, $\rho_B v_{Bx}$로 표시된다. 이것은 각 물질의 질량의 단위 면적, 단위 시간당 이동량을 나타내고 있으므로 물질이동 유속 N_{Ax}, N_{Bx}와 같다. 또한 2성분의 질량 속도 합계는 전체의 질량 속도와 같아지므로 다음 관계가 성립한다.

$$\rho u_x = \rho_A v_{Ax} + \rho_B v_{Bx} = N_{Ax} + N_{Bx} \tag{17.3}$$

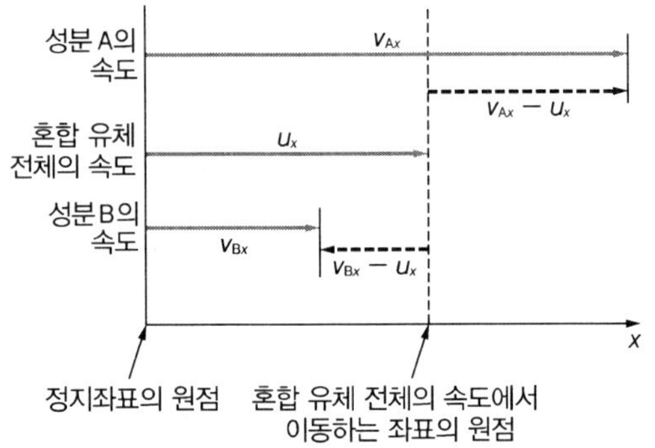

그림 17.1 성분 A, B의 속도

양변을 ρ로 나누면 다음과 같아진다.

$$u_x = \frac{1}{\rho}(\rho_A v_{Ax} + \rho_B v_{Bx}) = \omega_A v_{Ax} + \omega_B v_{Bx} \tag{17.4}$$

이 식은 유체의 속도 u_x가 우변 A, B의 속도 v_{Ax}, v_{Bx}의 질량기준의 평균과 같다는 것을 나타내고 있다. 이에 따라, 대류에 의한 물질이동을 담당하는 유체 속도 u_x와 대류와 확산의 효과를 합한 물질이동을 담당하는 각 성분의 속도 v_{Ax}, v_{Bx} 사이에 밀접한 관계가 있다는 것을 알 수 있다. 확산 유속은 위에서 설명했듯이 식(1.8)로 나타낼 수 있는데, 그 이동을 담당하는 속도는 그림 17.1과 같은 유체 전체의 속도 u_x로 이동하는 좌표를 통해 관측되는 각 성분의 속도이다. 즉 그림의 점선 화살표로 표시된 v_{Ax}, v_{Bx}의 u_x에 대한 상대 속도 $v_{Ax} - u_x$, $v_{Bx} - u_x$가 그에 해당한다. 이것은 확산 유속이 물질이동 유속에서 대류에 의한 유속을 뺀 것이라는 점과 함께, 다음 식을 통해 이해할 수도 있다.

$$\text{성분 A}: J_{Ax} = -\rho D_{AB}\frac{\partial \omega_A}{\partial x} = N_{Ax} - \rho_A u_x = \rho_A(v_{Ax} - u_x) \tag{17.5}$$

$$\text{성분 B}: J_{Bx} = -\rho D_{AB}\frac{\partial \omega_B}{\partial x} = N_{Bx} - \rho_B u_x = \rho_B(v_{Bx} - u_x) \tag{17.6}$$

또한 질량분율은 $\omega_A + \omega_B = 1$의 조건을 만족시키기 위하여 $\partial\omega_A/\partial x = -\partial\omega_B/\partial x$가 되므로, 성분 A, B의 확산 유속은 다음과 같이 절댓값이 같고 서로 역방향이 된다.

$$J_{Ax} = -\rho D_{AB}\frac{\partial \omega_A}{\partial x} = -\rho D_{AB}\left(-\frac{\partial \omega_B}{\partial x}\right) = -J_{Bx} \tag{17.7}$$

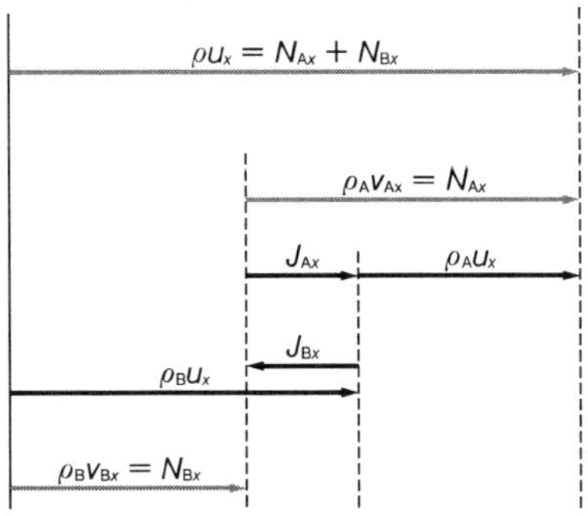

그림 17.2 질량기준의 유속 간의 관계

이에 따라 다음과 같이 성분 A, B의 물질이동 유속의 합계와 대류에 의한 유속의 합계가 같아진다는 것이 유도된다.

$$\rho u_x = N_{Ax} + N_{Bx} = J_{Ax} + \rho_A u_x + J_{Bx} + \rho_B u_x = \rho_A u_x + \rho_B u_x \quad (17.8)$$

이 관계가 성립하는 것은 $\rho = \rho_A + \rho_B$인 것에 따라서도 이해할 수 있다. 이 식 및 식(17.3)의 각 유속간의 관계를 나타낸 것이 그림 17.2이다. 또한 식(17.3)을 식(17.1), (17.2)에 대입하면 다음 식이 유도된다.

$$N_{Ax} = -\rho D_{AB}\frac{\partial \omega_A}{\partial x} + \omega_A(N_{Ax} + N_{Bx}) \quad (17.9)$$

$$N_{Bx} = -\rho D_{AB}\frac{\partial \omega_B}{\partial x} + \omega_B(N_{Ax} + N_{Bx}) \quad (17.10)$$

이들 식은 두 성분의 이동 유속이 밀접하게 관련되어 있어 서로 독립되어 있지 않다는 것을 나타낸다. 그 때문에 이동현상이 발생하는 장에서의 한 성분의 농도 분포를 물질수지식을 바탕으로 유도할 때에는 두 성분의 이동 유속의 관계를 고려할 필요가 있다. 또한 대류를 담당하는 속도 u_x는 위에 설명했듯이 유체 전체의 속도 즉, 유속으로 대부분의 경우, 제4장, 제6장에서 학습한 흐름의 장에서의 속도이다. 그러나 그러한 흐름이 없는 경우에도 17.2절의 예제에서 다룰 단방향 확산과 같이 물질이동에 동반하여 흐름이 발생하는 경우가 있다. 이러한 경우는 그 흐름에 의한 속도가 u_x에 해당한다는 점과 그 속도에 의한 대류 효과를 고려할 필요가 있다.

물질이동에서는 2성분의 이동 유속 및 유체 속도가 밀접히 관련되어 있다는 점과 함께 또 한 가지 유의해야 하는 점이 있다. 여기까지는 물질이동 유속을 질량기준으로 정의해왔다. 질량의 이동 속도인 유체 속도와의 관계를 명확하게 하는 데는 그 편이 더 편리한 경우가 많기 때문이다. 그러나 반응에 의한 물질 생성과 소멸을 고려할 때에는 몰기준의 유속이 더 편리하다. 그래서 다음으로 질량기준과 몰기준의 유속의 차이점에 대하여 설명하겠다.

성분 A, B의 몰기준 물질이동 유속, 몰농도가 각각 N_{Ax}^*, N_{Bx}^*, C_A, C_B이면, 질량기준의 경우와 마찬가지로,

$$N_{Ax}^* = C_A v_{Ax}, \qquad N_{Bx}^* = C_B v_{Bx}$$

가 된다. 또한 혼합 유체 전체의 몰기준 유속은 다음 식과 같이 이들의 합계이다.

$$Cv_x^* = C_A v_{Ax} + C_B v_{Bx} = N_{Ax}^* + N_{Bx}^* \tag{17.11}$$

C는 혼합 유체 단위 부피에 포함되는 A, B의 몰수의 합계로 전체 몰농도, 유속 v_x^*은 몰기준의 대류에 의한 이동을 담당하는 속도이다. 이 식과 같은 전체 몰유속 Cv_x^*는 질량 속도 ρu_x에 대응하고 있다. 식(17.11)을 C로 나눈 다음 식에 따라 v_x^*이 A, B의 속도 v_{Ax}, v_{Bx}의 몰기준의 평균인 것이 나타난다.

$$v_x^* = \frac{1}{C}(C_A v_{Ax} + C_B v_{Bx}) = x_A v_{Ax} + x_B v_{Bx} \tag{17.12}$$

x_A, x_B는 A, B의 몰분율이다. 이 식과 식(17.4)를 비교하면 v_x^*는 A, B의 분자량이 같은 경우 외에는 유체의 속도 u_x와는 일치하지 않는다는 것을 알 수 있다. 이에 따라 몰기준의 확산 유속의 x방향 성분을 J_{Ax}^*, J_{Bx}^*라 하면, 몰기준의 물질이동 유속에 대하여 식(17.1), (17.2), (17.9), (17.10)에 대응하는 다음 관계가 유도된다.

$$\text{성분 A}: N_{Ax}^* = J_{Ax}^* + Cx_A v_x^* = -CD_{AB}\frac{\partial x_A}{\partial x} + C_A v_x^*$$
$$= -CD_{AB}\frac{\partial x_A}{\partial x} + x_A(N_{Ax}^* + N_{Bx}^*) \tag{17.13}$$

$$\text{성분 B}: N_{Bx}^* = J_{Bx}^* + Cx_B v_x^* = -CD_{AB}\frac{\partial x_B}{\partial x} + C_B v_x^*$$
$$= -CD_{AB}\frac{\partial x_B}{\partial x} + x_B(N_{Ax}^* + N_{Bx}^*) \tag{17.14}$$

여기에서

$$Cx_A v_x^* = C_A v_x^*, \qquad Cx_B v_x^* = C_B v_x^*$$

는 대류에 의한 유속이다. 확산 계수 D_{AB}는 질량기준의 경우와 같다. 확산에 의한 유속은 식(17.5), (17.6)과 마찬가지로 다음과 같이 나타낼 수도 있다.

싱분 A :

$$J_{\mathrm{A}x}{}^{*} = -CD_{\mathrm{AB}}\frac{\partial x_{\mathrm{A}}}{\partial x} = N_{\mathrm{A}x}{}^{*} - C_{\mathrm{A}}v_{x}{}^{*} = C_{\mathrm{A}}(v_{\mathrm{A}x} - v_{x}{}^{*}) \quad (17.15)$$

성분 B :

$$J_{\mathrm{B}x}{}^{*} = -CD_{\mathrm{AB}}\frac{\partial x_{\mathrm{B}}}{\partial x} = N_{\mathrm{B}x}{}^{*} - C_{\mathrm{B}}v_{x}{}^{*} = C_{\mathrm{B}}(v_{\mathrm{B}x} - v_{x}{}^{*}) \quad (17.16)$$

이 경우도 $\partial x_{\mathrm{A}}/\partial x = -\partial x_{\mathrm{B}}/\partial x$이므로 성분 A, B의 확산 유속은 절대치가 같고 서로 역방향이 된다. 따라서 질량기준의 경우의 식(17.8)과 마찬가지로 A, B의 물질이동 유속의 합계는 각 성분의 대류에 의한 유속의 합계와 같아진다.

몰기준의 평균 속도 $v_x{}^{*}$가 유체의 유속 u_x와 일치하지 않는 것은 다음과 같이 이해할 수 있다. 성분 A, B의 분자량이 각각 M_{A}, M_{B}이면 $C_{\mathrm{A}} = \rho_{\mathrm{A}}/M_{\mathrm{A}}$, $C_{\mathrm{B}} = \rho_{\mathrm{B}}/M_{\mathrm{B}}$이므로 식(17.1), (17.2)에 따라 각 성분의 물질이동 유속에 대해 다음 식이 성립한다.

성분 A :

$$N_{\mathrm{A}x}{}^{*} = C_{\mathrm{A}}v_{Ax} = \frac{\rho_{\mathrm{A}}}{M_{\mathrm{A}}}v_{\mathrm{A}x} = \frac{N_{\mathrm{A}x}}{M_{\mathrm{A}}} = \frac{J_{\mathrm{A}x}}{M_{\mathrm{A}}} + C_{\mathrm{A}}u_{x} \quad (17.17)$$

성분 B :

$$N_{\mathrm{B}x}{}^{*} = C_{\mathrm{B}}v_{\mathrm{A}x} = \frac{\rho_{\mathrm{B}}}{M_{\mathrm{B}}}v_{Bx} = \frac{N_{Bx}}{M_{\mathrm{AB}}} = \frac{J_{\mathrm{B}x}}{M_{\mathrm{AB}}} + C_{\mathrm{B}}u_{x} \quad (17.18)$$

이들 식만 보면, 몰기준의 경우도 대류 이동 속도를 u_x로 해도 좋을 것 같이 보인다. 그림 17.3은 $M_{\mathrm{A}} < M_{\mathrm{B}}$의 경우의 위 두 식의 각 유속의 관계를 나타내고 있다. $|J_{\mathrm{A}x}/M_{\mathrm{A}}|$와 $|J_{\mathrm{B}x}/M_{\mathrm{B}}|$가 같지 않기 때문에 그림과 같이 $C_{\mathrm{A}}u_x$와 $C_{\mathrm{B}}u_x$의 합계는 두 성분의 몰기준의 물질이동 유속의 합계 $N_{\mathrm{A}x}{}^{*} + N_{\mathrm{B}x}{}^{*}$와 일치하지 않는다. 이에 따라 u_x는 대류 이동의 속도로써 적절하지 않다는 것을 알 수 있다. 또한 이 그림에 따라 다음 관계를 만족시키는 $v_x{}^{*}$가 적절하다는 것도 확인할 수 있다.

$$Cv_{x}{}^{*} = N_{\mathrm{A}x}{}^{*} + N_{\mathrm{B}x}{}^{*} = C_{\mathrm{A}}v_{x}{}^{*} + C_{\mathrm{B}}v_{x}{}^{*} = C_{\mathrm{A}}v_{\mathrm{A}x} + C_{\mathrm{B}}v_{\mathrm{B}x} \quad (17.19)$$

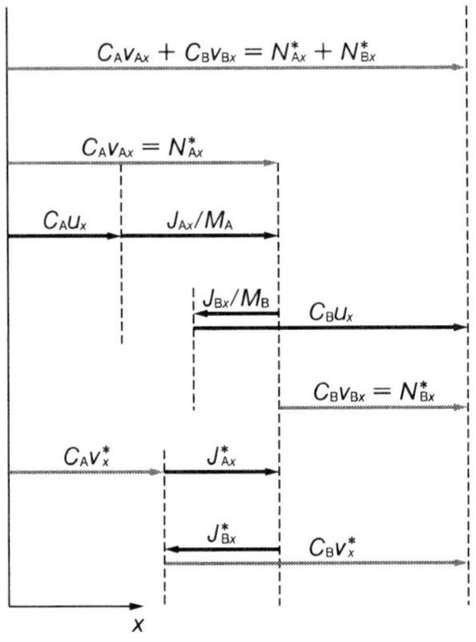

그림 17.3 몰기준의 유속의 관계

이렇듯 물질 기준, 몰기준으로 대류 이동 속도가 다르다는 점에서 물질이동 취급에는 주의할 필요가 있다. 표 17.1, 17.2에 A, B로 이루어진 2성분계의 경우의 질량기준, 몰기준의 농도, 유속 관계를 정리하였다. 아래는 이들 농도, 유속 관계에 관한 예제이다.

표 17.1 질량기준, 몰기준의 농도

	질량기준	몰기준
분율	$\omega_A + \omega_B = 1$	$x_A + x_B = 1$
	$\omega_A = \dfrac{M_A x_A}{M_A x_A + M_B x_B}$,	$x_A = \dfrac{\omega_A/M_A}{\omega_A/M_A + \omega_B/M_B}$
질량분율, 몰분율 구배의 관계	$\dfrac{\partial \omega_A}{\partial x} = \dfrac{M_A M_B}{(M_A x_A + M_B x_B)^2} \dfrac{\partial x_A}{\partial x}$,	$\dfrac{\partial x_A}{\partial x} = \dfrac{M_A M_B}{(\omega_A/M_A + \omega_B/M_B)^2} \dfrac{\partial \omega_A}{\partial x}$
농도	$\rho = \rho\omega_A + \rho\omega_B = \rho_A + \rho_B$	$C = Cx_A + Cx_B = C_A + C_B$
	$\rho = (M_A x_A + M_B x_B)C$,	$C = (\omega_A/M_a + \omega_B/M_B)\rho$

≫ **표 17.2 질량기준, 몰기준의 이동 유속(x방향 성분)**

각 성분 분자의 평균 속도	v_{Ax}, v_{Bx}	
	질량기준	몰기준
대류 이동을 담당하는 속도	$u_x = \omega_A v_{Ax} + \omega_B v_{Bx}$	$v_x^* = x_A v_{Ax} + x_B v_{Bx}$
	$v_x^* = \dfrac{M_a u_x - (M_A - M_B)\omega_A v_{Ax}}{M_B \omega_A + M_A \omega_B} = \dfrac{M_B u_x - (M_B - M_A)\omega_B v_{Bx}}{M_B \omega_A + M_A \omega_B}$	
확산 유속	$J_{Ax} = \rho_A (v_{Ax} - u_x) = -\rho D_{AB} \dfrac{\partial \omega_A}{\partial x}$	$J_{Ax}^* = C_A (v_{Ax} - v_x^*) = -C D_{AB} \dfrac{\partial x_A}{\partial x}$
	$J_{Ax} = -J_{Bx}$	$J_{Ax}^* = -J_{Bx}^*$
	$J_{Ax} = \dfrac{M_A M_B}{M_A x_A + M_B x_B} J_{Ax}^* = (M_B \omega_A + M_A \omega_B) J_{Ax}^*$	
대류에 의한 유속	$\rho \omega_A u_x = \rho_A u_x$	$C x_A v_x^* = C_A v_x^*$
물질이동 유속	$N_{Ax} = \rho \omega_A v_{Ax} = \rho_A v_{Ax} = J_{Ax} + \rho_A u_x$	$N_{Ax}^* = C x_A v_{Ax} = C_A v_{Ax}$ $= J_{Ax}^* + C_A v_x^*$
	$N_{Ax} + N_{Bx} = \rho_A v_{Ax} + \rho_B v_{Bx}$ $= \rho_A u_x + \rho_B u_x = \rho u_x$	$N_{Ax}^* + N_{Bx}^* = C_A v_{Ax} + C_B v_{Bx}$ $= C_A v_x^* + C_B v_x^* = C v_x^*$
	$N_{Ax} = M_A N_{Ax}^*$	

예제 17.1

표 17.2와 같은 질량기준, 몰기준의 확산 유속의 관계를 유도하라.

풀 이

우선 표 17.1과 같은 질량분율, 몰분율의 구배 관계를 유도한다. 질량분율과 몰분율의 관계에 따라

$$\frac{\partial \omega_A}{\partial x} = \frac{\partial}{\partial x}\left(\frac{M_A x_A}{M_A x_A + M_B x_B}\right) = \frac{\partial}{\partial x_A}\left(\frac{M_A x_A}{M_A x_A + M_B x_B}\right)\frac{\partial x_A}{\partial x} \tag{17.20}$$

이 된다. 여기에서

$$\begin{aligned}\frac{\partial}{\partial x_A}\left(\frac{M_A x_A}{M_A x_A + M_B x_B}\right) &= \frac{\partial}{\partial x_A}\left(\frac{M_A x_A}{M_A x_A + M_B (1 - x_A)}\right) \\ &= \frac{\partial}{\partial x_A}\left(\frac{M_A x_A}{(M_A - M_B) x_A + M_B}\right) \\ &= \frac{M_A\{(M_A - M_B)x_A + M_B\} - (M_A - M_B) M_A x_A}{\{(M_A - M_B)x_A + M_B\}^2} \\ &= \frac{M_A M_B}{(M_A x_A + M_B x_B)^2}\end{aligned} \tag{17.21}$$

이므로, 다음 식이 유도된다.

$$\frac{\partial \omega_A}{\partial x} = \frac{M_A M_B}{(M_A x_A + M_B x_B)^2} \frac{\partial x_A}{\partial x} \tag{17.22}$$

이 관계를 질량기준의 확산 유속을 나타내는 식(17.7)에 대입하면 질량기준, 몰기준의 확산 유속의 관계가 유도된다.

$$\begin{aligned} J_{Ax} &= -\rho D_{AB} \frac{\partial \omega_A}{\partial x} \\ &= -\frac{M_A M_B}{(M_A x_A + M_B x_B)^2} \rho D_{AB} \frac{\partial x_A}{\partial x} \\ &= -\frac{M_A M_B}{(M_A x_A + M_B x_B)^2} (M_A x_A + M_B x_B) C D_{AB} \frac{\partial x_A}{\partial x} \\ &= \frac{M_A M_B}{M_A x_A + M_B x_B} J_{Ax}^* \end{aligned} \tag{17.23}$$

17.2 셀 물질수지와 농도 분포

아래에는 분자 효과에 의한 확산과 유체의 흐름에 동반하는 대류를 고려하여 제4장의 운동량에 대한 셀 수지와 동일 방법으로 물질수지식을 유도하여 **농도 분포**(concentration distribution)를 구하는 예제를 나타내겠다.

예제 17.2

용기 밑부분에 물질 A를 포함한 용액이 있어, 용기 내 기상으로 A가 증발하고 있다. 기상은 증발한 A와 용액에 녹지 않는 B의 2성분으로 이루어져 있다. 용기 위에는 B만을 포함하는 기체가 충분히 큰 유속으로 흐르고 있어 용기 맨 위 $y = Y$에서 A의 몰분율은 0이 된다. 한편, $y = 0$의 기액 계면에서, 기상측 A의 몰분율은 포화 농도에 대응하는 값 x_{As}이 되었다. 이 경우의 용기 내 y방향의 A의 몰분율 분포를 구하라. 기상의 전체 압력은 위치에 상관없이 일정하고 용기 내에는 A의 증발에 의한 y 방향으로의 물질이동에 기인하는 대류 외의 흐름은 발생하지 않는 걸로 한다.

풀이

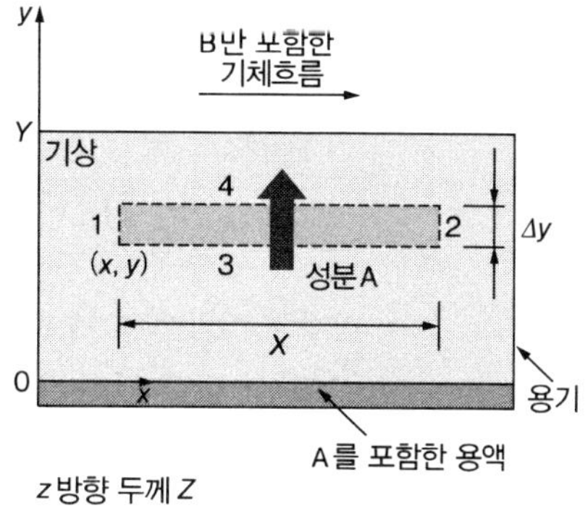

그림 17.4 용기 내 물질이동

전체 압력이 일정하므로 혼합 기체 전체의 몰농도 C가 일정하므로, 몰기준의 물질수지를 바탕으로 문제를 풀기로 한다. 그림 17.4와 같이 제4장 예제 4.1의 평판 사이 **쿠에트 흐름**(couette flow)의 속도 분포를 구하는 경우와 같이 셀(대상부피)를 설정한다. A의 농도는 y방향으로만 변화하므로 셀의 y방향의 길이를 Δy로 짧게, x, z방향의 길이는 X, Z로 길게 잡았다. 증발한 A는 y방향으로 이동하고, 경계면 3에서 셀 내에 유입하여 경계면 4에서 유출한다. x방향으로 농도는 변화하지 않으므로 경계면 1, 2를 통과하는 유속은 없다. 따라서 A의 유입, 유출 속도는 몰기준의 물질이동 유속의 y방향 성분 $N_{Ay}{}^*$에 따라 다음과 같이 나타낼 수 있다.

$$\text{유입 : } N_{Ay}{}^*|_{y=y} XZ \ [\text{mol} \cdot \text{s}^{-1}] \tag{17.24}$$

$$\text{유출 : } N_{Ay}{}^*|_{y=y+\Delta y} XZ \ [\text{mol} \cdot \text{s}^{-1}] \tag{17.25}$$

물질수지식은 제4장의 식(4.1)의 물리량 수지식에 따라 다음과 같이 나타낼 수 있다.

$$\text{(물질의 축적 속도)} = \text{(물질의 유입 속도)} - \text{(물질의 유출 속도)} + \text{(물질의 생성 속도)} \tag{17.26}$$

이 물질수지식은 셸 운동량 수지와 대응시켜 **셸 물질수지**(shell mass balance)라고도 한다. 정상 상태이므로 축적 속도가 없고 화학 반응에 의한 물질의 생성도 없으므로, 식 (17.24), (17.25)에 따라 물질수지식은 다음과 같아진다.

$$N_{Ay}{}^*|_{y=y} XZ - N_{Ay}{}^*|_{y=y+\Delta y} XZ = 0 \tag{17.27}$$

양변을 셸의 부피 $XZ\Delta y$로 나누어, $\Delta y \to 0$의 극한을 구하면 다음 미분 방정식이 유도된다.

$$\lim_{\Delta y \to 0} \frac{N_{Ay}{}^*|_{y=y} - N_{Ay}{}^*|_{y=y+\Delta y}}{\Delta y} = -\frac{\mathrm{d}N_{Ay}{}^*}{\mathrm{d}y} = 0 \tag{17.28}$$

이 식을 적분하면 $N_{Ay}{}^* = $(일정)해진다. 이 예제에서 대상으로 하는 현상은 제4장의 예제 4.1에서 $\Delta P = 0$의 경우의 평판 사이 쿠에트 흐름 제12장의 예제 12.1의 평판 내 열전도와 마찬가지로 물질 생성이 없는 1차원 이동이며 또한 통과하는 면적이 일정하기 때문에 유속이 일정해진다.

이와 같이 여기까지는 물질이동 유속에 대하여 운동량, 열이동의 경우와 같은 결과가 유도되었다. 그러나 17.1절에서 설명했듯이 물질이동의 경우는 A, B의 유속이 서로 관계가 있다는 점과 경우에 따라 확산과 함께 대류가 동시에 발생한다는 점을 고려할 필요가 있다. 성분 B는 용액 중에 녹지 않기 때문에 y방향으로 이동하지 않으므로 $N_{\mathrm{B}y}{}^* = 0$이다. 따라서 A의 물질이동 유속은 식(17.13)에 따라 다음과 같아진다.

$$N_{\mathrm{A}y}{}^* = -CD_{\mathrm{AB}}\frac{\mathrm{d}x_{\mathrm{A}}}{\mathrm{d}y} + x_{\mathrm{A}}N_{\mathrm{A}y}{}^* \tag{17.29}$$

이 식은 여기에서 대상으로 하는 물질이동에서는 확산과 함께 대류가 발생하였으며 그 유속이 $x_{\mathrm{A}}N_{\mathrm{A}y}{}^*$인 것을 나타내고 있다. 이 대류에 의한 유속을 좌변으로 이항하여 정리하면 다음과 같아진다.

$$N_{\mathrm{A}y}{}^* = -\frac{CD_{\mathrm{AB}}}{1-x_{\mathrm{A}}}\frac{\mathrm{d}x_{\mathrm{A}}}{\mathrm{d}y} \tag{17.30}$$

이 식을 식(17.28)에 대입하면 다음의 x_{A}에 대한 미분 방정식이 유도된다.

$$\frac{\mathrm{d}}{\mathrm{d}y}\left(\frac{CD_{\mathrm{AB}}}{1-x_{\mathrm{A}}}\frac{\mathrm{d}x_{\mathrm{A}}}{\mathrm{d}y}\right) = 0 \tag{17.31}$$

이 식을 적분하면 x_{A}의 일반해를 구할 수 있다.

$$\frac{\mathrm{d}}{\mathrm{d}y}\left(\frac{CD_{\mathrm{AB}}}{1-x_{\mathrm{A}}}\frac{\mathrm{d}x_{\mathrm{A}}}{\mathrm{d}y}\right) = 0 \longrightarrow \frac{CD_{\mathrm{AB}}}{1-x_{\mathrm{A}}}\frac{\mathrm{d}x_{\mathrm{A}}}{\mathrm{d}y} = C_1 \longrightarrow \frac{CD_{\mathrm{AB}}}{1-x_{\mathrm{A}}}\mathrm{d}x_{\mathrm{A}} = C_1\mathrm{d}y$$

$$\int \frac{CD_{\mathrm{AB}}}{1-x_{\mathrm{A}}}\mathrm{d}x_{\mathrm{A}} = C_1\int \mathrm{d}y \longrightarrow -\ln(1-x_{\mathrm{A}}) = \frac{C_1}{CD_{\mathrm{AB}}}y + C_2 \tag{17.32}$$

여기에서 $y=0$일 때 $x_{\mathrm{A}} = x_{\mathrm{As}}$, $y = Y$일 때 $x_{\mathrm{A}} = 0$이라는 두 개의 경계 조건에 따라 상수 C_1, C_2를 결정하면 다음 식이 유도된다.

$$\ln\frac{1-x_{\mathrm{A}}}{1-x_{\mathrm{As}}} = \ln\left(\frac{1}{1-x_{\mathrm{As}}}\right)^{y/Y} \longrightarrow \frac{1-x_{\mathrm{A}}}{1-x_{\mathrm{As}}} = \left(\frac{1}{1-x_{\mathrm{As}}}\right)^{y/Y} \tag{17.33}$$

이 분포를 분압에 따라 나타내면 다음과 같아진다.

$$\frac{P_{\mathrm{t}}-p_{\mathrm{A}}}{P_{\mathrm{t}}-p_{\mathrm{As}}} = \left(\frac{P_{\mathrm{t}}}{P_{\mathrm{t}}-p_{\mathrm{As}}}\right)^{y/Y} \tag{17.34}$$

물질이동 유속 $N_{\mathrm{A}y}{}^*$는 식(17.33)의 x_{A}를 y로 적분하여 식(17.30)에 대입하여 구할 수 있다. 또한 $N_{\mathrm{A}y}{}^*$는 y에 따라 변화하지 않으므로 식(17.30)을 다음과 같이 적분하여 구할 수도 있다.

$$N_{Ay}{}^* \int_0^Y \mathrm{d}y = -CD_{AB}\int_{x_{As}}^{0} \frac{\mathrm{d}x_A}{1-x_A}$$

$$\longrightarrow \quad N_{Ay}{}^* = -\frac{CD_{AB}}{Y}\ln(1-x_{As}) \tag{17.35}$$

위에 설명했듯이 이 예제에서 대상으로 한 현상에서 물질이동 유속이 일정해지는 점에서는 운동량, 열이동과 동일한 결과가 되었다. 그러나 확산에 동반하여 대류에 의한 이동이 발생했기 때문에 농도 분포는 운동량 이동에 관한 예제 4.1 열이동에 관한 예제 12.1과는 달리 직선이 되지 않는 것을 알 수 있다. 구체적인 분포에 대해서는 다음 예제의 해답에 나타내겠다.

예제 17.3

예제 17.2와 동일 용기 내 물질이동에 대하여, 표 17.3과 같은 조건의 몰기준, 질량기준의 물질이동 유속, 확산 유속, 대류에 의한 유속, 몰분율 분포, 질량분율 분포를 구하라.

표 17.3 예제 17.3의 조건

$D_{AB} = 9.30\times10^{-6}$ m²/s
$M_A = 7.41\times10^{-2}$ kg/mol
$M_B = 2.90\times10^{-2}$ kg/mol
$x_{As} = 0.703$
$T = 298.15$ K
전체압력 $P_t = 1.01\times10^5$ Pa
$Y = 0.3$ m

풀이

몰분율 분포는 식(17.33)에 $x_{As} = 0.703$, $Y = 0.3$ m를 대입하여 계산할 수 있다. 또한 질량분율 분포는 표 17.1의 몰분율과 질량분율의 관계에 따라 구할 수 있다. 그것을 나타낸 것이 그림 17.5와 같다.

각 성분의 몰 농도를 구하기 위하여 혼합 유체 전체의 몰농도 C를 상태 방정식에 따라 계산하면 다음과 같아진다.

$$C = \frac{P_t}{RT} = 40.9\ \mathrm{mol \cdot m^{-3}} \tag{17.36}$$

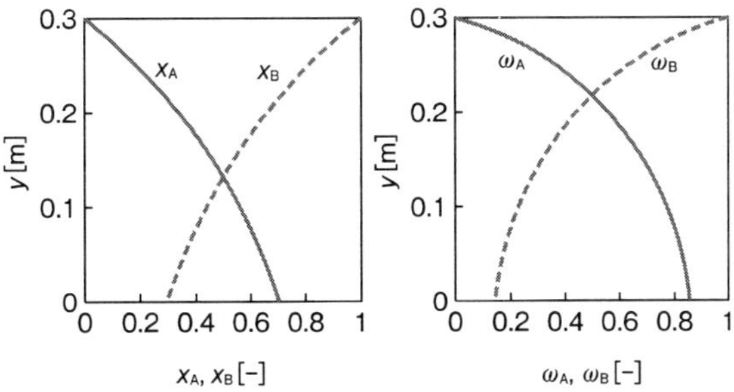

그림 17.5 몰분율, 질량분율 분포

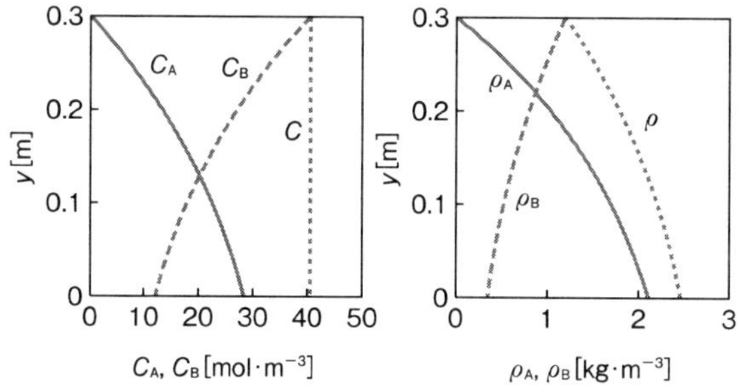

그림 17.6 농도 분포

이 값을 이용하여 각 성분의 몰농도 $C_A = Cx_A$, $C_B = Cx_B$의 분포를 구할 수 있다. 또한 표 17.1의 C와 혼합 유체의 밀도 ρ의 관계와 몰분율, 질량분율의 관계를 이용하면 ρ와 질량 농도 $\rho_A = \rho\omega_A$, $\rho_B = \rho\omega_B$의 분포를 구할 수 있다. 그 분포가 그림 17.6과 같다. 예제 17.2의 해답에서 설명했듯이 운동량, 열이동 경우와 달리 농도 분포가 직선이 되지 않았다. 또한 용기 내 전체 압력이 일정하기 때문에 전체 몰농도에 해당하는 C는 일정한데 성분 A, B의 분자량이 다르기 때문에 혼합 유체의 밀도 ρ는 일정하지 않다. 이 예제에서는 분자량이 큰 A의 질량 농도가 위를 향해 감소하기 때문에 전체 밀도도 감소한다.

성분 A의 몰기준, 질량기준의 물질이동 유속은 식(17.28)에 따라 y방향으로 변화하지 않고 일정하고 식(17.35)와 표 17.2의 두 유속의 관계에 따라 다음과 같이 계산된다.

$$N_{Ay}{}^* = -\frac{CD_{AB}}{Y}\ln(1 - x_{As}) = 1.54 \times 10^{-3}\,\mathrm{mol \cdot m^{-2} \cdot s^{-1}} \tag{17.37}$$

$$N_{Ay} = M_A N_{Ay}{}^* = 1.14 \times 10^{-4}\,\mathrm{kg \cdot m^{-2} \cdot s^{-1}} \tag{17.38}$$

몰기준, 질량기준의 확산 유속은 식(17.15)와 표 17.1의 몰분율, 질량분율의 구배 관계, 식(17.7)에 따라 구할 수 있는데 **농도 구배**(concentration gradient)가 일정하지 않기 때문에 위치에 따라 다른 값이 된다. 또한 대류에 의한 유속은 식(17.13), (17.1)의 관계에 따라 위에서 구한 물질이동 유속에서 확산 유속을 빼서 구할 수 있다. 그 관계가 그림 17.7과 같다. 물질이동 유속은 일정한데 확산 유속은 농도 구배가 큰 맨 위를 향해 증가한다. 한편, 대류에 의한 유속은 감소한다. 또한 B의 물질이동 유속이 0이므로, 표 17.2의 물질이동 유속 식에 따라 다음 관계가 성립한다.

$$Cv_y{}^* = N_{Ay}{}^* + N_{By}{}^* = N_{Ay}{}^* \quad\longrightarrow\quad v_y = \frac{N_{Ay}{}^*}{C} \tag{17.39}$$

$$\rho u_y = N_{Ay} + N_{By} = N_{Ay} \quad\longrightarrow\quad u_y = \frac{N_{Ay}}{\rho} \tag{17.40}$$

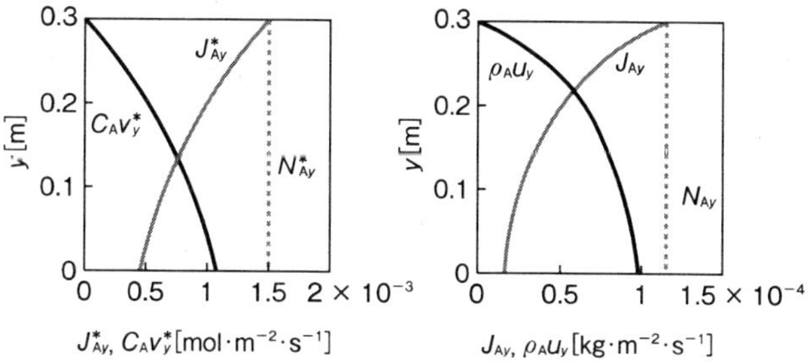

그림 17.7 유속 분포

이들 식에 따라 v_y*, u_y를 구할 수 있다. 그림 17.8에 그 분포를 나타냈다. C와 물질이동 유속이 일정하기 때문에 v_y*는 변화하지 않는다. 한편, ρ는 y방향으로 감소하기 때문에 u_y는 증가한다.

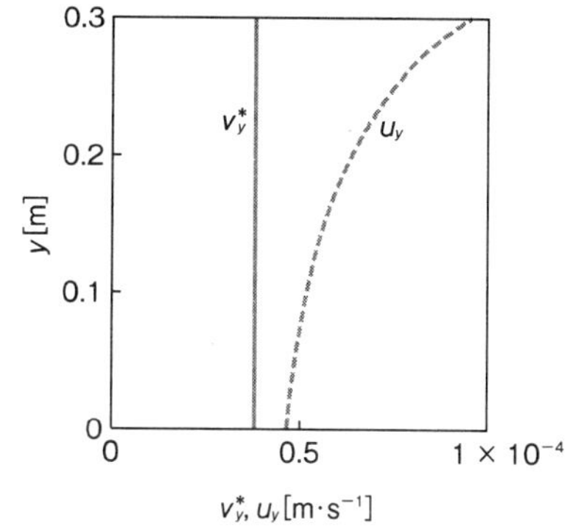

그림 17.8 대류의 속도 분포

단면적을 1 m²이라 하면 용기 내 물질량은 0.3 C = 12.3 mol이다. 그에 대해 식(17.37)에 따라 계산되는 물질이동 유속은 1.54×10⁻³ m⁻²·s⁻¹로 매우 작다는 것을 알 수 있다. 또한 물질이동에 동반하여 유동이 발생하는데 그 속도 u_y도 10^{-5}~10^{-4} m·s⁻¹ 정도로 몹시 작고, 장치 내 교반 등에 의한 흐름이 발생할 경우는 그 속도에 대해 무시할 수 있는 정도이다.

임의 위치의 질량기준의 물질이동 유속과 확산 유속의 관계를 y방향을 가로축으로 하여 그림 17.2와 같이 그리면 그림 17.9와 같아진다. $N_{By}=0$이므로 혼합 기체 전체의 물질이동 유속 ρu_y는 N_{Ay}와 같아진다. 이것은 확산에 동반하여 속도 u_y의 흐름이 발생했다는 것을 의미한다. 그 속도에 동반하는 대류로 인해 B도 이동하는데 그림에 따라 확산 유속 J_{By}와 대류에 의한 유속 $\rho_B u_y$의 크기가 같고 역방향이기 때문에 $N_{By}=0$이 되는 것을 알 수 있다. 이 예제의 성분 B와 같이 기상에서 액상으로 이동할 수 없는 정지한 물질 내를 성분 A가 이동하는 경우를 **단방향 확산**(unidirectional diffusion)이라고 한다.

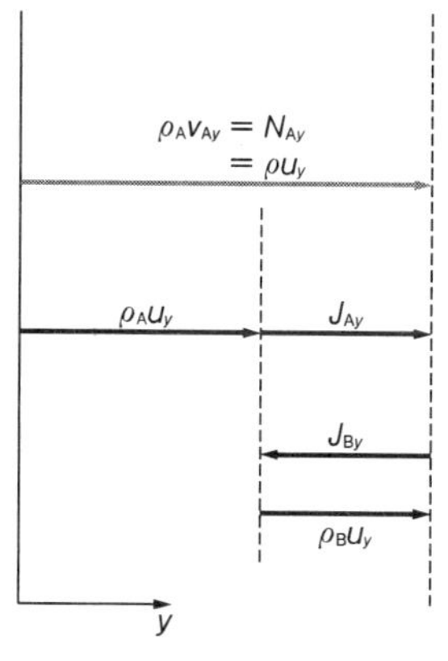

그림 17.9 유속의 관계

지금까지의 예제에서는 이동하는 물질 A의 기액 계면의 몰분율 x_{As}가 0.703으로 매우 큰 값이었는데 임의 위치의 몰분율이 $1 \gg x_{\mathrm{A}}$로 볼 수 있을 정도 희박한 경우 식 (17.30)은

$$N_{\mathrm{A}y}{}^* = -\frac{CD_{\mathrm{AB}}}{1-x_{\mathrm{A}}}\frac{\mathrm{d}x_{\mathrm{A}}}{\mathrm{d}y} \approx CD_{\mathrm{AB}}\frac{\mathrm{d}x_{\mathrm{A}}}{\mathrm{d}y} \tag{17.41}$$

으로 근사할 수 있다. 이것은 이동하는 물질의 농도가 희박한 경우는 대류에 의한 유속을 무시할 수 있다는 것을 의미한다. 이 경우도 물질이동 유속 $N_{\mathrm{A}y}{}^*$는 일정하므로 위 식은 경계 조건을 고려하여 적분하면

$$x_{\mathrm{A}} = x_{\mathrm{As}}\left(1-\frac{y}{Y}\right) \tag{17.42}$$

가 된다. 이 분포는 운동량 이동에 관한 예제 4.1의 평판 사이 쿠에트 흐름에서 압력 구배가 없는 경우와 열이동에 관한 예제 12.1과 마찬가지로 직선이다.

다음으로 구형 좌표계가 적절한 장에서의 물질이동의 예제를 다루어 보겠다.

예제 17.4

휘발성 물질 A로 이루어진 반지름 R의 고체구 표면에서 주위 기체 B로 물질이동이 발생하는 경우의 농도 분포를 구하라. 구 표면에 접촉하고 있는 기체 중의 A의 농도는 x_{As}로 일정하다. 또한 A, B의 혼합 기체의 전체 압력은 일정하다.

풀이

구 표면의 열이동에 대한 예제 13.3과 같이 물질 A가 이동하는 범위가 무한거리까지 퍼져있는 경우는 정상 상태에 도달하지 않지만 여기에서는 물질이동 개시 후 충분히 시간이 경과하여 구 표면 부근의 농도 분포가 거의 시간에 대해 변화하지 않게 되어 정상 상태라고 볼 수 있는 경우에 대하여 농도 분포를 유도하기로 한다. 이 경우, $r=r_{\mathrm{b}}$일 때의 A의 몰분율이 x_{Ab}이라고 하자.

그림 17.10에 점선으로 나타낸 $r=r$에 설정한 두께 Δr의 구형을 셸로 한다. 이 부피에 단위 시간에 유입, 유출하는 A의 양을 몰기준으로 나타내면 다음과 같아진다.

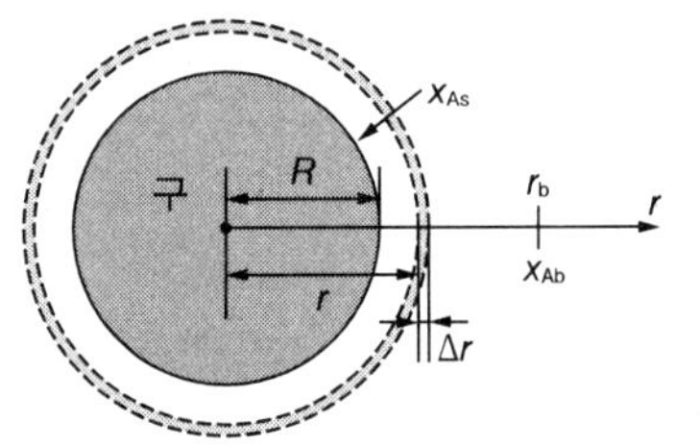

그림 17.10 고체구에서의 물질이동

$$\text{유입} : 4\pi r^2 N_{\mathrm{A}r}{}^*|_{r=r} \ [\mathrm{mol \cdot s^{-1}}] \tag{17.43}$$

$$\text{유출} : 4\pi r^2 N_{\mathrm{A}r}{}^*|_{r=r+\Delta r} \ [\mathrm{mol \cdot s^{-1}}] \tag{17.44}$$

정상 상태이면 물질수지식은 다음과 같아진다.

$$4\pi r^2 N_{\mathrm{A}r}{}^*|_{r=r} - 4\pi r^2 N_{\mathrm{A}r}{}^*|_{r=r+\Delta r} = 0 \tag{17.45}$$

양변을 셀의 부피 $4\pi r^2 \Delta r$로 나누어, $\Delta r \to 0$의 극한을 구하면 다음 미분 방정식이 유도된다.

$$\frac{4\pi r^2 N_{\mathrm{A}r}{}^*|_{r=r} - 4\pi r^2 N_{\mathrm{A}r}{}^*|_{r=r+\Delta r}}{4\pi r^2 \Delta r} = 0 \quad \longrightarrow \quad -\frac{1}{r^2}\frac{\mathrm{d}r^2 N_{\mathrm{A}r}{}^*}{\mathrm{d}r} = 0$$

$$\longrightarrow \quad \frac{\mathrm{d}r^2 N_{\mathrm{A}r}{}^*}{\mathrm{d}r} = 0 \tag{17.46}$$

이 식은 $4\pi r^2 N_{\mathrm{A}r}{}^*$이 일정하다는 것을 나타내고 있다. 예제 17.2와 달리, r방향으로 통과하는 구면 면적이 r^2에 비례하여 커지기 때문에, 물질이동 유속이 아니라 단위 시간에 구형 면의 수직으로 r방향으로 이동하는 물질량이 일정해진다. 구의 주위에 존재하는 기체 B는 고체구 안으로 이동할 수 없기 때문에 예제 17.2와 같이 단방향 확산이며, $N_{\mathrm{B}r}{}^* = 0$이다. 따라서 (17.13)에서 x를 r로 변환하면 $N_{\mathrm{A}r}{}^*$은 다음과 같아진다.

$$N_{\mathrm{A}r}{}^* = -CD_{\mathrm{AB}}\frac{\mathrm{d}x_{\mathrm{A}}}{\mathrm{d}r} + x_{\mathrm{A}} N_{\mathrm{A}r}{}^* \quad \longrightarrow \quad N_{\mathrm{A}r}{}^* = -\frac{CD_{\mathrm{AB}}}{1-x_{\mathrm{A}}}\frac{\mathrm{d}x_{\mathrm{A}}}{\mathrm{d}r} \tag{17.47}$$

이 관계를 식(17.46)에 대입하면

$$\frac{\mathrm{d}}{\mathrm{d}r}\left(-r^2\frac{CD_{\mathrm{AB}}}{1-x_{\mathrm{A}}}\frac{\mathrm{d}x_{\mathrm{A}}}{\mathrm{d}r}\right) = 0 \tag{17.48}$$

이 된다. 이것을 적분하면 x_{A}의 일반해를 구할 수 있다.

$$\frac{\mathrm{d}}{\mathrm{d}r}\left(-r^2\frac{CD_{\mathrm{AB}}}{1-x_{\mathrm{A}}}\frac{\mathrm{d}x_{\mathrm{A}}}{\mathrm{d}r}\right) = 0 \quad \longrightarrow \quad -\frac{CD_{\mathrm{AB}}}{1-x_{\mathrm{A}}}\frac{\mathrm{d}x_{\mathrm{A}}}{\mathrm{d}r} = \frac{C_1}{r^2}$$

$$\longrightarrow \quad -\frac{\mathrm{d}x_{\mathrm{A}}}{1-x_{\mathrm{A}}} = \frac{C_1}{CD_{\mathrm{AB}}}\frac{\mathrm{d}r}{r^2}$$

$$-\int\frac{\mathrm{d}x_{\mathrm{A}}}{1-x_{\mathrm{A}}} = \frac{C_1}{CD_{\mathrm{AB}}}\int\frac{\mathrm{d}r}{r^2} \quad \longrightarrow \quad \ln(1-x_{\mathrm{A}}) = -\frac{C_1}{CD_{\mathrm{AB}}r} + C_2 \tag{17.49}$$

$r=R$일 때 $x_{\mathrm{A}} = x_{\mathrm{As}}$, $r=r_{\mathrm{b}}$일 때 $x_{\mathrm{A}} = x_{\mathrm{Ab}}$의 두 개의 경계 조건에 따라 적분 상수 C_1, C_2를 결정하면 농도 분포는 다음 식에 따라 나타낼 수 있다.

$$\ln\frac{1-x_A}{1-x_{As}}=\frac{1/R-1/r}{1/R-1/r_b}\ln\frac{1-x_{Ab}}{1-x_{As}} \quad\longrightarrow\quad \frac{1-x_A}{1-x_{As}}=\left(\frac{1-x_{Ab}}{1-x_{As}}\right)^{\frac{1/R-1/r}{1/R-1/r_b}} \tag{17.50}$$

이 예제에서도 식(17.47)과 같이 대류의 유속을 고려해야 하기 때문에 동일 기하학 조건일 때의 열이동에 대한 예제 13.3의 온도 분포식(13.28)과는 다른 형태가 된다.

여기까지는 단방향 확산의 예제를 다루어왔다. 다음 예제는 두 개의 성분이 서로 역방향으로 이동하는 현상에 관한 것이다.

예제 17.5

기체 A, B가 각각 그림 17.11의 좌우 구형 용기를 채우고 있다. 두 개의 용기는 원통관으로 접속되어 있어 중간에 칸막이가 설치되어 있다. 칸막이를 제거하면 A, B는 각각 좌우로 확산에 따라 이동을 개시한다. 임의의 시간에 용기 1, 2의 A의 몰분율이 x_{A1}, x_{A2}가 되었다. 이때의 원통관 내 A의 농도 분포를 구하라. 또한 두 개의 용기 내와 원통관 내 전체 압력은 일정하다.

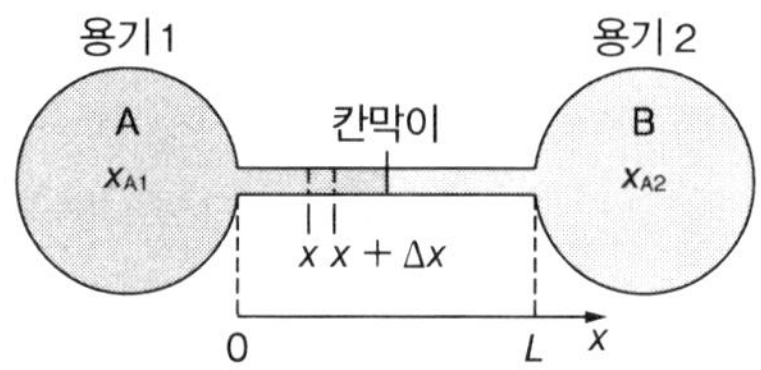

그림 17.11 기체의 등몰 상호 확산

풀이

그림 17.11과 같이 원통관의 $x=x$, $x=x+\Delta x$의 단면 사이에 있는 부분을 셀로 한다. A는 $x=x$에서 셀에 유입하고, $x=x+\Delta x$에서 유출한다. 단위 시간에 유입, 유출하는 A의 양을 몰기준으로 나타내면 다음과 같아진다.

$$\text{유입} : N_{Ax}{}^*|_{x=x}\frac{\pi d^2}{4} \ [\text{mol}\cdot\text{s}^{-1}] \tag{17.51}$$

$$\text{유출} : N_{Ax}{}^*|_{x=x+\Delta x}\frac{\pi d^2}{4} \ [\text{mol}\cdot\text{s}^{-1}] \tag{17.52}$$

d는 원통관의 내경이다. 용기 1에 있었던 A가 점차 원통관을 지나 용기 2로 이동한다. 또한 전체 압력이 일정하여 혼합 기체의 총 몰농도는 항상 일정하므로 이동한 A와 동일 몰수의 B가 역방향으로 이동한다. 이렇듯 2성분으로 이루어진 기체 중에서 각각 분자가 동일 몰수씩 역방향으로 이동하는 현상을 **등몰 상호 확산**(equimolar counter-diffusion)이라고 한다. A가 이동함으로써, 용기 1과 용기 2의 A 농도는 각각 시간 경과에 따라 감소

증가한다. 따라서 용기와 원통관 내 농도는 시간과 함께 변화하는 비정상 상태가 된다. 이 문제에서는 두 개의 용기 내 농도가 특정 값 x_{A1}, x_{A2}가 된 후, 매우 짧은 시간에 그 들 농도로 일정하게 유지되었을 때 정상 상태의 농도 분포에 도달한다고 가정한다. 아래에는 그 농도 분포를 구하는 방법을 설명하겠다. 정상 상태라고 가정하면 셀 내 물질의 축적 속도는 0이라고 볼 수 있으므로 식(17.51), (17.52)의 유입, 유출 속도의 차이를 셀 부피로 나누면 물질수지는 다음과 같아진다.

$$\frac{N_{Ax}^*|_{x=x} - N_{Ax}^*|_{x=x+\Delta x}}{\Delta x} = 0 \quad \longrightarrow \quad -\frac{\mathrm{d}N_{Ax}^*}{\mathrm{d}x} = 0 \tag{17.53}$$

물질이동 유속 N_{Ax}^*은 식(17.29)와 같이 나타낼 수 있는데 등몰 상호 확산에서는 N_{Ax}^* $+N_{Ax}^*=0$이므로 대류에 의한 유속은 0이 되어

$$N_{Ax}^* = -CD_{AB}\frac{\mathrm{d}x_A}{\mathrm{d}x} + x_A(N_{Ax}^* + N_{Bx}^*) = -CD_{AB}\frac{\mathrm{d}x_A}{\mathrm{d}x} \tag{17.54}$$

이 되므로 물질이동 유속은 확산 유속과 같아진다. 전체 압력이 일정하기 때문에 C는 일정하므로 이 식을 식(17.53)에 대입하면

$$-\frac{\mathrm{d}}{\mathrm{d}x}\left(CD_{AB}\frac{\mathrm{d}x_A}{\mathrm{d}x}\right) = 0 \quad \longrightarrow \quad CD_{AB}\frac{\mathrm{d}^2 x_A}{\mathrm{d}x^2} = 0 \tag{17.55}$$

이 된다. 양변을 CD_{AB}로 나누어 적분하면 다음 일반해가 유도된다.

$$x_A = C_1 x + C_2 \tag{17.56}$$

여기에서 $x=0$, $x=L$일 때 각각 $x_A = x_{A1}$, $x_A = x_{A2}$의 조건을 대입하여 C_1, C_2를 결정하면 농도 분포는 다음 식과 같은 직선이 된다.

$$x_A = \frac{x_{A2} - x_{A1}}{L}x + x_{A1} \tag{17.57}$$

또한 몰기준의 대류에 의한 유속은 0이 되는데 A와 B의 분자량이 다른 경우는 질량기준의 대류에 의한 유속은 0이 되지 않고 유체 전체적으로 흐름이 발생하게 된다.

학습의 키워드

□확산 □대류 □픽의 법칙 □확산 계수 □물질이동 유속 □확산 유속 □질량 속도 □농도 분포 □쿠에트 흐름 □셀 물질수지 □농도 구배 □단방향 확산 □등몰 상호 확산

제17장 연습문제

17.1 예제 17.3의 질량기준의 유속의 관계를 그린 그림 17.9에 대응하는 몰기준의 유속의 관계도를 그림 17.3과 같이 그려라.

17.2 예제 17.2와 같은 용기에 물질 A, B만을 포함한 혼합 기체로 채워져 있다. 용기의 바닥에 얇은 촉매층이 있어 A가 그 층에 접촉하면 반응 2A → B에 따라 B로 변환한다. 이 반응은 비가역으로 그 속도는 매우 크고, A는 즉시 B로 변화한다. 촉매층 표면 이외에서는 이 반응은 발생하지 않는다. 정상 상태일 때 용기 맨 위 $y = Y$의 A, B의 몰분율은 각각 x_{AY}, x_{BY}가 된다고 하자. 이 경우의 용기 내 y방향의 A의 몰분율의 분포를 셸 물질수지를 바탕으로 구하라. 기상 내 전체 압력은 위치에 상관없이 일정하고, 용기 내에는 A의 반응에 의한 소비에 동반하는 y방향으로의 물질이동에 기인하는 대류 이외의 흐름은 발생하지 않는다.

17.3 예제 17.3에서 $x_{As} = 2.00 \times 10^{-1}$, 1.00×10^{-2}일 때 확산에 동반하는 대류를 무시한 경우와, 무시하지 않는 경우의 농도 분포를 비교하여 무시한 경우의 오차가 어느 정도인지를 확인하라.

17.4 반지름 R, 길이 L의 수평으로 놓여진 원통관 내에 물이 채워져 있다. 물에는 용질 A, B가 녹아 있다. $z = 0$, $z = Z$일 때 A의 농도는 일정한데, $C_{A0} >$ C_{AZ}이므로 z축 양의 방향으로 확산에 의한 이동이 발생한다. 또한 A는 B와 반응하여 소비된다. 그 반응 속도는 A의 농도가 매우 낮고 B의 농도가 매우 높기 때문

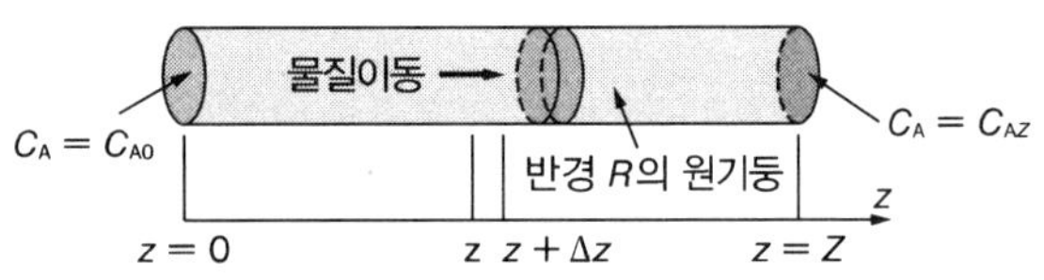

그림 ❶ 원통관 내 물질이동

에 단위 부피당 $R = kC_A$ [mol · m^{-3} · s^{-1}]으로 나타낼 수 있다. 그림 ❶의 $z = z$와 $z + \Delta z$사이에 설정된 원통형 셀에 대한 물질수지를 바탕으로 정상 상태의 A 농도의 z방향 분포를 구하라. A의 확산 계수를 D_A로 한다. 또한 A의 확산에 의한 유속은 매우 작고 대류에 의한 이동은 무시할 수 있다. 또한 z축에 수직인 단면 내는 농도가 일정하다.

17.5 내부 반지름 R의 원통관 내를 채우고 있는 기상 내 물질 B가 반응 B → A에 의해 A로 변화한다. B의 농도는 높고 이 반응에 의한 농도 변화를 무시할 수 있어 A의 생성 속도는 k[mol · m^{-3} · s^{-1}]로 일정하다고 볼 수 있다고 하자. 원통관은 고체막이 되어 A만이 그 막을 투과하여 관 밖으로 이동하며 관 벽 내 A의 농도가 C_{Aw}로 일정하다. 제4장 예제 4.3의 원통관 내 층류의 경우와 마찬가지로 대상부피에 대한 물질수지를 바탕으로 정상 상태일 때의 원통관 반지름 방향의 농도 분포를 구하라. A의 확산 계수가 D_A이다. 단, A의 농도는 충분히 작고 반지름 방향으로의 이동은 확산에만 의해 발생하며 대류는 무시할 수 있다. 또한 관 축방향, 원기둥 방향으로의 확산과 대류에 의한 물질이동은 무시할 수 있다.

제 18 장

3차원 흐름 장에 있어서 물질수지식

이 단원의 목표

제5장의 일반적인 물리량 수지식을 바탕으로 3차원 흐름의 장에 적용할 수 있는 물질수지식을 유도한다. 그 유도는 열이동에 관한 제13장의 열수지식 유도 경우와 비슷한 절차를 통한다. 또한 이번 단원에서 유도하는 물질수지식에 따라 제17장의 물질이동의 문제를 푸는 방법을 학습하겠다.

18.1 일반적인 물리량 수지식에 따라 유도되는 물질수지식

제5장에서 운동량, 열, 물질 모든 물리량 이동현상에 적용할 수 있는 다음 수지식을 유도했다.

$$\frac{\partial \rho a}{\partial t}+\frac{\partial \rho a u_x}{\partial x}+\frac{\partial \rho a u_y}{\partial y}+\frac{\partial \rho a u_z}{\partial z} = -\left(\frac{\partial \Phi_x}{\partial x}+\frac{\partial \Phi_y}{\partial y}+\frac{\partial \Phi_z}{\partial z}\right)+R \quad (5.12)$$

분자 효과에 의한 이동을 나타내는 우변 제1～3항을 좌변에 이항하면 다음과 같아진다.

$$\frac{\partial \rho a}{\partial t}+\frac{\partial (\Phi_x+\rho a u_x)}{\partial x}+\frac{\partial (\Phi_y+\rho a u_y)}{\partial y}+\frac{\partial (\Phi_z+\rho a u_z)}{\partial z} = R \quad (18.1)$$

a는 주목한 물리량의 유체 단위 질량당 양이므로, 성분 A의 이동현상을 나타내는 식에서는 유체 단위 질량당 물질 A의 질량, 즉 질량분율 ω_A가 된다. 또한 좌변 제2～4항목에서 미분되는 함수는 분자 효과와 대류에 의한 유속의 합계로, 질량기준의 물질이동 유속 N_{Ax}, N_{Ay}, N_{Az}에 해당한다. 또한 R은 반응에 의한 A의 생성 속도이며

R_A라고 표기하면, 위식은 다음과 같아진다.

$$\frac{\partial \rho \omega_A}{\partial t} + \frac{\partial N_{Ax}}{\partial x} + \frac{\partial N_{Ay}}{\partial y} + \frac{\partial N_{Az}}{\partial z} = R_A \tag{18.2}$$

제5장의 그림 5.5와 같은 미세 부피 $\Delta x \Delta y \Delta z$를 양변에 곱하면 각 항의 의미는 다음과 같아진다.

$\dfrac{\partial \rho \omega_A}{\partial t} \Delta x \Delta y \Delta z$: 대상부피(control volume) 내 성분 A의 물질의 축적 속도.

$-\left(\dfrac{\partial N_{Ax}}{\partial x} + \dfrac{\partial N_{Ay}}{\partial y} + \dfrac{\partial N_{Az}}{\partial z}\right) \Delta x \Delta y \Delta z$: 대상부피(control volume)로의 성분 A의 유입 질량과 유출 질량의 차이.

$R_A \Delta x \Delta y \Delta z$: 반응에 의해 생성되는 성분 A의 질량.

따라서 수지식의 의미를 나타내는 제4장의 식(4.1)에 따라, 식(18.2)는 성분 A의 물질수지식이며 질량 보존의 법칙을 나타내고 있다. 성분 B에 대해서도 식(18.2)와 동일식이 성립한다. 2성분계에서는 제17장의 표 17.2에 따라 $N_{Ax} + N_{Bx} = \rho u_x$이며, 또한 $\omega_A + \omega_B = 1$이 된다. 또한 반응에 의해 계 전체 질량은 변화하지 않으므로 $R_A + R_B = 0$이다. 따라서 A, B에 대한 질량 보존식의 합계는 다음과 같아진다.

$$\frac{\partial \rho}{\partial t} + \frac{\partial \rho u_x}{\partial x} + \frac{\partial \rho u_y}{\partial y} + \frac{\partial \rho u_z}{\partial z} = 0 \tag{18.3}$$

이것은 제5장의 식(5.13)과 일치하며, A, B로 이루어진 혼합 유체 전체의 연속 방정식이다. 이 식과 대비시켜서 식(18.2)를 **주목 성분의 연속 방정식**(equation of continuity for a component in mixture)이라고 하는 경우도 있다.

다음과 같이 식(18.2)의 물질이동 유속을 다시 분자 효과 즉 **확산**(diffusion)과 **대류**(convection)에 의한 유속으로 나눈다.

$$N_{Ax} = -\rho D_{AB}\frac{\partial \omega_A}{\partial x} + \rho \omega_A u_x, \qquad N_{Ay} = -\rho D_{AB}\frac{\partial \omega_A}{\partial y} + \rho \omega_A u_y,$$

$$N_{Az} = -\rho D_{AB}\frac{\partial \omega_A}{\partial z} + \rho \omega_A u_z \tag{18.4}$$

이 식을 (18.2)에 대입하면 다음 식이 유도된다.

$$\frac{\partial \rho\omega_A}{\partial t}+\frac{\partial \rho\omega_A u_x}{\partial x}+\frac{\partial \rho\omega_A u_y}{\partial y}+\frac{\partial \rho\omega_A u_z}{\partial z}$$
$$=\rho D_{AB}\left(\frac{\partial^2\omega_A}{\partial x^2}+\frac{\partial^2\omega_A}{\partial y^2}+\frac{\partial^2\omega_A}{\partial z^2}\right)+R_A \tag{18.5}$$

이 식의 좌변을 제5장의 식(5.17)~(5.20)과 마찬가지로 연속 방정식을 고려하여 변환하면 다음과 같아진다.

$$\rho\left(\frac{\partial\omega_A}{\partial t}+u_x\frac{\partial\omega_A}{\partial x}+u_y\frac{\partial\omega_A}{\partial y}+u_z\frac{\partial\omega_A}{\partial z}\right)$$
$$=\rho D_{AB}\left(\frac{\partial^2\omega_A}{\partial x^2}+\frac{\partial^2\omega_A}{\partial y^2}+\frac{\partial^2\omega_A}{\partial z^2}\right)+R_A \tag{18.6}$$

이 식은 3차원 흐름의 장의 성분 A의 물질수지식으로 **대류 확산 방정식**(convection-diffusion equation)이라고 하며 운동량 이동의 나비에-스토크스의 운동 방정식(6.11) 및 열이동의 식(13.2)에 해당한다. 또한 이 식은 식(5.12)를 연속 방정식을 이용하여 변환한 식(5.20)에 $a=\omega_A$, $R=R_A$ 그리고 Φ_x, Φ_y, Φ_z에 질량기준의 확산 유속을 대입하여도 유도된다.

제17장에서 설명했듯이 물질이동 유속은 몰기준에 따라서도 정의할 수 있다. 식(18.2)에 대응하는 몰기준의 성분 A의 물질수지식은 다음과 같아진다.

$$\frac{\partial Cx_A}{\partial t}+\frac{\partial N_{Ax}^*}{\partial x}+\frac{\partial N_{Ay}^*}{\partial y}+\frac{\partial N_{Az}^*}{\partial z}=R_A^* \tag{18.7}$$

몰기준의 경우는 표 17.2에 따라 $N_{Ay}^*+N_{By}^*=Cv_x^*$이며 또한 $x_A+x_B=1$이다. 한편 몰기준의 경우, 예를 들어 A가 2 mol 반응하여 B가 1 mol 생성하는 것과 같은 경우도 있으므로, $R_A^*+R_B^*$는 일반적으로는 0이 되지 않는다. 따라서 A, B에 대한 몰기준의 보존식의 합계는 다음과 같아진다.

$$\frac{\partial C}{\partial t}+\frac{\partial Cv_x^*}{\partial x}+\frac{\partial Cv_y^*}{\partial y}+\frac{\partial Cv_z^*}{\partial z}=R_A^*+R_B^* \tag{18.8}$$

이것은 혼합 유체 전체의 몰기준의 물질수지식이다. 다음에 식(18.7)의 몰기준의 물질이동 유속을 질량기준의 경우와 같이 확산과 대류의 유속의 합계로 치환하면 다음과 같아진다.

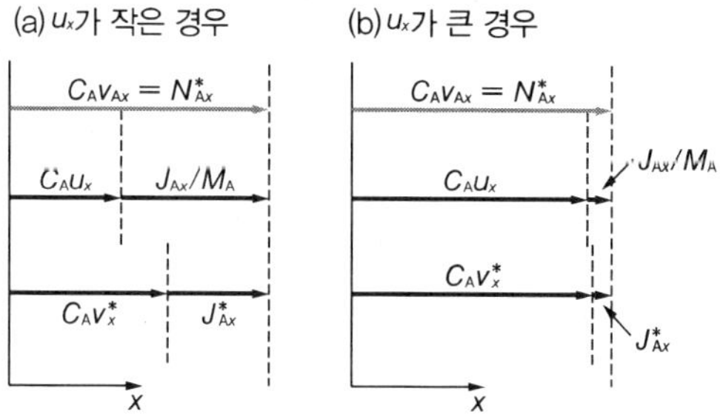

그림 18.1 확산과 대류에 의한 속도 비교

$$\frac{\partial Cx_A}{\partial t} + \frac{\partial Cx_A v_x^*}{\partial x} + \frac{\partial Cx_A v_y^*}{\partial y} + \frac{\partial Cx_A v_z^*}{\partial z}$$
$$= CD_{AB}\left(\frac{\partial^2 x_A}{\partial x^2} + \frac{\partial^2 x_A}{\partial y^2} + \frac{\partial^2 x_A}{\partial z^2}\right) + R_A^* \tag{18.9}$$

이 식은 다음과 같이 변환할 수 있다.

$$C\left(\frac{\partial x_A}{\partial t} + v_x^*\frac{\partial x_A}{\partial x} + v_y^*\frac{\partial x_A}{\partial y} + v_z^*\frac{\partial x_A}{\partial z}\right) + x_A\left(\frac{\partial C}{\partial t} + \frac{\partial C v_x^*}{\partial x} + \frac{\partial C v_y^*}{\partial y} + \frac{\partial C v_z^*}{\partial z}\right)$$
$$= CD_{AB}\left(\frac{\partial^2 x_A}{\partial x^2} + \frac{\partial^2 x_A}{\partial y^2} + \frac{\partial^2 x_A}{\partial z^2}\right) + R_A^* \tag{18.10}$$

좌변의 두 번째 괄호 안을 식(18.8)에 따라 치환하면 다음과 같아진다.

$$C\left(\frac{\partial x_A}{\partial t} + v_x^*\frac{\partial x_A}{\partial x} + v_y^*\frac{\partial x_A}{\partial y} + v_z^*\frac{\partial x_A}{\partial z}\right)$$
$$= CD_{AB}\left(\frac{\partial^2 x_A}{\partial x^2} + \frac{\partial^2 x_A}{\partial y^2} + \frac{\partial^2 x_A}{\partial z^2}\right) - x_A(R_A^* + R_B^*) + R_A^* \tag{18.11}$$

이것이 몰기준의 성분 A의 대류 확산 방정식이다. 이 수지식 좌변의 대류에 의한 이동을 담당하는 속도 v_x^*, v_y^*, v_z^*는 제17장에서 설명했듯이 성분 A, B의 분자량이 같은 경우를 제외하고 유체의 속도 u_x, u_y, u_z와는 일치하지 않는다. 그러나 대부분의 경우, 유체 속도는 확산에 의한 이동 속도에 비해 매우 크고, v_x^*는 u_x와 일치한다고 봐도 지장이 없다. 이것은 제17장의 그림 17.3과 같이 확산, 대류의 속도를 비교한 그림 18.1에 따라 이해할 수 있다. (a)의 u_x가 작을 때에는 u_x와 v_x^*의 차이는 무시할 수 없지만, (b)와 같이 u_x가 확산 속도에 비해 커지면, u_x와 v_x^*의 차이가 무시할 수

≫ **표 18.1 각종 좌표계의 주목 성분에 대한 연속 방정식**

<table>
<tr><td rowspan="2">원통형 좌표계</td><td>$\frac{\partial \rho \omega_A}{\partial t} + \frac{1}{r}\frac{\partial r N_{Ar}}{\partial r} + \frac{1}{r}\frac{\partial N_{A\theta}}{\partial \theta} + \frac{\partial N_{Az}}{\partial z} = R_A$</td></tr>
<tr><td>$\frac{\partial C x_A}{\partial t} + \frac{1}{r}\frac{\partial r N_{Ax}{}^*}{\partial r} + \frac{1}{r}\frac{\partial N_{A\theta}{}^*}{\partial \theta} + \frac{\partial N_{Az}{}^*}{\partial z} = R_A{}^*$</td></tr>
<tr><td rowspan="2">구형 좌표계</td><td>$\frac{\partial \rho \omega_A}{\partial t} + \frac{1}{r^2}\frac{\partial r^2 N_{Ar}}{\partial r} + \frac{1}{r\sin\theta}\frac{\partial N_{A\theta}\sin\theta}{\partial \theta} + \frac{1}{r\sin\theta}\frac{\partial N_{A\phi}}{\partial \phi} = R_A$</td></tr>
<tr><td>$\frac{\partial C x_A}{\partial t} + \frac{1}{r^2}\frac{\partial r^2 N_{Ar}{}^*}{\partial r} + \frac{1}{r\sin\theta}\frac{\partial N_{A\theta}{}^*\sin\theta}{\partial \theta} + \frac{1}{r\sin\theta}\frac{\partial N_{A\phi}{}^*}{\partial \phi} = R_A{}^*$</td></tr>
</table>

있는 정도가 되는 것을 알 수 있다.

여기까지 유도한 식은 모두 직각 좌표계의 식인데 식(18.6)에 해당하는 원통형 좌표계, 구형 좌표계의 식은 제5장의 표 5.2의 각 좌표계의 식 $a = \omega_A$, $R = R_A$를 대입하여 유도된다. 또한 몰기준의 식(18.11)에 해당하는 식은 밀도 ρ를 C로, 속도를 $v_x{}^*$ 등으로, R을 $-x_A(R_A{}^* + R_B{}^*) + R_A{}^*$로 치환하여 $a = x_A$를 대입하면 유도할 수 있다. 또한 질량기준, 몰기준의 경우도 $\kappa = D_{AB}$이다. 또한 주목 성분의 연속 방정식 (18.2), (18.7)의 각 좌표계의 식을 표 18.1에 정리했다.

운동량, 열이동에 관한 문제에서는 대류 확산 방정식(18.6), (18.11)에 해당하는 운동 방정식 또는 열이동의 방정식에 따라 속도와 온도 분포가 유도되었다. 물질이동에서도 그 식들을 바탕으로 여러 가지 장에서의 주목 물질의 농도 분포를 구할 수 있다. 그러나 경우에 따라서는 제17장에서 설명했듯이 각 성분의 물질이동 유속의 관계와 확산에 동반하여 발생하는 흐름에 대하여 고려할 필요가 있다. 그러한 경우에는 물질이동 유속에 대한 미분 방정식인 주목 성분의 연속 방정식 (18.2), (18.7)을 이용하는 편이 편리한 경우가 많다.

18.2 물질수지식에 따른 농도 분포 유도

위에 설명했듯이 3차원 흐름의 장을 포함하는 장에 일반적으로 성립하는 물질수지식을 이용함으로써 **농도 분포**(concentration distribution)를 유도할 수 있다. 이번 절에서는 제13장과 마찬가지로, 우선 제17장의 예제에서 셸 물질수지에 따라 유도한 농도 분포를 18.1절에서 유도한 물질이동의 식에 따라 구하는 방법을 예제를 통해 설명하겠다. 또한 유체가 어느 정도 큰 속도로 흐르는 장에서의 확산과 대류에 의한 물질이동과 화학 반응이 동시에 발생하는 장의 농도 분포 유도법에 대하여 설명하겠다.

예제 18.1

18.1절에서 유도한 물질이동의 식을 이용하여 예제 17.2를 풀어라.

풀이

물질수지식에 따라 농도 분포를 구하는 경우, 나비에-스토스크의 운동 방정식에 따라 속도 분포를 구하는 경우와 같이 다음 순서로 문제를 푼다.
① 물질이동의 장의 형상을 고려하여 좌표계를 결정한다.
② 방정식에 불필요한 항을 소거한다.
③ 경계 조건을 설정한다.
④ 방정식을 푼다.

전체 압력이 일정하고 전체 몰농도 C가 일정하므로, 몰기준의 주목성분의 연속 방정식(18.7)을 이용한다.

① 물질이동의 장의 형상을 고려하여 좌표계를 결정한다.

예제 17.2의 그림 17.4와 같이, 물질이 y방향으로만 이동하는 1차원 문제이므로 용기 바닥면을 원점으로 한 직각 좌표계가 적합하다.

② 방정식에 불필요한 항을 소거한다.

문제의 특징을 고려하면, 식(18.7)의 다음 항을 소거할 수 있다.
(i) $\partial Cx_A/\partial t$: 정상 상태이므로
(ii) $\partial N_{Ax}{}^*/\partial x,\ \partial N_{Az}{}^*/\partial z$: y방향으로만 이동하므로.
(iii) $R_A{}^*$: 반응에 의한 물질량 변화가 없으므로.

이에 따라 성분 A의 물질수지식은 다음과 같아진다.

$$\frac{\mathrm{d}N_{Ay}{}^*}{\mathrm{d}y} = 0 \tag{18.12}$$

③ 경계 조건을 설정한다.

x_A에 대한 경계 조건은 다음 두 개다.

B.C.1 : $y=0$일 때, $x_A = x_{As}$
B.C.2 : $y=Y$일 때 $x_A = 0$

이들 경계 조건에 B는 액체 내에 이동할 수 없기 때문에 $N_{By}{}^*=0$이라는 조건이 더해진다.

④ 방정식을 푼다.

식(18.12)는 예제 17.2의 식(17.28)과 일치한다. 이렇듯 예제 17.2와 같이 x_A를 구할 수 있다.

대류 확산 방정식(18.11)을 이용하는 경우는 다음과 같아진다. 상기②와 마찬가지로 식(18.11)의 불필요한 항을 소거하면 다음 식이 유도된다.

$$-CD_{AB}\frac{d^2x_A}{dy}+Cv_y{}^*\frac{dx_A}{dy}=0 \tag{18.13}$$

예제 17.3의 해답 뒤의 설명에 있듯이 용기 내 x_A가 몹시 작은 경우는 $v_y{}^*$를 무시할 수 있으므로 좌변 제2항을 소거할 수 있어, 위 식은 간단히 적분할 수 있어서 x_A를 구할 수 있다. 그러나 x_A 값이 어느 정도인지 불명확한 경우는 $v_y{}^*$를 무시할 수 없는 전제로 문제를 풀 필요가 있다. 상기 ③에 있듯이 $N_{By}{}^*=0$이므로 $Cv_y{}^*=N_{Ay}{}^*+N_{By}{}^*=N_{Ay}{}^*$가 된다. 또한 식(18.12)에 따라 $N_{Ay}{}^*$는 y에 따라 변화하지 않으므로 $Cv_y{}^*$도 일정하다는 것을 알 수 있다. C도 일정하므로 식(18.13)에 $Cv_y{}^*=N_{Ay}{}^*$를 대입하여 양변을 y로 적분하면 다음과 같아진다.

$$-CD_{AB}\frac{dx_A}{dy}+x_AN_{Ay}{}^*=C_1 \tag{18.14}$$

좌변은 식(17.29)에 따라 $N_{Ay}{}^*$와 같으므로 $C_1=N_{Ay}{}^*$이다. 이 식을 $N_{Ay}{}^*$에 대해 풀면 식(17.30)이 되어 이것을 식(18.12)에 대입하면 예제 17.2와 같이 x_A를 구할 수 있다.

이 예제와 같이 확산에 동반하여 흐름이 발생하는 경우, 그 속도 $v_y{}^*$을 명확하게 하기 위해서는 확산과 대류의 합계인 물질이동 유속 $N_{Ay}{}^*$가 어떤 조건을 만족시키는지를 알 필요가 있다. 그 때문에 대류 확산 방정식(18.11)에 따라 주목성분의 연속 방정식(18.7)을 이용하는 편이 문제를 풀기 쉽다는 것을 알 수 있다.

예제 18.2

예제 17.4를 구형 좌표계의 물질수지식을 이용하여 풀어라.

풀이

예제 17.2와 마찬가지로 전체 압력이 일정하므로, 혼합 유체 전체의 몰농도가 일정하며, 또한 단방향 확산으로 확산에 동반하여 흐름이 발생하기 때문에 몰기준의 주목성분의 연속 방정식에 따라 문제를 푼다.

① **물질이동의 장의 형상을 고려하여 좌표계를 결정한다.**

구 주변의 문제를 다루는데 적합한 구형 좌표계의 성분 A의 몰기준의 연속 방정식은 표 18.1에 따라 다음과 같다.

$$\frac{\partial Cx_{\mathrm{A}}}{\partial t}+\frac{1}{r^2}\frac{\partial r^2 N_{\mathrm{A}r}{}^*}{\partial r}+\frac{1}{r\sin\theta}\frac{\partial N_{\mathrm{A}\theta}{}^*\sin\theta}{\partial\theta}+\frac{1}{r\sin\theta}\frac{\partial N_{\mathrm{A}\phi}{}^*}{\partial\phi}=R_{\mathrm{A}}{}^* \tag{18.15}$$

② **방정식에 불필요한 항을 소거한다.**

정상이며, r방향으로만 이동하여 반응이 없으므로 식(18.15)는 다음과 같아진다.

$$\frac{1}{r^2}\frac{\mathrm{d}r^2 N_{\mathrm{A}r}{}^*}{\mathrm{d}r}=0 \tag{18.16}$$

③ **경계 조건을 설정한다.**

x_{A}에 대한 경계 조건은 다음 두 개다.

B.C.1 : $r=R$일 때 $x_{\mathrm{A}}=x_{\mathrm{As}}$

B.C.2 : $r=r_{\mathrm{b}}$일 때 $x_{\mathrm{A}}=x_{\mathrm{Ab}}$

이들 경계 조건에 B는 고체인 A 내로 이동할 수 없기 때문에 $N_{\mathrm{B}r}{}^*=0$이라는 조건이 더해진다.

④ **방정식을 푼다.**

식(18.16)은 예제 17.4의 식(17.46)과 일치한다. 이렇듯 예제 17.2와 같이 x_{A}를 구할 수 있다.

이와 같은 예제에 따라 이번 단원에서 유도한 3차원 흐름의 장에서의 물질수지식을 이용함으로써, 셸 물질수지를 이용하여 푼 직각 좌표계, 구형 좌표계의 문제를 동일하게 풀 수 있다는 것이 확인되었다. 다음으로 원통형 좌표계의 물질이동에 대한 예제를 나타내겠다.

예제 18.3

휘발성 물질 A로 이루어진 반지름 R의 원기둥형 고체의 측면에서 주위 기체 B로 물질이동이 발생할 경우(그림 18.2)의 농도 분포를 구하라. 원기둥 표면에 접촉하고 있는 기체 중 A의 농도는 x_{As}로 일정하다고 하고, 원기둥은 충분히 길고 양 끝면의 영향을 무시할 수 있다고 하자. 또한 A, B 혼합 기체의 전체 압력은 일정하다.

풀이

이 문제도 앞의 두 예제와 같이 전체 압력이 일정하며 단방향 확산에 의해 흐름이 발생하므로 몰기준의 주목성분의 연속 방정식에 따라 푸는 것이 적절하다.

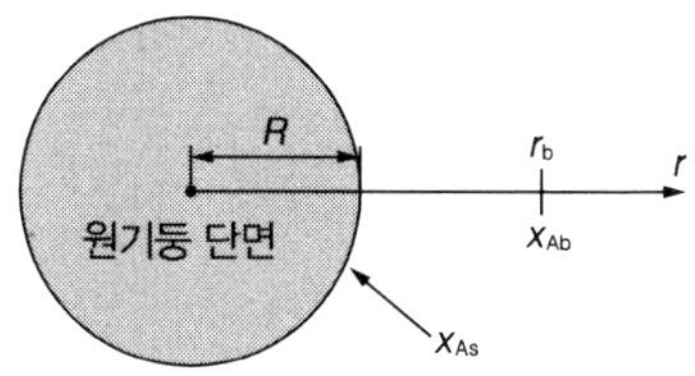

그림 18.2 원기둥 측면으로부터의 휘발

① 물질이동의 장의 형상을 고려하여 좌표계를 결정한다.

원기둥 주위로 방사상(radial)으로 물질이 이동하는 장이므로 원통형 좌표계가 적합하다. 성분 A의 몰기준의 연속 방정식은 표 18.1에 따라 다음과 같아진다.

$$\frac{\partial Cx_A}{\partial t}+\frac{1}{r}\frac{\partial rN_{Ar}{}^*}{\partial r}+\frac{1}{r}\frac{\partial N_{A\theta}{}^*}{\partial \theta}+\frac{\partial N_{Az}{}^*}{\partial z}=R_A{}^* \tag{18.17}$$

이 문제에서도 예제 17.4와 같이 물질이 이동하는 범위가 무한하며 정상 상태에는 도달하지 않지만 이동 개시 후 충분히 시간이 경과한 후 원기둥에 비교적 가까운 범위 $R<r<r_b$에서 농도 분포가 시간에 대해 거의 변화하지 않게 되는 경우를 대상으로 한다.

② 방정식에 불필요한 항을 소거한다.

정상이며, r방향으로만 이동하여 반응이 없다는 점에서 식(18.17)은 다음과 같아진다.

$$\frac{1}{r}\frac{\mathrm{d}rN_{Ar}{}^*}{\mathrm{d}r}=0 \tag{18.18}$$

③ 경계 조건을 설정한다.

위에 설명했듯이 원기둥에 비교적 가까운 범위 $R<r<r_b$의 범위에서는 정상 상태가 된다고 하고 다음 경계 조건을 설정한다.

B.C.1 : $r=R$일 때 $x_A=x_{As}$

B.C.2 : $r=r_b$일 때 $x_A=x_{Ab}$

또한 B는 고체인 A 안으로 이동할 수 없기 때문에 $N_{Br}{}^*=0$이라는 조건이 더해진다.

④ 방정식을 푼다.

$N_{Br}{}^*=0$이므로 $N_{Ar}{}^*$은 식(17.13)에 따라 다음과 같이 나타낼 수 있다.

$$N_{Ar}{}^*=-CD_{AB}\frac{\partial x_A}{\partial r}+x_AN_{Ar}{}^* \longrightarrow N_{Ar}{}^*=-\frac{CD_{AB}}{1-x_A}\frac{\mathrm{d}x_A}{\mathrm{d}r} \tag{18.19}$$

이 식을 식(18.18)에 대입하면 다음과 같아진다.

$$-\frac{\mathrm{d}}{\mathrm{d}r}\left(r\frac{CD_{\mathrm{AB}}}{1-x_{\mathrm{A}}}\frac{\mathrm{d}x_{\mathrm{A}}}{\mathrm{d}r}\right)=0 \tag{18.20}$$

이 식을 적분하면 다음과 같이 x_{A}의 일반해가 유도된다.

$$-\frac{\mathrm{d}}{\mathrm{d}r}\left(r\frac{CD_{\mathrm{AB}}}{1-x_{\mathrm{A}}}\frac{\mathrm{d}x_{\mathrm{A}}}{\mathrm{d}r}\right)=0 \;\longrightarrow\; -\frac{CD_{\mathrm{AB}}}{1-x_{\mathrm{A}}}\frac{\mathrm{d}x_{\mathrm{A}}}{\mathrm{d}r}=\frac{C_1}{r}$$

$$\longrightarrow\quad \ln(1-x_{\mathrm{A}})=\frac{C_1}{CD_{\mathrm{AB}}}\ln r+C_2 \tag{18.21}$$

$r=R$일 때 $x_{\mathrm{A}}=x_{\mathrm{As}}$, $r=r_{\mathrm{b}}$일 때 $x_{\mathrm{A}}=x_{\mathrm{Ab}}$의 두 개의 경계 조건에 따라 적분 상수 C_1, C_2를 결정하면 농도 분포는 다음 식과 같다.

$$\ln\frac{1-x_{\mathrm{A}}}{1-x_{\mathrm{As}}}=\ln\left(\frac{r}{R}\right)^{\alpha} \;\longrightarrow\; \frac{1-x_{\mathrm{A}}}{1-x_{\mathrm{As}}}=\left(\frac{r}{R}\right)^{\alpha}$$

$$\alpha=\frac{\ln\{(1-x_{\mathrm{Ab}})/(1-x_{\mathrm{As}})\}}{\ln(r_{\mathrm{b}}/R)} \tag{18.22}$$

여기까지는 확산에 의한 물질이동을 동반하여 발생하는 유체 전체의 속도를 바탕으로 한 대류에 의한 이동만 발생하는 문제를 나타냈다. 다음으로 유체가 어느 정도 빠른 속도로 흐르는 가운데 물질이 대류와 확산에 의해 이동함과 동시에 화학 반응에 의해 소비되는 예를 나타낸다.

예제 18.4

그림 18.3과 같은 내경 d, 길이 L, 단면적 A의 **관형 반응기**(tubular reactor)에 성분 A만으로 이루어진 유체가 부피 유량 Q로 공급되고 있다. 그림의 $z=0$, L이 각각 반응기의 입구, 출구에 대응한다. 반응기 내에서 성분 A는 z방향으로 유체의 속도 u_z와 동반하는 대류와 확산에 의해 이동함과 함께, 반응 A → B에 따라 B로 변화한다. 반응 속도는 A의 농도에 비례한다. 공급되는 유체 중에 B는 포함되지 않는다. 이 경우의 A의 z 방향의 농도 분포를 구하라. 또한 다음 내용을 가정할 수 있는 걸로 한다.

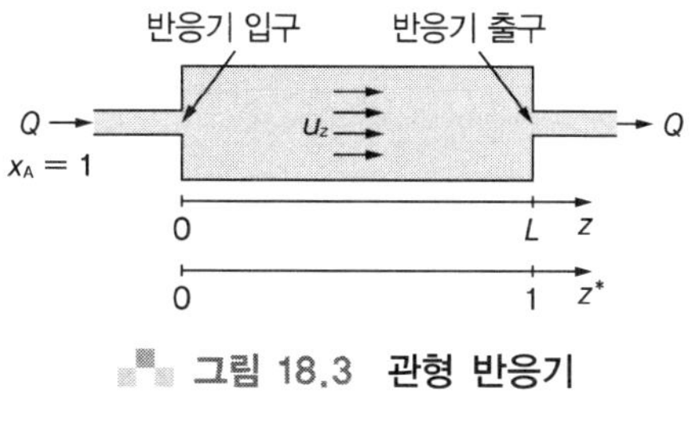

그림 18.3 관형 반응기

① 유체의 속도 u_z는 반응기 내에서는 위치에 상관없이 일정하다고 가정한다.

② A의 농도는 반응기 내 반지름 방향으로는 변화하지 않고 z방향으로만 변화한다.

풀이

이 예제에서 대상으로 하는 관형 반응기 내 흐름은 몹시 복잡하고 내부의 농도 분포를 명확하게 하는 것은 매우 어렵다. 그래서 균일한 평균 유속 u_z에 의한 대류 이동과, u_z의 속도 변동에 동반하는 z방향의 혼합 확산에 의한 이동이 동시에 발생한다고 간주한 혼합 확산 모델이라는 것이 이용되는 경우가 있다. 이 모델에서는 속도 변동 등에 의한 물질이동 유속을 분자 운동에 의한 확산과 같은 농도 구배에 비례하는 것으로 하여 다음 식에 따라 나타낼 수 있다.

$$J_z^* = -CD_z\frac{\mathrm{d}x_A}{\mathrm{d}z} \tag{18.23}$$

D_z는 **혼합 확산 계수**(mixing diffusivity)라는 것으로 확산 계수와 같은 물성이 아니라, 속도 변동 등 유동 또는 혼합 상태에 따라 변화한다. 일반적으로 그 값은 확산 계수에 비해 크다. D_z를 이용함에 따라 복잡한 반응기 내 물질이동 현상을 이번 장에서 유도한 물질수지식에 따라 표현할 수 있다. 평균 유속 u_z로 흐르는 장이므로 확산과 함께 발생하는 흐름의 속도는 무시할 수 있다. 따라서 대류를 담당하는 속도는 조건으로 주어진 u_z로 하면 되므로 주목 성분의 연속 방정식이 아니라 대류 확산 방정식을 이용하여 문제를 풀 수 있다. 반응 속도는 몰기준의 농도로 나타나므로 아래에서는 몰기준의 대류 확산 방정식을 이용하기로 한다.

① 물질이동 장의 형상을 고려하여 좌표계를 결정한다.

이동 방향이 z방향만 있으므로 직각 좌표계의 식(18.11)을 이용하기로 한다. 또한 이 문제에서는 반응식에 따라 A와 B의 분자량이 같으므로 몰기준의 대류를 담당하는 속도 v_z^*는 유체의 속도 u_z와 같다.

② 방정식에 불필요한 항을 소거한다.

정상이며, 위에 설명했듯이 $u_z = v_z^*$이라 할 수 있어 A의 농도는 z방향으로만 변화한다는 점, A와 B의 농도의 합계 C는 일정하다는 점을 고려하면 A의 몰기준의 물질수지식 (18.11)은 다음과 같아진다.

$$CD_z\frac{\mathrm{d}^2x_A}{\mathrm{d}z^2} - Cu_z\frac{\mathrm{d}x_A}{\mathrm{d}z} - x_A(R_A^* + R_B^*) + R_A^* = 0 \tag{18.24}$$

반응식 A → B에 따라 소비된 A가 모두 B가 되므로 $-R_A^* = R_B^*$이다. 또한 일차 반응이므로 $-R_A^* = kCx_A$가 되므로 위 식은 다음과 같이 변환된다.

$$D_z\frac{\mathrm{d}^2x_A}{\mathrm{d}z^2} - u_z\frac{\mathrm{d}x_A}{\mathrm{d}z} - kx_A = 0 \tag{18.25}$$

여기에서 k는 반응 속도 상수로 단위는 [s^{-1}]이다. 다음으로 z좌표를 $z^* = z/L$으로 치환하여 양변에 L/u_z를 곱하여 위 식을 무차원화 하면 다음과 같아진다.

$$\frac{D_{AB}}{u_z L}\frac{d^2 x_A}{dz^{*2}} - \frac{dx_A}{dz^*} - \frac{kL}{u_z}x_A = 0 \tag{18.26}$$

여기에서

$$\tau = \frac{L}{u_z}, \qquad Pe = \frac{u_z L}{D_z}, \qquad z^* = \frac{z}{L} \tag{18.27}$$

이라 하면 식(18.26)은 다음과 같이 변환된다.

$$\frac{1}{Pe}\frac{d^2 x_A}{dz^{*2}} - \frac{dx_A}{dz^*} - k\tau x_A = 0 \tag{18.28}$$

τ는 유체가 $z=0$에서 $z=L$까지 일정 속도 u_z로 이동하는데 필요한 시간으로, 유체 내에서의 반응 시간에 해당하며 **공간시간**(space time)이라고 한다. 또한 z^*은 그림 18.3과 같이 z좌표를 관 길이 L로 나누어 무차원화 된 좌표이다. Pe는 제13장 13.3절의 예제 13.4에서 유도된 열이동의 **페클렛 수**(Peclet number)의 열확산율 α를 확산 계수 D_z로 치환한 것이다. 여기에서는 모델에 의해 정의된 혼합 확산 계수를 이용하였는데 일반적으로는 물성으로써의 분자 확산 계수 D_{AB}에 따라 물질이동의 페클렛 수가 정의된다. 물질이동의 페클렛 수는 열이동 경우와 마찬가지로 대류와 확산에 의한 이동 유속의 비를 의미한다. 이것은 다음과 같이 이해할 수 있다. 대류에 의한 유속의 대푯값은 제17장의 표 17.2에 따라 $C_A v_z^*$인데 위에 설명했듯이 $u_z = v_z^*$이라 가정할 수 있으므로 $C_A u_z$가 된다. 또한 거리 L만큼 떨어진 2곳에의 농도차를 C_A라 하면 C_A/L을 농도 구배의 대푯값으로 볼 수 있으므로 확산에 의한 유속의 대푯값은 $D_{AB}C_A/L$이 된다. 이 비를 구하면 $Pe = C_A u_z/(D_{AB}C_A/L) = u_z L/D_{AB}$가 되어, 페클렛 수와 일치한다.

③ 방정식을 푼다.

원래는 먼저 경계 조건을 설정해야 하는데 이 문제의 경계 조건은 다소 복잡하기 때문에 우선 미분 방정식(18.28)의 일반해를 구하기로 한다. 이 방정식은 라플라스 변환을 이용하여 풀 수 있다.[1)] 다음 식이 그 일반해이다.

$$x_A = C_1 \exp\left\{\frac{(1+\alpha)Pe}{2}z^*\right\} + C_2 \exp\left\{\frac{(1-\alpha)Pe}{2}z^*\right\} \tag{18.29}$$

여기에서

1) 오가와 코헤이(小川浩平), 쿠로다 치아키(田千秋), 요시카와 시로(吉川史郎) 저, "화학공학을 위한 수학", 수리공학사 (2007)의 제1장과 본서 부록 C 참조.

$$\alpha = \sqrt{1 + \frac{4k\tau}{Pe}} \tag{18.30}$$

이다.

이와 같이 일반해를 구할 수 있으므로, 다음 경계 조건을 설정하여 상수 C_1, C_2를 구한다.

④ 경계 조건을 설정한다.

반응기 입구 부분에 그림 18.4에 점선 길이 Δz, 단면적 A의 대상부피를 설정하여 A에 대한 물질수지를 구하면 다음과 같아진다. $z=0$일 때 유체는 A만을 포함하여 $x_A = 1$이며, 또한 농도 구배는 0이 된다. 따라서 이 위치에서 대상부피 내에 유입하는 A의 유속은 대류에 의한 것만 있다. 이 문제에서는 유체가 그림 18.3의 가는 관에서 반응기로 들어온 순간에 유체 속도는 관 단면 내 위치에 상관없이 $u_z = Q/A$로 나타나는 관 단면 평균 유속으로 일정해진다는 것이 가정되어 있다. 따라서 $z=0$일 때의 A의 유입 속도는 대류에 의한 유속과 관 단면적의 곱 $Cx_A u_z|_{z=0}A$이다. 한편, $z=\Delta z$일 때 대상부피에서 유출하는 유속은 확산과 대류에 의한 것의 합이므로

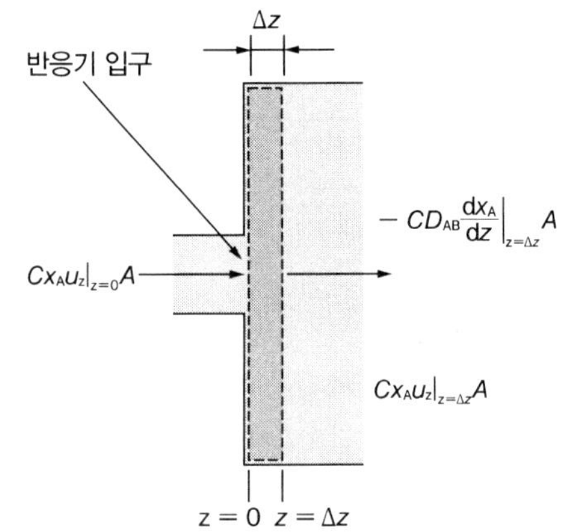

그림 18.4 반응기 입구 확대도

$$\left(-CD_z\frac{\mathrm{d}x_A}{\mathrm{d}z}\bigg|_{z=\Delta z} + Cx_A u_z|_{z=\Delta z}\right)A$$

가 된다. 또한 대상부피 내에서 단위 시간에 반응에 의해 소실되는 A는 $kCx_A A\Delta z$이다. 이와 같이, 물질수지식은 다음과 같아진다.

$$Cx_A u_z|_{z=0}A - \left(-CD_z\frac{\mathrm{d}x_A}{\mathrm{d}z}\bigg|_{z=\Delta z} + Cx_A u_z|_{z=\Delta z}\right)A - kCx_A A\Delta z = 0 \tag{18.31}$$

여기에서 $\Delta z \to 0$의 극한을 생각하면, 위 식의 각 항은 다음 값에 수렴한다.

$$Cx_A u_z|_{z=0} \longrightarrow Cx_A(0)u_z, \qquad Cx_A u_z|_{z=\Delta z} \longrightarrow Cx_A(+0)u_z$$

$$-CD_z\frac{\mathrm{d}x_A}{\mathrm{d}z}\bigg|_{z=\Delta z} \longrightarrow -CD_z\frac{\mathrm{d}x_A}{\mathrm{d}z}\bigg|_{+0}, \qquad kCx_A A\Delta z \longrightarrow 0 \tag{18.32}$$

$x_A(0)$은 공급 유체 중의 값으로 1이 된다. 또한 $+0$은 그림 18.4의 z좌표의 우측, 즉 반응기 안쪽에서 $z=0$에 가까워진 경우의 극한 값인 것을 나타낸다. 이에 따라 식(18.31)

에서 $\Delta z \to 0$으로 했을 때의 극한은 다음과 같아진다.

$$-CD_z \frac{\mathrm{d}x_A}{\mathrm{d}z}\bigg|_{+0} = Cu_z\{1-x_A(+0)\} \tag{18.33}$$

이 식을 식(18.27)로 정의된 무차원수를 이용하여 나타내면 다음 경계 조건이 유도된다.

$$\text{B.C.1 : } z^*=0\text{일 때 } -\frac{1}{Pe}\frac{\mathrm{d}x_A}{\mathrm{d}z^*}\bigg|_{+0} = 1-x_A(+0) \tag{18.34}$$

이 조건은 입구의 가는 공급관 측에서는 $x_A=1$, $\mathrm{d}x_A/\mathrm{d}z=0$인데 입구의 반응기 안쪽으로 이동한 순간에 농도가 불연속적으로 변화하여 $x_A(+0)$이 되어 농도 구배 $\mathrm{d}x_A/\mathrm{d}z$도 0이 아니게 되는 것을 나타내고 있다. 또 하나의 조건은 반응기 출구에서 입구와 같이 길이 Δz의 대상부피를 설정하여 물질수지를 구하여 유도된다. 입구와 같이 수지식은 $\Delta z \to 0$의 극한으로 반응에 의한 소실 항은 0이라고 볼 수 있어 다음과 같아진다.

$$z=L\text{일 때 } -CD_z\frac{\mathrm{d}x_A}{\mathrm{d}z}\bigg|_{z=L} = Cu_z\{x_A(-L)-x_A(L)\} \tag{18.35}$$

여기에서 $x_A(L)$은 출구의 값이고, $x_A(-L)$은 z좌표의 좌측 즉 반응기 안쪽에서 $z=L$에 가까워진 경우의 극한치인 것을 나타낸다. 입구와 달리 출구 농도는 반응기 안쪽의 출구 근방의 농도와 같아지므로 $x_A(-L)-x_A(L)=0$이 된다. 따라서 출구의 경계 조건은 다음과 같아진다.

$$\text{B.C.2 : } z^*=1\text{일 때 } \frac{\mathrm{d}x_A}{\mathrm{d}z^*}\bigg|_{z^*=1} = 0 \tag{18.36}$$

이와 같은 두 개의 경계 조건을 바탕으로 상수 C_1, C_2를 구하면 다음 x_A의 분포식이 유도된다.2)

$$x_A = \frac{2(1+\alpha)\exp\left(\frac{\alpha Pe}{2}\right)\exp\left\{\frac{(1-\alpha)Pe}{2}z^*\right\} - 2(1-\alpha)\exp\left(\frac{-\alpha Pe}{2}\right)\exp\left\{\frac{(1+\alpha)Pe}{2}z^*\right\}}{(1+\alpha)^2\exp\left(\frac{\alpha Pe}{2}\right) - (1-\alpha)^2\exp\left(\frac{-\alpha Pe}{2}\right)} \tag{18.37}$$

α는 식(18.30)의 $k\tau$와 페클렛 수 Pe에 따라 결정된다. 따라서 위 식에서 x_A의 분포는 $k\tau$와 Pe에 따라 변화한다는 것을 알 수 있다. 그림 18.5는 $k\tau$를 5로 하여 Pe를 변화시켰을 경우의 x_A의 분포를 비교하여 나타내고 있다. Pe가 작은 조건일수록 반응기 입구에서 출구의 농도 변화가 작아지는 것을 알 수 있다. 이렇게 되는 것은 Pe가 작을 때에는 대류에 비해 혼합 확산에 의한 반응기 내 혼합 효과가 크기 때문에 농도차가 해소되기

2) 부록 C 참조.

때문이다. 특히 $Pe=1\times10^{-4}$로 몹시 작은 조건에서는 반응기 내 농도가 거의 일정해진다. 이것은 반응기 내가 거의 완전히 혼합되어 이상 흐름인 **완전 혼합 흐름**(perfectly mixed flow)에 매우 가까운 상태가 되었기 때문이다. 한편, $Pe=1\times10^{4}$로 매우 큰 조건에서는 유체는 거의 혼합되지 않고 반응기에 유입한 모든 유체의 속도가 u_z로 일정해지는 **압출 흐름**(plug flow)에 가까운 상태가 되었다고 생각할 수 있다.

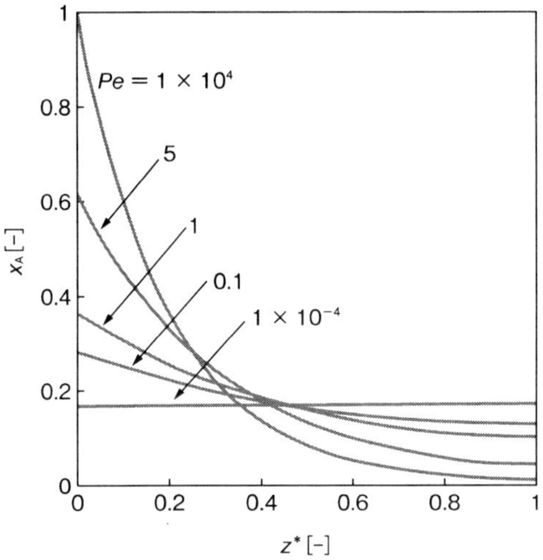

그림 18.5 반응기 내 x_A의 분포

학습의 키워드

□주목 성분의 연속 방정식 □확산 □대류 □대류 확산 방정식 □농도 분포 □관형 반응기 □혼합 확산 계수 □공간 시간 □페클렛 수 □완전 혼합 흐름 □압출 흐름

제18장 연습문제

18.1 제17장 예제 17.2에서 대류에 의한 이동을 무시할 수 있는 경우의 농도 분포를 몰기준의 대류 확산 방정식(18.11)을 통해 유도하라.

18.2 제17장 예제 17.5의 농도 분포를 몰기준의 대류 확산 방정식(18.11)을 통해 유도하라.

18.3 제17장 연습문제 17.2의 농도 분포를 몰기준의 대류 확산 방정식(18.11)을 통해 유도하라.

18.4 제17장 연습문제 17.4의 농도 분포를 몰기준의 대류 확산 방정식(18.11)을 통해 유도하라.

18.5 제17장 연습문제 17.5의 농도 분포를 몰기준의 대류 확산 방정식(18.11)을 통해 유도하라.

제 19 장

대류 물질이동

이 단원의 목표

화학 플랜트에서는 유체 흐름에 동반하는 물질이동, 즉 대류에 의한 영향을 강하게 받는 장치가 많다. 이번 단원에서는 제14장의 대류 열이동과 마찬가지로, 제11장의 경계층 이론을 바탕으로 장치 내 유동 조건, 유체 물성 등과 대류에 의한 물질이동량 사이에 어떤 관계가 있는지 학습하겠다.

19.1 대류 물질이동에 영향을 미치는 인자

제14장의 대류 전열과 마찬가지로, 대부분의 경우 화학 플랜트 실제 장치 내에서 발생하는 물질이동 현상은 대류를 동반한다. 그러한 **대류 물질이동**(convective mass transfer)이 발생하는 장치 내 농도 분포, 물질이동 유속 등을 명확하게 하기 위해서는 3차원 흐름 장에서의 연속 방정식, 운동량 수지식, 물질수지식을 연립하여 풀 필요가 있다. 그러나 그 식들은 대부분의 경우 해석적으로 풀 수가 없다. 그래서 다음에 설명하는 방법이 사용된다. 또한 여기에서는 이번 단원에서 주로 몰기준의 농도와 유속을 이용하기로 한다.

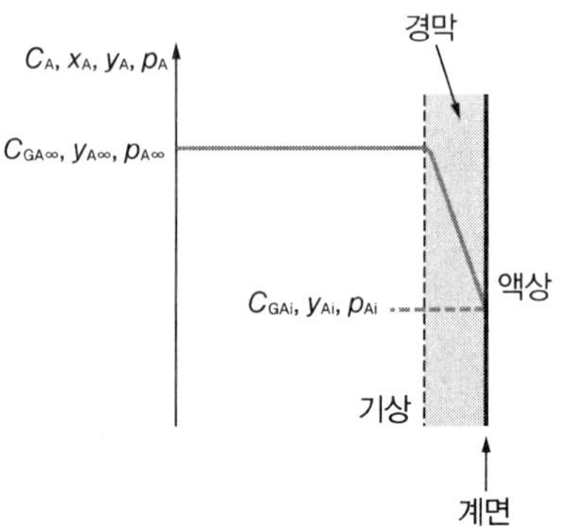

그림 19.1 기액 계면 부근의 경막

대류와 확산이 동시에 발생하는 장에서의 물질이동 유속은 대류 전열의 경우와 같이 **경막 모델**(film model)에 따라 표현되는 경우가 많다. 그림 19.1은 A, B 2성분으로 이루어진 기상중의 성분 A가 액상에 흡수되는 경우의 계면 부근의 기상 내 A의 농도 분포를 나타내고 있다. C_{GA}, y_A는 각각 몰농도, 몰분율이다. 계면에서 충분히 떨어진 기상 본체 내 농도는 $C_{GA\infty}$, $y_{A\infty}$로 일정하다고 생각할 수 있다. 또한 계면의 농도를 C_{GAi}, y_{Ai}라 하면 몰기준의 물질이동 유속 $N_A{}^*$는 다음과 같다.

$$N_A{}^* = k_C(C_{GA\infty} - C_{GAi}) = k_y(y_{A\infty} - y_{Ai}) \tag{19.1}$$

여기에서 k_C, k_y는 기상 경막의 **물질이동 계수**(mass transfer coefficient)로 대류 전열의 전열계수에 대응한다. k_C, k_y의 단위는 MKS 단위계에서 각각 [m · s^{-1}], [mol · m^{-2} · s^{-1}]가 된다. 또한 경막 양끝의 농도차 $C_{GA\infty} - C_{GAi}$, $y_{A\infty} - y_{Ai}$가 대류 전열의 온도차에 대응하는 **추진력**(driving force)이 된다. 이것은 **농도차 추진력**(concentration driving force)이라고 한다. 기상 농도는 분압으로 표시되는 경우가 많다. 그 경우, 유속은 기상 본체 내와 계면의 분압 $p_{A\infty}$와 p_{Ai}의 차이를 추진력으로 하면 다음과 같이 나타낼 수 있다.

$$N_A{}^* = k_G(p_{A\infty} - p_{Ai}) \tag{19.2}$$

k_G의 단위는 [mol · m^{-2} · s^{-1} · Pa^{-1}]이다. 이렇듯 물질이동 계수와 추진력의 정의는 여러 가지 있다. 그것을 질량기준의 유속의 경우도 포함하여 표 19.1에 정리하여 나타냈다.

물질이동 계수도 전열계수와 마찬가지로 물질수지식에 따라 유도되는 무차원수의 상관관계에 따라 구할 수 있다. 3차원 흐름의 장에서의 물질수지식인 대류 확산 방정식은 정상 상태에서 반응에 의한 생성, 소실이 없는 경우에서는 다음과 같아진다.

≫ 표 19.1 물질이동 유속, 물질이동 계수와 추진력

유속		물질이동 계수	추진력
질량기준 : N_A [kg · m^{-2} · s^{-1}]	$N_A = k(\omega_{A\infty} - \omega_{Ai})$	k [kg · m^{-2} · s^{-1}]	질량분율차
몰기준 : $N_A{}^*$[mol · m^{-2} · s^{-1}]	$N_A{}^* = k_C(C_{A\infty} - C_{Ai})$	k_C [m · s^{-1}]	몰농도차
	$N_A{}^* = k_y(y_{A\infty} - y_{Ai})$ $N_A{}^* = k_x(x_{A\infty} - x_{Ai})$	k_x, k_y [mol · m^{-2} · s^{-1}]	몰분율차 (k_x, x는 액상의 값)
	$N_A{}^* = k_G(p_{A\infty} - p_{Ai})$	k_G [mol · m^{-2} · s^{-1} · Pa^{-1}]	분압차

$$u_x \frac{\partial x_A}{\partial x} + u_y \frac{\partial x_A}{\partial y} + u_z \frac{\partial x_A}{\partial z} = D_{AB}\left(\frac{\partial^2 x_A}{\partial x^2} + \frac{\partial^2 x_A}{\partial y^2} + \frac{\partial^2 x_A}{\partial z^2}\right) \qquad (19.3)$$

이것은 몰기준의 유속을 바탕으로 한 식인데, 유체의 속도가 어느 정도 큰 경우를 상정하고 있기 때문에 대류에 의한 이동을 담당하는 속도 $v_x{}^*$, $v_y{}^*$, $v_z{}^*$는 유체의 속도 u_x, u_y, u_z와 일치한다. 대상으로 하는 장의 대표 속도, 대표 길이가 각각 U, L이면, 위 식의 각 변수는 다음과 같이 무차원화 된다.

$$x^* = \frac{x}{L}, \qquad y^* = \frac{y}{L}, \qquad z^* = \frac{z}{L},$$
$$u_x{}^* = \frac{u_x}{U}, \qquad u_y{}^* = \frac{u_y}{U}, \qquad u_z{}^* = \frac{u_z}{U} \qquad (19.4)$$

이들 무차원량을 식(19.3)에 대입하면 다음과 같아진다.

$$u_x{}^* \frac{\partial x_A}{\partial x^*} + u_y{}^* \frac{\partial x_A}{\partial y^*} + u_z{}^* \frac{\partial x_A}{\partial z^*} = \frac{D_{AB}}{UL}\left(\frac{\partial^2 x_A}{\partial x^{*2}} + \frac{\partial^2 x_A}{\partial y^{*2}} + \frac{\partial^2 x_A}{\partial z^{*2}}\right) \qquad (19.5)$$

이 식은 무차원 열수지식(14.9)와 동일 형태이다. 우변 D_{AB}/UL은 다음과 같이 나타낼 수도 있다.

$$\frac{D_{AB}}{UL} = \frac{1}{Re}\frac{D_{AB}}{\nu} = \frac{1}{Re\,Sc}, \qquad Sc = \frac{\nu}{D_{AB}} \qquad (19.6)$$

Sc는 동점도의 확산 계수에 대한 비로 **슈미트 수**(Schmidt number)라고 하는 무차원수이다. 이것은 열이동의 경우의 플란틀 수에 해당하며 분자 효과에 의한 운동량과 물질이동 속도의 비를 나타내고 있다. 또한 $Re\,Sc = UL/D_{AB}$는 제18장의 예제 18.4와 같은 대류와 확산에 의한 이동 속도의 비를 나타내는 **페클렛 수**(Peclet number) Pe이다. 제6장 6.3절에서 설명했듯이 식(19.4)의 대푯값이 달라도 이들 무차원수가 같아지는 조건이라면 운동량 이동식과 물질이동식(19.5)의 해인 무차원 속도 u^*, 농도 x_A 각 분포가 일치한다. 이에 따라 무차원 속도, 농도 분포는 위에 나온 두 무차원수 Re, Sc에 따라 결정된다고 생각할 수 있다. 농도차 대푯값을 $C_\infty - C_i$라 하면, 농도 구배 및 확산 유속의 대푯값을 다음과 같이 정의할 수 있다.

$$\text{농도 구배} : \frac{C_{A\infty} - C_{Ai}}{L}, \qquad \text{확산 유속} : \frac{D_{AB}(C_{A\infty} - C_{Ai})}{L} \qquad (19.7)$$

식(19.1)과 같은 물질이동 유속은 위의 확산 유속의 대푯값으로 나누어 다음과 같이 무차원화 된다.

$$Sh = \frac{k_{\mathrm{C}}(C_{\mathrm{A}\infty} - C_{\mathrm{Ai}})}{D_{\mathrm{AB}}(C_{\mathrm{A}\infty} - C_{\mathrm{Ai}})/L} = \frac{k_{\mathrm{C}}L}{D_{\mathrm{AB}}} \tag{19.8}$$

이 무차원수는 **셔우드 수**(Sherwood number)라고 하며, 제14장에서 유도한 대류 열이동의 무차원 열유속을 나타내는 넛셀 수에 대응한다. 셔우드 수는 제6장에서 유도한 무차원의 운동량 수지식(6.51)과 식(19.5)의 해인 속도 분포와 농도 분포에 따라 구할 수 있다. 실제로는 해석적으로 구할 수는 없는데, 이들 식의 해는 Re, Sc 두 무차원수에 따라 결정된다. 따라서 셔우드 수는 다음과 같이 Re, Sc의 함수가 된다고 생각할 수 있다.

$$Sh = f(Re,\ Sc) \tag{19.9}$$

대상이 되는 대류 물질이동에 대하여 이 함수형과 각 무차원수의 값을 결정할 수 있다면 물질이동 유속을 계산할 수 있다.

열이동의 넛셀 수에 대응하는 Sh가 Re와 플란틀 수에 대응하는 Sc의 함수가 되므로, 열이동 경우와 동일 방법을 통해 대류의 물질이동 유속을 구할 수 있다. 제14장의 대류 열이동의 경우와 같이 평판 위의 경계층, 원통관 내 흐름, 물체 주변 흐름에서의 셔우드 수와 그 외 무차원수의 관계와 물질이동 유속을 계산하는 방법을 아래에 설명하겠다.

19.2 여러 가지 장에서의 대류 물질이동

이번 절에서는 먼저 평판 위의 **층류 경계층**(laminar boundary layer)의 셔우드 수와 레이놀즈 수, 슈미트 수의 관계를 나타내는 식을 유도하여, 대류 물질이동과 대류 열이동의 유사성을 확인하겠다. 그 후 여러 가지 장의 물질이동 유속을 구하기 위해 필요한 식 등을 설명하겠다.

① 평판 위의 층류 경계층

그림 19.2는 성분 A의 몰분율이 $x_{\mathrm{A}\infty}$인 유체가 균일 속도 U로 평판 위에 유입되

면서 형성되는 경계층을 나타내고 있다. 성분 A는 평판 표면에 도포된 촉매와 접촉하여 발생하는 반응을 통해 성분 B로 변화한다. 그 반응에 의해 평판 표면의 A의 몰분율이 x_{Aw}로 감소하기 때문에 유체의 중심 흐름 사이에 발생하는 농도차를 추진력으로 하여 A가 평판을 향해 이동하여, 그림과 같은 농도 분포가 발생한다. 평판 표면부터 농도가 중심 흐름 농도 $x_{\mathrm{A}\infty}$ 될 때까지 변화하고 있는 영역을 **농도 경계층**(concen-tration boundary layer)라고 한다. 유체가 흐름과 함께 A가 평판으로 이동하여 반응에서 소실되기 때문에 제14장의 온도 경계층과 마찬가지로 하류를 향해 농도 경계층은 두꺼워져간다. 열이동의 경우와 마찬가지로 경계층 두께가 물질이동 속도를 결정하는 중요한 인자가 된다. 평판 위 경계층의 물질수지식은 정상 상태라는 점, $x-y$ 평면상의 2차원 현상이라는 점과 x방향의 농도 변화가 y방향 변화에 비해 무시할 수 있을 정도 작다는 점 등에 따라 다음과 같이 근사할 수 있다.

$$u_x \frac{\partial x_{\mathrm{A}}}{\partial x} + u_y \frac{\partial x_{\mathrm{A}}}{\partial y} = D_{\mathrm{AB}} \frac{\partial^2 x_{\mathrm{A}}}{\partial y^2} \tag{19.10}$$

반응은 촉매가 도포된 평판 표면에서만 발생하기 때문에 경계층 내 유체 중 물질수지를 나타내는 위 식에 반응에 의한 A의 소실을 나타내는 항은 포함되어있지 않다. 좌변의 대류의 항에 속도가 포함되므로 열이동의 경우와 마찬가지로 경계층 내 흐름에 의해 물질이동 현상이 영향을 받게 된다. 구체적으로는 유속이 증가하면 속도 경계층 δ는 얇아지고, 농도 경계층 δ_{C}도 그에 대응하여 얇아진다. 물질이동 계수는 δ_{C}에 반비례하므로, 대류에 의한 물질이동 유속을 구하기 위해서는 속도, 농도 경계층 두께의 관계를 명확하게 할 필요가 있다. 여기에서 경계층 내 농도를 다음 식에 따라 무차원화한다.

$$\theta = \frac{x_{\mathrm{A}} - x_{\mathrm{Aw}}}{x_{\mathrm{A}\infty} - x_{\mathrm{Aw}}} \tag{19.11}$$

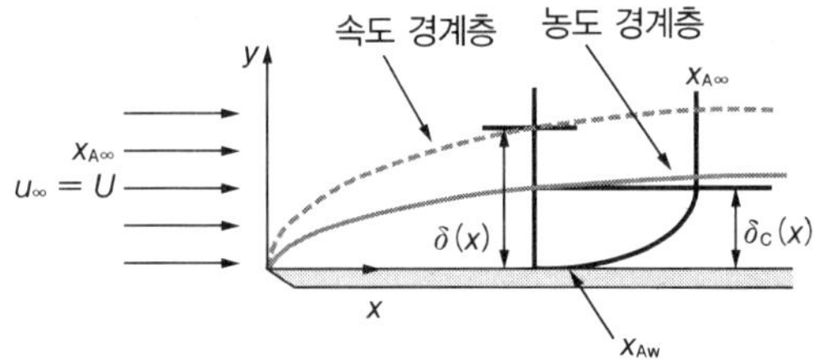

그림 19.2 농도 경계층

또한 제11장에서 정의한 다음 무차원 좌표 η를 이용하기로 한다.

$$\eta = y\sqrt{\frac{U}{\nu x}} \tag{11.10}$$

식(11.13), (11.15), (11.16), (11.17)의 관계를 바탕으로 식(19.10)을 다음과 같이 변환할 수 있다.

$$2\frac{\mathrm{d}^2\theta}{\mathrm{d}\eta^2} + Scg\frac{\mathrm{d}\theta}{\mathrm{d}\eta} = 0 \tag{19.12}$$

이 식은 경계층 내 열수지식 (14.20)의 좌변 제2항의 계수를 플란틀 수에서 슈미트 수로 변환한 형태가 된다. 또한 이 식과 제11장에서 유도한 경계층 내 운동량 수지식

$$2\frac{\mathrm{d}^3 g}{\mathrm{d}\eta^3} + g\frac{\mathrm{d}^2 g}{\mathrm{d}\eta^2} = 0 \tag{11.18}$$

과 비교하면, θ를 무차원 속도 $u_x{}^* = \mathrm{d}g/\mathrm{d}\eta$로 치환하면 $Sc = 1$의 경우에는 두 식이 일치한다. 또한 식(19.12)의 경계 조건은 평판 표면 즉 $\eta = 0$일 때 $\theta = 0$, 경계층 바깥쪽, 즉 $\eta \to \infty$일 때 $\theta = 1$로, $\mathrm{d}g/\mathrm{d}\eta$에 대한 조건과 일치한다. 따라서 θ과 $\mathrm{d}g/\mathrm{d}\eta$의 해가 같아져 $\delta_\mathrm{C} = \delta$가 되므로 **농도 경계층 두께**(thickness of concentration boundary layer)는 **속도 경계층 두께**(thickness of velocity boundary layer)를 나타내는 다음 식에 따라 구할 수 있다.

$$\delta_\mathrm{C} = \delta = 5.0\sqrt{\frac{\nu x}{U}} = 5.0 x Re_x^{-1/2} \tag{11.19}$$

한편, $Sc \neq 1$의 경우는 속도, 농도의 분포는 일치하지 않으므로 농도 분포를 구하기 위해서는 운동량 수지식(11.18)과는 별도로 식(19.12)를 풀어야 한다. 식(19.12)는 위에 설명한 것과 같이 경계층 내 열수지식과 동일 형태를 하고 있으므로 평판 표면의 무차원 농도 구배는 식(14.23)과 같이 다음과 같아진다.

$$\left.\frac{\mathrm{d}\theta}{\mathrm{d}\eta}\right|_{\eta=0} = \frac{1}{\lim\limits_{\eta\to\infty}\int_0^\eta \exp\left(-\frac{Sc}{2}\int_0^\eta g\mathrm{d}\eta\right)\mathrm{d}\eta} \tag{19.13}$$

또한 온도 분포의 경우와 같이 g에 대한 하스의 해(제11장 표 11.1)에 따라 위 식을 수치적으로 계산한 결과를 통해 $0.6 < Sc$의 범위에서 근사적으로 다음 관계가 성립한다.

$$\frac{\mathrm{d}\theta/\mathrm{d}\eta|_{\eta=0}}{\mathrm{d}u_x^*/\mathrm{d}\eta|_{\eta=0}} \approx Sc^{1/3} \tag{19.14}$$

이 식을 바탕으로 온도 경계층 두께와 마찬가지로 농도 경계층에 대해 식(14.27), (14.28)과 같이 다음 관계가 유도된다.

$$\frac{\mathrm{d}\theta/\mathrm{d}\eta|_{\eta=0}\delta_{\mathrm{C}}}{\mathrm{d}u_x^*/\mathrm{d}\eta|_{\eta=0}\delta} = 1 \longrightarrow \frac{\delta_{\mathrm{C}}}{\delta} \approx Sc^{-1/3} \tag{19.15}$$

$$\delta_{\mathrm{C}} = 5.0xRe_x^{-1/2}Sc^{-1/3} \tag{19.16}$$

식(19.15)에 따라 속도 경계층과 농도 경계층 두께의 크기는 슈미트 수 Sc의 값에 의존하고, 그림 14.2와 비슷한 관계가 있다. 슈미트 수가 1보다 작은 경우는 농도 경계층, 큰 경우는 속도 경계층이 두꺼워진다. 슈미트 수가 동점도의 확산 계수에 대한 비 즉, 분자 효과에 의한 운동량과 물질이동 속도의 비라는 의미가 있으므로 위에 설명한 관계는 이동이 잘되는 물리량에 관련된 경계층이 보다 두꺼워지는 것을 의미한다.

경계층 내 물질이동 유속은 식(19.1)과 같이 물질이동 계수와 농도차 추진력의 곱으로 나타난다. 한편, 평판 표면은 속도가 0이므로 대류에 의한 이동이 없고 물질이동 유속은 확산 유속과 같아진다. 대상으로 하는 경계층에서는 농도 구배는 양수이므로 물질이동 유속을 절대치로 나타내면 다음과 같아진다.

$$N_{\mathrm{A}}^* = k_x(x_{\mathrm{A}\infty} - x_{\mathrm{Aw}}) = CD_{\mathrm{AB}}\frac{\mathrm{d}x_{\mathrm{A}}}{\mathrm{d}y}\bigg|_{y=0} \tag{19.17}$$

식(14.30)과 같이 x_{A}, y를 각각 θ, η로 변환하면

$$N_{\mathrm{A}}^* = k_x(x_{\mathrm{A}\infty} - x_{\mathrm{Aw}}) = CD_{\mathrm{AB}}(x_{\mathrm{A}\infty} - x_{\mathrm{Aw}})\sqrt{\frac{U}{\nu x}}\frac{\mathrm{d}\theta}{\mathrm{d}\eta}\bigg|_{\eta=0} \tag{19.18}$$

이다. 이 식을 통해 식(14.32), (14.33)과 같이 물질이동 유속, 물질이동 계수를 나타내는 다음 식이 유도된다.

$$N_{\mathrm{A}}^* = k_x(x_{\mathrm{A}\infty} - x_{\mathrm{Aw}}) = 0.332CD_{\mathrm{AB}}(x_{\mathrm{A}\infty} - x_{\mathrm{Aw}})\sqrt{\frac{U}{\nu x}}Sc^{1/3} \tag{19.19}$$

$$k_x = 0.332CD_{\mathrm{AB}}\sqrt{\frac{U}{\nu x}}Sc^{1/3} = 0.332CD_{\mathrm{AB}}x^{-1}Re_x^{1/2}Sc^{1/3} \tag{19.20}$$

식(19.16)과 (19.20)을 비교하면 국소 물질이동 계수 k_x는 농도 경계층 두께 δ_C에 반비례하는 것을 알 수 있다. 이것은 δ_C가 작은 경우는 k_x가 커지며, 물질이동 유속도 커지는 것을 의미한다. 경계층 내 $x=x$ 위치의 국소 셔우드 수는 식(19.8)에서 대표 길이를 x로 함으로써, $Sh = k_C x / D_{AB}$로 정의된다. k_C는 몰농도차를 추진력으로 한 경우의 물질이동 계수이며 위 식의 몰분율차를 추진력으로 한 계수 k_x와 다음 관계가 있다.

$$k_C = \frac{k_x}{C} \tag{19.21}$$

따라서 $x=x$ 위치의 국소 셔우드 수는 다음과 같아진다.

$$\begin{aligned} Sh_x &= \frac{k_C x}{D_{AB}} = \frac{k_x x}{CD_{AB}} = \frac{0.332\, CD_{AB}\sqrt{\dfrac{U}{\nu x}}\, Sc^{1/3} x}{CD_{AB}} \\ &= 0.332\sqrt{\frac{Ux}{\nu}}\, Sc^{1/3} = 0.332 Re_x^{1/2} Sc^{1/3} \end{aligned} \tag{19.22}$$

이 식은 셔우드 수를 나타내는 식(19.9)의 함수 $f(Re,\ Sc)$에 대응하는 것이다.

식(19.22)의 국소 셔우드 수는 평판 끝에서 하류로 갈수록 변환한다. 따라서 그 값을 통해 구해지는 국소 물질이동 계수에 따라 계산되는 식(19.19)의 물질이동 유속 $N_A{}^* = k_x(x_{A\infty} - x_{Aw})$도 끝과의 거리에 따라 변화한다. 그 때문에 $x=0$에서 $x=L$ 구간 전체의 물질이동 속도를 명확하게 하기 위해서는 그 구간의 셔우드 수의 평균값 Sh_L이 필요해진다. 평균은 다음과 같이 연속적으로 변화하는 국소 Sh_x를 구간 전체로 적분하여, 구간 길이로 나누어 구할 수 있다.

$$\begin{aligned} Sh_L &= \frac{k_{x\,av} L}{CD_{AB}} = \frac{1}{L}\int_0^L Sh_x \,\mathrm{d}x = \frac{1}{L} 0.332 Sc^{1/3} \int_0^L \sqrt{\frac{Ux}{\nu}}\,\mathrm{d}x \\ &= \frac{1}{L} 0.332 Sc^{1/3} \cdot 2L\sqrt{\frac{UL}{\nu}} = 0.664 Re_L^{1/2} Sc^{1/3} \end{aligned} \tag{19.23}$$

여기에서 $k_{x\,av}$는 동일 구간의 물질이동 계수의 평균값이다. $k_{x\,av}$에 몰분율차 추진력 $x_{A\infty} - x_{Aw}$를 곱하면 물질이동 유속의 평균값을 구할 수 있다. 또한 그 유속에 $x=0$에서 $x=L$의 구간의 평판 면적을 곱하면 전체 물질이동 속도를 구할 수 있다.

아래에 무차원수 Sh, Re, Sc의 계산식을 통해 경계층 내 물질이동 유속을 구하는 방법에 대한 예제를 나타내겠다.

예제 19.1

평판 위의 경계층 내 끝에서 거리 $x = 0.8$ m 위치의 유체에서 평판으로 이동하는 물질이동 유속과 그 위치의 속도 경계층, 농도 경계층의 두께를 구하라. 또한 끝에서부터 $x = 2$ m 범위까지의 물질이동 유속의 평균을 구하라. 유체 중심 흐름 중의 성분 A의 몰분율이 1, 속도가 $1.00 \times 10^{-2}\ \mathrm{m \cdot s^{-1}}$이고, 평판에 접하는 유체 중의 A의 몰분율은 0.2로 일정하다. 유체는 기체로 동점도, A의 확산 계수가 각각 $1.47 \times 10^{-5}\ \mathrm{m^2 \cdot s^{-1}}$, $2.50 \times 10^{-6}\ \mathrm{m^2 \cdot s^{-1}}$, 기체 온도가 30 ℃, 전체 압력이 1.01×10^5 Pa이다. 또한 기체 전체 몰농도는 일정하다.

풀이

제14장의 예제 14.1과 같은 방법에 따르면 다음과 같아진다. 기체 내 물질이동이므로 몰분율은 y_{A}, 물질이동 계수는 k_y라 표기한다.

먼저 넛셀 수를 구하면

$$Sc = \frac{\nu}{D_{\mathrm{AB}}} = \frac{1.47 \times 10^{-5}}{2.50 \times 10^{-6}} = 5.88$$

이 된다. $0.6 < Sc$이며 식(19.14)의 관계가 성립하므로 식(19.22)를 적용할 수 있다. 다음으로 $x = 0.8$ m의 레이놀즈 수를 구한다.

$$Re_x = \frac{Ux}{\nu} = \frac{1.00 \times 10^{-2} \times 0.8}{1.47 \times 10^{-5}} = 5.44 \times 10^2$$

제11장에 따라 층류에서 난류로의 전이는 $Re_L < 10^5$ 범위에서 발생하므로 층류 범위인 것을 알 수 있다. 이와 같이 Re_x, Sc 값을 식(19.22)에 대입하면 셔우드 수가 다음과 같이 구해진다.

$$Sh_x = 0.332 Re_x^{1/2} Sc^{1/3} = 1.40 \times 10^1$$

위의 셔우드 수 값에서 몰분율차를 추진력으로 한 경우의 물질이동 계수 k_y를 식(19.22)에 따라 구할 때에는 유체 전체 몰농도 C가 필요해진다. 그 값은 기체 온도와 전체 압력을 이용하여 이상 기체의 상태 방정식에 따라 다음과 같이 구할 수 있다.

$$C = \frac{P}{RT} = 4.02 \times 10^1\ \mathrm{mol \cdot m^{-3}}$$

따라서 $x = 0.8$ m의 물질이동 계수는 식(19.22)에 따라

$$k_y = \frac{Sh_x C D_{\mathrm{AB}}}{x} = 1.76 \times 10^{-3}\ \mathrm{mol \cdot m^{-2} \cdot s^{-1}}$$

이 된다. 이 값에 따라 국소 물질이동 유속은 다음과 같아진다.

$$N_A{}^* = k_y(y_{A\infty} - y_{Aw}) = 1.76 \times 10^{-3}(1-0.2)$$
$$= 1.41 \times 10^{-3}\,\text{mol} \cdot \text{m}^{-2} \cdot \text{s}^{-1}$$

또한 속도 경계층, 농도 경계층의 두께는 각각 다음과 같아진다.

$$\delta = 5.0xRe_x^{-1/2} = 1.71 \times 10^{-1}\,\text{m}$$
$$\delta_C = 5.0xRe_x^{-1/2}Sc^{-1/3} = 9.50 \times 10^{-2}\,\text{m}$$

$Sc > 1$이므로 속도 경계층이 더 두꺼워진다.

평판 끝에서 $x = L$까지 물질이동 유속의 평균은 식(19.23)의 평균 셔우드 수를 통해 구할 수 있다. $L = 2$ m인 경우 $Re_L = 1.36 \times 10^3$이다. $Re_L < 10^5$이므로 이 범위에서도 경계층 내 흐름은 층류이다. 레이놀즈 수의 값과 $Sc = 5.88$에 따라 $Sh_L = 4.42 \times 10^1$이 된다. 따라서 물질이동 계수 및 물질이동 유속의 평균값은 다음과 같아진다.

$$k_{yav} = \frac{Sh_L CD_{AB}}{L} = 2.22 \times 10^{-3}\,\text{mol} \cdot \text{m}^{-2} \cdot \text{s}^{-1}$$
$$N_{Aav}{}^* = k_{yav}(y_{A\infty} - y_{Aw}) = 1.78 \times 10^{-3}\,\text{mol} \cdot \text{m}^{-2} \cdot \text{s}^{-1}$$

대류 물질이동의 유속을 구하는 경우에는 대류 열이동과 거의 같은 방법을 적용할 수 있다는 것을 알았다. 구체적으로는 열이동의 넛셀 수, 플란틀 수를 셔우드 수, 슈미트 수로 각각 치환함으로써 물질이동 계수와 유속을 구할 수 있다. 단, 물질이동의 경우에는 유속이 몰기준인지 질량기준인지, 또는 추진력이 무엇을 기준으로 하고 있는지가 경우에 따라 다르다는 점에 주의할 필요가 있다. 아래에는 **원통관 내 층류**(laminar flow in a circular pipe), 평판 위의 난류, 원통관 내 난류, 물체 주변 흐름 등, 여러 가지 장의 셔우드 수를 나타내는 식을 대류 열이동과 대응시키면서 나타내겠다.

② 원통관 내 층류

내경이 d, 길이가 L인 원통관 안을 흐르는 유체 중의 용질이 관 벽을 향해 이동하는 경우에 대하여 생각해보자. 성분 A의 몰분율이 x_{A0}인 유체가 관 단면 평균 유속 u_a로 유입하여 관내에서 A가 원통관 벽을 향해 이동하여 평판 위의 경계층인 경우와 마찬가지로, 벽 표면에서 반응에 의해 소실되는 경우를 생각해보자. 원통관 벽면에 접하고 있는 유체의 A의 몰분율은 x_{Aw}로 입구에서 출구까지 일정하고, 유체 중심 흐름의 단면 평균 농도는 관 출구에서 x_{AL}까지 감소한다고 하자. 원통관 입구로부터의 거리 $z = z$의 벽면으로의 물질이동 유속 $N_A{}^*$는 단면 평균 농도 x_A와 벽면 농도 x_{Aw}의 차이를 추진력으로 다음과 같이 나타낼 수 있다.

$$N_A{}^* = k_x(x_A - x_{Aw}) \tag{19.24}$$

또한 z의 국소 셔우드 수는 원통관 내경 d를 대표 길이로 하여 다음에 따라 정의된다.

$$Sh_z = \frac{k_x d}{CD_{AB}} \tag{19.25}$$

이 셔우드 수는 원통관 내 층류의 대류 열이동의 넛셀 수와 같이 다음 식과 같은 상관관계가 있다.

$$Sh_z = 3.66 + \frac{0.0018}{(Re\,Scd/z)^{-1/3}\{0.04 + (Re\,Scd/z)^{-2/3}\}^2} \tag{19.26}$$

유체 중의 단면 평균 농도 x_A는 관 입구에서 출구까지 변화하므로, 위의 국소 물질이동 계수, 유속, 셔우드 수도 입구와의 거리 z에 따라 변화한다. 실제로는 관 전체의 물질이동 속도를 알 필요가 있으므로, 길이 L의 원통관 입구에서 출구까지의 국소 물질이동 유속의 평균값이 필요해진다. 그것은 열이동 경우의 평균 열유속을 나타내는 식(14.47)과 같이 다음 식에 따라 구할 수 있다.

$$N_{Aav}{}^* = k_{x\,av}\frac{(x_{A0} - x_{xw})(x_{AL} - x_{xw})}{\ln\{(x_{A0} - x_{xw})/(x_{AL} - x_{xw})\}} = k_{x\,av}\Delta x_{Alm} \tag{19.27}$$

Δx_{Alm}은 입구와 출구의 농도차 추진력의 대수 평균으로 대수 평균 농도차라고 한다. 또한 $k_{x\,av}$는 물질이동 계수의 평균이다. $k_{x\,av}$에 따라 정의되는 셔우드 수의 평균은 이것도 열이동 경우의 식(14.49)와 같은 다음 식의 상관관계가 있다는 것이 경험적으로 알려져 있다.

$$Sh_L = 3.66 + \frac{0.0668}{(Re\,Scd/L)^{-1/3}\{0.04 + (Re\,Scd/L)^{-2/3}\}} \tag{19.28}$$

또한 다음 비교적 간단한 식에 따라 구할 수도 있다.

$$10 < Re\,Sc\frac{d}{L}, \qquad Sh_L = 1.86\left(Re\,Sc\frac{d}{L}\right)^{1/3} \tag{19.29}$$

$$Re\,Sc\frac{d}{L} < 10, \qquad Sh_L = 3.66 \tag{19.30}$$

국소, 평균의 셔우드 수의 Re, Sc 등에 대한 변화는 각각 그림 14.4, 그림 14.5의 넛셀 수의 변화와 일치한다.

③ 난류의 물질이동

평판 위의 **난류 경계층**(turbulent boundary layer), **원통관 내 난류**(turbulent flow in a circular pipe)의 물질이동은 제14장에서 설명한 칠턴-콜버언의 아날로지에 따라 셔우드 수를 구할 수 있다.

평판 위의 경계층 흐름에서는 평판 끝과의 거리 x의 국소 마찰 계수 f_x와 물질이동의 j인자 j_{D}의 관계에 대해 식(14.57), (14.58)과 같은 다음 식이 유도된다.

$$j_{\mathrm{D}} = \frac{Sh_x}{Re_x Sc^{1/3}} = \frac{f_x}{2} = 0.0296 Re_x^{-1/5} \tag{19.31}$$

$$Sh_x = 0.0296 Re_x^{4/5} Sc^{1/3} \tag{19.32}$$

원통관 내 난류는 층류, 난류인 경우에 대해 각각 경우의 j인자를 나타내는 식(14.62), (14.63)과 같은 다음 관계가 유도된다.

$$\text{층류 : } j_{\mathrm{D}} = \frac{Sh_L}{Re\, Sc^{1/3}} = 1.86 Re^{-2/3}\left(\frac{d}{L}\right)^{1/3} \tag{19.33}$$

$$\text{난류 : } j_{\mathrm{D}} = \frac{Sh_L}{Re\, Sc^{1/3}} = 0.026 Re^{-0.2} \tag{19.34}$$

이들 관계는 층류의 평균 셔우드 수의 계산식(19.29)와 다음 난류의 계산식과 대응한다.

$$Sh_L = 0.026 Re^{0.8} Sc^{1/3} \tag{19.35}$$

④ 구 주변 흐름의 물질이동

구 주변 흐름에 대해서도 열이동의 식(14.68), (14.69)와 같은 다음 식을 적용할 수 있다.

$$1 < Re < 500, \qquad Sh = 2 + 0.6 Re^{0.5} Sc^{1/3} \tag{19.36}$$

$$500 < Re < 10^5, \qquad Sh = 0.37 Re^{0.6} Sc^{1/3} \tag{19.37}$$

19.3 이중 경막 모델과 총괄 물질이동 계수

화학 플랜트의 전형적인 물질이동 현상 중 하나로 액상으로의 가스흡수가 있다. 그 경우, 기상측에 그림 19.1과 같은 경막뿐만 아니라 그림 19.3과 같이 액상측에도 기액 계면에서 액상 본체를 향해 농도가 분포하여 경막이 형성된다고 생각되어진다. 이 가정을 바탕으로 한 모델을 **이중 경막 모델**(two-film model)이라고 한다. 흡수되는 기상 성분을 A라 하자. A가 기상에서 계면을 넘어 액상 내로 이동할 때 통과하는 면적은 일정하므로 정상 상태에서는 기상, 액상의 물질이동 유속은 같아진다. 또한 그들 유속은 표 19.1에 따라 다음과 같아진다.

$$N_A{}^* = k_y(y_{A\infty} - y_{Ai}) = k_x(x_{Ai} - x_{A\infty}) \tag{19.38}$$

제14장의 14.5절에서 설명한 열이동 경막 모델과 마찬가지로 성분 A의 기상에서 액상으로의 이동에 대해 두 상의 경막이 저항이 되어 그들이 직렬로 접속되어 있다고 볼 수 있다. 위 식을

$$\frac{N_A{}^*}{k_y} = y_{A\infty} - y_{Ai}, \qquad \frac{N_A{}^*}{k_x} = x_{Ai} - x_{A\infty} \tag{19.39}$$

로 변환하면 $N_A{}^*$를 전류(電流), $1/k_y$, $1/k_x$를 저항(抵抗), 추진력 $y_{A\infty} - y_{Ai}$, $x_{Ai} - x_{A\infty}$를 전압(電壓)이라고 볼 수 있다. 이에 따라 이 식은 전류, 저항과 전압의 관계에 대응하고 있다는 것을 알 수 있다. 이들 식에서 경계 농도 y_{Ai}, x_{Ai}는 대부분의 경우 불명확하기 때문에 두 상의 물질이동 계수를 알고 있어도 유속 $N_A{}^*$를 구할

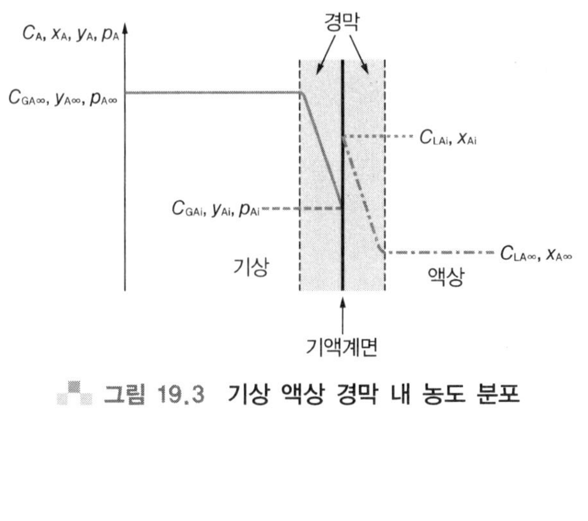

그림 19.3 기상 액상 경막 내 농도 분포

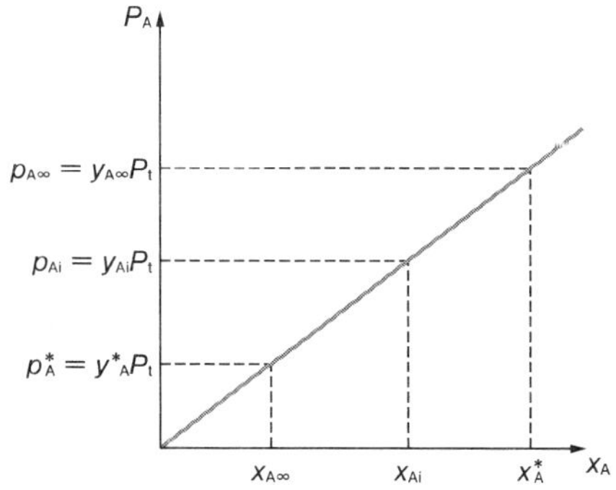

그림 19.4 분압과 액상 농도의 평형 관계

수 없다. 경계 농도 y_{Ai}, x_{Ai}는 그림 19.4와 같이 평형 관계이다. 헨리의 법칙이 성립한다면 y_{Ai}는 x_{Ai}에 비례한다. 이 비례 계수를 α라 하면

$$y_{\mathrm{Ai}} = \alpha x_{\mathrm{Ai}}, \qquad p_{\mathrm{Ai}} = P_{\mathrm{t}}\alpha x_{\mathrm{Ai}} \tag{19.40}$$

의 관계가 성립한다. P_{t}는 전체 압력이다. 다음으로 액상 본체의 농도 $x_{\mathrm{A}\infty}$, 기상 본체의 농도 $y_{\mathrm{A}\infty}$와 평형 관계인 가상적인 기상, 액상 농도를 $y_{\mathrm{A}}{}^*$, $x_{\mathrm{A}}{}^*$라 하면 이들 농도 사이에는 식(19.40)과 같이 다음 관계가 성립한다.

$$y_{\mathrm{A}}{}^* = \alpha x_{\mathrm{A}\infty}, \qquad y_{\mathrm{A}\infty} = \alpha x_{\mathrm{A}}{}^* \tag{19.41}$$

이와 같은 관계를 이용하면 식(19.39)는 다음과 같이 두 가지로 변환할 수 있다.

$$\begin{aligned}\frac{N_{\mathrm{A}}{}^*}{k_y} + \frac{\alpha N_{\mathrm{A}}{}^*}{k_x} &= N_{\mathrm{A}}{}^*\left(\frac{1}{k_y} + \frac{\alpha}{k_x}\right) = y_{\mathrm{A}\infty} - y_{\mathrm{Ai}} + y_{\mathrm{Ai}} - y_{\mathrm{A}}{}^* \\ &= y_{\mathrm{A}\infty} - y_{\mathrm{A}}{}^*\end{aligned} \tag{19.42}$$

$$\begin{aligned}\frac{N_{\mathrm{A}}{}^*}{\alpha k_y} + \frac{N_{\mathrm{A}}{}^*}{k_x} &= N_{\mathrm{A}}{}^*\left(\frac{1}{\alpha k_y} + \frac{1}{k_x}\right) = x_{\mathrm{A}}{}^* - x_{\mathrm{Ai}} + x_{\mathrm{Ai}} - x_{\mathrm{A}\infty} \\ &= x_{\mathrm{A}}{}^* - x_{\mathrm{A}\infty}\end{aligned} \tag{19.43}$$

이들 식의 괄호 안은 기상, 액상의 **저항**(mass transfer resistance)의 합계이다. 이들 저항을

$$\frac{1}{K_{\mathrm{G}}} = \frac{1}{k_y} + \frac{\alpha}{k_x}, \qquad \frac{1}{K_{\mathrm{L}}} = \frac{1}{\alpha k_y} + \frac{1}{k_x} \tag{19.44}$$

라고 표기하면 물질이동 유속은 다음과 같아진다.

$$N_A{}^* = K_G(y_{A\infty} - y_A{}^*) = K_L(x_A{}^* - x_{A\infty}) \tag{19.45}$$

K_G, K_L은 각각 기상측, 액상측의 추진력을 바탕으로 한 **총괄 물질이동 계수**(overall mass transfer coefficient)이다. 물질이동 계수 k_y, k_x가 셔우드 수에 따라 구해져서 기상, 액상 본체의 농도를 알면 이 식에 따라 물질이동 유속을 계산할 수 있다.

그림 19.3과 같은 농도 분포가 될 경우 두 개의 경막 저항의 값 사이에 큰 차이가 없기 때문에 두 개의 저항을 고려할 필요가 있다. 그러나 한 경막의 저항이 몹시 작은 경우는, 그 경막의 저항을 무시하여 물질이동 유속을 추산할 수 있다. 예를 들어 기상측이 충분히 혼합되어 있어 물질이동 계수가 몹시 큰 경우는 그림 19.5와 같이 기상측 농도는 일정하다고 볼 수 있어서 계면에 접하는 기상 농도가 $y_{A\infty}$가 되므로 액상측 농도는

$$x_{Ai} = \frac{y_{A\infty}}{\alpha} = x_A{}^* \tag{19.46}$$

이 된다. 또한 기상측 저항을 무시할 수 있으므로

$$\frac{1}{k_y} \approx 0 \longrightarrow \frac{1}{K_L} = \frac{1}{\alpha k_y} + \frac{1}{k_x} \approx \frac{1}{k_x} \tag{19.47}$$

이 된다. 따라서 물질이동 계수는 다음과 같이 나타낼 수 있다.

$$N_A{}^* = K_L(x_A{}^* - x_{A\infty}) = k_x\left(\frac{y_{A\infty}}{\alpha} - x_{A\infty}\right) \tag{19.48}$$

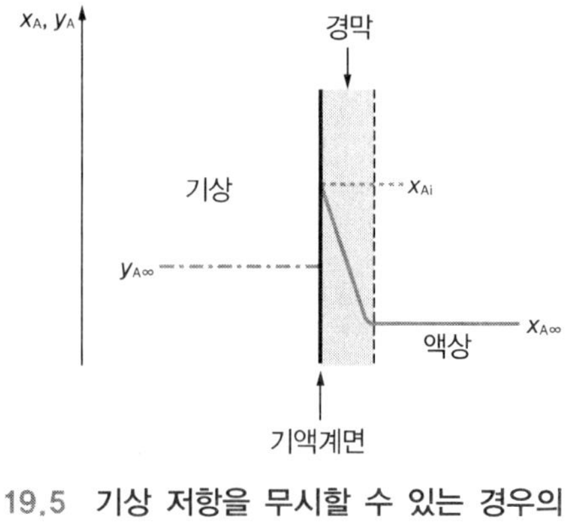

그림 19.5 기상 저항을 무시할 수 있는 경우의 농도 분포

19.4 대류를 포함하는 비정상 상태 물질이동

제16장의 16.3절에서 고체 중의 전도와 바깥측의 유체 경막 내의 대류에 의해 열이 이동할 때 온도의 시간경과에 따른 변화를 구하는 방법에 대해 설명하였다. 그 방법을 유체와 접촉하는 고체 재료에서 유체로의 **비정상 상태 물질이동**(unsteady state mass transfer)의 이동 속도를 구할 때에도 이용할 수 있다. 그림 19.6은 두께 $2Y$의 평판형 고체가 유체와 접촉하여 내부 성분 A가 유체를 향해 이동하는 경우의 농도 분포이다. 유체와 접촉을 개시하는 직전까지는 평판 내 농도는 일정하고 x_{A0}이라고 하자. 평판 내에서는 확산에 의해서만 이동하는데 비해 표면 부근의 유체중은 경막 모델에 따라 이동한다. 아래에는 유체, 고체 내 A의 몰분율을 각각 y_A, x_A라고 표시해, 고체 표면에서 식(19.40)과 같은 평형 관계가 성립한다고 한다.

평판 내와 경막 내 농도 분포는 각각의 **저항**(mass transfer resistance)의 대소 관계에 의존한다. 열이동의 경우 그 크기를 나타내는 무차원수로 $m = k/hY$를 이용하였다. 여기에서 k는 고체의 열전도도로 Y/k는 평판 내 저항, $1/h$는 경막 내 저항으로 m은 그들 저항의 비를 나타내고 있다. 고체 내 확산 계수를 D_A라 하면, 평판 내 저항은 열이동의 경우와 대응시켜 Y/D_A가 된다. 한편, 경막 내 저항을 고체 내 농도를 기준으로 나타내면, 식(19.43)에 따라 $1/\alpha k_y$가 된다. $Y/D_A\,[\mathrm{s\cdot m^{-1}}]$와 차원을 통일하기 위하여 $k_y\,[\mathrm{mol\cdot m^{-2}\cdot s^{-1}}]$을 몰농도차 추진력 기준의 $k_C\,[\mathrm{m\cdot s^{-1}}]$로 치환하여 $1/\alpha k_C$이면 $m = D_A/\alpha k_C Y$가 된다. 이 값에 따라 대략적인 농도 분포를 다음과 같이 분류할 수 있다.

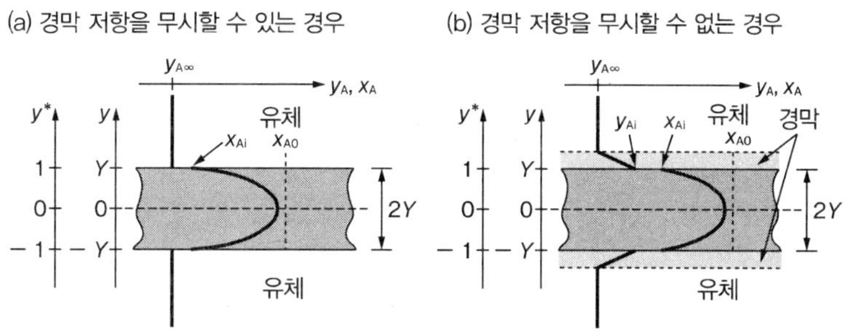

그림 19.6 대략적인 평판 내 농도 분포

① **경막 저항을 무시할 수 있는 경우** : $m \ll 1$

이 경우는 그림 19.6(a)와 같이 유체 중의 농도가 일정해지고 평판 내에만 농도 분포가 생긴다. 단, 계면의 유체측과 평판측 농도는 평형 관계이며 같아지지 않는다는 점이 열이동의 경우와 다르다.

② **경막, 평판 내 저항을 모두 무시할 수 없는 경우**

m이 극단적으로 크거나 또는 작은 경우 이외는 모든 저항을 무시할 수 없으므로 그림 19.6(b)와 같이 경막 내, 평판 내 모두 농도 분포가 발생한다.

16.3절의 열이동의 경우와 달리 대부분의 경우 고체 중의 물질 확산 계수는 몹시 작기 때문에 평판 내 저항 Y/D_A가 무시할 수 있을 정도로 작고, $m \gg 1$로 가정할 수 있게 되는 경우는 거의 없다. 아래에 16.3절에 나타낸 방법으로 물질이동 유속을 추산하는 방법을 설명하겠다.

①, ② 모든 경우가 충분히 시간이 경과한 후에 평판 내 농도는 유체 본체의 농도와 평형인 고체 내 농도 $x_A{}^* = y_{A\infty}/\alpha$로 균일해진다. 여기에서 무차원 농도를 다음과 같이 정의한다.

$$\theta = \frac{C_A - C_A{}^*}{C_{A0} - C_A{}^*} = \frac{C(x_A - x_A{}^*)}{C(x_{A0} - x_A{}^*)} = \frac{x_A - x_A{}^*}{x_{A0} - x_A{}^*} \tag{19.49}$$

여기에서 C는 고체 내 전체 몰농도로 일정하다고 볼 수 있다고 가정한다. 또한 무차원 시간과 무차원 y좌표를 다음과 같이 정의한다.

$$y^* = \frac{y}{Y}, \qquad t^* = \frac{D_A t}{Y^2} \tag{19.50}$$

무차원 시간 t^*을 나타내는 식은 열이동 경우의 열확산율을 고체 내 확산 계수로 치환한 것이다. 이와 같은 무차원수를 이용하면 평판 내 물질수지식을 다음과 같이 나타낼 수 있다.

$$\frac{\partial \theta}{\partial t^*} = \frac{\partial^2 \theta}{\partial y^{*2}} \tag{19.51}$$

이 방정식을 적절한 초기 조건과 경계 조건을 바탕으로 풀어 평판 내 농도 분포의 시간경과에 따른 변화를 구할 수 있다. 초기 조건은 m의 값에 상관없이

$$\text{I. C. : } t = 0 \text{일 때 } x_A = x_{A0}, \ t^* = 0 \text{일 때 } \theta = 1$$

인데, 경계 조건은 m의 값에 따라 다르다. 아래에 각 경우에 대하여 나타내겠다.

① 경막 저항을 무시할 수 있는 경우

경계 조건은 다음과 같아진다.

B.C.1 : $y = Y$일 때 $x_A = x_A{}^*$, $y^* = 1$일 때 $\theta = 0$

B.C.2 : $y = -Y$일 때 $x_A = x_A{}^*$, $y^* = -1$일 때 $\theta = 0$

16.3절에서 설명했듯이 이 조건하에서 식(19.50)은 해석적으로 풀 수 있어 다음 해가 유도된다.

$$\theta(t^*, y^*) = \sum_{n=0}^{\infty} \frac{4}{(2n+1)\pi} \exp\left[-\frac{\{(2n+1)\pi\}^2}{4} t^*\right] \sin\left(\frac{2n+1}{2}\right)\pi(y^*+1) \tag{19.52}$$

이 식에 따라 계산되는 대략적인 농도 분포는 그림 16.9와 같다.

② 경막, 평판 내 저항을 모두 무시할 수 없는 경우

경계 조건은 ①과 달리 평판 표면의 경막 내와 고체 내 유속이 같다는 조건을 설정할 필요가 있다. 그것을 식으로 나타내면 다음과 같아진다.

B.C.1 : $y = Y$일 때 $k_y(y_{Ai} - y_{A\infty}) = k_y\alpha(x_{Ai} - x_A{}^*) = -CD_A \dfrac{\partial x_A}{\partial y}$

B.C.2 : $y = -Y$일 때 $k_y(y_{Ai} - y_{A\infty}) = k_y\alpha(x_{Ai} - x_A{}^*) = CD_A \dfrac{\partial x_A}{\partial y}$

무차원 농도로 변환하면 식(19.49)와 같이 C가 소거되므로, 위 조건을 무차원 형태로 나타내면 열이동의 경우와 같이 다음과 같아진다.

B.C.1 : $y^* = 1$일 때 $\theta_i = -m \left.\dfrac{\partial \theta}{\partial y^*}\right|_{y^*=1}$

B.C.2 : $y^* = -1$일 때 $\theta_i = m \left.\dfrac{\partial \theta}{\partial y^*}\right|_{y^*=-1}$

여기에서 θ_i는 평판 표면의 고체측 무차원 농도이다. 식(19.51)은 그 경계 조건하에서는 해석적으로 풀 수 없고 수치적으로 풀 필요가 있다. 이 해법 및 해가 되는 대략적인 농도 분포는 16.3절에서 설명한 열이동과 동일하다. 따라서 그림 16.14를 이용하면

$y^*=0$, 즉 평판 중심 농도와 시간의 관계를 구할 수 있다. 이 결과를 이용하면 고체를 건조시킨 경우에 중심 농도가 소정의 값 이하가 될 때까지의 시간 등을 예측하는 것이 가능해진다. 다음 예제에서 그 방법을 나타낸다.

예제 19.2

길이 50 cm, 두께 1 cm의 평판형 고체에 포함되는 성분 A를 제거하기 위하여 평판과 수평으로 속도 $U=5.00\times10^{-3}$ m·s^{-3}로 흐르는 물(밀도 $\rho=1.00\times10^{3}$ kg·m^{-3}, 점도 $\mu=1.00\times10^{-3}$ Pa·s)을 접촉시켰다. 접촉전의 고체 내부의 A의 농도는 $C_{A0}=1.00\times10^{2}$ mol·m^{-3}으로 균일하고, 물속의 A의 농도를 $C_{A\infty}=1.00\times10^{-1}$ mol·m^{-3}으로 할 경우, 중심 농도가 1.30 mol·m^{-3}이 될 때까지 필요한 시간을 구하라. 고체 내부와 물 내부 농도의 평형 관계를 나타내는 계수가 $\alpha=0.33$, 고체 내부와 물 내부의 확산 계수가 각각 $D_A=1.00\times10^{-9}$ m^2·s^{-1}, $D_W=2.50\times10^{-9}$ m^2·s^{-1}이다.

풀이

평판 길이는 유한하지만 충분한 길이가 있다고 하고 평판 위에 발달하는 경계층이라고 간주하기로 하자. 평판 끝에서 거리 $L=50$ cm 위치의 레이놀즈 수는

$$Re_L=\frac{\rho uL}{\mu}=2.50\times10^{3}$$

이다. 또한 슈미트 수는

$$Sc=\frac{\nu}{D_W}=\frac{\mu}{\rho D_W}=4.00\times10^{2}$$

가 된다. $Re_L<10^5$로 층류 범위이므로, 표면 전체의 셔우드 수의 평균값은 계산식(19.23)에 따라 다음과 같이 구할 수 있다.

$$Sh_L=0.664Re_L^{1/2}Sc^{1/3}=2.45\times10^{2}$$

따라서 물질이동 계수의 평균값 k_{Cav}는

$$Sh_L=\frac{k_{Cav}L}{D_W}\longrightarrow k_{Cav}=\frac{Sh_L D_W}{L}=1.22\times10^{-6}\ \mathrm{m\cdot s^{-1}}$$

이다. 이 값에 따라

$$m=\frac{D_A}{\alpha k_{Cav}Y}=0.496$$

이 된다. $m\ll1$이라고는 할 수 없기 때문에, 경막 저항을 무시할 수 없는 ②의 경우에

해당한다. 평판 중심의 A 농도가 1.30 mol · m^{-3}이 되는 경우의 무차원 농도는 식(19.49)에 따라

$$\theta = \frac{C_A - C_A^*}{C_{A0} - C_A^*} = \frac{C_A - C_{A\infty}/\alpha}{C_{A0} - C_{A\infty}/\alpha} = 0.01$$

이 된다. $m = 0.496 \approx 0.5$로 하여 제16장 16.3절의 그림 16.14에서 $m = 0.5$, $\theta = 0.01$일 때의 t^*을 읽으면, 거의 4이다. 따라서 식(19.50)의 t^*의 정의에 따라

$$t^* = \frac{D_A t}{Y^2} \quad \longrightarrow \quad t = \frac{t^* Y^2}{D_A} = 1.00 \times 10^5 \text{ s} = 27.8 \text{ h}$$

이 되어 거의 1일과 4시간 정도가 필요한 것을 알 수 있다.

학습의 키워드

□대류 물질이동 □경막 모델 □물질이동 계수 □추진력 □농도차 추진력 □슈미트 수 □페클렛 수 □셔우드 수 □층류 경계층 □농도 경계층 □농도 경계층 두께 □속도 경계층 두께 □원통관 내 층류 □난류 경계층 □원통관 내 난류 □이중 경막 모델 □저항 □총괄 물질이동 계수 □비정상 상태 물질이동

제19장 연습문제

19.1 평판 위 경계층에서 물질 A를 포함하는 기체의 중심 흐름 속도 $2.00\ m \cdot s^{-1}$로 흐르고 있다. 끝에서 거리 15.0 cm의 위치의 속도 경계층, 농도 경계층의 두께를 구하라. 또한 중심 흐름과 평판 표면의 A의 몰분율이 각각 7.00×10^{-1}, 2.00×10^{-1}일 때의 물질이동 유속을 구하라. 또한 평판 끝에서 50.0 cm 범위의 물질이동 유속의 평균을 구하라. 동점도, A의 확산 계수가 각각 $1.53 \times 10^{-5}\ m^2 \cdot s^{-1}$, $9.85 \times 10^{-6}\ m^2 \cdot s^{-1}$, 기체 온도가 25.0 ℃, 전체 압력이 1.01×10^5 Pa이다. 또한 전체 몰농도는 일정하다.

19.2 평판 위 경계층에서 물질 A를 포함하는 액체의 중심 흐름 속도 $3.56 \times 10^{-1}\ m \cdot s^{-1}$로 흐르고 있다. 끝에서 거리 10.0 cm의 위치의 속도 경계층, 농도 경계층의 두께를 구하라. 또한 중심 흐름과 평판 표면의 A의 몰분율이 각각 3.00×10^{-1}, 1.00×10^{-1}일 때의 물질이동 유속을 구하라. 액체 전체의 몰농도가 $5.56 \times 10^4\ mol \cdot m^{-3}$, 동점도, A의 확산 계수가 각각 $7.00 \times 10^{-7}\ m^2 \cdot s^{-1}$, $8.67 \times 10^{-9}\ m^2 \cdot s^{-1}$이다.

19.3 내경 2.50의 원통관 내를 물질 A를 포함하는 공기가 부피 유량 $5.33 \times 10^{-4}\ m^3 \cdot s^{-1}$로 흐르고 있다. 관 벽의 A의 몰분율이 2.00×10^{-1}, 관 입구에서 30.0 cm 위치의 단면 평균 몰분율이 5.00×10^{-1}이다. 이 위치의 국소 물질이동 유속을 구하라. 동점도, A의 확산 계수가 각각 $1.53 \times 10^{-5}\ m^2 \cdot s^{-1}$, $1.56 \times 10^{-5}\ m^2 \cdot s^{-1}$, 공기 온도가 25.0 ℃, 전체 압력이 1.01×10^5 Pa이다. 또한 전체 몰농도는 일정하다.

19.4 문제 19.3과 같은 사이즈의 원통관 안을 물질 A를 포함하는 액체가 부피 유량 $2.62 \times 10^{-5}\ m^3 \cdot s^{-1}$로 흐르고 있다. 관 벽의 A의 몰분율이 1.50×10^{-1}, 관 입구에서 30.0 cm 위치의 단면 평균 몰분율이 6.00×10^{-1}이다. 이 위치의 국소 물질이동 유속을 구하라. 액체 전체의 몰농도가 $5.56 \times 10^4\ mol \cdot m^{-3}$, 동점도, A의 확산 계수가 각각 $7.00 \times 10^{-7}\ m^2 \cdot s^{-1}$, $9.77 \times 10^{-9}\ m^2 \cdot s^{-1}$이다.

19.5 내경 4.50 cm, 관 길이 1.50 m의 원통관 내를 물질 A를 포함하는 액체가 부피 유량 $5.44\times10^{-7}\ m^3 \cdot s^{-1}$로 흐른다. 관 입구, 관 벽의 A의 몰분율이 각각 8.00×10^{-1}, 2.00×10^{-2}인 경우의 관 출구의 몰분율을 구하라. 액체 전체의 몰농도, 물성은 문제 19.4와 같은 값을 이용하라.

19.6 내경 1.00 cm, 길이 2.00 cm의 원통관 내를 물질 A를 포함하는 액체가 부피 유량 $2.54\times10^{-4}\ m^3 \cdot s^{-1}$로 흐른다. 관 입구, 관 벽의 A의 몰분율이 각각 7.00×10^{-1}, 9.00×10^{-3}이다. 이 경우에 대하여 다음 질문에 답하라. 액체 전체의 몰농도, 물성은 문제 19.4와 같은 값을 이용하라.

(a) 다음 식에 따라 계산되는 평균 셔우드 수를 바탕으로 관 출구의 A의 몰분율과 관 전체의 평균 물질이동 유속을 구하라.

$$Sh_L = 0.026 Re^{0.8} Sc^{1/3}$$

(b) 칠턴-콜버언의 아날로지에 따라 관 마찰 계수를 바탕으로 관 출구의 A의 몰분율과 관 전체의 평균 물질이동 유속을 구하라.

19.7 유속 $U = 8.75\times10^{-2}\ m \cdot s^{-1}$의 공기의 균일 흐름 속에 지름 4.00 cm의 구가 설치되어 있다. 구는 휘발성 고체로, 표면에 접하는 공기 중 물질의 몰분율이 7.00×10^{-1}, 공기 중심 흐름 중의 몰분율이 1.00×10^{-1}인 경우의 구 표면의 물질이동 유속을 구하라. 동점도, 물질 확산 계수가 각각 $1.53\times10^{-5}\ m^2 \cdot s^{-1}$, $255\times10^{-5}\ m^2 \cdot s^{-1}$, 기체의 온도가 25.0 ℃, 전체 압력이 1.01×10^5 Pa이다. 또한 전체 몰농도는 일정하다.

제 V 부

부 록

부록A 1차원 비정상 이동현상을 기술하는 편미분 방정식의 해

제6장 6.2절의 예제 6.4, 제16장의 16.3의 경막 저항을 무시할 수 있는 고온 기체 중에 놓인 평판 내 비정상 전도는 모두 속도, 온도 등의 물리량이 한 방향으로만 변화하는 1차원 비정상 문제이다. 이들 현상을 기술하는 방정식은 모두 미지 함수 $u_{x\,\mathrm{us}}{}^*$, θ를 f로 치환하면

$$\frac{\partial f}{\partial t^*} = \frac{\partial^2 f}{\partial y^{*2}} \tag{A.1}$$

이라는 형태가 된다. 해석 대상이 되는 구간의 양끝에서 미지 함수가 0이 되는 경계 조건하에서는 이 방정식의 일반해가,

$$\begin{aligned} &f(t^*,\ y^*) = \exp(-\lambda^2 t^*)(A\sin\lambda y^* + B\cos\lambda y^*) \\ &A,\ B,\ \lambda \text{는 상수} \end{aligned} \tag{A.2}$$

가 된다는 것과, 이 해의 상수 A, B, λ를 결정하는 방법에 대하여 설명하겠다.

예제 6.4에서 설명했듯이 미지 함수를 t^*과 y^*의 함수 $S(t^*)$, $\phi(y^*)$의 곱으로 나타낼 경우, 각각 함수는 다음 미분 방정식의 해가 된다.

$$\frac{1}{S(t^*)}\frac{\mathrm{d}S(t^*)}{\mathrm{d}t^*} = C_1 \tag{6.46}$$

$$\frac{1}{\phi(y^*)}\frac{\mathrm{d}^2\phi(y^*)}{\mathrm{d}y^{*2}} = C_1 \longrightarrow \frac{\mathrm{d}^2\phi(y^*)}{\mathrm{d}y^{*2}} = C_1\phi(y^*) \tag{6.47}$$

식(6.46)의 일반 해는 다음과 같아진다.

$$\frac{1}{S(t^*)}\mathrm{d}S(t^*) = C_1\,\mathrm{d}t^* \longrightarrow \ln S(t^*) = C_1 t^* + C_2{}'$$

$$\longrightarrow S(t^*) = C_2\exp(C_1 t^*)\ \ [C_2 = \exp(C_2{}')]$$

대상이 되는 현상은 모두 충분히 시간이 경과한 후에 정상 상태가 되므로, $t^*\rightarrow\infty$의 극한으로 $S(t^*)$의 시간에 대한 변화율 $\mathrm{d}S(t^*)/\mathrm{d}t^* = C_2 C_1\exp(C_1 t^*)$가 0에 수렴할 필요가 있다. 따라서 $C_1 < 0$이 되어야 한다는 것을 알 수 있다. 그래서 아래에는 $C_1 = -\lambda^2$으로 나타내기로 한다. 한편, 식(6.47)은 $\phi(y^*)$의 2계미분이 $\phi(y^*)$에 음의 상

수 $C_1 = -\lambda^2$을 곱한 함수와 같아지는 것을 나타내고 있다. 이 조건을 충족시키는 함수는 다음의 삼각함수이다.

$$C_3 \sin \lambda y^* + C_4 \cos \lambda y^* \xrightarrow{\text{미분}} \lambda C_3 \cos \lambda y^* - \lambda C_4 \sin \lambda y^*$$

$$\xrightarrow{\text{미분}} -\lambda^2 (C_3 \sin \lambda y^* + C_4 \cos \lambda y^*)$$

따라서 $\phi(y^*)$의 일반해는 다음과 같아진다.

$$\phi(y^*) = C_3 \sin \lambda y^* + C_4 \cos \lambda y^*$$

이에 따라 $f(t^*, y^*)$의 일반해는 $A = C_2 C_3$, $B = C_2 C_4$라 하면

$$f(t^*, y^*) = S(t^*)\phi(y^*) = \exp(-\lambda^2 t^*)(A \sin \lambda y^* + B \cos \lambda y^*) \quad \text{(A.2)}$$

가 유도된다. 다음으로 상수 A, B, λ가 어떻게 결정되는지를 나타내겠다.

① 6.2절의 예제 6.4

미지 함수 $u_{x\,\mathrm{us}}{}^*$의 초기, 경계 조건은 다음과 같다.

I.C. : $t^* = 0$일 때 $u_{x\,\mathrm{us}}{}^* = u_x{}^* - u_{x\infty}{}^* = y^* - 1$

$$\longrightarrow \quad u_{x\,\mathrm{us}}{}^*(0, y^*) = A \sin \lambda y^* + B \cos \lambda y^* = y^* - 1$$

B.C.1 : $y^* = 0$일 때 $u_{x\,\mathrm{us}}{}^* = 0$

$$\longrightarrow \quad u_{x\,\mathrm{us}}{}^*(t^*, 0) = B \exp(-\lambda^2 t^*) = 0$$

B.C.2 : $y^* = 1$일 때 $u_{x\,\mathrm{us}}{}^* = 0$

$$\longrightarrow \quad u_{x\,\mathrm{us}}{}^*(t^*, 1) = \exp(-\lambda^2 t^*)(A \sin \lambda + B \cos \lambda) = 0$$

B.C.1, 2는 t^*의 값에 상관없이 성립해야 한다. 따라서

$$\text{B.C.1 : } B \exp(-\lambda^2 t^*) = 0 \longrightarrow B = 0$$

$$\text{B.C.2 : } \exp(-\lambda^2 t^*) A \sin \lambda = 0 \longrightarrow A \sin \lambda = 0$$

이다. B.C.2에서 $A=0$이면 모든 t^*, y^*에 대해 $u_{x\,\mathrm{us}}{}^*=0$이 되므로 부적합하다. 따라서 $\lambda=n\pi$이어야 한다는 것을 알 수 있다. 이것은

$$u_{x\,\mathrm{us}}{}^*(t^*,\ y^*)\ =\ \exp(-\lambda^2 t^*)A\sin n\pi y^*$$

으로 n이 임의의 자연수인 경우에 경계 조건을 만족하는 해가 되는 것을 의미한다. 다음으로 초기 조건에 따라

$$\text{I.C}\ :\ u_{x\,\mathrm{us}}{}^*(0,\ y^*)\ =\ A\sin n\pi y^*\ =\ y^*-1$$

이 되는데, 이 형태에서는 A, n의 값에 상관없이 이 조건을 충족시킬 수는 없다. 여기에서 편미분 방정식(A.1)의 다음의 특징을 이용하여 $u_{x\,\mathrm{us}}{}^*$를 유도해보기로 한다. 함수 f_1, f_2가 모두 이 방정식의 해인 경우, α, β가 상수이면,

$$\frac{\partial(\alpha f_1+\beta f_2)}{\partial t^*}\ =\ \alpha\frac{\partial f_1}{\partial t^*}+\beta\frac{\partial f_2}{\partial t^*}\ =\ \alpha\frac{\partial^2 f_1}{\partial y^{*2}}+\beta\frac{\partial^2 f_2}{\partial y^{*2}}\ =\ \frac{\partial^2(\alpha f_1+\beta f_2)}{\partial y^{*2}}$$

가 되므로 $\alpha f_1+\beta f_2$도 해가 된다는 것을 알 수 있다. 이러한 복수 함수에 상수를 곱한 것의 합계를 선형 결합이라고 한다. 이러한 특징이 있는 것은 식(A.1)이 선형 편미분 방정식이기 때문이다. 또한 해의 선형 결합이 해가 되는 것을 중첩 원리라고 한다. 여기에서 $u_{x\,\mathrm{us}}{}^*(0,\ y^*)$가 다음과 같이 무한개의 해의 선형 결합으로 나타나는 걸로 한다.

$$u_{x\,\mathrm{us}}{}^*(0,\ y^*)\ =\ \lim_{m\to\infty}\sum_{n=1}^{m}A_n\sin n\pi y^* \tag{A.3}$$

이 식의 A_n은 함수 y^*-1의 푸리에 정현계수로써 다음과 같이 구할 수 있다.[1)] 먼저 $0\le y^*\le 1$로 정의되어 있는 함수 $u_{x\,\mathrm{us}}{}^*(0,\ y^*)=y^*-1$을 그림 A.1(a)와 같은 $-1\le y^*\le 1$로 정의되는 함수 $g(y^*)$의 일부라고 간주하기로 한다. $g(y^*)$를 이러한 원점에 대해 점대칭인 기함수로 하는 것은 식(A.3)이 기함수인 정현함수의 급수이기 때문이다. A_n은 이 함수와 $\sin n\pi y^*$의 곱을 $-1\le y\le 1$의 범위로 적분하여 다음과 같이 구할 수 있다.

1) 오가와 코헤이(小川浩平), 쿠로다 치아키(黒田千秋), 요시카와 시로(吉川史郎) 저, "화학공학을 위한 수학" 수리공학사(2007), 제7장 참조.

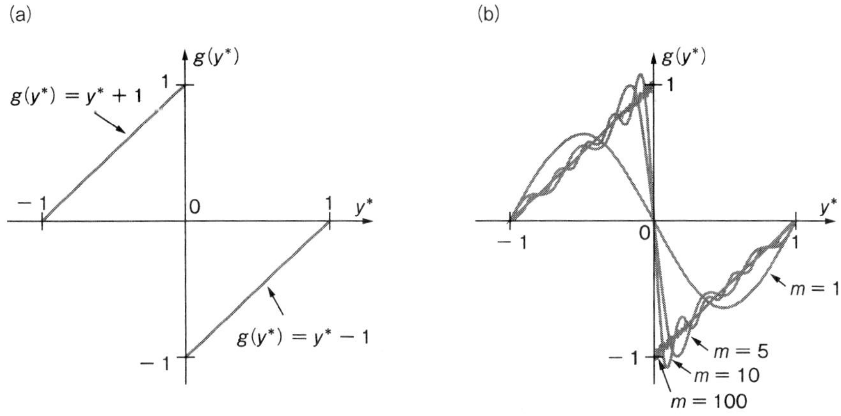

그림 A.1 푸리에 급수로 나타나는 함수

$$
\begin{aligned}
A_n &= \int_{-1}^{1} g(y^*)\sin n\pi y^* dy^* \\
&= \int_{-1}^{0} (y^*+1)\sin n\pi y^* dy^* + \int_{0}^{1} (y^*-1)\sin n\pi y^* dy^* \\
&= -\frac{2}{n\pi}
\end{aligned}
$$

따라서 함수 $g(y^*)$은 다음 식과 같다.

$$g(y^*) = -\lim_{m\to\infty}\sum_{n=1}^{m}\frac{2}{n\pi}\sin n\pi y^* = -\sum_{n=1}^{\infty}\frac{2}{n\pi}\sin n\pi y^* \tag{A.4}$$

그림 A.1(b)는

$$-\sum_{n=1}^{m}\frac{2}{n\pi}\sin n\pi y^*$$

의 급수의 상한 m을 1, 5, 10, 100으로 변화시킨 경우의 곡선을 나타내고 있다. m을 증가시킴에 따라 곡선이 그림 A.1(a)의 함수에 점근하여 $m \to \infty$의 극한에서 식 (A.3)의 급수가 초기 조건을 만족하는 것을 알 수 있다. 따라서 $u_{x\,us}{}^*$는 다음과 같아진다.

$$u_{x\,us}{}^*(t^*,\ y^*) = -\sum_{n=1}^{\infty}\frac{2}{n\pi}\exp\{-(n\pi)^2 t^*\}\sin n\pi y^* \tag{6.49}$$

② 16.3절의 비정상 열전도 문제

미지 함수 θ의 초기, 경계 조건은 다음과 같다.

I.C. : $t^*=0$일 때 $\theta=1$

$$\longrightarrow \quad \theta(0,\ y^*) = A\sin\lambda y^* + B\cos\lambda y^* = 1$$

B.C.1 : $y^*=-1$일 때 $\theta=0$

$$\longrightarrow \quad \theta(t^*,\ -1) = \exp(-\lambda^2 t^*)(-A\sin\lambda + B\cos\lambda) = 0$$

B.C.2 : $y^*=1$일 때 $\theta=0$

$$\longrightarrow \quad \theta(t^*,\ 1) = \exp(-\lambda^2 t^*)(A\sin\lambda + B\cos\lambda) = 0$$

①과 같이 B.C.1, 2에 따라

B.C.1 : $-A\sin\lambda + B\cos\lambda = 0$

B.C.2 : $A\sin\lambda + B\cos\lambda = 0$

이다. 이 두 개의 조건이 성립하는 것은 다음 두 경우이다.

(i) $B=0,\ \lambda=n\pi$

(ii) $A=0,\ \lambda=\dfrac{2n+1}{2}\pi$

각 경우에 대하여 푸리에 급수에 따라 초기 조건 $\theta(0,\ y^*)=A\sin\lambda y^*+B\cos\lambda y^* =1$를 충족시키는 해의 유도를 시도해보자.

(i) $B=0,\ \lambda=n\pi$

이 경우 초기 조건

$$\theta(0,\ y^*) = \sum_{n=1}^{m} A_n \sin n\pi y^* = 1$$

을 만족시키는 A_n을 구한다. ①과 달리 구하는 함수의 정의 영역이 $-1 \le y^* \le 1$이므로 그대로 $g(y^*)=1$이라 하면 다음 적분에 따라 A_n을 구할 수 있다.

$$A_n = \int_{-1}^{1} 1 \cdot \sin n\pi y^* \, dy^*$$

그러나 이 적분은 모든 n에 대해 0, 즉 $A_n = 0$이 되므로, 이 경우는 적절한 해는 얻을 수 없다는 것을 알 수 있다.

(ii) $A = 0,\ \lambda = (2n+1)\pi/2$

이 경우,

$$\theta(0,\ y^*) = \sum_{n=1}^{\infty} B_n \cos\frac{2n+1}{2}\pi y^* = 1$$

을 만족하는 B_n은 $g(y^*) = 1$로 하여, 다음 적분에 따라 구할 수 있다.

$$\begin{aligned} B_n &= \int_{-1}^{1} 1 \cdot \cos\frac{2n+1}{2}\pi y^* dy^* \\ &= \frac{2}{(2n+1)\pi}\left[\sin\frac{2n+1}{2}\pi y^*\right]_{-1}^{1} \\ &= -\frac{4}{(2n+1)\pi}\ (n\text{은 홀수}), \qquad \frac{4}{(2n+1)\pi}\ (n\text{은 짝수}) \end{aligned}$$

따라서 이 경우는 해로써 적절하여, θ는 다음과 같아진다.

$$\theta(t^*,\ y^*) = \sum_{n=0}^{\infty} \frac{(-1)^n \cdot 4}{(2n+1)\pi} \exp\left[-\frac{\{(2n+1)\pi\}^2}{4}t^*\right]\cos\left(\frac{2n+1}{2}\right)\pi y^* \tag{16.31}$$

식에 $(-1)^n$이 포함되는 것은 n이 홀수와 짝수의 경우로 부호를 바꾸기 때문이다.

부록B 2차원 정상 이동현상을 기술하는 편미분 방정식의 해

제13장 13.3절의 예제 13.4는 온도가 x, y방향으로 변화하는 2차원 정상의 문제이다. 이 현상을 기술하는 방정식은

$$Pe\frac{\partial T^*}{\partial x^*} = \frac{\partial^2 T^*}{\partial y^{*2}} \tag{13.31}$$

으로 y^*의 범위의 양끝의 경계 조건이 모두 $T^* = 0$이므로 부록 A와 마찬가지로 T^*

을 x^*, y^*의 함수 $S(x^*)$, $\phi(y^*)$의 곱으로써 변수 분리법에 따라 풀 수 있다. 단 우변에 상수 Pe가 곱해져 있으므로 $S(x^*)$의 해가 다음과 같아지는 점이 보충 A와 다르다.

$$\frac{1}{S(x^*)}\mathrm{d}S(x^*) = \frac{C_1}{Pe}\mathrm{d}x^* \longrightarrow S(x^*) = C_2\exp\left(\frac{C_1 x^*}{Pe}\right) \quad \text{(B.1)}$$

이 식에 따라 T^*의 일반해는 다음과 같아진다.

$$T^*(x^*,\ y^*) = \exp\left(-\frac{\lambda^2 x^*}{Pe}\right)(A\sin\lambda y^* + B\cos\lambda y^*) \quad \text{(B.2)}$$

또한 $y^*=0$, 1일 때, $T^*=0$이라는 경계 조건이 부록 A의 ① 6.2절의 예제 6.4와 일치하므로,

$$T^*(x^*,\ y^*) = \sum_{n=1}^{\infty} A_n \exp\left\{-\frac{(n\pi)^2 x^*}{Pe}\right\}\sin n\pi y^* \quad \text{(B.3)}$$

이 된다. 또 하나의 경계 조건은 $T^*(0,\ y^*)=1$이다. 여기에서 $0 \le y^* \le 1$로 정의되는 함수 $T^*(0,\ y^*)$을 다음과 같은 $-1 \le y^* \le 1$로 정의되는 $g(y^*)$의 일부라고 보기로 하자. 이러한 기함수를 선정하는 것은 부록 A에도 설명했듯이 식(B.3)이 기함수인 sin 함수의 급수이기 때문이다.

$$-1 \le y^* \le 0 : g(y^*) = -1, \qquad 0 \le y^* \le 1 : g(y^*) = 1 \quad \text{(B.4)}$$

이와 같은 조건을 충족시키는 A_n은 다음과 같아진다.

$$\begin{aligned} A_n &= \int_{-1}^{1} g(y^*)\sin n\pi y^*\,\mathrm{d}y^* \\ &= \int_{-1}^{0} -\sin n\pi y^*\,\mathrm{d}y^* + \int_{0}^{1}\sin n\pi y^*\,\mathrm{d}y^* \\ &= \frac{2}{n\pi} - \frac{2}{n\pi}\cos n\pi \end{aligned}$$

$$n\text{이 홀수} : A_n = \frac{4}{n\pi}, \qquad n\text{이 짝수} : A_n = 0$$

여기에서 n이 반드시 홀수가 되는 $2n-1$로 변환하면

$$A_n = \frac{4}{(2n-1)\pi}$$

가 된다 따라서 구하는 해는 다음과 같아진다.

$$T^*(x^*,\ y^*) = \sum_{n=1}^{\infty} \frac{4}{(2n-1)\pi} \exp\left[-\frac{\{(2n-1)\pi\}^2 x^*}{Pe}\right] \sin(2n-1)\pi y^* \tag{13.33}$$

부록C 예제 18.4의 미분 방정식의 해

예제 18.4의 물질수지식

$$\frac{1}{Pe}\frac{\mathrm{d}^2 x_{\mathrm{A}}}{\mathrm{d}z^{*2}} - \frac{\mathrm{d}x_{\mathrm{A}}}{\mathrm{d}z^*} - k\tau x_{\mathrm{A}} = 0 \tag{18.28}$$

은 다음과 같이 라플라스 변환을 통해 풀 수 있다.

독립 변수 t의 함수 $f(t)$를 다음 식에 따라 독립 변수 s의 함수 F로 치환하는 것을 라플라스 변환이라고 한다.

$$F(s) = \int_0^{\infty} f(t)e^{-st}\mathrm{d}t \tag{C.1}$$

이 연산에 따라, 함수 f의 미분이 다음과 같은 사칙연산으로 변환된다.

$$\frac{\mathrm{d}^2 f}{\mathrm{d}t^2} \longrightarrow s^2F - sf(0) - f'(0), \qquad \frac{\mathrm{d}f}{\mathrm{d}t} \longrightarrow sF - f(0) \tag{C.2}$$

이 식에 따라 식(18.28)을 라플라스 변환하면 다음 식과 같아진다.

$$\frac{1}{Pe}(s^2F - sx_{\mathrm{A}0} - x'_{\mathrm{A}0}) - (sF - x_{\mathrm{A}0}) - k\tau F = 0 \tag{C.3}$$

여기에서 $x_{\mathrm{A}0}$, $x'_{\mathrm{A}0}$은 각각 $z^* = 0$일 때의 x_{A}, $\mathrm{d}x_{\mathrm{A}}/\mathrm{d}z^*$를 나타낸다. 위 식을 F에 대해 풀면 다음과 같아진다.

$$F = \frac{sx_{A0} - Pex_{A0} + x'_{A0}}{s^2 - Pes - Pek\tau} \tag{C.4}$$

우변의 분모를 인수분해하면 다음과 같아진다.

$$F = \frac{sx_{A0} - Pex_{A0} + x'_{A0}}{\{s-(1+\alpha)Pe/2\}\{s-(1-\alpha)Pe/2\}} \tag{C.5}$$

여기에서 α는 본문의 식(18.30)에 따라 정의되는 상수이다. 또한 $(1\pm\alpha)Pe/2$는 이차 방정식 $s^2 - Pes - Pek\tau = 0$의 해이다. 또한 위 식을 부분 분수로 나누면 다음과 같아진다.

$$\begin{aligned} F = & \frac{2x'_{A0} - x_{A0}(1-\alpha)Pe}{2\alpha Pe}\frac{1}{s-(1+\alpha)Pe/2} \\ & - \frac{2x'_{A0} - x_{A0}(1+\alpha)Pe}{2\alpha Pe}\frac{1}{s-(1-\alpha)Pe/2} \end{aligned} \tag{C.6}$$

여기에서 라플라스 변환 규칙

$$\exp(\lambda t) \quad \rightarrow \quad \frac{1}{s-\lambda} \tag{C.7}$$

을 이용하는 것을 생각한다. 식(C.6)의 $(1+\alpha)Pe/2$, $(1-\alpha)Pe/2$는 각각 위 식에 λ에 대응시킬 수 있고, s 이외는 모두 상수이므로 F를 x_A로 되돌리는 역라플라스 변환을 하면 다음과 같아진다.

$$\begin{aligned} x_A = & \frac{2x'_{A0} - x_{A0}(1-\alpha)Pe}{2\alpha Pe}\exp\left\{\frac{(1+\alpha)Pe}{2}z^*\right\} \\ & - \frac{2x'_{A0} - x_{A0}(1+\alpha)Pe}{2\alpha Pe}\exp\left\{\frac{(1-\alpha)Pe}{2}z^*\right\} \end{aligned} \tag{C.8}$$

이와 같이 미분 방정식을 라플라스 변환하여 대수 방정식으로써 미지의 함수 F에 대해 푼 후에 역변환을 하면 원래 방정식의 해를 구할 수 있다. 위의 일반해의 지수함수 앞에 곱해져 있는 것은 상수이므로, 미리 그것들을 상수 C_1, C_2로 치환하면 다음과 같아진다.

$$x_A = C_1\exp\left\{\frac{(1+\alpha)Pe}{2}z^*\right\} + C_2\exp\left\{\frac{(1-\alpha)Pe}{2}z^*\right\} \tag{18.29}$$

또한, 이 식을 z^*로 미분하면 다음과 같아진다.

$$\frac{\mathrm{d}x_{\mathrm{A}}}{\mathrm{d}z^*} = C_1\frac{(1+\alpha)Pe}{2}\exp\left\{\frac{(1+\alpha)Pe}{2}z^*\right\} + C_2\frac{(1-\alpha)Pe}{2}\exp\left\{\frac{(1-\alpha)Pe}{2}z^*\right\} \tag{C.9}$$

상수 C_1, C_2는 본문에 있는 다음 두 개의 경계 조건에 따라 결정된다.

$$\text{B.C.1 : } z^*=0\text{일 때 } -\frac{1}{Pe}\frac{\mathrm{d}x_{\mathrm{A}}}{\mathrm{d}z^*}\bigg|_{+0} = 1-x_{\mathrm{A}}(+0) \tag{18.34}$$

$$\text{B.C.2 : } z^*=1\text{일 때 } \frac{\mathrm{d}x_{\mathrm{A}}}{\mathrm{d}z^*}\bigg|_{z^*=1} = 0 \tag{18.36}$$

$x_{\mathrm{A}}(+0)$은 반응기 입구의 반응기 안쪽 값이다. 식(18.29)는 반응기 내 x_{A}의 분포를 나타내고 있으므로, 이 식에 $z^*=0$을 대입하여 $x_{\mathrm{A}}(+0)$을 구할 수 있다. 따라서

$$x_{\mathrm{A}}(+0) = C_1 + C_2 \tag{C.10}$$

이 된다. 또한 마찬가지로 식(C.9)에 $z^*=0$을 대입하면

$$\frac{\mathrm{d}x_{\mathrm{A}}}{\mathrm{d}z^*}\bigg|_{+0} = C_1\frac{(1+\alpha)Pe}{2} + C_2\frac{(1-\alpha)Pe}{2} \tag{C.11}$$

이 되므로 B.C.1은 다음 식으로 나타낼 수 있다.

$$C_1 + C_2 = 1 + C_1\frac{(1+\alpha)}{2} + C_2\frac{(1-\alpha)}{2} \tag{C.12}$$

다음으로 식(C.9)에 $z^*=1$을 대입하면 B.C.2는 다음과 같아진다.

$$\frac{\mathrm{d}x_{\mathrm{A}}}{\mathrm{d}z^*}\bigg|_{z^*=1} = C_1\frac{(1+\alpha)Pe}{2}\exp\left\{\frac{(1+\alpha)Pe}{2}\right\} + C_2\frac{(1-\alpha)Pe}{2}\exp\left\{\frac{(1-\alpha)Pe}{2}\right\} = 0 \tag{C.13}$$

식(C.12), (C.13)을 연립 방정식으로 하여

$$\exp\left\{\frac{(1+\alpha)Pe}{2}\right\} = \exp\left(\frac{Pe}{2}\right)\exp\left(\frac{\alpha Pe}{2}\right)$$

$$\exp\left\{\frac{(1-\alpha)Pe}{2}\right\} = \exp\left(\frac{Pe}{2}\right)\exp\left(\frac{-\alpha Pe}{2}\right)$$

인 것을 고려하여 C_1, C_2에 대해 풀면, 다음과 같아진다.

$$C_1 = \frac{-2(1-\alpha)\exp\left(\frac{-\alpha Pe}{2}\right)}{(1+\alpha)^2\exp\left(\frac{\alpha Pe}{2}\right)-(1-\alpha)^2\exp\left(\frac{-\alpha Pe}{2}\right)} \tag{C.14}$$

$$C_2 = \frac{2(1+\alpha)\exp\left(\frac{\alpha Pe}{2}\right)}{(1+\alpha)^2\exp\left(\frac{\alpha Pe}{2}\right)-(1-\alpha)^2\exp\left(\frac{-\alpha Pe}{2}\right)} \tag{C.15}$$

이것을 식(18.29)에 대입하면 x_A의 분포를 나타내는 다음 식이 유도된다.

$$x_A = \frac{2(1+\alpha)\exp\left(\frac{\alpha Pe}{2}\right)\exp\left\{\frac{(1-\alpha)Pe}{2}z^*\right\}-2(1-\alpha)\exp\left(\frac{-\alpha Pe}{2}\right)\exp\left\{\frac{(1+\alpha)Pe}{2}z^*\right\}}{(1+\alpha)^2\exp\left(\frac{\alpha Pe}{2}\right)-(1-\alpha)^2\exp\left(\frac{-\alpha Pe}{2}\right)} \tag{18.37}$$

부록D 연습문제 정답

제1장

1.1 $\dfrac{du_y}{dx} = \dfrac{2.00\times10^{-1}-4.50\times10^{-1}}{5.00\times10^{-2}-1.50\times10^{-2}} = -7.14\ \mathrm{s^{-1}}$

$\longrightarrow \quad \tau_{xy} = -\mu\dfrac{du_y}{dx}$

$= -2.50\times10^{-2}\times(-7.14) = 1.79\times10^{-1}\ \mathrm{Pa}$

1.2 $\dfrac{dx_A}{dx} = \dfrac{0-1.00\times10^{-2}}{1.00\times10^{-1}} = -1.00\times10^{-1}\ \mathrm{m^{-1}}$

$J_{Ax}{}^* = -CD_{AB}\dfrac{dx_A}{dx}$

$$\longrightarrow \quad D_{\mathrm{AB}} = -\frac{J_{\mathrm{A}x}{}^*}{C\mathrm{d}x_{\mathrm{A}}/\mathrm{d}x} = -\frac{2.00\times 10^{-5}}{5.56\times 10^4\times(-1.00\times 10^{-1})}$$

$$= 3.60\times 10^{-9}\,\mathrm{m}^2\cdot\mathrm{s}^{-1}$$

1.3 $\dfrac{\mathrm{d}T}{\mathrm{d}x} = \dfrac{25-30}{2.00\times 10^{-2}} = -2.50\times 10^2\,\mathrm{K}\cdot\mathrm{m}^{-1}$

구리 : $q_x = -k\dfrac{\mathrm{d}T}{\mathrm{d}x}$

$$= -3.98\times 10^2\times(-2.50\times 10^2) = 9.95\times 10^4\,\mathrm{J}\cdot\mathrm{m}^{-2}\cdot\mathrm{s}^{-1}$$

석영유리 : $q_x = -k\dfrac{\mathrm{d}T}{\mathrm{d}x}$

$$= -1.36\times(-2.50\times 10^2) = 3.40\times 10^2\,\mathrm{J}\cdot\mathrm{m}^{-2}\cdot\mathrm{s}^{-1}$$

1.4 구리 : $q_x = -k\dfrac{\mathrm{d}T}{\mathrm{d}x} = 8.00\times 10^2$

$$\longrightarrow \quad \frac{\mathrm{d}T}{\mathrm{d}x} = -\frac{q_x}{k} = -\frac{8.00\times 10^2}{3.98\times 10^2} = -2.01\,\mathrm{K}\cdot\mathrm{m}^{-1}$$

표면과 뒷면의 온도차는

$$\frac{\mathrm{d}T}{\mathrm{d}x}\Delta x = -2.01\times 2.00\times 10^{-2} = -4.02\times 10^{-2}\,\mathrm{K}$$

$\longrightarrow$ 표면이 4.52×10^{-2} K 높다.

석영유리 : $\dfrac{\mathrm{d}T}{\mathrm{d}x} = -\dfrac{q_x}{k} = -\dfrac{8.00\times 10^2}{1.36} = -5.88\times 10^2\,\mathrm{K}\cdot\mathrm{m}^{-1}$

표면과 뒷면의 온도차는

$$\frac{\mathrm{d}T}{\mathrm{d}x}\Delta x = -5.88\times 10^2\times 2.00\times 10^{-2} = -1.18\times 10^1\,\mathrm{K}$$

$\longrightarrow$ 표면이 11.8 K 더 높다.

1.5 부피 유량 : $Q = \dfrac{w}{\rho} = \dfrac{7.85\times 10^{-1}}{1.00\times 10^3} = 7.85\times 10^{-4}\,\mathrm{m}^3\cdot\mathrm{s}^{-1}$

관 단면 평균 유속 :

$$u_{\mathrm{a}} = \frac{4Q}{\pi d^2} = \frac{4\times 7.85\times 10^{-4}}{\pi\times(1.50\times 10^{-1})^2} = 4.44\times 10^{-2}\,\mathrm{m}\cdot\mathrm{s}^{-1}$$

1.6 부피 유량 :

$$Q = u_{\mathrm{a}}\frac{\pi d^2}{4} = 2.00\times 10^{-1}\frac{\pi(8.00\times 10^{-2})^2}{4} = 1.01\times 10^{-3}\,\mathrm{m}^3\cdot\mathrm{s}^{-1}$$

질량 유량 : $w = \rho Q = 1.26 \times 10^3 \times 1.01 \times 10^{-3} = 1.27\ \mathrm{kg \cdot s^{-1}}$

1.7 상류 하류의 물리량에 첨자 1, 2를 붙인다.

$$Q = u_{a1}\frac{\pi d_1^2}{4} = 3.00 \times 10^{-1}\frac{\pi(2.00 \times 10^{-2})^2}{4} = 9.42 \times 10^{-5}\ \mathrm{m^3 \cdot s^{-1}}$$

$$\rho u_{a1} A_1 = \rho u_{a2} A_2$$

$$\longrightarrow \quad u_{a2} = u_{a1}\frac{A_1}{A_2} = u_{a1}\frac{d_1^2}{d_2^2}$$

$$= 3.00 \times 10^{-1}\frac{(2.00 \times 10^{-2})^2}{(5.00 \times 10^{-2})^2} = 4.80 \times 10^{-2}\ \mathrm{m \cdot s^{-1}}$$

1.8 $$\rho = \frac{Mp}{RT} = \frac{29 \times 10^{-3} \times 1.50 \times 1.01 \times 10^5}{8.31 \times 293.15} = 1.80\ \mathrm{kg \cdot s^{-1}}$$

$$Q = \frac{w}{\rho} = \frac{4.50 \times 10^{-2}}{1.80} = 2.50 \times 10^{-2}\ \mathrm{m^3 \cdot s^{-1}}$$

$$u_a = \frac{4Q}{\pi d^2} = \frac{4 \times 2.50 \times 10^{-2}}{\pi(1.20 \times 10^{-1})^2} = 2.21\ \mathrm{m \cdot s^{-1}}$$

1.9 $$\rho = \frac{w}{Q} = \frac{4.50 \times 10^{-2}}{3.15 \times 10^{-2}} = 1.43\ \mathrm{kg \cdot m^{-3}}$$

$$p = \frac{\rho RT}{M} = \frac{1.43 \times 8.31 \times 2.93 \times 10^2}{29 \times 10^{-3}} = 1.20 \times 10^5\ \mathrm{Pa} = 1.19\ \mathrm{atm}$$

1.10 상류 하류의 물리량에 첨자 1, 2를 붙인다.

$$\rho_1 = \frac{Mp_1}{RT} = \frac{29 \times 10^{-3} \times 2.00 \times 1.01 \times 10^5}{8.31 \times 298.15} = 2.36\ \mathrm{kg/m^3}$$

$$G = \rho_1 u_{a1} = 2.36 \times 2.00 = 4.72\ \mathrm{kg/m^2 \cdot s}$$

$$w = \rho_1 u_{a1} A = \rho_1 u_{a1}\frac{\pi d^2}{4}$$

$$= 2.36 \times 2.00\frac{\pi \times (1.50 \times 10^{-1})^2}{4} = 8.34 \times 10^{-2}\ \mathrm{kg \cdot s^{-1}}$$

$$Q_1 = u_{a1}\frac{\pi d^2}{4} = 2.00\frac{\pi(150 \times 10^{-1})^2}{4} = 3.53 \times 10^{-2}\ \mathrm{m^3 \cdot s^{-1}}$$

$$\frac{\rho_1}{\rho_2} = \frac{p_1}{p_2} = \frac{2.00}{1.40} = 1.43$$

$$\longrightarrow \quad u_{a2} = \frac{\rho_1}{\rho_2}u_{a1} = 1.43 \times 2.00 = 2.86\ \mathrm{m \cdot s^{-1}}$$

$$Q_2 = u_{a2}\frac{\pi d^2}{4} = 2.86\frac{\pi(1.50\times10^{-1})^2}{4} = 5.05\times10^{-2}\,\mathrm{m^3\cdot s^{-1}}$$

제2장

2.1 $\tau_{xy1} = \tau_{xy2} \longrightarrow \mu_1\dot{\gamma}_1 = \mu_2\dot{\gamma}_2 \longrightarrow \dfrac{\dot{\gamma}_1}{\dot{\gamma}_2} = \dfrac{\mu_2}{\mu_1}$

$\dot{\gamma}_1 < \dot{\gamma}_2 \longrightarrow \mu_1 > \mu_2$

2.2 $|\tau_{xy}| = \mu\dfrac{U}{Y}$

$\longrightarrow 1.20\times10^{-2} = 3.60\times10^{-3}\dfrac{U}{5.00\times10^{-2}}$

$\longrightarrow U = 8.33\times10^{-2}\,\mathrm{m\cdot s^{-1}}$

2.3 $|\tau_{xy}| = \mu\dfrac{U}{Y} = 5.50\times10^{-2}\dfrac{600\times10^{-2}}{8.00\times10^{-2}} = 4.13\times10^{-2}\,\mathrm{Pa}$

2.4 $|\tau_{xy}| = \mu\dfrac{U}{Y}$

$\longrightarrow \mu = |\tau_{xy}|\dfrac{U}{Y} = 8.80\times10^{-3}\dfrac{2.00\times10^{-2}}{1.00\times10^{-1}} = 1.76\times10^{-3}\,\mathrm{Pa\cdot s}$

2.5 빙햄 유체

$\tau_{xy} = -\dot{\gamma}\left(\mu_B + \dfrac{\tau_0}{|\dot{\gamma}|}\right) = -\dot{\gamma}\left(1.64\times10^{-1} + \dfrac{1.11}{|\dot{\gamma}|}\right)$

$\mu_B = 1.64\times10^{-1}\,\mathrm{Pa\cdot s}$

$\tau_0 = 1.11\,\mathrm{Pa}$

2.6 의가소성 유체

$\tau_{xy} = -k\dot{\gamma}|\dot{\gamma}|^{n-1} = -8.70\times10^{-1}\dot{\gamma}|\dot{\gamma}|^{-6.06\times10^{-1}}$

$k = 8.70\times10^{-1}\,\mathrm{Pa\cdot s}^n$

$n = 3.94\times10^{-1}$

2.7 $|\tau| = 6.87\,\mathrm{Pa} \longrightarrow |\tau| = \mu_B|\dot{\gamma}| + \tau_0$

$\longrightarrow 6.87 = 2.56\times10^{-1}|\dot{\gamma}| + 3.45$

$$\longrightarrow \quad |\dot{\gamma}| = 1.34\times10^{1}\ \mathrm{s^{-1}}$$

$$\longrightarrow \quad \mu_a = \frac{|\tau|}{|\dot{\gamma}|} = \frac{6.87}{1.34\times10^{1}} = 5.14\times10^{-1}\ \mathrm{Pa\cdot s}$$

$$|\tau| = 2.46\times10^{1}\ \mathrm{Pa}$$

$$\longrightarrow \quad 2.46\times10^{1} = 2.56\times10^{-1}|\dot{\gamma}| + 3.45$$

$$\longrightarrow \quad |\dot{\gamma}| = 8.26\times10^{1}\ \mathrm{s^{-1}}$$

$$\longrightarrow \quad \mu_a = \frac{|\tau|}{|\dot{\gamma}|} = \frac{2.56\times10^{-1}}{8.26\times10^{1}\ \mathrm{s^{-1}}} = 2.98\times10^{-1}\ \mathrm{Pa\cdot s}$$

2.8 $|\tau| = k|\dot{\gamma}|^{n} \longrightarrow 2.53 = 2^{n}$

$$\longrightarrow \quad \ln 2.53 = n\ln 2 \quad \longrightarrow \quad n = 1.34 > 1$$

$\longrightarrow$ 팽창 유체

$5^{1.34} = 8.64$배

제3장

3.1 (a) 가는 관에서 미세 시간에 흘러나온 미세량의 잉크가, 임의의 시간에 가는 관 출구 위치를 통과한 미세 유체 요소에 대응한다. 따라서 잉크로 그려지는 선은 흐름 중에 있는 위치를 통과한 미세 유체 요소의 위치를 이은 유맥선이 된다.

(b) 사진에 찍힌 선은 미세 입자가 통과한 궤적이므로 유적선이 된다.

3.2 $w = 8.50\times10^{3}\ \mathrm{kg\cdot s^{-1}}$

$$\longrightarrow \quad Q = \frac{w}{\rho} = \frac{8.50\times10^{3}}{1.00\times10^{3}} = 8.50\ \mathrm{m^{3}\cdot s^{-1}}$$

$$u_a = \frac{4Q}{\pi d^{2}} = \frac{4\times8.50}{\pi(9.00\times10^{-1})^{2}} = 1.34\times10^{1}\ \mathrm{m\cdot s^{-1}}$$

$$Re = \frac{\rho u_a d}{\mu} = \frac{1.00\times10^{3}\times1.34\times10^{1}\times9.00\times10^{-1}}{1.00\times10^{-3}} = 1.20\times10^{7}$$

3.3 $w = 1.50\times10^{2}\ \mathrm{t\cdot hr^{-1}} = 4.17\times10^{1}\ \mathrm{kg\cdot s^{-1}}$

$$\longrightarrow \quad \rho u_a = \frac{w}{A} = \frac{4w}{\pi d^2} = \frac{4 \times 4.17 \times 10^1}{\pi \times (1.40)^2} = 2.71 \times 10^1 \text{ kg} \cdot \text{m}^{-2} \cdot \text{s}^{-1}$$

$$Re = \frac{\rho u_a d}{\mu} = \frac{2.71 \times 10^1 \times 1.40}{1.00 \times 10^{-5}} = 3.79 \times 10^6$$

3.4 $w = 3.10 \times 10^{-1} \text{ kg} \cdot \text{s}^{-1}$

$$\longrightarrow \quad Q = \frac{w}{\rho} = \frac{3.10 \times 10^{-1}}{1.26 \times 10^{-3}} = 2.46 \times 10^{-4} \text{ m}^3 \cdot \text{s}^{-1}$$

$$u_a = \frac{4Q}{\pi d^2} = \frac{4 \times 2.46 \times 10^{-4}}{\pi (2.00 \times 10^{-2})^2} = 7.83 \times 10^{-1} \text{ m} \cdot \text{s}^{-1}$$

$$Re = \frac{\rho u_a d}{\mu} = \frac{1.26 \times 10^3 \times 7.83 \times 10^{-1} \times 2.00 \times 10^{-2}}{1.49} = 1.32 \times 10^1$$

3.5 물

$w = 2.50 \times 10^{-1} \text{ kg} \cdot \text{s}^{-1}$

$$\longrightarrow \quad Q = \frac{w}{\rho} = \frac{2.50 \times 10^{-1}}{1.00 \times 10^{-3}} = 2.50 \times 10^{-3} \text{ m}^3 \cdot \text{s}^{-1}$$

$$u_a = \frac{4Q}{\pi d^2} = \frac{4 \times 2.50 \times 10^{-3}}{\pi (1.50 \times 10^{-1})^2} = 1.41 \times 10^{-1} \text{ m} \cdot \text{s}^{-1}$$

$$Re = \frac{\rho u_a d}{\mu} = \frac{1.00 \times 10^3 \times 1.41 \times 10^{-1} \times 1.50 \times 10^{-1}}{1.00 \times 10^{-3}} = 2.12 \times 10^4$$

$\rho = 1.15 \times 10^3 \text{ kg} \cdot \text{m}^{-3}$, $\mu = 5.44 \times 10^{-3} \text{ Pa} \cdot \text{s}$의 유체

$$u_a = \frac{Re\mu}{\rho d} = \frac{2.12 \times 10^4 \times 5.44 \times 10^{-3}}{1.15 \times 10^3 \times 1.50 \times 10^{-1}} = 6.69 \times 10^{-1} \text{ m} \cdot \text{s}^{-1}$$

$$\longrightarrow \quad Q = \frac{\pi d^2}{4} u_a = \frac{\pi (1.50 \times 10^{-1})^2 \times 6.69 \times 10^{-1}}{4}$$

$$= 1.18 \times 10^{-2} \text{ m}^3 \cdot \text{s}^{-1}$$

3.6 $u_a = \frac{4Q}{\pi d^2}$, $Re = \frac{\rho u_a d}{\mu}$

$$\longrightarrow \quad Re = \frac{4Q\rho}{\rho d \mu} = 2100$$

$$\longrightarrow \quad d = \frac{4w}{\pi \mu Re} = \frac{4 \times 4.92 \times 10^{-2}}{\pi \times 3.48 \times 10^{-3} \times 2100} = 8.57 \times 10^{-3} \text{ m}$$

3.7 $d_e = \frac{2ab}{a+b} = \frac{2a^2}{2a} = a = 2.50 \times 10^{-5} \text{ m}$

$$u_a = \frac{Q}{a^2} = \frac{6.5\times10^{-6}\times10^{-3}/60}{(2.50\times10^{-5})^2} = 1.73\times10^{-1}\ \mathrm{m\cdot s^{-1}}$$

$$Re = \frac{\rho u_a d_e}{\mu} = \frac{1.20\times10^3\times1.73\times10^{-1}\times2.5\times10^{-5}}{2.00\times10^{-3}} = 2.60$$

3.8 $$Q_a = \frac{1.6Q_i}{2} = 6.67\times10^{-10}\ \mathrm{m^3\cdot s^{-1}}$$

$$u_a = \frac{4Q_a}{\pi d^2} = \frac{4\times5.83\times10^{-10}}{\pi(1.50\times10^{-4})^2} = 3.77\times10^{-2}\ \mathrm{m\cdot s^{-1}}$$

$$Re = \frac{\rho u_a d}{\mu} = \frac{1.00\times10^3\times3.77\times10^{-2}\times1.50\times10^{-4}}{1.00\times10^{-3}} = 5.66$$

3.9 $$Q = \frac{300\times10^{-6}/60}{10000} = 5.00\times10^{-10}\ \mathrm{m^3\cdot s^{-1}}$$

$$\longrightarrow\ u_a = \frac{4Q_a}{\pi d^2} = \frac{4\times5.00\times10^{-10}}{\pi(2.00\times10^{-4})^2} = 1.59\times10^{-2}\ \mathrm{m\cdot s^{-1}}$$

$$Re = \frac{\rho u_a d}{\mu} = \frac{1.50\times10^3\times1.59\times10^{-2}\times2.00\times10^{-4}}{3.50\times10^{-3}} = 9.55\times10^{-1}$$

3.10 $$n = \frac{500}{60} = 8.33\ \mathrm{s^{-1}}$$

$$\longrightarrow\ Re = \frac{\rho n D_i^2}{\mu} = \frac{1.12\times10^3\times8.33\times(5.00\times10^{-2})^2}{1.20\times10^{-3}} = 1.94\times10^4$$

3.11 $$n_1 = \frac{200}{60} = 3.33\ \mathrm{s^{-1}}$$

$$\longrightarrow\ Re_1 = \frac{\rho n_1 D_{i1}^2}{\mu} = \frac{1.00\times10^3\times3.33\times(6.00\times10^{-2})^2}{1.00\times10^{-3}} = 1.20\times10^4$$

$$n_1^3 D_{i1}^2 = n_2^3 D_{i2}^2$$

$$\longrightarrow\ n_2 = \sqrt[3]{n_1^3\frac{D_{i1}^2}{D_{i2}^2}} = \sqrt[3]{\frac{(3.33)^3}{10^2}} = 7.18\times10^{-1}\ \mathrm{s^{-1}}$$

$$\longrightarrow\ Re_2 = \frac{\rho n_2 D_{i2}^2}{\mu} = \frac{1.00\times10^3\times7.18\times10^{-1}\times(30\times6.00\times10^{-2})^2}{1.00\times10^{-3}}$$

$$= 2.59\times10^5$$

실험실 스케일 교반조의 레이놀즈 수 : $Re_1 = 1.20\times10^4$

스케일 업 후의 회전수 : $n_2 = 7.18\times10^{-1}\ \mathrm{s^{-1}}$, $N_2 = 4.31\times10^1\ \mathrm{rpm}$

스케일 업 후의 레이놀즈 수 : $Re_2 = 2.59\times10^5$

제4장

4.1 셸 운동량 수지식

$$0 = (\tau_{yx}|_{y=y} - \tau_{yx}|_{y=y+\Delta y})XZ + (p|_{x=x} - p|_{x=x+X})Z\Delta y$$

경계 조건

$y = 0$일 때 $u_x = 0$, $y = y$일 때 $u_x = U$

속도 분포

$$u_x = \frac{\Delta p Y^2}{2\mu X}\left\{\frac{y}{Y} - \left(\frac{y}{Y}\right)^2\right\} + \frac{U}{Y}y$$

4.2 셸 운동량 수지식

$$0 = (\tau_{xz}|_{x=x} - \tau_{xz}|_{x=x+\Delta x})YZ + \rho YZ\Delta x g\cos\alpha$$

경계 조건

$x = 0$일 때 $u_z = 0$, $x = \delta$일 때 $\dfrac{du_z}{dx} = 0$

속도 분포

$$u_z = \frac{\rho g \delta^2 \cos\alpha}{2\mu}\left\{\frac{2x}{\delta} - \left(\frac{x}{\delta}\right)^2\right\}$$

4.3 셸 운동량 수지식

$$0 = (\tau_{yx}|_{y=y} - \tau_{yx}|_{y=y+\Delta y})XZ + (p|_{x=x} - p|_{x=x+X})Z\Delta y + \rho XZ\Delta y g\cos\alpha$$

경계 조건

$y = Y$, $y = -Y$일 때 $u_x = 0$

또는 $y = Y$일 때 $u_x = 0$, $y = 0$일 때 $\dfrac{du_x}{dy} = 0$

속도 분포

$$u_x = \frac{\Delta P Y^2}{2\mu X}\left\{1 - \left(\frac{y}{Y}\right)^2\right\}$$

4.4 $-\rho XZ\Delta y g\cos\alpha = \rho XZ\Delta y g\cos(\pi - \alpha)$

4.5 (a) 유체 A :

$$0 = (\tau_{yx\,\mathrm{A}}|_{y=y} - \tau_{yx\,\mathrm{A}}|_{y=y+\Delta y})XZ + (p|_{x=x} - p|_{x=x+X})Z\Delta y$$

유체 B :

$$0 = (\tau_{yx\,\mathrm{B}}|_{y=y} - \tau_{yx\,\mathrm{B}}|_{y=y+\Delta y})XZ + (p|_{x=x} - p|_{x=x+X})Z\Delta y$$

(b) 조건 1 : $y = \kappa Y$일 때 $\tau_{yx\,\mathrm{A}} = \tau_{yx\,\mathrm{B}}$

조건 2 : $y = \kappa Y$일 때 $u_A = u_B$

조건 3 : $y = 0$일 때 $u_B = 0$

조건 4 : $y = Y$일 때 $u_A = 0$

(c) A의 속도 분포

$$u_A = \frac{\Delta p Y^2}{2\mu_A X}\left\{\frac{(\mu_A - \mu_B)(1-\kappa)\kappa}{\mu_A \kappa + \mu_B(1-\kappa)} + \frac{\mu_A \kappa^2 + \mu_B(1-\kappa^2)}{\mu_A\kappa + \mu_B(1-\kappa)}\frac{y}{Y} - \left(\frac{y}{Y}\right)^2\right\}$$

B의 속도 분포

$$u_B = \frac{\Delta p Y^2}{2\mu_B X}\left\{\frac{\mu_A \kappa^2 + \mu_B(1-\kappa^2)}{\mu_A\kappa + \mu_B(1-\kappa)}\frac{y}{Y} - \left(\frac{y}{Y}\right)^2\right\}$$

(d) A, B의 운동량 유속 분포 모두

$$\tau_{yx} = \frac{\Delta p Y}{2X\{\mu_A\kappa + \mu_B(1-\kappa)\}} \times \left[2\{\mu_A\kappa + \mu_B(1-\kappa)\}\frac{y}{Y} - \{\mu_A\kappa^2 + \mu_B(1-\kappa^2)\}\right]$$

4.6 (a) 셸 운동량 수지식

$$0 = (\tau_{xy}|_{x=x} - \tau_{xy}|_{x=x+\Delta x})YZ + (p|_{y=y} - p|_{y=y+Y})Z\Delta x + \rho YZ\Delta x g$$

경계 조건

$x = 0$일 때 $u_y = 0$, $x = H$일 때 $u_y = U$

속도 분포

$$u_y = \frac{(\Delta p - \rho g Y)H^2}{2\mu Y}\left\{\frac{x}{H} - \left(\frac{x}{H}\right)^2\right\} + \frac{U}{H}x = \frac{\Delta P H^2}{2\mu Y}\left\{\frac{x}{H} - \left(\frac{x}{H}\right)^2\right\} + \frac{U}{H}x$$

(b) $\Delta p > \rho g Y + \dfrac{2\mu U Y}{H^2}$

4.7 (a) 셸 운동량 수지식

$$\{(r\tau_{rz})|_{r=r} - (r\tau_{rz})|_{r=r+\Delta r}\}2\pi Z = 0$$

경계 조건

$r = \kappa R$일 때 $u_z = U$, $r = R$일 때 $u_z = 0$

속도 분포

$$u_z = \frac{U}{\ln\kappa}\ln\frac{r}{R}$$

(b) $Q = \int_{\kappa R}^{R} 2\pi r u_z \, dr = \int_{\kappa R}^{R} 2\pi r \frac{U}{\ln\kappa} \ln\frac{r}{R} dr$

$$= \frac{\pi R^2 U}{2}\left\{\frac{1 \quad \kappa^2}{\ln(1/\kappa)} - 2\kappa^2\right\}$$

4.8 셸 운동량 수지식

$$\{(r\tau_{rz})|_{r=r} - (r\tau_{rz})|_{r=r+\Delta r}\}2\pi Z + \Delta p 2\pi r\Delta r + 2\pi r Z\Delta r\rho g = 0$$

경계 조건

$$r = \kappa R\text{일 때 } \frac{du_z}{dr} = 0, \qquad r = R\text{일 때 } u_z = 0$$

속도 분포

$$u_z = \frac{\rho g R^2}{4\mu}\left\{1 - \left(\frac{r}{R}\right)^2\right\} + \frac{\rho g \kappa^2 R^2}{2\mu}\ln\frac{r}{R}$$

4.9 $Re = 1.27 \times 10^2 \longrightarrow$ 층류

$$\frac{\Delta P}{L} = 3.26 \times 10^{-2}\,\text{Pa}\cdot\text{m}^{-1}$$

4.10 $Re = 5.31 \longrightarrow$ 층류

$$\frac{\Delta P}{L} = 7.82 \times 10^{-1}\,\text{Pa}\cdot\text{m}^{-1}$$

4.11 $Re = 1.27 \times 10^2 \longrightarrow$ 층류

$$\frac{\Delta P}{L} = 5.09 \times 10^5\,\text{Pa}\cdot\text{m}^{-1}$$

4.12 $Re = 2.71 \times 10^1 \longrightarrow$ 층류

$$Q = 4.25 \times 10^7\,\text{m}^3\cdot\text{s}^{-1}$$

제5장

5.1～5.4

생략

5.5 $u_r = \frac{Q}{4\pi r^2}$

제6장

6.1 생략

6.2 (a) 생략

(b) $\dfrac{\rho g\delta^3\cos\alpha}{3\mu}$

6.3 생략

6.4 (a) 생략

(b) $\dfrac{\Delta P}{L} = \dfrac{4}{d}\tau_{\mathrm{W}}$

6.5 (a) 생략

(b) $\dfrac{2\pi L\mu U}{\ln\kappa}$

6.6 (a) 생략

(b) $Q = \dfrac{\pi\rho g R^4}{8\mu}\{(1-2\kappa^2)^2 - \kappa^4(1+4\ln\kappa)\}$

6.7 $\mu = 6.31\times10^{-2}\,\mathrm{Pa\cdot s}$

6.8 $u_\theta = \dfrac{\Omega_{\mathrm{o}}R}{\kappa^2-1}\left(\dfrac{\kappa^2 R}{r} - \dfrac{r}{R}\right)$

6.9 (a) $u_r = \dfrac{Q}{2\pi Zr}$

(b) $p = -\dfrac{\rho Q^2}{8\pi^2 Z^2 r^2} + p_\infty$

6.10 (a) $p = \dfrac{\rho\Omega^2}{2}r^2 + p_0$

(b) $p = \rho g(z_{\mathrm{s}} - z) + p_0$

(c) $z_{\mathrm{s}} = \dfrac{\Omega^2}{2g}r^2$

6.11 $p = -\dfrac{\rho Q^2}{32\pi^2 r^4} + p_\infty$

6.12 $u_x = 1.14\times10^{-3}\,\mathrm{m\cdot s^{-1}}$, $t = 1.25\times10^2\,\mathrm{s}$

6.13 $w = 1.44\times10^{-1}\,\mathrm{kg\cdot s^{-1}}$

제7장

7.1 $u_a = 2.55\ \mathrm{m \cdot s^{-1}}$, $Re = 7.64 \times 10^4$

$\bar{u}_{max} = 3.18\ \mathrm{m \cdot s^{-1}}$

7.2 $Re = 5.54 \times 10^4$, $Q = 4.35 \times 10^{-3}\ \mathrm{m^3 \cdot s^{-1}}$

7.3 생략

7.4 $u_a = 3.83 \times 10^{-1}\ \mathrm{m \cdot s^{-1}}$, $Re = 1.92 \times 10^4$,

$Q = 7.53 \times 10^{-4}\ \mathrm{m^3 \cdot s^{-1}}$

7.5 $\bar{u}_z = 3.56 \times 10^{-1}\ \mathrm{m \cdot s^{-1}}$

제8장

8.1 생략

8.2 $u_2 = 3.72\ \mathrm{m \cdot s^{-1}}$

8.3 탱크 1 액면 유체의 에너지 : $3.98 \times 10^2\ \mathrm{J \cdot kg^{-1}}$

탱크 2 액면 유체의 에너지 : $4.03 \times 10^2\ \mathrm{J \cdot kg^{-1}}$

탱크 2에서 탱크 1을 향해 흐른다.

8.4 $p_1 - p_2 = -8.95 \times 10^3\ \mathrm{Pa}$

8.5 $2.00 \times 10^{-2}\ \mathrm{kg \cdot s^{-1}}$의 경우 1.66 m,

$5.50 \times 10^{-1}\ \mathrm{kg \cdot s^{-1}}$의 경우 60.0 cm

8.6 $\Delta P = 4.50 \times 10^4\ \mathrm{Pa}$

8.7 $\Delta P = 8.40 \times 10^4\ \mathrm{Pa}$

8.8 $u_a = 2.12 \times 10^{-1}\ \mathrm{m \cdot s^{-1}}$, $w = 3.37 \times 10^{-1}\ \mathrm{kg \cdot s^{-1}}$

8.9 $P_E = 1.50 \times 10^3\ \mathrm{W} = 1.50\ \mathrm{kW}$

8.10 $P_E = 2.84 \times 10^3\ \mathrm{W} = 2.84\ \mathrm{kW}$

8.11 $p_1 = 4.32 \times 10^5\ \mathrm{Pa} = 4.28\ \mathrm{atm}$

8.12 $h = 12.2\ \mathrm{m}$

제9장

9.1 (a) $\dfrac{\mathrm{d}v}{\mathrm{d}t} = \left(1 - \dfrac{\rho}{\rho_\mathrm{p}}\right)g - \dfrac{18\mu}{\rho_\mathrm{p} d_\mathrm{p}^2}v$

(b) $v = \dfrac{g d_\mathrm{p}^2(\rho_\mathrm{p} - \rho)}{18\mu}\left\{1 - \exp\left(-\dfrac{18\mu}{\rho_\mathrm{p} d_\mathrm{p}^2}t\right)\right\} = v_\infty\left\{1 - \exp\left(-\dfrac{18\mu}{\rho_\mathrm{p} d_\mathrm{p}^2}t\right)\right\}$

9.2 $v_\infty = 1.33 \times 10^{-3}\ \mathrm{m \cdot s^{-1}}$, $Re_\infty = 1.06 \times 10^{-1}$

9.3 $v_\infty = 3.21 \times 10^{-1}\ \mathrm{m \cdot s^{-1}}$, $Re_\infty = 1.59 \times 10^{2}$

9.4 $v_\infty = 5.45 \times 10^{-1}\ \mathrm{m \cdot s^{-1}}$, $Re_\infty = 1.09 \times 10^{4}$

9.5 $d_\mathrm{p} = 6.95 \times 10^{-4}\ \mathrm{m}$, $Re_\infty = 1.72 \times 10^{1}$

9.6 $\mu = 1.27\ \mathrm{Pa \cdot s}$, $Re_\infty = 1.34 \times 10^{-1}$

9.7 $v_{\mathrm{s}\infty} = 1.34 \times 10^{-3}\ \mathrm{m \cdot s^{-1}}$

9.8 $v_{\mathrm{s}\infty} = 6.19 \times 10^{-2}\ \mathrm{m \cdot s^{-1}}$

9.9 $d_\mathrm{p} = 9.46 \times 10^{-4}\ \mathrm{m}$

9.10 $L = 5.01 \times 10^{-1}\ \mathrm{m}$

9.11 $Re = 5.88 \times 10^{-3}$, $\Delta P = 8.97 \times 10^{3}\ \mathrm{Pa}$

제10장

10.1 $\psi = \dfrac{\Delta P Y^3}{2\mu X}\left\{\dfrac{y}{Y} - \dfrac{1}{6}\left(\dfrac{y}{Y}\right)^3\right\}$

10.2 $\psi = -u_y x + u_x y$

10.3 $\psi = -\dfrac{\Delta P R^2}{8\mu Z}\left\{1 - \dfrac{1}{2}\left(\dfrac{r}{R}\right)^2\right\}r^2$

10.4 $\psi = \dfrac{Q}{2\pi Z}\theta$ 또는 $\psi = \dfrac{Q}{2\pi Z}z$

10.5 $\psi = -\dfrac{Q}{4\pi}\cos\theta$

10.6 생략

10.7 $\phi = u_x x + u_y y$, $w(z) = (u_x - i u_y)z$

10.8 $\phi = \dfrac{Q}{2\pi Z}\ln r$, $w(z) = \dfrac{Q}{2\pi Z}\ln z$

10.9 $(u_x,\ u_y) = (0,\ -U)$

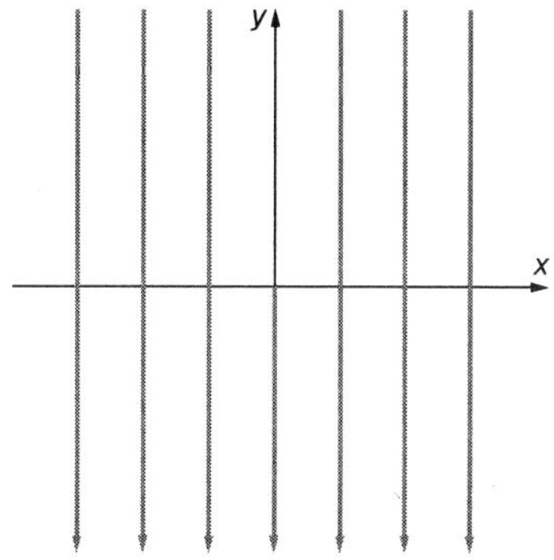

그림 A 문제 10.9 해답

10.10 $(u_x,\ u_y) = (2U_x,\ -2U_y)$

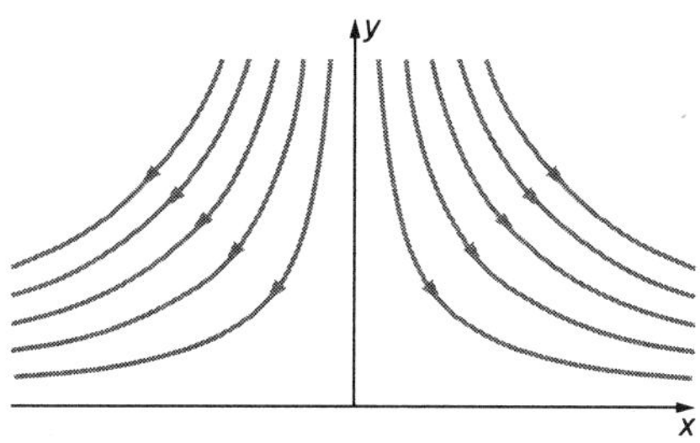

그림 B 문제 10.10 해답

제11장

11.1 $U = 8.37\ \mathrm{m \cdot s^{-1}}$일 때 $x = 1.83 \times 10^{-1}\ \mathrm{m}$, $\delta = 2.90 \times 10^{-3}\ \mathrm{m}$

$U = 1.05\ \mathrm{m \cdot s^{-1}}$일 때 $x = 1.46\ \mathrm{m}$, $\delta = 2.31 \times 10^{-2}\ \mathrm{m}$

11.2 $U = 6.80 \times 10^{-1}\ \mathrm{m \cdot s^{-1}}$일 때 $x = 1.47 \times 10^{-1}\ \mathrm{m}$, $\delta = 2.33 \times 10^{-3}\ \mathrm{m}$

$U = 5.78 \times 10^{-2}\ \mathrm{m \cdot s^{-1}}$일 때 $x = 1.73\ \mathrm{m}$, $\delta = 2.74 \times 10^{-2}\ \mathrm{m}$

11.3 $\delta = 3.76 \times 10^{-4}\ \mathrm{m}$, $\tau_{\mathrm{w}} = 1.14 \times 10^{1}\ \mathrm{Pa}$

평균 $\tau_{\mathrm{wa}} = -2.27 \times 10^{1}\ \mathrm{Pa}$, $f_{\mathrm{L}} = 6.88 \times 10^{-3}$

11.4 물 : $\delta = 1.24 \times 10^{-3}\ \mathrm{m}$, $\tau_{\mathrm{w}} = -1.14\ \mathrm{Pa}$

글리세린 수용액 : $\delta = 4.83 \times 10^{-3}\ \mathrm{m}$, $\tau_{\mathrm{w}} = -5.08\ \mathrm{Pa}$

제12장

12.1 에너지 수지

$$\left\{-k\frac{\mathrm{d}T}{\mathrm{d}z}\bigg|_{z=z}-\left(-k\frac{\mathrm{d}T}{\mathrm{d}z}\bigg|_{z=z+\Delta z}\right)\right\}\pi R^2-2\pi R\Delta zH=0$$

온도 분포

$$T-T_0=\frac{H}{kR}z^2-\frac{2HL}{kR}z$$

12.2 $T-T_0=\dfrac{H}{kR}z^2+\left(\dfrac{T_L-T_0}{L}-\dfrac{HL}{kR}\right)z$

12.3 에너지 수지

$$\left\{-k\frac{\partial T}{\partial x}\bigg|_{x=x}-\left(-k\frac{\partial T}{\partial x}\bigg|_{x=x+\Delta x}\right)\right\}\Delta y$$

$$+\left\{-k\frac{\partial T}{\partial y}\bigg|_{y=y}-\left(-k\frac{\partial T}{\partial y}\bigg|_{y=y+\Delta y}\right)\right\}\Delta x=0$$

미분 방정식

$$\frac{\partial^2 T}{\partial x^2}+\frac{\partial^2 T}{\partial y^2}=0$$

12.4 구리 : $2.99\times10^5\ \mathrm{W\cdot m^{-2}}$

철 : $6.02\times10^4\ \mathrm{W\cdot m^{-2}}$

12.5 $T_2=3.11\times10^2\ \mathrm{K}=37.5\ ℃$

$q_y=1.00\times10^5\ \mathrm{W\cdot m^{-2}}$

12.6 구리 : $1.54\times10^5\ \mathrm{W\cdot m^{-1}}$

플라스틱 : $1.35\times10^2\ \mathrm{W\cdot m^{-1}}$

12.7 생략

12.8 (a) 구리 : $T-T_2=\dfrac{T_1-T_2}{\ln(R_1/R_2)}\ln\dfrac{r}{R_2}$ 또는

$$T-T_1=\frac{T_2-T_1}{\ln(R_2/R_1)}\ln\frac{r}{R_1}$$

단열재 : $T-T_3=\dfrac{T_2-T_3}{\ln(R_2/R_3)}\ln\dfrac{r}{R_3}$ 또는

$$T-T_2=\frac{T_3-T_2}{\ln(R_3/R_2)}\ln\frac{r}{R_2}$$

$$T_2 = \frac{k_1 T_1 \ln(R_2/R_3) + k_2 T_3 \ln(R_1/R_2)}{k_1 \ln(R_2/R_3) + k_2 \ln(R_1/R_2)}$$

(b) $R_3 = 2.50$ cm : 9.50×10^2 W · m^{-1}

$R_3 = 3.50$ cm : 4.71×10^2 W · m^{-1}

12.9 $\frac{4\pi k R_1 R_2}{R_2 - R_1}(T_1 - T_2)$

12.10 $H = \frac{R}{2}Q$

제13장

13.1 $\mu\Phi_V = \mu\left(\frac{du_x}{dy}\right)^2 = \mu\frac{U^2}{y^2}$

$\mu = 1.00 \times 10^3$ Pa · s일 때 $\mu\Phi_V = 4.44 \times 10^2$ W · m^{-3}

$\mu = 2.52$ Pa · s일 때 $\mu\Phi_V = 1.12 \times 10^6$ W · m^{-3}

13.2 산일 1.00 W, 전도 4.25×10^3 W

13.3 생략

13.4 생략

13.5 생략

13.6 생략

13.7 $\left(-\frac{U}{Y}y + U\right)\frac{\partial T}{\partial x} = \alpha\left(\frac{\partial^2 T}{\partial x^2} + \frac{\partial^2 T}{\partial y^2}\right)$

13.8 $\frac{\partial T}{\partial t} = \alpha\frac{1}{r^2}\left(\frac{\partial}{\partial r}r^2\frac{\partial T}{\partial r}\right)$

제14장

14.1 $\delta = 3.73 \times 10^{-3}$ m, $\delta_T = 4.19 \times 10^{-3}$ m, 열유속 $q = 2.67 \times 10^2$ W · m^{-2}

14.2 $\delta = 1.73 \times 10^{-3}$ m, $\delta_T = 1.04 \times 10^{-3}$ m, 열유속 $q = 2.51 \times 10^4$ W · m^{-2}

14.3 열유속 $q = 6.86 \times 10^1$ W · m^{-2}

14.4 열유속 $q = 3.31 \times 10^3$ W · m^{-2}

14.5 평균 열유속 $q = 3.18 \times 10^3$ W · m^{-2}, 열이동량 2.80×10^2 W

14.6 $T_{bL} = 31.4$ ℃

14.7 (a) $Nu_L = 8.33\times10^1$, 출구 온도 36.4 ℃

(b) $Nu_L = 7.90\times10^1$, 출구 온도 36.7 ℃

14.8 열이동량 9.42×10^{-1} W

14.9 열유속 4.37×10^3 W · m^3

14.10 관 벽 온도 12.0 ℃, 관 출구의 물의 온도 30.0 ℃

제15장

15.1 $q = 2.09\times10^3$ W · m^{-2}

15.2 $q = 1.09\times10^3$ W · m^{-2}

15.3 6.92×10^1 W

15.4 1.24×10^3 W

15.5 복사에 의한 유속 $q = 4.43\times10^1$ W · m^{-2},

대류에 의한 유속 $q = 3.28\times10^3$ W · m^{-2}

제16장

16.1 $w_L = 1.22\times10^{-1}$ kg · s^{-1}

16.2 $L = 8.57$ m

16.3 $T_W = 3.48$ ℃

16.4 9.86 cm

16.5 폭 15.0 cm : $L = 30.0$ cm, $\eta = 0.592$

폭 30.0 cm : $L = 9.86$ cm, $\eta = 0.925$

폭 40.0 cm : $L = 7.16$ cm, $\eta = 0.959$

16.6 1.48×10^4 s $= 4.12$ h

16.7 1.31×10^4 s $= 3.64$ h

16.8
$$\frac{T - T_a}{T_0 - T_a} = \frac{\cosh\sqrt{\frac{2h}{Rk}}(L - z)}{\cosh\sqrt{\frac{2h}{Rk}}L}$$

제17장

17.1

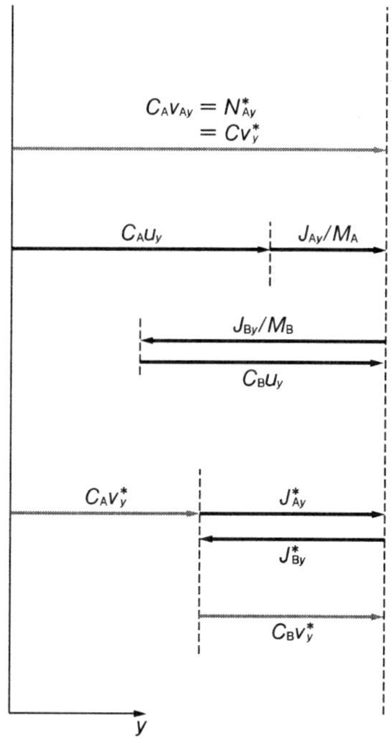

그림 C 문제 17.1 해답

17.2 셸 물질수지

$$N_{Ay}^*|_{y=y}XZ = N_{Ay}^*|_{y=y+\Delta y}XZ = 0$$

농도 분포

$$x_A = 2\left\{1-\left(1-\frac{1}{2}x_{AY}\right)^{\frac{y}{Y}}\right\}$$

17.3 $x_{As} = 2.00\times10^{-1}$: 오차는 최대 10.3 %,

$x_{As} = 1.00\times10^{-2}$: 오차는 최대 0.05 %

17.4 셸 물질수지

$$\left\{-D_A\frac{dC_A}{dz}\bigg|_{z=z} - \left(-D_A\frac{dC_A}{dz}\bigg|_{z=z+\Delta z}\right)\right\}\pi R^2 - \pi R^2\Delta z k C_A = 0$$

농도 분포

$$C_A = \frac{C_{A0}\sinh\sqrt{\frac{k}{D}}(Z-z) + C_{AZ}\sinh\sqrt{\frac{k}{D}}z}{\sinh\sqrt{\frac{k}{D}}Z}$$

17.5 셸 물질수지

$$2\pi Z\left\{-D_{\mathrm{A}}r\frac{\mathrm{d}C_{\mathrm{A}}}{\mathrm{d}r}\bigg|_{r=r}-\left(-D_{\mathrm{A}}r\frac{\mathrm{d}C_{\mathrm{A}}}{\mathrm{d}r}\bigg|_{r=r+\Delta r}\right)\right\}+2\pi rZ\Delta rk=0$$

농도 분포

$$C_{\mathrm{A}}-C_{\mathrm{Aw}}=\frac{kR^2}{4D_{\mathrm{A}}}\left\{1-\left(\frac{r}{R}\right)^2\right\}$$

제18장

생략

제19장

19.1 $\delta=5.36\times10^{-3}$ m, $\delta_{\mathrm{C}}=4.63\times10^{-3}$ m, $N_{\mathrm{A}}^*=7.22\times10^{-2}$ mol·m^{-2}·s^{-1}

평균 물질이동 유속 7.91×10^{-2} mol·m^{-2}·s^{-1}

19.2 $\delta=2.22\times10^{-3}$ m, $\delta_{\mathrm{C}}=5.13\times10^{-4}$ m, $N_{\mathrm{A}}^*=3.12\times10^{-1}$ mol·m^{-2}·s^{-1}

19.3 $N_{\mathrm{A}}^*=4.05\times10^{-2}$ mol·m^{-2}·s^{-1}

19.4 $N_{\mathrm{A}}^*=2.60\times10^{-1}$ mol·m^{-2}·s^{-1}

19.5 $x_{\mathrm{A}}=5.00\times10^{-1}$

19.6 (a) 출구 몰분율 : 6.21×10^{-1},

평균 물질이동 유속 $N_{\mathrm{A}}^*=1.77\times10^{1}$ mol·m^{-2}·s^{-1}

(b) 출구 몰분율 : 6.29×10^{-1},

평균 물질이동 유속 $N_{\mathrm{A}}^*=1.59\times10^{1}$ mol·m^{-2}·s^{-1}

19.7 $N_{\mathrm{A}}^*=1.51\times10^{-1}$ mol·m^{-2}·s^{-1}

찾아보기

정 민 철

- 전남대학교 화학공학과 학사
- KAIST 화학공학과 석사
- 동경공업대 화학환경공학 박사
- 삼성종합화학/삼성종합기술원/삼성정밀화학 수석연구원
- 현) 순천대학교 화학공학과 교수

고 영 수

- 서강대학교 화학공학과 학사
- KAIST 화학공학과 석사, 박사
- 삼성종합화학(현 한화토탈) 선임연구원
- 유럽 Borealis 연구팀장
- 현) 공주대학교 화학공학부 교수

기초 **이동현상론** 정가 24,000원

발 행 2020년 3월 10일 초판 1쇄
저 자 吉川 史郎
역 자 정민철 · 고영수
발행인 정우용
발행처 도서출판 **동 화 기 술**
경기도 파주시 광인사길 201(문발동, 파주출판도시)
Tel (031)955-4211~6 donghwapub@nate.com
Fax (031)955-4217 www.donghwapub.co.kr
(등록) 1977년 12월 19일/9-16호

Printed in Korea

ISBN 978-89-425-9276-0